国家卫生健康委员会“十四五”规划教材

全国高等学校配套教材

供基础、临床、预防、口腔医学类专业用

有机化学
学习指导与习题集

第3版

主　审　**陆　阳**

主　编　**罗美明　李发胜**

副主编　**杨若林　厉廷有　吴运军**

编　委　（以姓氏笔画为序）

王平安　空军军医大学　**张定林**　陆军军医大学

卞　伟　山西医科大学　**张博宇**　大连医科大学

厉廷有　南京医科大学　**张静夏**　中山大学

李发胜　大连医科大学　**林友文**　福建医科大学

杨若林　上海交通大学　**罗美明**　四川大学

吴运军　皖南医学院　**郑学丽**　四川大学

汪　宁　中国医科大学　**徐　红**　贵州医科大学

张　韵　遵义医科大学　**龚少龙**　武汉大学

学术秘书　**郑学丽**（兼）

人民卫生出版社

·北　京·

图书在版编目（CIP）数据

有机化学学习指导与习题集 / 罗美明，李发胜主编. 3 版. -- 北京 ：人民卫生出版社，2025. 6. --（全国高等学校五年制本科临床医学专业第十轮规划教材配套教材）.
ISBN 978-7-117-37656-3

I. O62

中国国家版本馆 CIP 数据核字第 20252K19W3 号

人卫智网	www.ipmph.com	医学教育、学术、考试、健康， 购书智慧智能综合服务平台
人卫官网	www.pmph.com	人卫官方资讯发布平台

有机化学学习指导与习题集
Youjihuaxue Xuexizhidao yu Xitiji
第 3 版

主　　编：罗美明　李发胜
出版发行：人民卫生出版社（中继线 010-59780011）
地　　址：北京市朝阳区潘家园南里 19 号
邮　　编：100021
E - mail：pmph @ pmph.com
购书热线：010-59787592　010-59787584　010-65264830
印　　刷：人卫印务（北京）有限公司
经　　销：新华书店
开　　本：787 × 1092　1/16　　印张：13
字　　数：341 千字
版　　次：2008 年 5 月第 1 版　　2025 年 6 月第 3 版
印　　次：2025 年 6 月第 1 次印刷
标准书号：ISBN 978-7-117-37656-3
定　　价：39.00 元
打击盗版举报电话：010-59787491　E-mail：WQ @ pmph.com
质量问题联系电话：010-59787234　E-mail：zhiliang @ pmph.com
数字融合服务电话：4001118166　E-mail：zengzhi @ pmph.com

前言

有机化学是医学及相关专业的重要基础课程，复习、练习既是学习有机化学的重要过程，也是学习有机化学的有效方法。为了帮助广大医学生更好地掌握有机化学的教学内容，根据人民卫生出版社在北京召开的全国高等学校五年制本科临床医学专业第十轮规划教材主编人会议精神，我们组织编写了《有机化学》(第 10 版)的配套教材《有机化学学习指导与习题集》(第 3 版)。本书为陆阳教授主编的《有机化学学习指导与习题集》(第 2 版)的修订版，各章内容与《有机化学》(第 10 版)相对应，绝大多数由主教材的同一编委负责修订，其内容由以下五个部分组成。

基本要求：根据教学大纲，概括说明各章应掌握、熟悉和了解的内容，便于学生明确本章学习目的和要求。

总结：归纳总结各章应掌握的基本概念、基本理论和各类化合物的主要反应，使学生对本章内容一目了然。

重点和难点：对每章的重点和难点进行提炼和总结，便于学生掌握和学习。

习题参考答案：主教材各章中插入的问题和章末习题的参考答案，供学生在复习的基础上，做完作业后自我评估。

复习题：紧扣《有机化学》(第 10 版)内容，补充相当数量的习题，题型多样，内容丰富，有助于学生开阔思路，提高解决实际问题的能力。

复习题参考答案：各章复习题的参考答案均放在复习题后，供学生参考。有些题(如鉴别题、合成题、推导结构题等)的答案不是唯一的，学生在做题时，不要受参考答案的束缚，应该充分独立思考，根据基本原理推导出正确答案。

书末附有三套阶段测试题和六套综合测试题，并在每套测试题后提供参考答案。阶段测试题所选题目分别针对《有机化学》前期、中期和末期的教学内容，有利于学生学习一个阶段后进行归纳总结和自我测试。综合测试题的内容涵盖了全书的基本概念和基本理论，题目具有相应的广度和深度，综合性较强，供学生期末复习参考，并可自我评价掌握有机化学的程度。

限于编者的水平，书中难免存在欠妥之处，恳请读者批评指正。

罗美明　李发胜

2024 年 12 月

目录

第一章 绪 论

一、基本要求

掌握：杂化轨道的概念，sp^3、sp^2、sp 杂化碳原子的结构及其特点。

熟悉：有机化合物和有机化学的概念，共价键理论，共价键的属性，有机化合物分子的极性和分子间作用力、共轭酸碱和 Lewis 酸碱的概念，有机化合物简化 Lewis 结构式。

了解：分子轨道理论和共振的含义，有机化合物分类、官能团及有机反应类型。

二、总结

有机化合物指含碳的化合物；有机化学是研究有机化合物结构、性质及变化规律的科学。

碳原子通过其 4 个价电子与其他原子的价电子共享电子对，生成具有稀有气体外层电子构型的稳定分子。碳原子能够与其他碳原子通过单键、双键或叁键相互结合形成各种链状或环状结构，碳原子还能与氢、氧、硫、氮、磷、卤素等许多其他原子通过化学键相结合。构成有机分子最主要的化学键是共价键。

有机分子中，各原子具有稳定的稀有气体原子的 8 电子外层电子构型（He 为 2 电子）的规律称为八隅律。

用电子对表示共价键结构的化学式称为 Lewis 结构式，通常根据需要使用其简化式。例如表 1-1。

表 1-1　甲烷、乙烯和乙炔的 Lewis 结构式和 Lewis 简化式

化合物	Lewis 结构式	Lewis 简化式
甲烷	H H:C:H H	H | H—C—H | H 或 CH_4
乙烯	H　　H C::C H　　H	H　　H C=C H　　H 或 $H_2C=CH_2$
乙炔	H:C⋮⋮C:H	H—C≡C—H 或 HC≡CH

一个原子含有几个单电子就能与其他原子的几个自旋方向相反的单电子形成共价键的性质是共价键的饱和性；原子尽可能地沿着原子轨道最大重叠方向形成共价键的性质为共价键的方向性。共价键的方向性使构成共价分子的各原子具有一定的空间构型。

形成分子的原子的不同类型、能量相近的原子轨道重新组合，形成数量相同但能量、形状和空间方向与原来轨道不同的新原子轨道称为杂化轨道。有机化合物的碳原子有 sp^3、sp^2 和 sp 三种杂

化轨道。这种原子轨道重新组合的过程称为杂化。

激发态碳原子的1个2*s*轨道和3个2*p*轨道杂化形成4个sp^3杂化轨道。sp^3杂化轨道类似葫芦，一头大一头小。sp^3杂化轨道呈四面体分布，碳原子位于四面体的中心，4个sp^3杂化轨道在碳原子的周围，指向四面体的4个顶点，相邻2个杂化轨道间的夹角近似为109°28′。饱和碳原子为sp^3杂化。

激发态碳原子的1个2*s*轨道和2个2*p*轨道发生杂化形成3个sp^2杂化轨道。sp^2杂化轨道类似葫芦，一头大一头小，但比sp^3杂化轨道略短。sp^2杂化碳原子的3个sp^2杂化轨道处于同一平面，其夹角近似为120°，余下的1个未参与杂化的*p*轨道垂直于3个sp^2杂化轨道所在的平面。烯烃双键碳原子为sp^2杂化。

激发态碳原子的1个2*s*轨道和1个2*p*轨道发生杂化形成2个*sp*杂化轨道。*sp*杂化轨道类似葫芦，一头大一头小，但比sp^2杂化轨道略短。*sp*杂化碳原子的2个*sp*杂化轨道呈直线形。碳原子余下的2个互相垂直的*p*轨道，均垂直于2个*sp*杂化轨道所呈的直线。炔烃叁键碳原子为*sp*杂化。

共振理论认为：一个分子或离子可以用2个或2个以上只是电子位置不同的Lewis结构式(即共振式)表示，共振式的群体或共振杂化体而非任何一个共振式代表分子或离子的真实结构。同一个化合物分子或离子的不同共振式的所有原子的相对位置不变，不同共振式中只有电子的位置改变。

分子轨道是通过相应的原子轨道线性组合而成。在组合产生的分子轨道中，能量低于原子轨道的称为成键轨道；高于原子轨道的称为反键轨道。

键长(单位为pm)是指成键两个原子核间距离。碳碳双键比碳碳单键的键长短，而比碳碳叁键的键长长。分子中一个原子分别与另外两个原子形成的共价键之间的夹角称为键角。离解能是裂解分子中某一个共价键时所需的能量，键能是指分子中同种类型共价键离解能的平均值。相同原子形成的共价键为非极性共价键，电负性不同的原子形成的共价键为极性共价键，成键电子云靠近电负性较大的原子，使其带部分负电荷；电负性较小的原子带部分正电荷。一般，两个成键原子的电负性差值≥1.7的元素间形成离子键；电负性差值<0.7的元素间形成非极性共价键，电负性差值在0.7~1.7的两种元素间形成的共价键为极性共价键。

双原子分子键的极性就是分子的极性。含2个以上原子的分子的极性与各个键的极性、键的方向和分子的形状有关。有些分子具有极性键，却是非极性分子。例如：

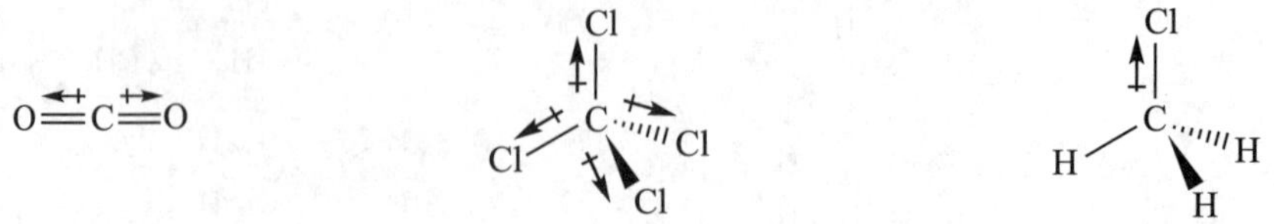
O=C=O
Cl
C
Cl
Cl
Cl
Cl
C
H
H
H

二氧化碳（非极性分子）　　四氯化碳（非极性分子）　　一氯甲烷（极性分子）

分子的极性影响化合物的沸点、熔点及溶解度等性质。

一个极性分子的偶极正端与另一极性分子的偶极负端之间的吸引力称为偶极—偶极作用力。电子运动使非极性分子产生瞬时偶极。瞬时偶极导致非极性分子间的相互作用。一个分子的电子云分布会受另一极性分子的影响而产生诱导偶极。

氢键存在于以共价键与其他原子键合的氢原子与另一个原子之间(Z-H···Y)，通常发生氢键作用的氢原子两边的原子（Z、Y）是 O、N 等电负性较强的原子。氢键既存在于分子间，也存在于分子内。氢键比通常的分子偶极之间的作用力更强。

许多有机反应要经过形成不稳定的中间体或过渡态才能生成产物。对反应过程的描述称为反应机制。

共价键的均裂是指成键的 2 个原子从共享的 1 对电子中各得到 1 个电子，分别形成带有单电子的原子或基团即自由基。这种有自由基参与的反应称自由基反应。一般自由基反应在光、热或自由基引发剂存在下进行。共价键的异裂是指在有机反应中成键的 2 个原子之一得到原来共享的 1 对电子，形成 2 个带相反电荷的离子。这种经共价键异裂，有正离子和负离子生成的反应，称为离子型反应。

能给出质子的物质是酸，能接受质子的物质是碱。酸给出质子后产生的酸根为原来酸的共轭碱。酸越强，其共轭碱越弱；同样，碱接受质子后形成的质子化物为原来碱的共轭酸。碱越强，其共轭酸越弱。在酸碱反应中平衡总是有利于生成较弱的酸和较弱的碱。

$$\underset{\text{酸}}{HCl} + \underset{\text{碱}}{H_2O} \rightleftharpoons \underset{\substack{\text{共轭碱}\\(\text{较}H_2O\text{弱的碱})}}{Cl^-} + \underset{\substack{\text{共轭酸}\\(\text{较}HCl\text{弱的酸})}}{H_3O^+}$$

$$\underset{\text{酸}}{H_2SO_4} + \underset{\text{碱}}{CH_3\ddot{\underset{\cdot\cdot}{O}}H} \rightleftharpoons \underset{\substack{\text{共轭碱}\\(\text{较}CH_3OH\text{弱的碱})}}{HSO_4^-} + \underset{\substack{\text{共轭酸}\\(\text{较}H_2SO_4\text{弱的酸})}}{CH_3\overset{+}{\underset{\cdot\cdot}{O}}H_2}$$

Lewis 酸是能接受 1 对电子形成共价键的物质，Lewis 碱是能提供 1 对电子形成共价键的物质。酸是电子对的接受体；碱是电子对的给予体。

根据分子骨架的不同，有机化合物分为开链化合物和环状化合物。环状化合物又分成碳环化合物和杂环化合物。碳环化合物分为芳香族化合物和脂环化合物。杂环化合物成环的原子含有氧、硫或氮等杂原子。有机化合物中能体现其性质的原子或基团通常称为官能团。含有相同官能团的化合物有相似的理化性质。

含有多个官能团的有机化合物，其官能团间的相互影响通常与它们之间的相对位置有关。

三、重点和难点

重点：杂化轨道的概念，碳原子的 sp^3、sp^2、sp 三种杂化类型及其结构特点。

难点：杂化轨道理论，共振理论。

四、习题参考答案

1-1

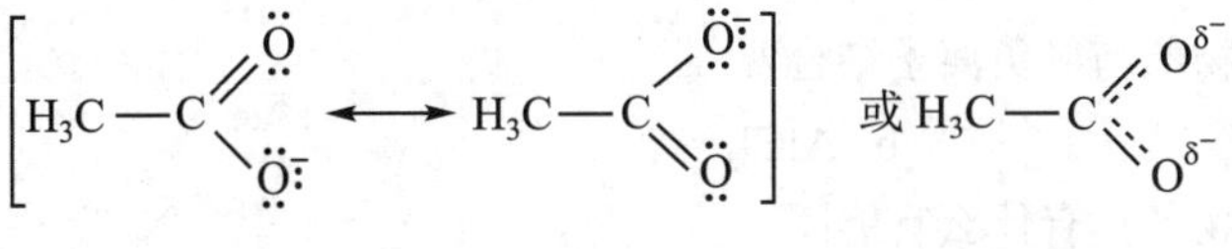

醋酸根的两个共振式　　　　醋酸根的共振式杂化体

1-2　乙烷、乙烯和乙炔分子中碳原子分别为 sp^3、sp^2 和 sp 杂化，不同杂化轨道离碳原子核的

距离为 $sp < sp^2 < sp^3$，碳氢键是这些杂化轨道与氢原子 s 轨道重叠形成的，因此乙烷的碳氢键的键长最长，乙烯的较短，乙炔的最短。

1-3

$$\underset{\text{酸}}{HCl} + \underset{\text{碱}}{NH_3} \rightleftharpoons \underset{\substack{\text{共轭碱}\\ \text{（较}NH_3\text{弱的碱）}}}{Cl^-} + \underset{\substack{\text{共轭酸}\\ \text{（较}HCl\text{弱的酸）}}}{NH_4^+}$$

1-4

（1）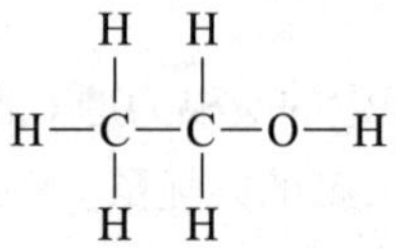

（2）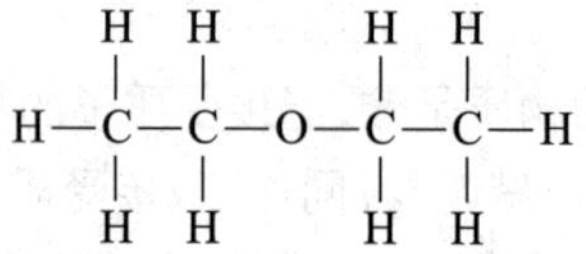

（3）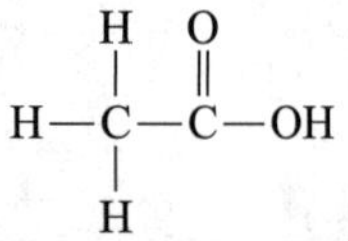

（4）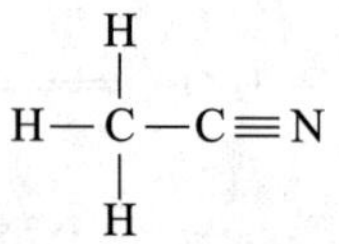

1-5　a. sp；　b. sp^3；　c. sp^2；　d. sp；　e. sp

1-6　b　d　a　c　e

1-7　（1）$CH_3CH_2O^-$　（2）Cl^-　（3）CH_3COO^-　（4）$CH_3CH_2S^-$

1-8　Lewis 酸：（1）（3）（4）　Lewis 碱：（2）（5）（6）

1-9　非极性分子：（1）（2）（6）（7）

极性分子：（3）（4）（5）

1-10

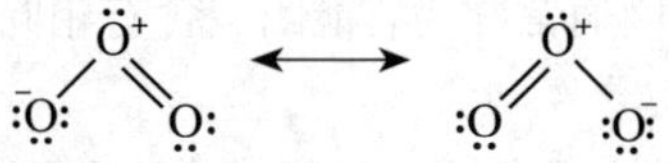

五、复习题

1. 写出下列化合物的 Lewis 简化式。

a. 丙酮　b. 乙酸　c. 乙胺　d. 乙醚

2. 分别指出下列化合物各个碳原子的杂化类型。

a. $CH_3CH_2CH_3$　b. $H_2C=CH-CH=CH_2$　c. $HC\equiv CH$

3. 讨论下列化合物生成分子间氢键的方式。

a. $CH_3CH_2NH_2$　b. CH_3CH_2OH

4. 写出氯乙烷中碳氯键的异裂和均裂的化学反应式。

5. 下列哪个化合物能与氯负离子结合？

a. CH_4　b. $AlCl_3$

6. 指出下列化合物各具有什么官能团。

a. $CH_3CH=CH_2$　b. $H_2C=CH-CH=CH_2$　c. $HC\equiv CCH_2CHO$

d. $ClH_2CCH=CH_2$　e. $HOCH_2COOH$　f. $OHCCH_2CHO$

g. CH_3CH_2OH

六、复习题参考答案

1. a. CH_3COCH_3　　b. CH_3COOH　　c. $CH_3CH_2NH_2$　　d. $CH_3CH_2OCH_2CH_3$

2. a. sp^3 杂化　　b. sp^2 杂化　　c. sp 杂化

3. a 和 a 之间,b 和 b 之间,a 和 b 之间均能形成分子间氢键

4.

异裂　$CH_3CH_2—Cl \longrightarrow CH_3\overset{+}{C}H_2 + Cl^-$

均裂　$CH_3CH_2—Cl \longrightarrow CH_3CH_2\cdot + \cdot Cl$

5. $AlCl_3$ 能与氯负离子结合,因为 $AlCl_3$ 是 Lewis 酸,氯负离子为 Lewis 碱,两者能发生酸碱反应。

6. a. 碳碳双键;　　b. 碳碳双键;
c. 碳碳叁键和羰基;　　d. 碳碳双键和卤素;
e. 羟基和羧基;　　f. 羰基;
g. 羟基

(罗美明)

第二章　立体化学

一、基本要求

掌握:手性、不对称碳原子(手性碳原子)、手性分子、旋光性、对映体、非对映体、差向异构体、外消旋体和内消旋化合物等概念;*R*/*S*、*D*/*L* 构型命名;Fischer 投影式的使用规则。

熟悉:对称因素(对称中心、对称面);旋光度;比旋光度及其计算方法。

了解:外消旋体的化学拆分方法;一对对映体生理作用的差异。

二、总结

分子中的原子或基团在空间的不同排列方式产生的不同化合物,互为立体异构体。立体异构体可分构型异构体和构象异构体。构象异构是由于碳碳单键的旋转或环的扭动而引起的原子或基团在空间不同排列方式导致的异构现象;而构型异构是指分子中的原子或基团在空间的固定排列方式不同导致的异构现象。构型异构又可分顺反异构和对映异构。互为实物与镜像而不能完全重合的构型异构体,称为对映异构体(简称对映体),它们对平面偏振光(简称偏振光)的作用不同,若一个能使偏振光的振动面发生左旋(即左旋体),另一个必然使偏振光的振动面发生右旋(即右旋体)。

手性是化合物产生旋光现象的内因,是对映异构体的基本性质。手性是指实物与其镜像不能完全重合的现象,其本质是结构的不对称性。连有四个不同原子或基团的碳原子称为手性碳原子。分子中只有一个手性碳原子的化合物具有手性,存在一对对映异构体。

对映体的比旋光度值相等,符号相反(即旋光方向相反);两者的熔点、沸点和溶解度等物理性质相同。在非手性环境中,对映体的化学性质也是相同的,例如,乳酸的一对对映体分别与氢氧化钠作用,两者的反应速率相同。由于机体的内环境是手性的,所以一对对映体往往会产生不同的生理活性作用。

化合物能使偏振光的振动面发生旋转的性能称为旋光性。单一对映体都具有旋光性。化合物的旋光性用比旋光度 $[\alpha]_D^t$ 表示,比旋光度是旋光性化合物的一种物理常数。

Fischer 投影式是基于有机分子立体结构在平面上的投影建立的表示连接手性碳原子的四个基团空间排列的一种简便方法。

书写 Fischer 投影式的要点:连于手性碳上的竖键朝向纸平面后方,连于手性碳上的横键朝向纸平面前方,竖键与横键的十字交叉点代表手性碳原子。

Fischer 投影式在纸平面上旋转 180°或其整数倍,所示化合物的构型不变;Fischer 投影式在纸平面上旋转 90°或离开纸平面翻转,所示化合物为原化合物的对映体。

同一个构型的化合物可以用数个 Fischer 投影式表示。例如,(*R*)-溴氯碘甲烷可写出下列四个 Fischer 投影式:

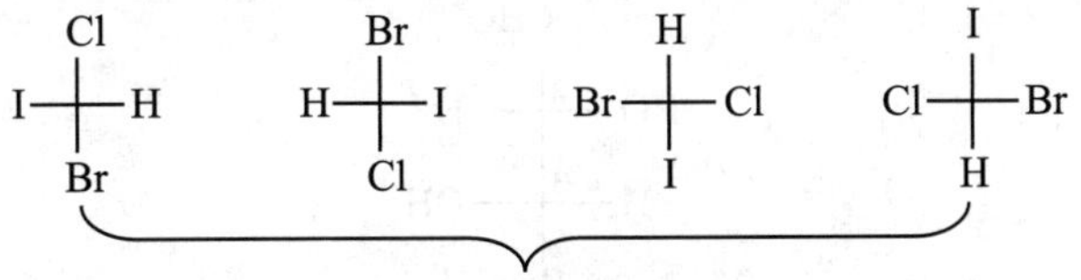

（*R*）-溴氯碘甲烷

比较构造相同但 Fischer 投影式不同的化合物，可采用以下方法。

方法 1：标明构造相同但 Fischer 投影式不同的化合物的各手性碳的构型，若手性碳构型完全相同，则为相同化合物；若手性碳构型完全相反，则互为对映体；若为其他情况，则互为非对映体。例如：

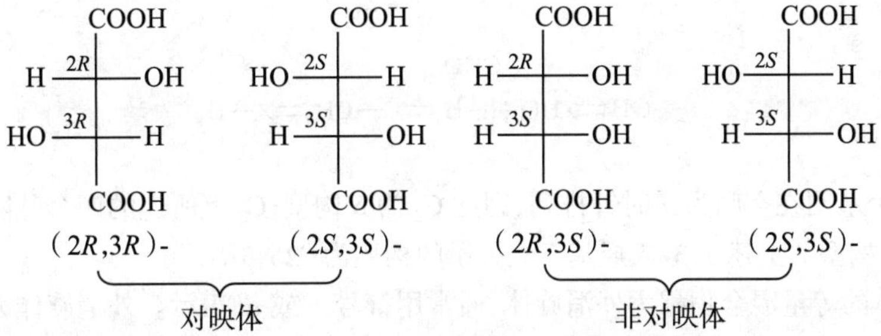
（2*R*,3*R*）-
（2*S*,3*S*）-
（2*R*,3*S*）-
（2*S*,3*S*）-
对映体
非对映体

方法 2：根据与手性碳相连的基团间交换偶数次其构型保持不变的原则，判断两个 Fischer 投影式的关系。例如：比较 1-溴-1-氯乙烷分子的两个 Fischer 投影式（**A** 和 **B**），它们是相同化合物，还是互为对映体？

A　　**B**

将 **A** 中与手性碳直接相连的两个原子或基团交换两次，得到 **B**，因此 **A** 和 **B** 为相同化合物。

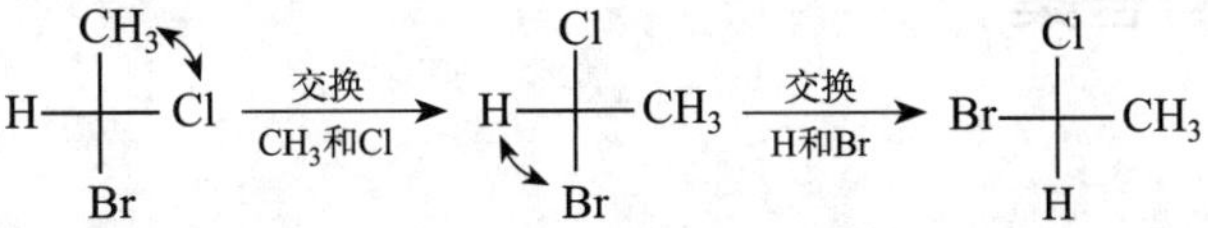
交换
CH_3和Cl
交换
H和Br

A　　**B**

D/*L* 构型命名法目前主要用于命名糖和氨基酸的构型，*R*/*S* 构型标记法可用于各种类型旋光性化合物的构型命名。

R/*S* 构型标记要点：

（1）根据次序规则，确定连在手性碳上的原子或基团的优先次序，例如，下列两组原子或基团的优先次序分别是：

—Cl　—NH_2　—CH_3　—H ⟹ 优先次序从高到低

—OH　—COOH　—CH_2OH　—H ⟹ 优先次序从高到低

（2）根据 *R*/*S* 构型标记法，命名分子中手性碳的构型。例如，标记下列 2,3-二羟基丁醛的一个立体异构体的 Fischer 投影式中手性碳的构型：

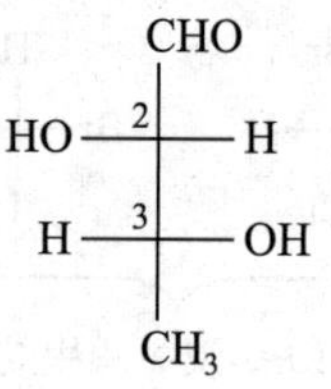

先标出每个手性碳的编号，再分别比较每个手性碳上所连的四个基团或原子的优先次序。C_2、C_3上所连四个原子或基团的优先次序分别为：

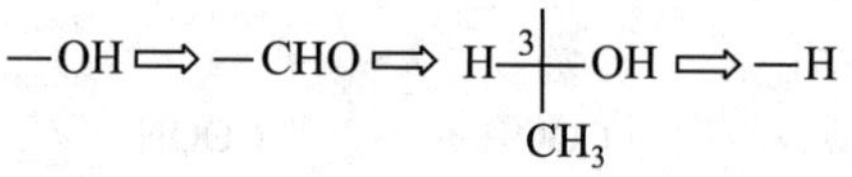

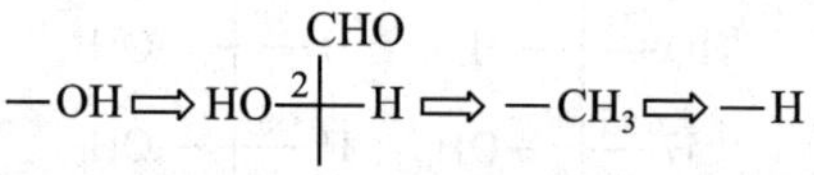

C_2上所连的四个基团在空间为逆时针排列，因此C_2为*S*构型；C_3上所连的四个基团在空间为顺时针排列，C_3为*R*构型。上述2,3-二羟基丁醛分子的构型为“2*S*,3*R*”。

一对对映体的等量混合物称为外消旋体，通常用符号±或*dl*表示。外消旋体无旋光性。含手性原子又存在对称因素的化合物为内消旋化合物，内消旋化合物无旋光性。

彼此不成镜像关系的立体异构体互为非对映体。非对映体之间具有不同的物理性质，例如它们的沸点、溶解度等都不尽相同。

三、重点和难点

重点：手性的概念、对映体的性质和*R*/*S*构型标记法、Fischer投影式的使用规则。

难点：手性的概念、*R*/*S*构型标记法、Fischer投影式。

四、习题参考答案

2-1

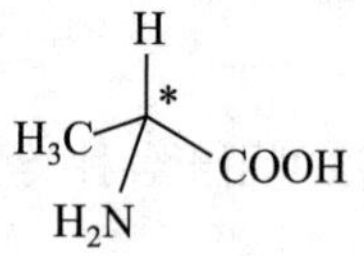
a

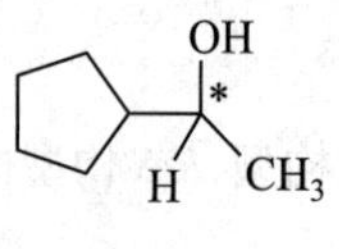
b

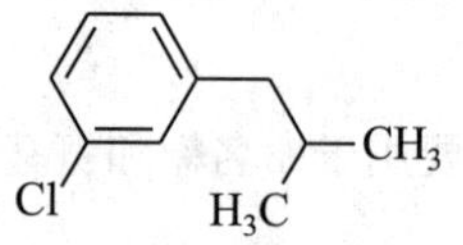
c

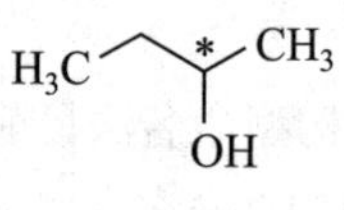
d

2-2

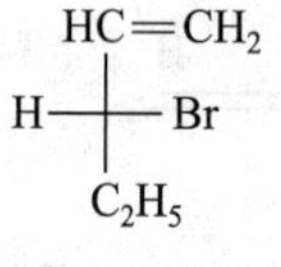
（*R*）-3-溴戊-1-烯
（1）

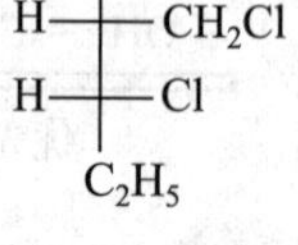
（2*R*,3*R*）-1,3-二氯-2-甲基戊烷
（2）

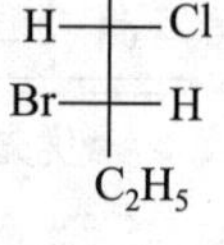
（2*S*,3*S*）-3-溴-2-氯戊烷
（3）

2-3　分步结晶得到的两部分结晶分别是外消旋酒石酸［即（±）酒石酸］、内消旋酒石酸（meso-酒石酸），因此二者均无旋光性。

2-4（1）手性分子指不能与其镜像完全重合的分子。

（2）连有 4 个不同的原子或基团的碳原子称为手性碳原子。

（3）互为镜像和实物关系，又不能完全重合的两个立体异构体互为对映体。

（4）不互为镜像和实物关系，又不能完全重合的立体异构体称为非对映体。

（5）分子内含有手性元素，但因具有对称面或者对称中心而形成的无旋光性化合物称为内消旋化合物。

（6）含有等量左旋体和右旋体的混合物称为外消旋体。

（7）手性分子具有使平面偏振光的振动面旋转一定角度的性质称为旋光性。

（8）含有多个手性中心的立体异构体中，只有一个手性中心的构型不同，其余的构型都相同的非对映体称为差向异构体。

2-5　二者的（1）、（2）、（3）、（5）完全相同，（4）的绝对值相同，但方向相反。

2-6　$[\alpha]_{D}^{t}=\frac{\alpha}{l\times c}=\frac{+2.16°}{\frac{0.50}{100mL}\times 2.5dm}=+172.8°$

2-7　在旋光仪上检测其旋光方向，如果使平面偏振光顺时针旋转，就是 +90°。

2-8（1）3 个；（2）3 个；（3）2 个。

2-9　经判断（1）为 *R*-，（2）为 *R*-，（3）为 *S*-，（4）为 *S*-。因此（1）和（2）为构型相同者，（3）和（4）为构型相同者。

2-10

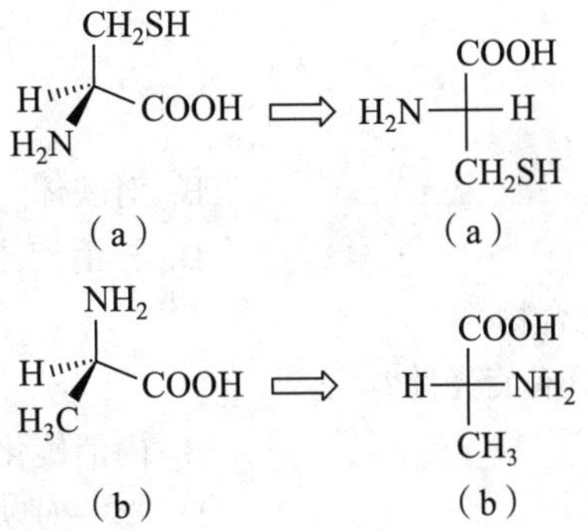
CH2SH
H
COOH
H2N
COOH
H2N
H
CH2SH
(a)
(a)
NH2
H
COOH
H3C
COOH
H
NH2
CH3
(b)
(b)

2-11（1）、（3）存在内消旋化合物。

2-12（1）$-Br>-CH_2CH_2OH>-CH_2CH_3>-H$

（2）$-OH>-COOH>-CHO>-CH_2OH$

2-13（1）（2*R*,3*R*）-3-溴丁-2-醇；（2）（2*R*,3*S*）-3-溴丁-2-醇；（3）（2*S*,3*R*）-3-溴丁-2-醇；（4）（2*S*,3*S*）-3-溴丁-2-醇。因此（1）和（4）互为对映体，（2）和（3）互为对映体。

五、复习题

1. 维生素 C 的结构式如下，其分子中有几个手性碳？

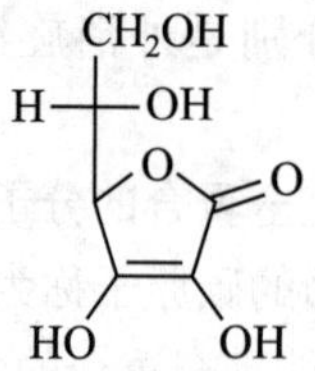

维生素C

2. 氯霉素的 Fischer 投影式如下图所示，用 *R*/*S* 标记其分子构型。

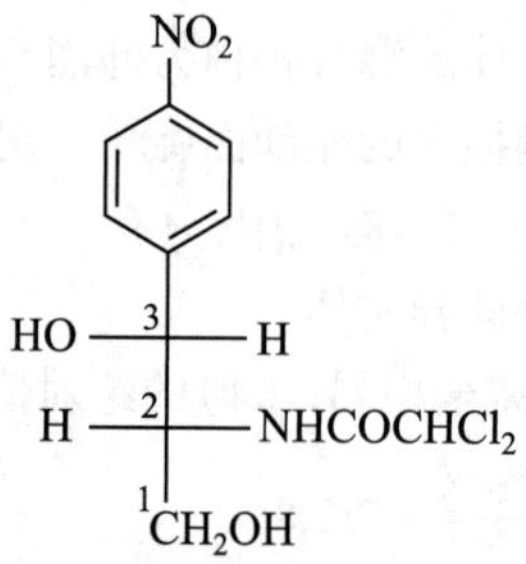

（3~5 题为单选题）

3. 下列是两个 Fischer 投影式（a 和 b），两者是何种关系。

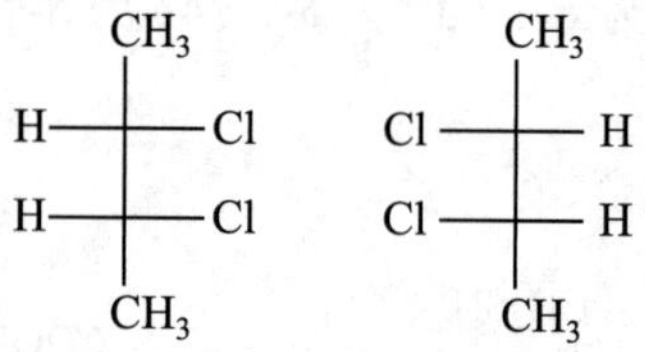

a　　　　b

A. 非对映体　　B. 对映体
C. 相同化合物　　D. 外消旋体
E. 两个不同的内消旋化合物

4. 下列哪一种类型化合物具有旋光性？

A. 非手性分子　　B. 内消旋化合物
C. 外消旋体　　D. 单一对映体
E. 一对对映体的等量混合物

5. 下列哪一种关于化合物的旋光方向与其构型关系的叙述是正确的？

A. 无直接对应关系　　B. *R*-构型为右旋
C. *S*-构型为左旋　　D. *R*-构型为左旋
E. *S*-构型为右旋

6. （*S*）-2-碘丁烷的比旋光度（$[\alpha]_D^{24}$）为 +17.0°。请思考下列问题：

（1）在 24℃观察（*R*）-和（*S*）-2-碘丁烷的等量混合物的旋光度是多少？

（2）使用 1dm 样品管，在 24℃测定浓度为 $1.0g \cdot mL^{-1}$ 的 25%（*R*）-和 75%（*S*）-2-碘丁烷混合物的旋光度是多少？

7. 指出下列各组中两个化合物的关系（相同化合物、对映体或非对映体）。

a. 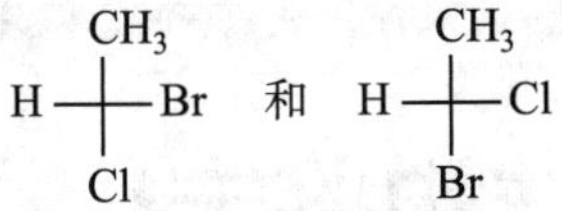

b. 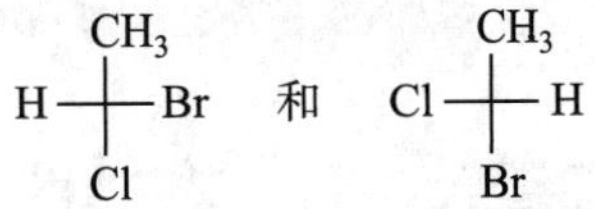

c. 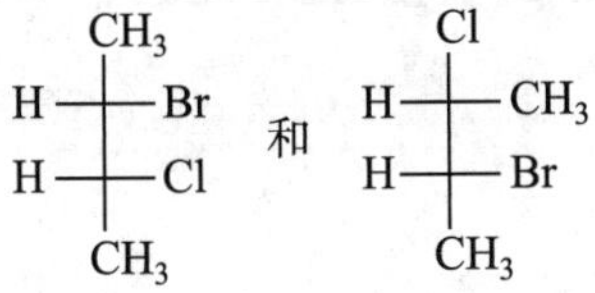

8. 指出2,3-二溴丁烷（$CH_3CHBrCHBrCH_3$）有几个构型异构体，其中有几个内消旋化合物，有几对对映体？试分别写出其Fischer投影式。

9. 指出下列3个透视式（a~c）与3个Fischer投影式（d~f）之间互为相同分子的对应关系。

a. 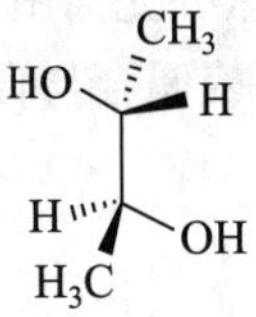

b. 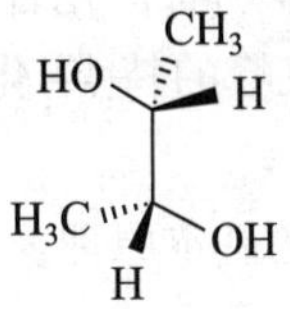

c. 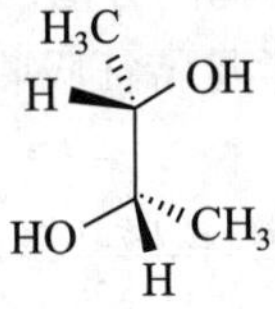

d. 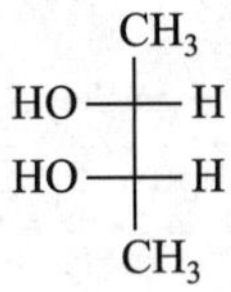

e. 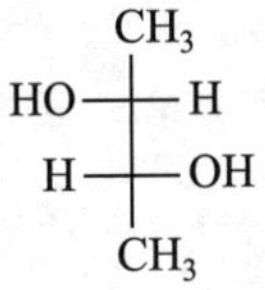

f. 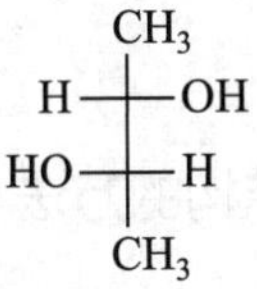

六、复习题参考答案

1. 2个
2. 2*R*,3*R*
3. C
4. D
5. A
6. （1）观察的旋光度为零

 （2）+8.5°
7. a. 对映体　b. 相同化合物　c. 非对映体
8. 有三个构型异构体，一个内消旋化合物，一对对映体

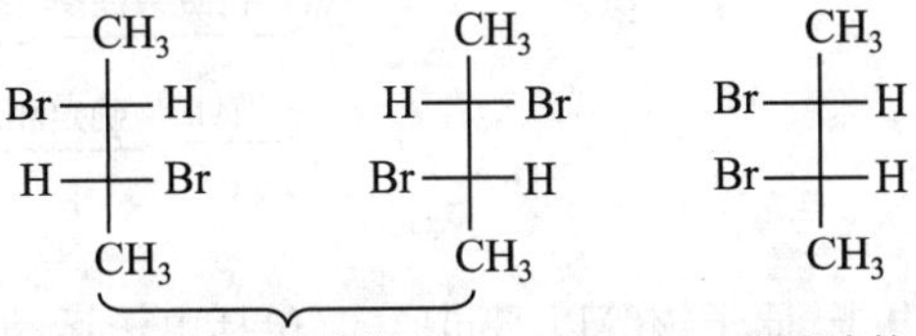

一对对映体　　　　内消旋体

9. a与d、b与e、c与f互为相同分子。

（王平安）

第三章 有机化合物的结构鉴定

一、基本要求

掌握：红外光谱图谱、核磁共振谱图谱、质谱解析的基本方法。

熟悉：研究有机化合物结构的方法；紫外光谱鉴别有机化合物的类别、紫外光谱图谱；红外吸收与分子振动形式的关系、常见特征吸收峰和相关峰的特点；化学位移、自旋偶合与自旋裂分的规律。

了解：紫外光谱、红外光谱、核磁共振谱和质谱的基本原理。

二、总结

（一）研究有机化合物结构的方法

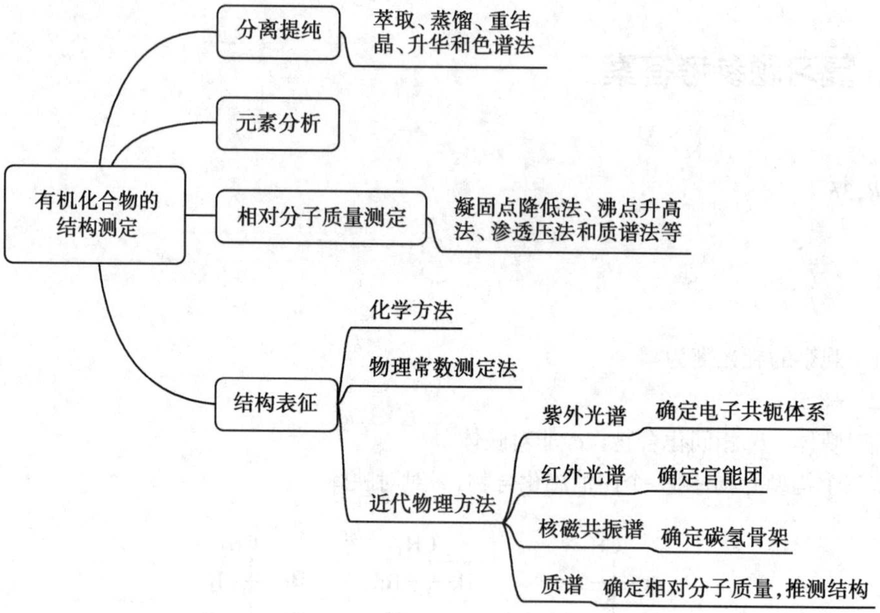

有机化合物的结构测定
分离提纯
萃取、蒸馏、重结晶、升华和色谱法
元素分析
相对分子质量测定
凝固点降低法、沸点升高法、渗透压法和质谱法等
结构表征
化学方法
物理常数测定法
近代物理方法
紫外光谱
确定电子共轭体系
红外光谱
确定官能团
核磁共振谱
确定碳氢骨架
质谱
确定相对分子质量，推测结构

（二）吸收光谱

分子及分子中的原子、电子、原子核等以不同形式（包括电子运动、原子的振动及分子转动等）进行运动，每种运动能量是量子化的。而电磁辐射可提供能量，当辐射能恰好等于分子运动的某两个能级之差时，分子会吸收电磁辐射，用仪器记录分子对不同波长电磁波的吸收，就可得到相应的谱图，即为吸收光谱。吸收光谱有紫外-可见光谱、红外光谱和核磁共振谱，这些吸收光谱从不同角度反映出分子的结构特征。

(三) 紫外光谱

紫外光谱是有机分子中价电子跃迁产生的光谱。$\pi \to \pi^*$ 和 $n \to \pi^*$ 跃迁在紫外和可见区产生吸收,因此紫外光谱适用于分析具有共轭体系的化合物,包括不饱和基团的共轭关系以及共轭体系中取代基的位置、种类和数目等。

紫外光谱的最大吸收峰处的波长 λ_{max} 和对应的摩尔吸收系 ε_{max} 为该化合物的紫外特征数值。

(四) 红外光谱

红外光谱(IR)是由于分子振动能级的跃迁(同时伴随转动能级跃迁)而产生的。通常使用的波数是 4 000~400cm^{-1}。分子的振动方式可分为伸缩振动(υ)和弯曲振动(δ)两大类。构成化学键的原子的质量越小,则振动频率或波数越高。键的力常数 k 越大,则振动频率或波数越高。

红外光谱分为官能团区和指纹区两大区域。根据官能团区域中的特征吸收峰的位置,判别可能存在的官能团;找出该官能团的相关峰,可以推测未知化合物中所含的官能团。由此再仔细归属指纹区的有关谱带,进行综合分析。

(五) 核磁共振谱

核磁共振谱是强磁场中自旋的原子核吸收电磁波引起共振跃迁所产生的吸收光谱。

1. 化学位移　给出分子中的质子所处的不同化学环境。

化学位移取决于核外电子云的密度,影响电子云密度的因素包括:诱导效应,各向异性效应,氢键及溶剂效应等。有机化合物中的氢核受到的屏蔽效应增强,δ 值减小;去屏蔽效应使质子的 δ 值增大。化学环境不同的不等性质子具有不同的化学位移。利用化学位移值的差别能区分各类化学环境不同的质子。

2. 积分曲线与氢原子数目　给出各吸收信号所代表的质子数比值。

各类质子信号的强度的与其数目有关。每组峰的面积与产生该组信号的质子数目成正比。比较各组信号的峰面积比值,可以确定不同类型质子的相对数目。各峰的面积可用阶梯式的积分线高度来表示,峰面积越大,则积分线高度越高。

3. 自旋偶合和自旋裂分　反映邻接碳上磁不等性质子的数目的 n+1、(n+1)(n′+1)规律等。

有机化合物分子中相邻不等性质子由于自旋而产生的磁性相互作用,称为自旋偶合。自旋偶合所引起的核磁共振峰裂分而使峰增多的现象称为自旋裂分。

相邻的不等性质子分裂峰中各小峰之间的距离称为偶合常数,用符号 J 表示。J 值的大小反映了核之间自旋偶合的程度,相互偶合而引起峰裂分的两组吸收峰具有相同的 J 值。对某一特定化合物,其 J 值为一常数。

一个信号的分裂峰数决定于邻接碳上的等性质子数 n,分裂峰数为 n+1。各分裂峰的强度比等于二项式$(a+b)^n$ 展开式各项系数,n 为邻接碳上质子的数目。

4. 解析 ^{1}H-NMR 谱图的一般步骤　主要是从 ^{1}H-NMR 谱图中寻找信号的位置、数目、强度及裂分情况的信息。

由信号数确定化合物中存在几类质子;从积分阶梯曲线高度及质子总数求出各类质子的数目;从 δ 值识别各类质子的归属;从信号的裂分数目及 J 值找出相互关系,确定出邻接碳上的质子数。对于较复杂的化合物,还需结合红外光谱、紫外光谱和质谱等,推测化合物的结构。

(六) 质谱

质谱是基于化合物分子破坏后所得的碎片离子按质荷比(质量与所带电荷之比 m/z)排列而成的一种谱图,质谱不属于吸收光谱。质谱主要用来精确测定化合物的相对分子质量及通过碎片离子的质荷比以及强度推测化合物的结构。

一般情况下分子离子峰的 *m/z* 值可表示该分子的相对分子质量。碎片离子开裂形式主要有单纯开裂和重排开裂，离子碎片为阐明分子结构提供信息。利用质谱中出现的分子离子、碎片离子、同位素离子、重排离子以及亚稳离子等，可分析、确定有机化合物的相对分子质量和分子式。进一步可根据分子结构的裂解方式及经验规律，鉴定化合物的官能团，给出分子的结构信息。

(七) 多谱联用

对于结构较为复杂的有机化合物，往往需要同时利用多种波谱法进行综合分析。

质谱主要确定有机化合物的相对分子质量，推测可能的分子式；紫外光谱确定该化合物中是否具有共轭结构；红外光谱确定该化合物中可能具有的官能团；核磁共振谱确定分子的骨架信息。综合以上分析，就可以得出正确的分子结构式。

三、重点和难点

重点：红外光谱图谱、核磁共振氢谱（^{1}H-NMR）图谱、质谱解析的基本方法。

难点：红外吸收与分子振动形式的关系、常见特征吸收峰和相关峰的特点；化学位移、自旋偶合与自旋裂分的规律；质谱的分子离子峰、同位素峰。

四、习题参考答案

3-1　环己-1,3-二烯。

3-2　(1) 在 3 200~3 600cm^{-1} 处有羟基的伸缩振动吸收峰；(2) 在 1 640~1 680cm^{-1} 有碳碳双键的伸缩振动吸收峰；(3) 在 2 100~2 260cm^{-1} 有碳碳叁键的伸缩振动吸收峰。

3-3　有两组峰，CH_3 上质子信号为三重峰，而 CH_2 上质子的信号理论上应被 6 个甲基质子裂分成（6+1）重峰，但在一般图谱中往往看到的是一组复杂的多重峰。

3-4　(1) 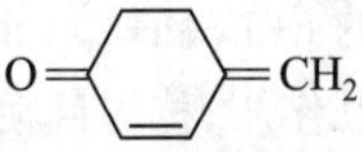　(2) 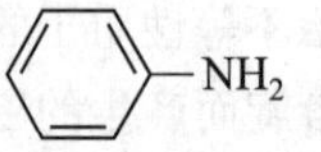　(3) $CH_3CH{=}CHOCH_3$

3-5　(2)、(3)可用红外光谱鉴定。(2)的前者由于分子的对称性，在 2 100~2 200cm^{-1} 处无吸收。(3)的后者在 1 700cm^{-1} 左右有羰基的伸缩振动吸收。

3-6　(1) C=O；(2) —C≡C—（不对称分子）。

3-7　(1)、(4)用 ^{1}H-NMR 谱　(2)、(3)用 IR 谱。

3-8　(1) 4 种；(2) 4 种；(3) 4 种；(4) 2 种；(5) 2 种；(6) 5 种。

3-9　(1)c；(2)b。

3-10　(1) $(CH_3)_4C$；(2) $CH_3CBr_2CH_3$；(3) CH_3OCH_3；(4) CH_3COCH_3；(5) $CH_3C{\equiv}CCH_3$；(6) $(CH_3)_3C{-}C(CH_3)_3$

3-11

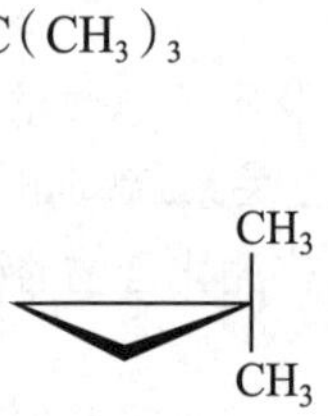

2个信号

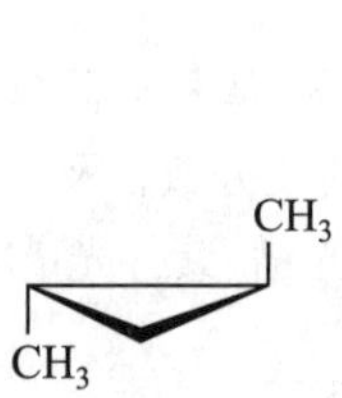

3个信号

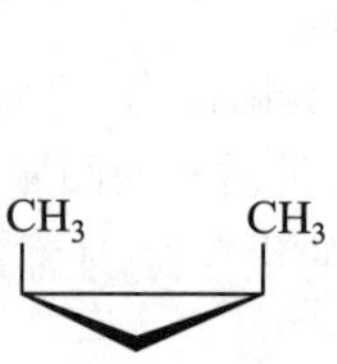

4个信号

3-12　$(CH_3)_3COC(CH_3)_3$

3-13

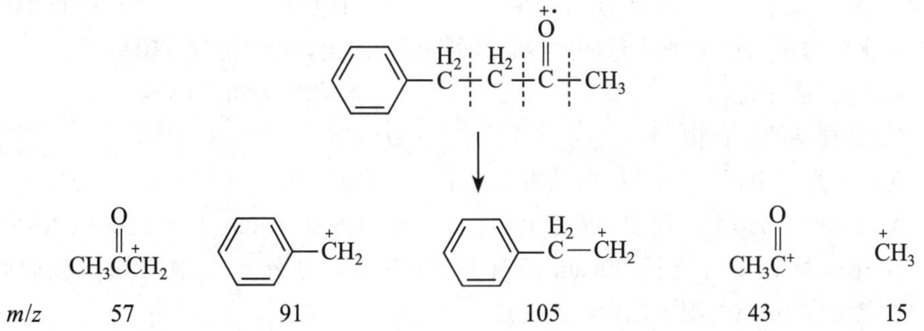

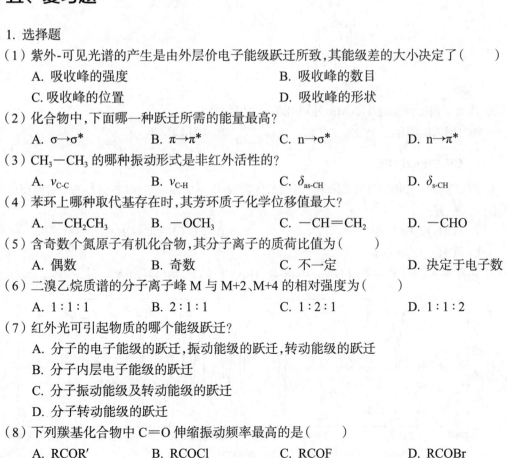

3-14　$C_6H_5-CH_2-C{\equiv}C-C{\equiv}C-CH_3$ 或 $C_6H_5-C{\equiv}C-CH_2-C{\equiv}C-CH_3$

3-15　由 MS 知 A 的相对分子质量为 88。由 IR 3 600cm^{-1} 知，分子中应含有 OH，这与 ^{1}HNMR 中 δ1.05（1H，s，加 D_2O 后消失）相一致，δ1.41（2H，q，J=7Hz）应与 δ0.95（3H，t，J=7Hz）相互偶合，其结构片段应为 CH_3CH_2-，δ1.20（6H，s）应为片段 $C(CH_3)_2$。

综合上述分析，A 的结构应为 $CH_3CH_2C(OH)(CH_3)_2$。

五、复习题

1. 选择题

（1）紫外-可见光谱的产生是由外层价电子能级跃迁所致，其能级差的大小决定了（　　）

A. 吸收峰的强度　　B. 吸收峰的数目

C. 吸收峰的位置　　D. 吸收峰的形状

（2）化合物中，下面哪一种跃迁所需的能量最高？

A. $\sigma\rightarrow\sigma^*$　　B. $\pi\rightarrow\pi^*$　　C. $n\rightarrow\sigma^*$　　D. $n\rightarrow\pi^*$

（3）CH_3-CH_3 的哪种振动形式是非红外活性的？

A. $\nu_{C\text{-}C}$　　B. $\nu_{C\text{-}H}$　　C. $\delta_{as\text{-}CH}$　　D. $\delta_{s\text{-}CH}$

（4）苯环上哪种取代基存在时，其芳环质子化学位移值最大？

A. $-CH_2CH_3$　　B. $-OCH_3$　　C. $-CH{=}CH_2$　　D. $-CHO$

（5）含奇数个氮原子有机化合物，其分子离子的质荷比值为（　　）

A. 偶数　　B. 奇数　　C. 不一定　　D. 决定于电子数

（6）二溴乙烷质谱的分子离子峰 M 与 M+2、M+4 的相对强度为（　　）

A. 1∶1∶1　　B. 2∶1∶1　　C. 1∶2∶1　　D. 1∶1∶2

（7）红外光可引起物质的哪个能级跃迁？

A. 分子的电子能级的跃迁，振动能级的跃迁，转动能级的跃迁

B. 分子内层电子能级的跃迁

C. 分子振动能级及转动能级的跃迁

D. 分子转动能级的跃迁

（8）下列羰基化合物中 C═O 伸缩振动频率最高的是（　　）

A. RCOR′　　B. RCOCl　　C. RCOF　　D. RCOBr

（9）下面化合物在核磁共振谱（氢谱）中出现单峰的是（　　）

A. CH_3CH_2Cl　　B. CH_3CH_2OH　　C. CH_3CH_3　　D. $CH_3CH(CH_3)_2$

（10）某化合物在220~400nm范围内没有紫外吸收，该化合物可能属于哪一类？

A. 芳香族化合物　　B. 含共轭双键的化合物

C. 含羰基的化合物　　D. 烷烃

（11）在红外光谱中，羰基的伸缩振动吸收峰出现的波数（cm^{-1}）范围是（　　）

A. 1 900~1 650　　B. 2 400~2 100　　C. 1 600~1 500　　D. 1 000~650

（12）某化合物在紫外光区204nm处有一弱吸收，在红外光谱中有如下吸收峰：3 300~2 500cm^{-1}（宽峰），1 710cm^{-1}，则该化合物可能是（　　）

A. 醛　　B. 酮　　C. 羧酸　　D. 烯烃

（13）核磁共振谱解析分子结构的主要参数是（　　）

A. 质荷比　　B. 波数　　C. 化学位移　　D. 保留值

（14）顺-1,2-二甲基环丙烷 ^{1}H-NMR 谱的共振信号为（　　）

A. 2组　　B. 4组　　C. 3组　　D. 1组

（15）在四谱综合解析过程中，确定苯环取代基的位置，最有效的方法是（　　）

A. 紫外和核磁　　B. 质谱和红外　　C. 红外和核磁　　D. 质谱和核磁

2. 指出下列各化合物中各种基团的特征吸收频率。

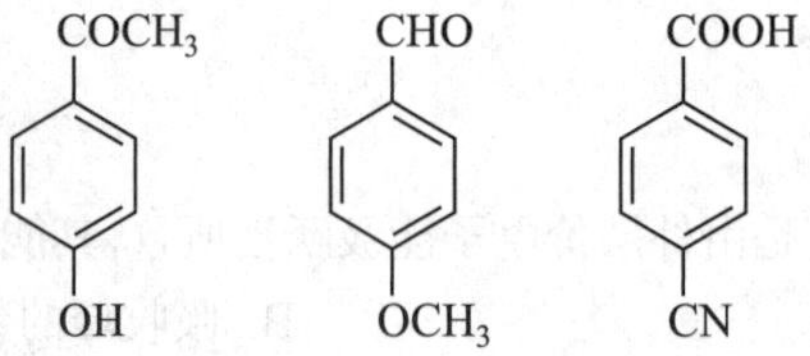

COCH3
OH
CHO
OCH3
COOH
CN

3. 预测下列化合物的 ^{1}H-NMR 分别出现多少组信号？

A. $CH_3CH_2CH_3$　　B. CH_3CH_2Cl

C. $CH_3CH_2CH_2OH$　　D. 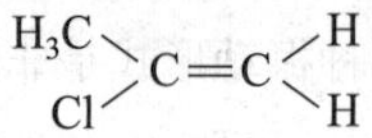

H3C
Cl
C=C
H
H

4. 预测下列化合物的 ^{1}H-NMR 谱，说明信号数、各信号的裂分情况、各信号的相对面积比和各信号的相对位置。

A. $(CH_3)_2CHCH_2Cl$　　B. $CH_3CH{=}C(CH_3)_2$

C. $(CH_3)_3CCH_2OH$

5. 化合物A，分子式为 $C_4H_7O_2Cl$，其IR及 ^{1}H-NMR 如下，给出其结构。

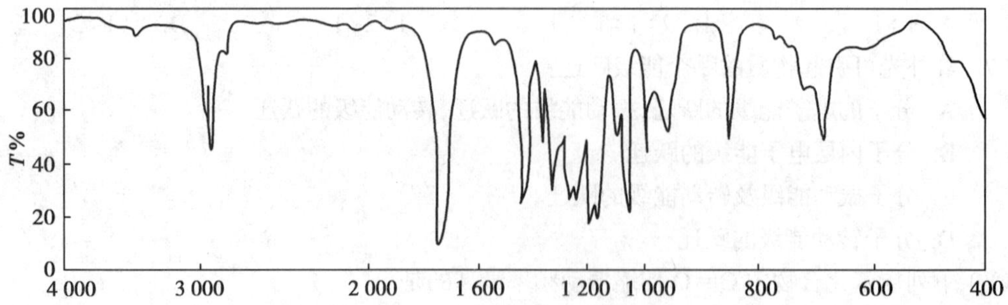

100
80
60
40
20
0
T%
4 000
3 000
2 000
1 600
1 200
1 000
800
600
400
σ/cm⁻¹

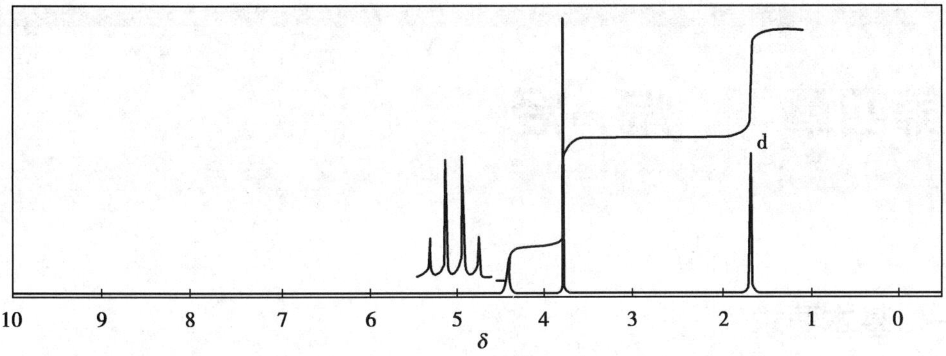
d
10
9
8
7
6
5
4
3
2
1
0
δ

六、复习题参考答案

1. 选择题

（1） C （2）A （3）A （4）D （5）B （6）C （7）C （8）C （9）C （10）D （11）A （12）C （13）C （14）B （15）C

2. 对羟基苯乙酮:OH,3 200~3 600cm^{-1};C═O,1 650~1 700cm^{-1};苯环C═C,1 500~1 600cm^{-1},苯环 C—H 3 000~3 100cm^{-1}。对甲氧基苯甲醛:C═O,约 1 750cm^{-1};醛 C—H 2 720cm^{-1};苯环,1 500~1 600cm^{-1};苯环 C—H 3 000~3 100cm^{-1};甲基 C—H 2 800~3 000cm^{-1}。对氰基苯甲酸:羧羟基,2 500~3 600cm^{-1};C═O,约 1 650cm^{-1};苯环,1 500~1 600cm^{-1};苯环 C—H 3 000~3 100cm^{-1}。氰基,2 200~2 600cm^{-1}。

3. A. 2 个;B. 2 个;C. 4 个;D. 3 个。

4. A. 信号数:3。裂分情况:CH_3,二重峰;CH,多重峰;CH_2,二重峰。各信号的相对面积比:6∶1∶2。各信号的相对位置:CH_3,高场,CH,次之,CH_2,较低场。

B. 信号数:4。裂分情况:$C\underline{H}_3CH$,二重峰;$CH_3C\underline{H}$,四重峰;$C(C\underline{H}_3)_2$ 两个单峰。各信号的相对面积比:3∶1∶3∶3。各信号的相对位置:$C\underline{H}_3CH$,较高场,$C(C\underline{H}_3)_2$,次之,CH,较低场。

C. 信号数:3。裂分情况:CH_3,单峰;CH_2,二重峰;OH,单峰。各信号的相对面积比:9∶2∶1。各信号的相对位置:CH_3,较高场,CH_2,较低场,OH,1~6ppm 之间不确定。

5.

A. 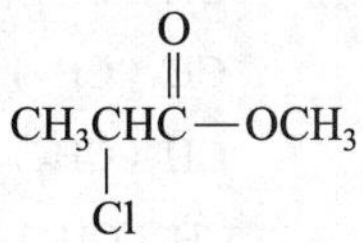

（李发胜　张博宇）

第四章 烷烃

一、基本要求

掌握：烷烃的系统命名法；烷烃的构象异构现象，构象的锯架式和 Newman 投影式表示；烷烃的自由基反应及各类氢原子的反应活性。

熟悉：烷烃的自由基反应机制。

了解：烷烃的物理性质。

二、总结

（一）烷烃的结构

1. 碳原子的杂化方式　在烷烃中所有碳原子均采用 sp^3 杂化，呈现四面体构型。各原子之间都以单键（σ 键）相连，各原子间的键角接近 109°28′。分子可以绕着碳碳 σ 键自由旋转。

2. 烷烃中碳原子及氢原子的类型　烷烃中的碳原子可分为伯、仲、叔、季碳原子；伯、仲、叔碳原子上的氢原子，分别称为伯、仲、叔氢原子。

（二）烷烃的命名法

1. 常见烷烃及英文名称（表 4-1）

表 4-1　常见的烷烃及英文名称

中文名	英文名	结构式	中文名	英文名	结构式
甲　烷	methane	CH_4	庚　烷	heptane	$CH_3(CH_2)_5CH_3$
乙　烷	ethane	CH_3CH_3	辛　烷	octane	$CH_3(CH_2)_6CH_3$
丙　烷	propane	$CH_3CH_2CH_3$	壬　烷	nonane	$CH_3(CH_2)_7CH_3$
丁　烷	butane	$CH_3(CH_2)_2CH_3$	癸　烷	decane	$CH_3(CH_2)_8CH_3$
戊　烷	pentane	$CH_3(CH_2)_3CH_3$	十一烷	undecane	$CH_3(CH_2)_9CH_3$
己　烷	hexane	$CH_3(CH_2)_4CH_3$	十二烷	dodecane	$CH_3(CH_2)_{10}CH_3$

2. 常见的烷基及英文名称（表 4-2）

表 4-2　常见烷基的结构与名称

常见基团的结构	中文名称	英文名称	简写
$-CH_3$	甲基	methyl	Me
$-CH_2CH_3$	乙基	ethyl	Et
$-CH_2CH_2CH_3$	（正）丙基	n-propyl	n-Pr

续表

常见基团的结构	中文名称	英文名称	简写
CH_3 | $—CHCH_3$	异丙基	isopropyl	iso-Pr
$—CH_2CH_2CH_2CH_3$	丁基	butyl	n-Bu
CH_3 | $—CHCH_2CH_3$	仲丁基	secbutyl	sec-Bu
CH_3 | $—CH_2CHCH_3$	异丁基	isobutyl	iso-Bu
CH_3 | $—C—CH_3$ | CH_3	叔丁基	tertbutyl	tert-Bu

3. 系统命名法

（1）选择最长碳链为主链，并按主链所含碳原子数命名为某烷。

（2）对主链碳原子进行编号，从靠近取代基的一段开始编号，使取代基的位次最低，当含多个取代基时，则采用最低（小）位次组规则进行编号。

（3）把取代基的编号和名称依次写在母体名称之前，其位次与名称之间用半字线连接起来。若有多个不同取代基，按取代基英文名称的首字母排列顺序先后列出取代基名称；若有多个相同取代基，依次写出取代基的位次，用“，”隔开，用二、三、四等中文数字表明取代基的数目（英文名称中分别用词头 di、tri 和 tetra 表示二个、三个和四个），写在取代基名称之前。

（4）两个不同的取代基位于离主链两端等距离时，按取代基英文名称的首字母顺序依次排序，排在前面的取代基给小编号，排在后面的给大编号。

（三）烷烃的构象异构

1. 构象异构　由于碳碳单键的旋转，导致分子中原子或原子团在空间的不同排列方式称为构象。由此产生的异构体称为构象异构体。构象异构体的分子构造相同，其空间排列取向不同，构象异构是立体异构中的一种。

2. 乙烷的构象

（1）两种特殊构象及表示方式：

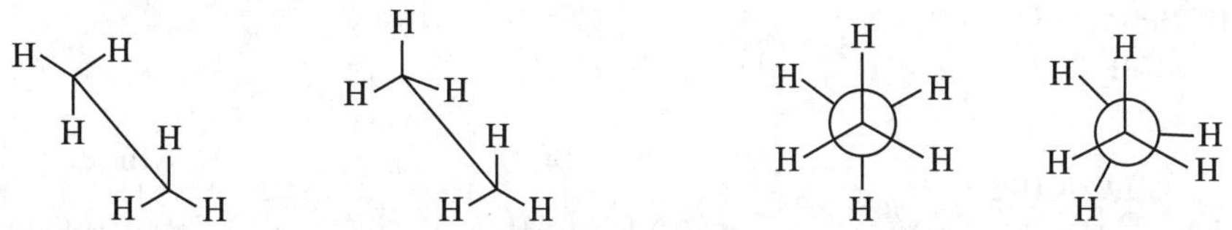

交叉式　重叠式　　交叉式　重叠式

锯架式　　纽曼投影式

（2）乙烷的优势构象：交叉式构象为乙烷的优势构象。构象稳定性：交叉式（优势构象）> 重叠式。

3. 丁烷的构象

（1）丁烷的四种特殊构象：

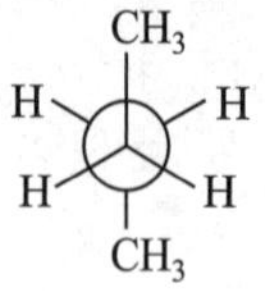

对位交叉式

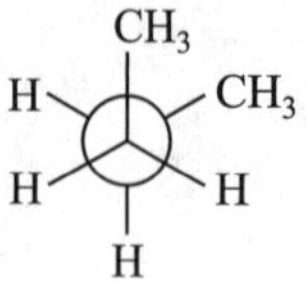

邻位交叉式

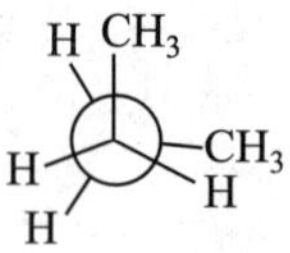

部分重叠式

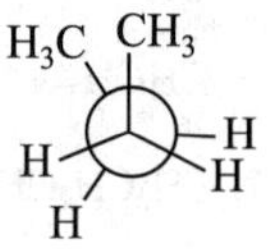

全重叠式

（2）丁烷的优势构象：对位交叉构象为丁烷的优势构象。稳定性：对位交叉式 > 邻位交叉式 > 部分重叠式 > 全重叠式。

（四）烷烃的化学性质——自由基卤代反应

烷烃在光照或加热的条件下发生自由基卤代反应。影响自由基卤代反应的因素如下：

1. 卤素的影响　卤代烃的反应活性：$F_2 > Cl_2 > Br_2 > I_2$。烷烃的卤代一般是指氯代和溴代反应。氯代反应的活性较高，反应的选择性较差，而溴代反应则相反。

2. 烷烃结构　烷烃结构不同，其 C—H 键的离解能不同，离解能越大，化学键越牢固，相应的氢越难解离，反应活性越低，生成的自由基越不稳定，反应速度越慢，C—H 键的离解能决定卤代速度。

离解能：$CH_3CH_2CH_2—H > (CH_3)_2CH—H > (CH_3)_3C—H$

各级氢的反应活性：伯氢 < 仲氢 < 叔氢

自由基的稳定性：$CH_3\cdot$ < 伯碳自由基 < 仲碳自由基 < 叔碳自由基

三、重点和难点

重点：烷烃的系统命名法；烷烃的构象异构现象；烷烃的自由基反应及各类氢的反应活性。

难点：烷烃的构象异构现象及对构象稳定性的理解；烷烃自由基反应的机制。

四、习题参考答案

4-1 （1）3-乙基-2,4-二甲基戊烷　（2）2,2,5,5-四甲基己烷

4-2 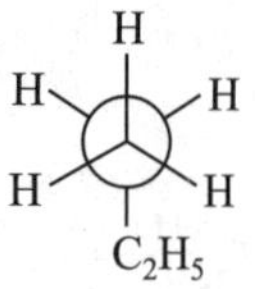

4-3 （1）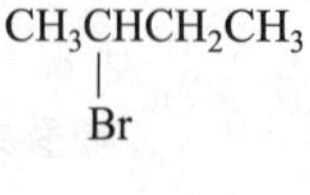　（2）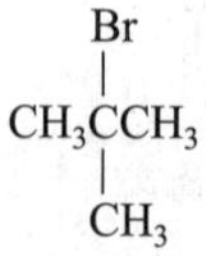　（3）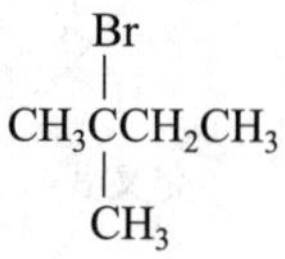

4-4 （1）3,3-二乙基戊烷　（2）5-乙基-2,2,3-三甲基癸烷

（3）6-异丙基-3,3-二甲基壬烷　（4）3-乙基-5-甲基辛烷

4-5 （1）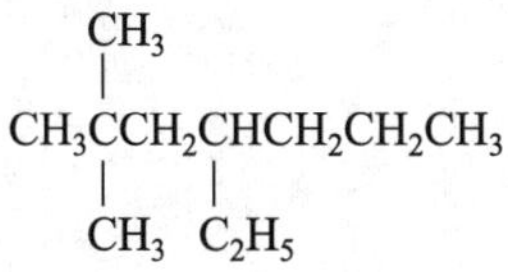 （2）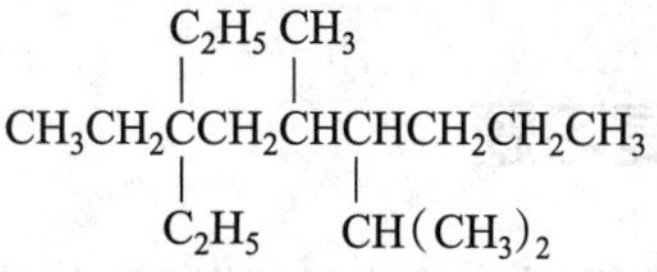

（3）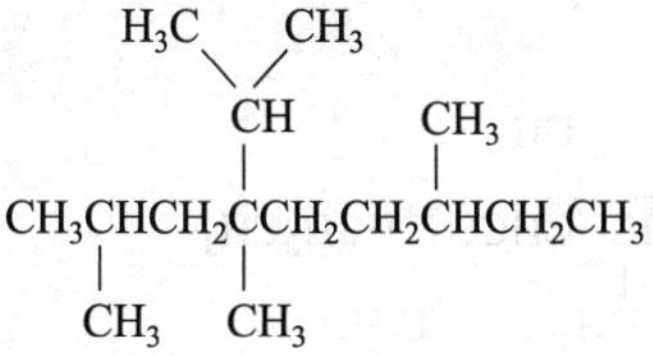 （4）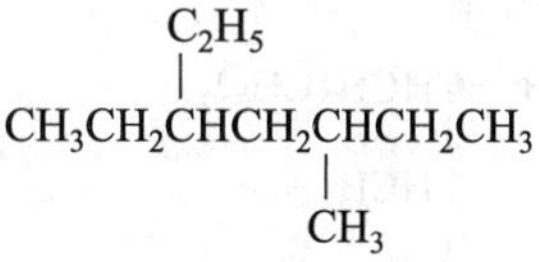

4-6 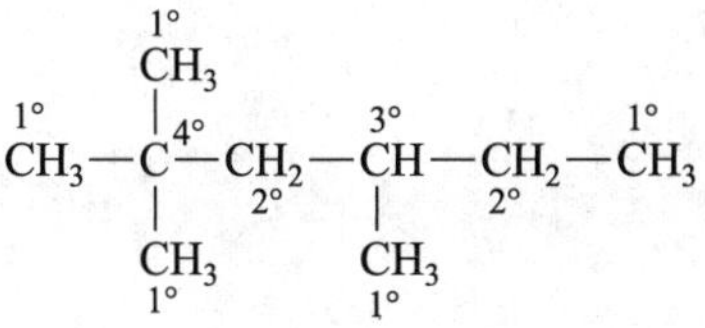

4-7 （1）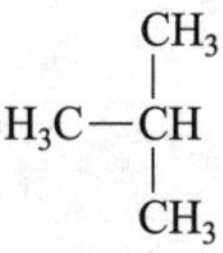 （2）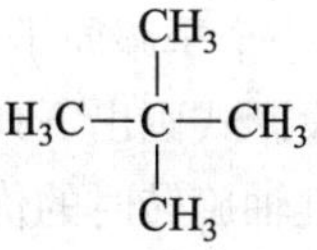

（3）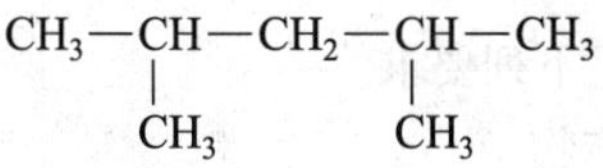 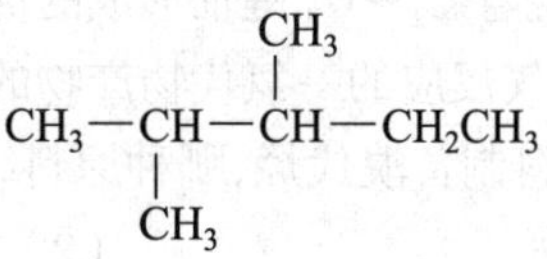

4-8 （2）>（3）>（5）>（4）>（1）

4-9

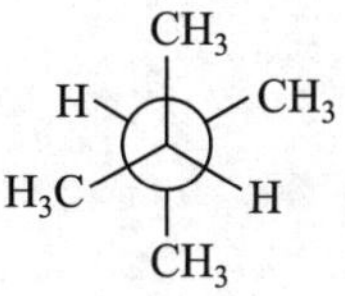

对位交叉式

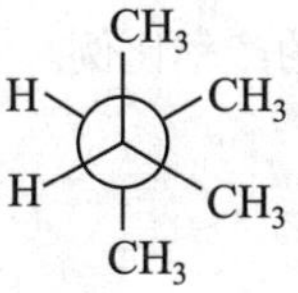

邻位交叉式

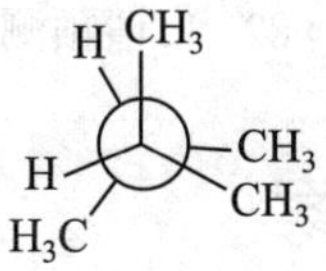

部分重叠式

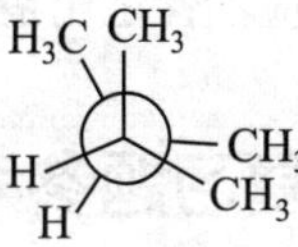

全重叠式

4-10

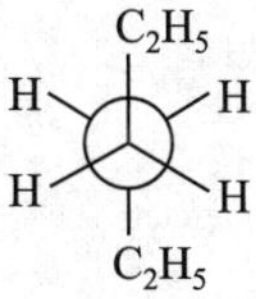

最稳定的构象

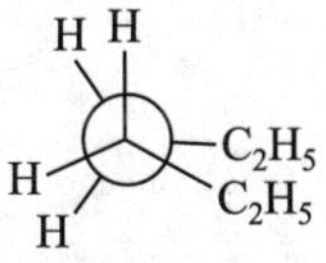

最不稳定的构象

4-11 （3）>（2）>（1）>（4）

4-12 C_8H_{18} 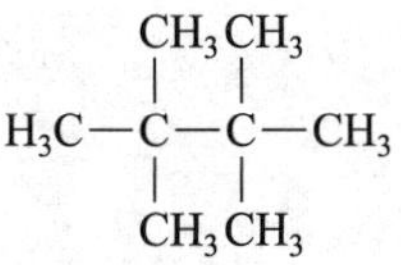

2,2,3,3-四甲基丁烷

五、复习题

1. 命名下列化合物或写出化合物的结构。

（1）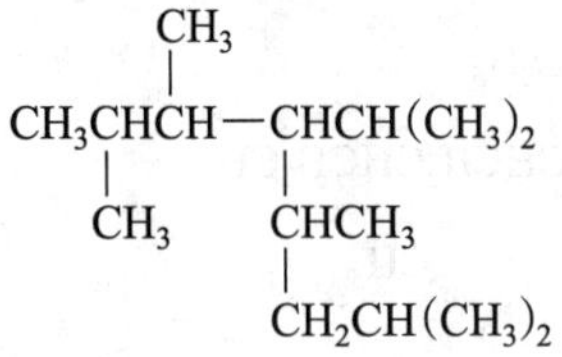　（2）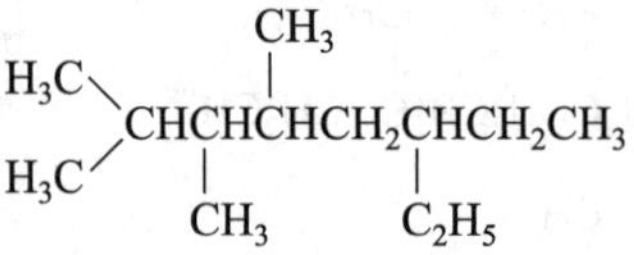

（3）4-乙基-8-异丙基-2,11-二甲基十二烷

（4）4-异丙基-2,4,7-三甲基壬烷

2. 写出分子式为 C_7H_{16}，并符合下列要求的构造式。

（1）含一个季碳和一个叔碳原子

（2）含两个仲碳原子和一个季碳原子

3. 按要求用 Newman 投影式画出下列化合物的构象式。

（1）己烷围绕 $C_3—C_4$ 键轴旋转时的优势构象

（2）2-甲基丁烷绕着 $C_2—C_3$ 键轴形成的优势构象

4. 写出戊烷与氯气反应的一氯代物产物的结构。

5. 以 C_6H_{14} 为原料制备溴代烃，哪种原料结构能满足下列要求。

（1）2 个单溴产物　　（2）3 个单溴产物

（3）4 个单溴产物　　（4）5 个单溴产物

6. 预测化合物 $(CH_3)_3CCH_2CH(CH_3)_2$ 发生一溴取代的产物结构，假设在 127℃时 3°，2°，1° 氢原子的反应活性之比是 1 600 : 82 : 1，请预测产物的产率比例。

六、复习题参考答案

1.（1）4-异丙基-2,3,5,7-四甲基辛烷

（2）6-乙基-2,3,4-三甲基辛烷

（3）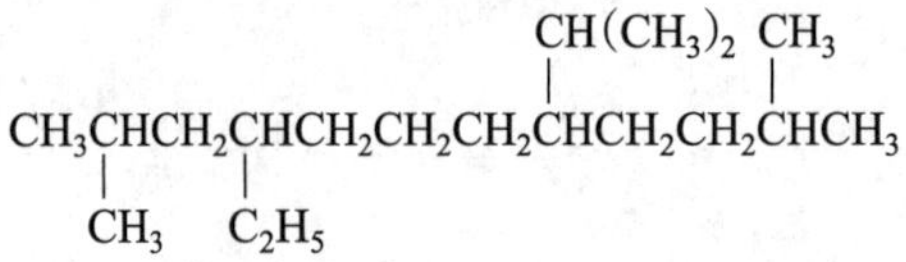

（4）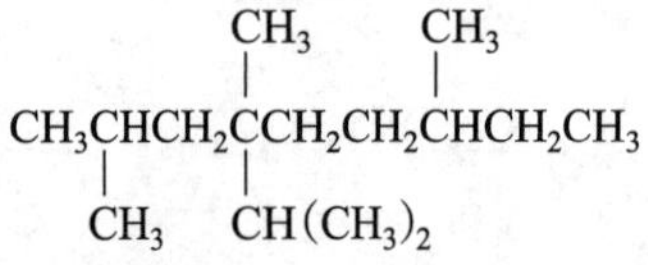

2.（1）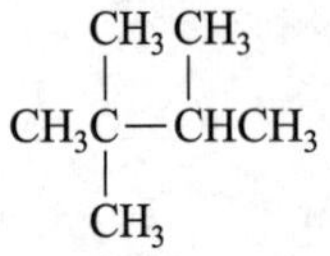　（2）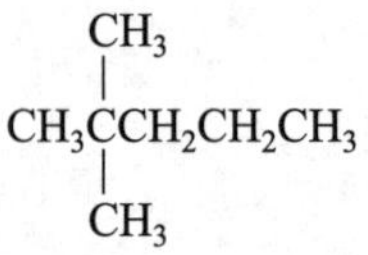

3.（1）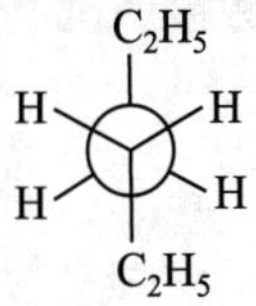　（2）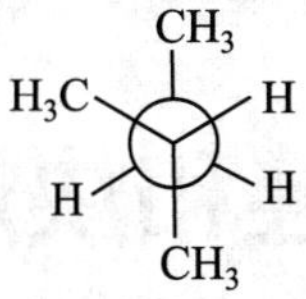

4. 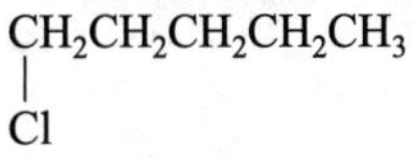　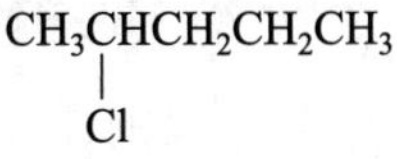　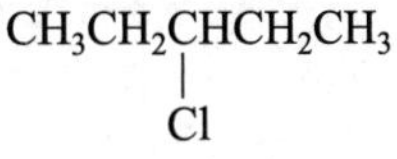

5.（1）$(CH_3)_2CHCH(CH_3)_2$

（2）$CH_3CH_2CH_2CH_2CH_2CH_3$，$(CH_3)_3CCH_2CH_3$

（3）$CH_3CH_2CH(CH_3)CH_2CH_3$　（4）$(CH_3)_2CHCH_2CH_2CH_3$

6.（1）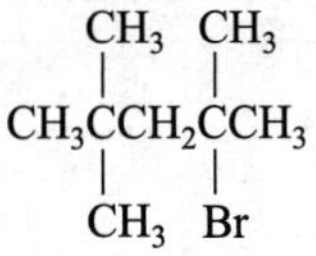　（2）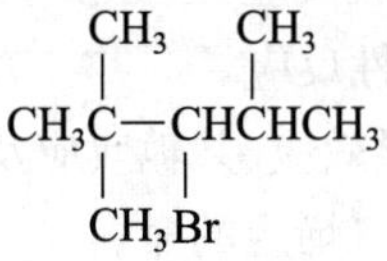

（3）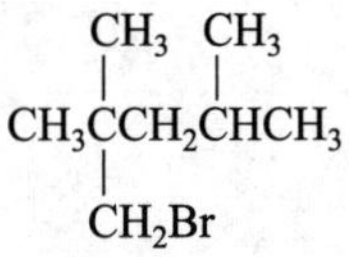　（4）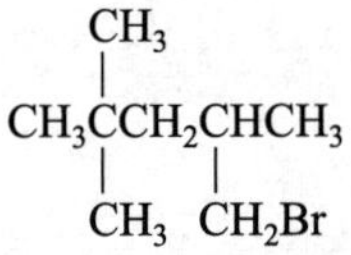

（1）:（2）:（3）:（4）=1 600 : 82 : 9 : 6

（张静夏）

第五章　烯烃和炔烃

一、基本要求

掌握:烯烃、炔烃的结构和命名;烯烃的异构;烯烃的亲电加成反应,马尔科夫尼科夫规则,过氧化物效应,氧化反应;炔烃的加成反应、还原反应、氧化反应、端基炔的酸性及金属炔化物的生成;共轭二烯烃的结构特点及其特性反应。

熟悉:亲电加成反应机制;诱导效应、共轭效应及其应用。

了解:烯烃、炔烃的物理性质,二烯烃的命名。

二、总结

(一) 烯烃

1. 结构　烯烃中双键碳原子为 sp^2 杂化,2 个碳原子各用 1 个 sp^2 杂化轨道互相重叠,形成碳碳 σ 键,每个 sp^2 杂化的碳原子上还各有 1 个未杂化的 *p* 轨道,其对称轴彼此互相平行,侧面互相重叠形成 π 键。碳碳双键不能自由旋转。

烯烃有构造异构(包括碳链异构和位置异构)和顺反异构。

2. 命名　烯烃的系统命名法:选择连续的最长碳链为主链,当主链中包含碳碳双键时,按主链碳原子的数目命名为"某烯",编号时优先使碳碳双键具有最低位次,按取代基英文名称的字母顺序依次排列写在母体名称之前。烯烃英文名称的词尾为"-ene"。顺反异构体的命名需在烯烃名称前加上表示构型的"顺"(*cis*)和"反"(*trans*)或 *Z* 和 *E* 加以区别。*Z-E* 构型命名法适用于所有具有顺反异构体的烯烃的命名。*Z-E* 构型命名法与顺反构型命名法之间没有必然的对应关系。

3. 化学性质

(1) 亲电加成反应:烯烃可与卤素、卤化氢、硫酸和水等亲电试剂发生亲电加成反应。

与卤素的加成(为反式加成,分步进行)

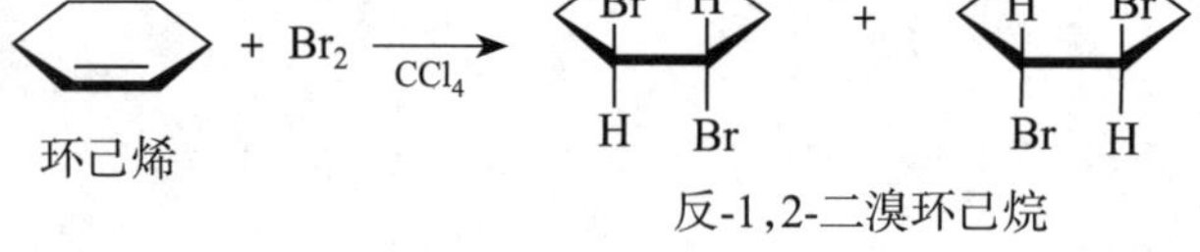

环己烯
+ Br_2
CCl_4
Br H
H Br
+
H Br
Br H
反-1,2-二溴环己烷

与卤化氢的加成(活性顺序为 HI > HBr > HCl > HF)

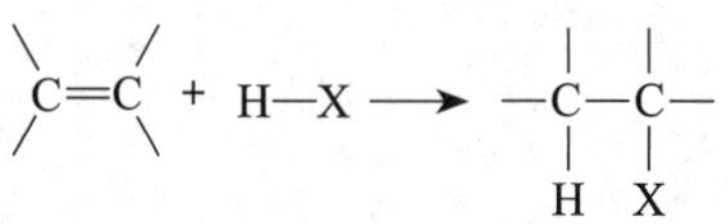

C=C
+ H—X
—C—C—
H X

马尔科夫尼科夫规则(简称马氏规则):HX 与不对称烯烃加成,试剂中带正电荷的部分(如 H^+)总是加到双键中含氢较多的碳原子上,带负电荷的部分(如 X^-)加到双键中含氢较少的碳原子上。

$$\underset{\text{丙烯}}{H_2C{=}CHCH_3} + HBr \longrightarrow \underset{\text{主要产物}}{CH_3\underset{\underset{Br}{|}}{C}HCH_3} + CH_3CH_2CH_2Br$$

反应机制:

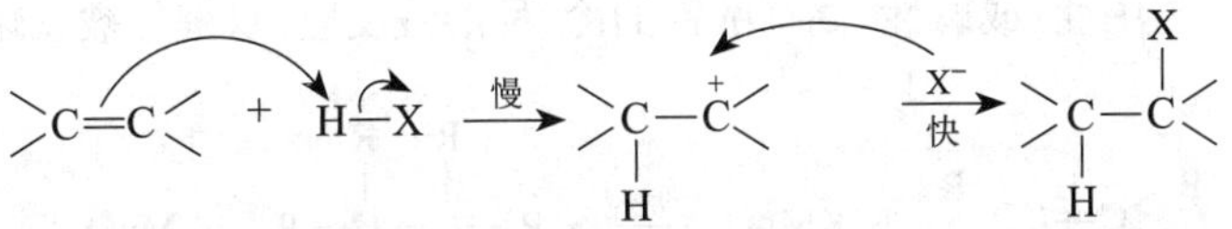

诱导效应　诱导效应是有机化学中电子效应的一种,用 I 表示。有吸电子诱导效应($-I$ 效应)和给电子诱导效应($+I$ 效应)。

超共轭效应　当 C—H 的 σ 键与 π 键或 p 轨道接近平行时,使 C—H 的 σ 键向 π 键或 p 轨道偏移而产生的电子离域现象。在超共轭效应中,C—H 的 σ 键是给电子的。

碳正离子的稳定性:

$$\underset{\text{叔(3°)}}{R_3\overset{+}{C}} > \underset{\text{仲(2°)}}{R_2\overset{+}{C}H} > \underset{\text{伯(1°)}}{R\overset{+}{C}H_2} > \underset{\text{甲基碳正离子}}{\overset{+}{C}H_3}$$

与硫酸加成

$$H_2C{=}CH_2 + H_2SO_4(98\%) \longrightarrow \underset{\text{硫酸氢烷基酯}}{CH_3CH_2OSO_2OH} \xrightarrow[\triangle]{H_2O} CH_3CH_2OH + H_2SO_4$$

双键上连接的烷基越多,加成反应越容易进行。不对称烯烃与浓硫酸的加成也遵循马氏规则,这是制备醇的方法之一。

与水加成　在酸催化下,烯烃与水的加成反应,也属于亲电加成。不对称烯烃与水加成同样遵循马氏规则,除乙烯外,其他烯烃的水合产物均为仲醇和叔醇。

$$H_2C{=}CH_2 + H_2O \xrightarrow[300℃]{H_3PO_4} CH_3CH_2OH$$

(2)催化加氢:常用的催化剂有 Pt、Pd、Ni 等金属。催化加氢反应是放热反应,加氢所放出的热量称为氢化热。烯烃催化加氢主要生成顺式加成产物。

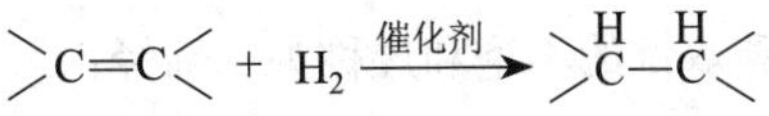

不同烯烃加氢的相对速率为:

乙烯 > 一烷基取代烯烃 > 二烷基取代烯烃 > 三烷基取代烯烃 > 四烷基取代烯烃

(3)自由基加成反应

在过氧化物存在下加溴化氢　当有过氧化物(R—O—O—R)存在时,不对称烯烃与溴化氢加成主要生成反马氏规则的产物,是自由基加成反应。

$$CH_3CH=CH_2 + HBr \xrightarrow{ROOR} CH_3CH_2CH_2Br$$

自由基聚合反应

$$n\,RCH=CH_2 \longrightarrow \left[\begin{array}{c} CH-CH_2 \\ | \\ R \end{array} \right]_n$$

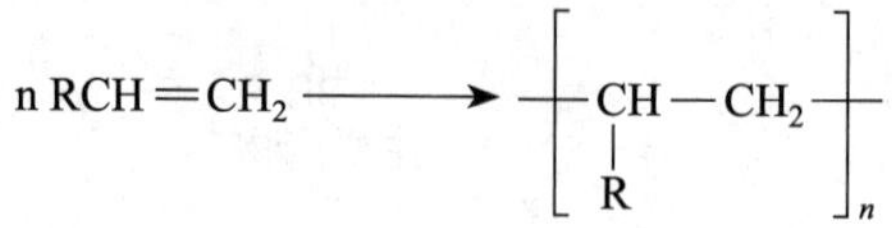

（4）氧化反应

高锰酸钾氧化 与中性(或碱性)高锰酸钾的冷、稀溶液反应,双键处被氧化生成邻二醇:

$$\underset{R}{\overset{R}{>}}C=C\underset{R}{\overset{R}{<}} + KMnO_4 \xrightarrow{H_2O} \underset{OH\ OH}{R-\overset{\overset{R}{|}}{C}-\overset{\overset{R}{|}}{C}-R} + MnO_2\downarrow$$

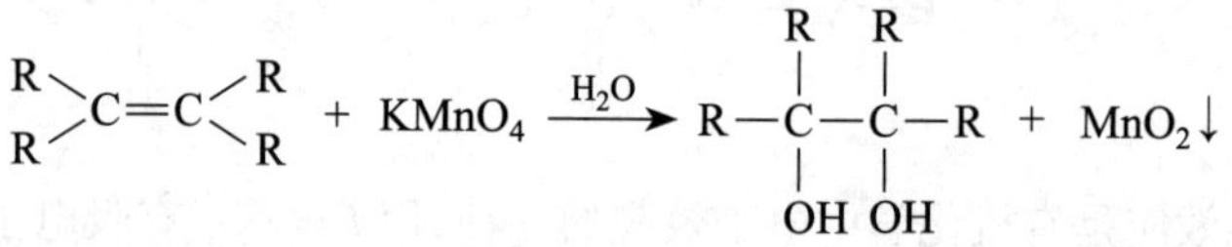

用酸性 $KMnO_4$ 溶液或在加热下氧化,则烯烃的碳碳双键发生断裂,产物为酮、羧酸、二氧化碳等。

$$H_3CH_2CHC=CH_2 \xrightarrow[H_3O^+]{KMnO_4} CH_3CH_2COOH + CO_2 + H_2O$$

$$\underset{CH_3}{H_3CH_2CC=CHCH_3} \xrightarrow[H_3O^+]{KMnO_4} CH_3CH_2\overset{\overset{O}{\|}}{C}-CH_3 + CH_3COOH$$

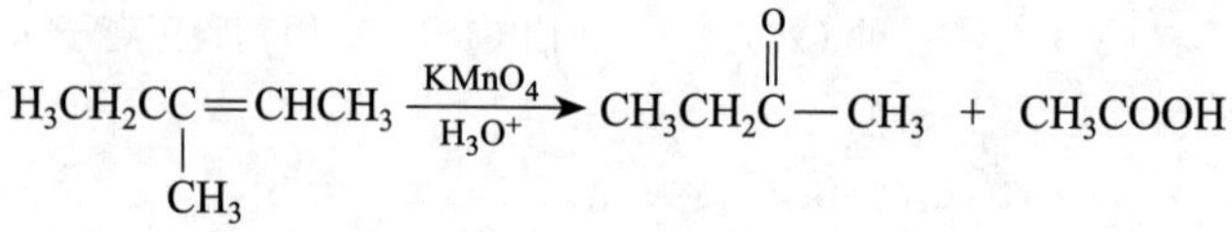

臭氧氧化 臭氧与烯烃反应生成臭氧化物,在还原剂存在下可进一步分解为醛或酮。

$$>C=C< + O_3 \longrightarrow \underset{O-O}{>C\underset{\diagdown\diagup}{}C<} \xrightarrow[Zn]{H_2O} >C=O + O=C< + H_2O_2$$

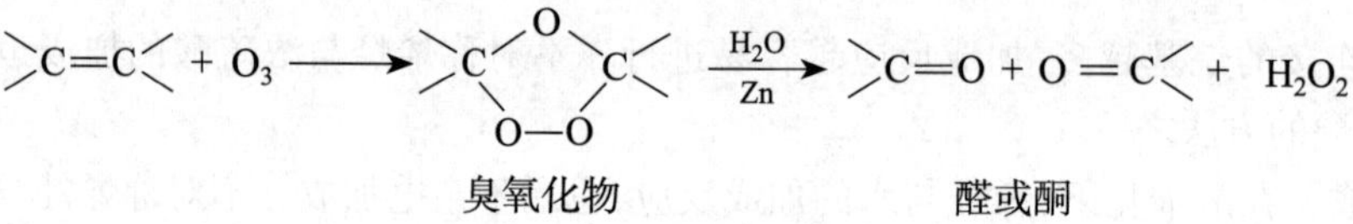

臭氧化物 　　　　　　醛或酮

环氧化反应 烯烃与过氧酸作用,可被氧化为环氧化合物。

$$RHC=CH_2 + R-\overset{\overset{O}{\|}}{C}OOH \longrightarrow \underset{O}{RHC-CH_2} + RCOOH$$

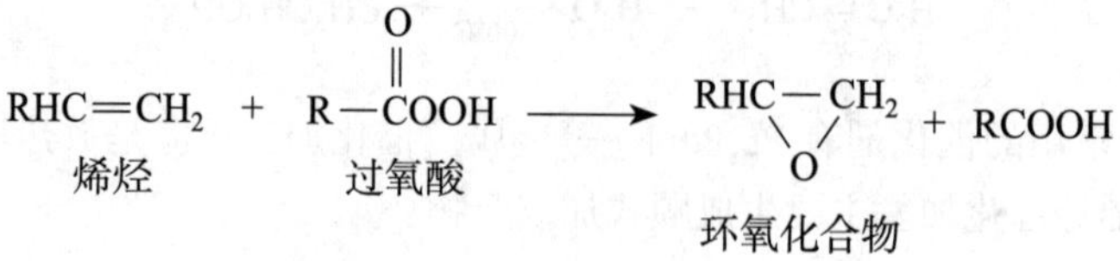

烯烃　　　　过氧酸　　　　　　　环氧化合物

4. 共轭烯烃 含有两个碳碳双键的不饱和烃称为二烯烃:

$$二烯烃\begin{cases} 隔离二烯烃 & 如戊-1,4-二烯 & H_2C=CHCH_2CH=CH_2 \\ 累积二烯烃 & 如丙二烯 & H_2C=C=CH_2 \\ 共轭二烯烃 & 如丁-1,3-二烯 & H_2C=CH-CH=CH_2 \end{cases}$$

（1）结构与共轭效应

丁-1,3-二烯的结构(π 电子离域,大 π 键或共轭 π 键);

共轭烯烃的特点:键长平均化、体系能量降低;

共轭效应:外电场的影响可以通过 π 电子的运动沿着整个共轭链传递。常见的共轭体系主要有 π-π 共轭体系和 p-π 共轭体系。单键、重键(双键或叁键)交替出现的共轭体系称为 π-π 共轭体系。与双键碳相连的原子上有 p 轨道的体系称为 p-π 共轭体系。

(2)共轭二烯烃的化学性质

1,2-加成和 1,4-加成(共轭加成)

$$H_2C{=}\underset{H}{C}{-}\underset{H}{C}{=}CH_2 + HCl \longrightarrow H_2C{=}\underset{H}{C}{-}\underset{\underset{Cl}{|}}{\overset{\overset{H}{|}}{C}}{-}\underset{H}{CH_2} + H_2C{-}\underset{\underset{Cl}{|}}{C}{=}\underset{H}{C}{-}\underset{H}{CH_2}$$

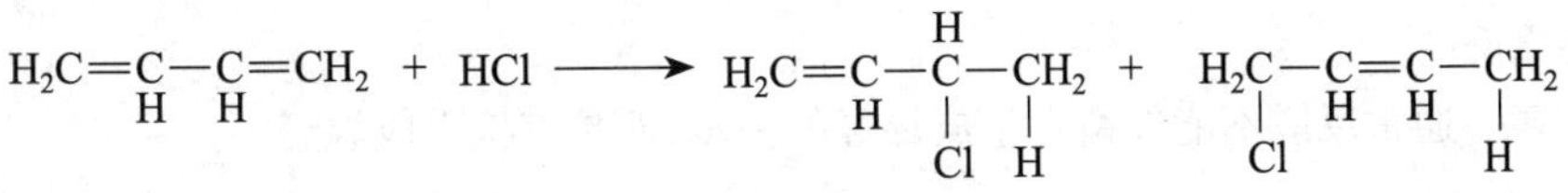

1,2-加成产物　　　　1,4-加成产物

(二) 炔烃

1. 结构　叁键碳原子为 sp 杂化,2 个 sp 杂化的碳原子之间重叠成碳碳 σ 键,2 个未杂化的 p 轨道侧面重叠成两个 π 键,互相垂直地分布在 σ 键的周围。

2. 异构和命名　炔烃无顺反异构现象。系统命名与烯烃相似,当主链包含碳碳叁键时,母体称为"某炔"。炔烃的编号与烯烃相似,从离叁键最近的主链一端开始编号。炔烃的英文名称词尾为"-yne"。

3. 化学性质　炔烃的化学性质与烯烃相似,但亲电加成反应不如烯烃活泼。

(1)炔烃的酸性:叁键碳原子连接的氢原子具有弱酸性。

$$RC{\equiv}CH + NaNH_2 \xrightarrow{液NH_3} RC{\equiv}CNa + NH_3$$
炔化钠　($pK_a{=}34$)

$$HC{\equiv}CH + 2Ag(NH_3)_2NO_3 \longrightarrow AgC{\equiv}CAg{\downarrow} + 2NH_4NO_3 + 2NH_3$$
乙炔　　　　　　　　　　　　乙炔银(白色)

(2)加成反应(H_2、X_2、HX、H_2O)

与卤素加成　反应速率比烯烃略慢。

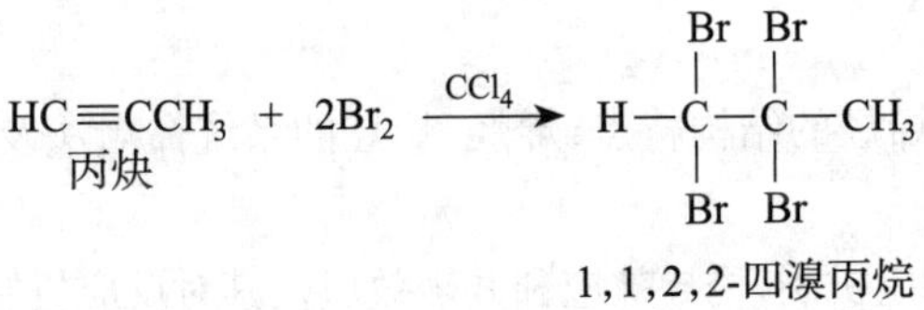

$$HC{\equiv}CCH_3 + 2Br_2 \xrightarrow{CCl_4} H{-}\underset{\underset{Br}{|}}{\overset{\overset{Br}{|}}{C}}{-}\underset{\underset{Br}{|}}{\overset{\overset{Br}{|}}{C}}{-}CH_3$$
丙炔
1,1,2,2-四溴丙烷

与卤化氢加成　反应也遵循马氏规则。炔烃加溴化氢的反应也存在过氧化物效应。

$$HC{\equiv}CCH_3 + HCl \longrightarrow H_2C{=}\underset{\underset{Cl}{|}}{C}CH_3 \xrightarrow{HCl} H_3C{-}\underset{\underset{Cl}{|}}{\overset{\overset{Cl}{|}}{C}}CH_3$$

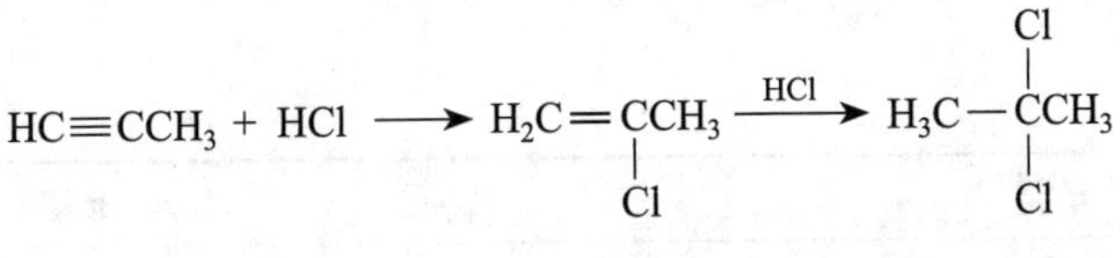

$$CH_3(CH_2)_3C{\equiv}CH + HBr \xrightarrow{ROOR} CH_3(CH_2)_3CH{=}CHBr \xrightarrow[ROOR]{HBr} CH_3(CH_2)_3CH_2CHBr_2$$

与水加成 汞盐催化下，炔烃与水发生加成反应，首先生成烯醇，然后异构化为更稳定的羰基化合物（水合反应）。不对称炔烃加水遵守马氏规则。

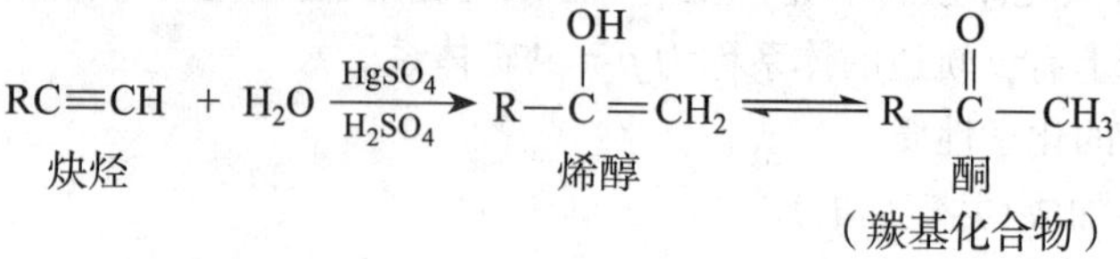
炔烃
烯醇
酮
（羰基化合物）

（3）还原反应

催化加氢 通常反应不能停留在生成烯烃的一步，而是直接生成烷烃。

$$HC\equiv CH + H_2 \xrightarrow{Pt} H_2C{=}CH_2 \xrightarrow[H_2]{Pt} H_3C-CH_3$$

用 Lindlar Pd，反应也可以停留在生成烯烃的步骤，产物为顺式烯烃。

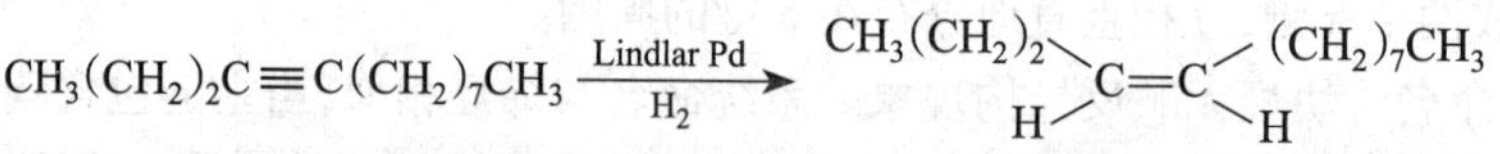

在液氨中，可用碱金属钠或锂还原炔烃，主要生成反式烯烃。

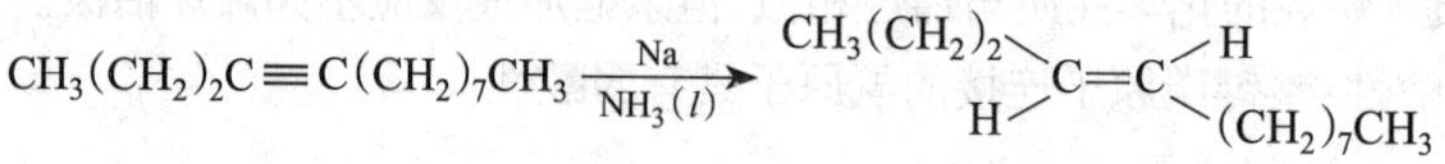

反-十三碳-4-烯

（4）氧化反应

$$3\,HC\equiv CH + 10\,KMnO_4 + 2\,H_2O \longrightarrow 6\,CO_2 + 10\,KOH + 10\,MnO_2$$

$$CH_3(CH_2)_2C\equiv CCH_2CH_3 \xrightarrow[H^+]{KMnO_4} CH_3(CH_2)_2COOH + CH_3CH_2COOH$$

三、重点和难点

重点：烯烃、炔烃和二烯烃的结构特点，烯烃、炔烃的系统命名法及烯烃的顺反异构，烯烃、炔烃的化学性质，马氏规则。

难点：烯烃亲电加成反应机制，诱导效应和共轭效应及其对反应机制的解释。

四、习题参考答案

5-1

σ键	π键
1. 可以单独存在，存在于任何共价键中	1. 不能单独存在，只能在双键或叁键中与σ键共存
2. 成键轨道沿键轴“头碰头”重叠，重叠程度较大，键能较大，键较稳定	2. 成键轨道“肩并肩”平行重叠，重叠程度较小，键能较小，键不稳定

续表

σ键	π键
3. 电子云呈柱状，对键轴呈圆柱形对称，电子云密集于两原子之间，受核的约束大，键的极化性(度)小	3. 电子云呈块状，通过键轴有一对称平面，电子云分布在平面的上下方，受核的约束小，键的极化性(度)大
4. 成键的两个碳原子可以沿着键轴“自由”旋转	4. 成键的两个碳原子不能沿着键轴自由旋转

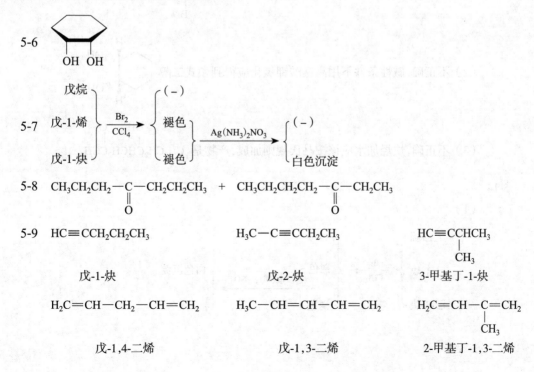

5-2 （1）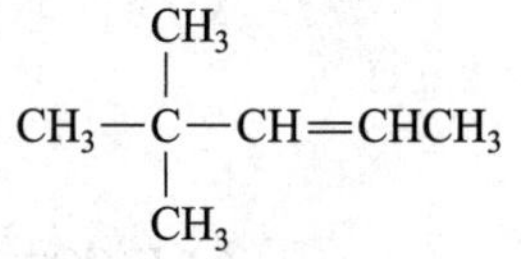

正确

（2）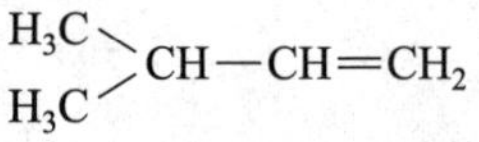

错误。应为 3-甲基丁-1-烯

（3）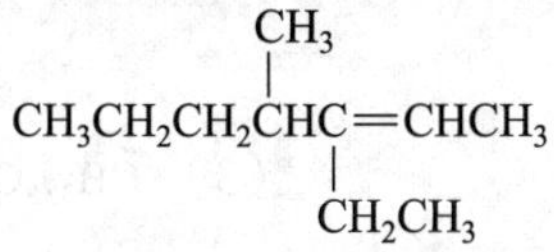

错误。应为 3-乙基-4-甲基庚-2-烯

（4）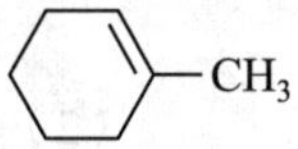

错误。应为 1-甲基环己烯

5-3 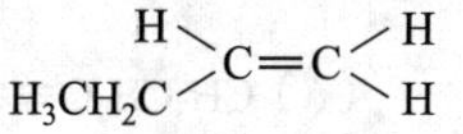

丁-1-烯

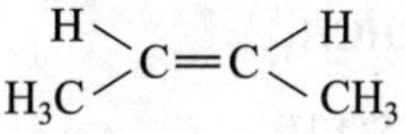

顺-丁-2-烯

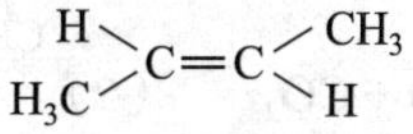

反-丁-2-烯

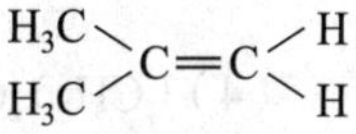

2-甲基丙烯

5-4 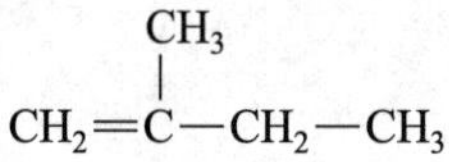

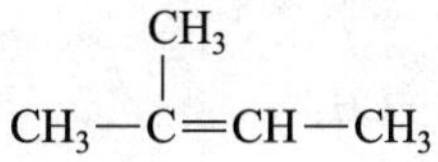

5-5 $CF_3CH_2CH_2Cl$，当双键碳原子上有强的吸电子基团时，H^+ 首先加到离吸电子基团较近的双键碳原子上，这样的碳正离子相对稳定。

5-6 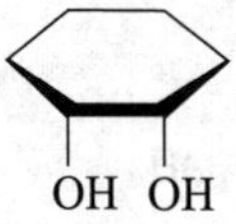

5-7 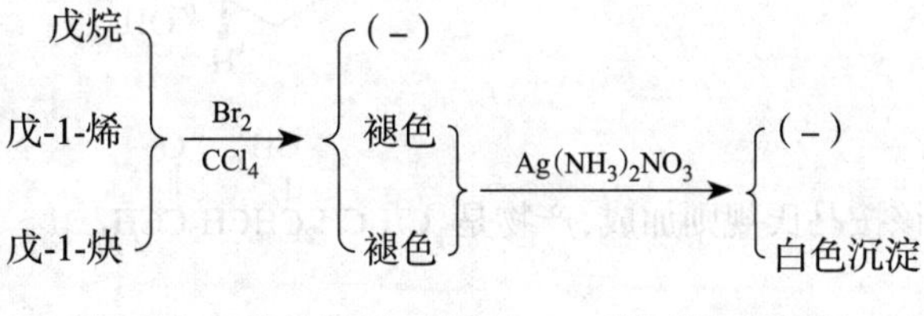
戊烷
戊-1-烯
戊-1-炔
Br2
CCl4
(－)
褪色
褪色
Ag(NH3)2NO3
(－)
白色沉淀

5-8 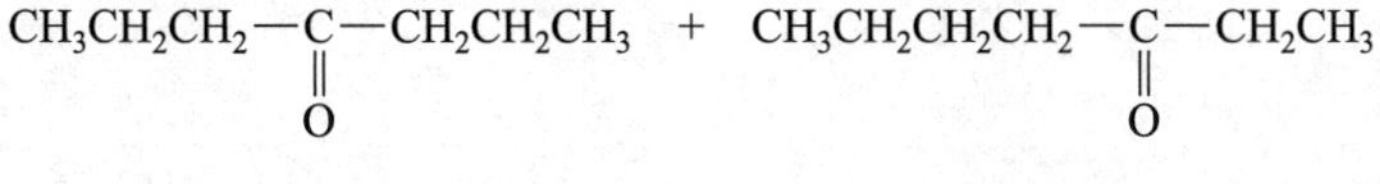

5-9 $HC\equiv CCH_2CH_2CH_3$

戊-1-炔

$H_3C—C\equiv CCH_2CH_3$

戊-2-炔

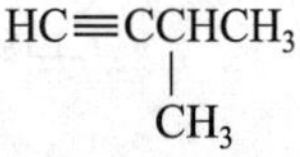

3-甲基丁-1-炔

$H_2C=CH—CH_2—CH=CH_2$

戊-1,4-二烯

$H_3C—CH=CH—CH=CH_2$

戊-1,3-二烯

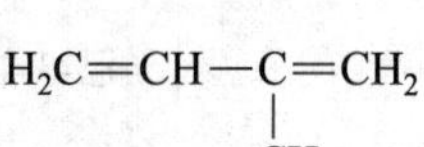

2-甲基丁-1,3-二烯

5-10　（1）(*E*)-3-乙基己-2-烯　（2）3-乙基戊-1-烯
（3）4-乙基-5-甲基辛-3-烯　（4）4-甲基戊-3-烯-1-炔
（5）(3*E*,5*E*)-3,5-二甲基壬-3,5-二烯　（6）4-甲基己-1-烯-5-炔

5-11　（1）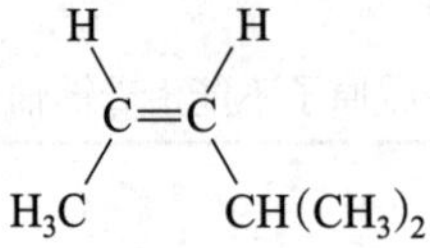　（2）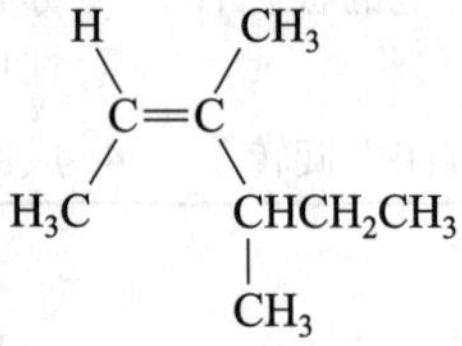　（3）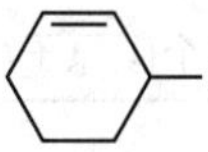

（4）　（5）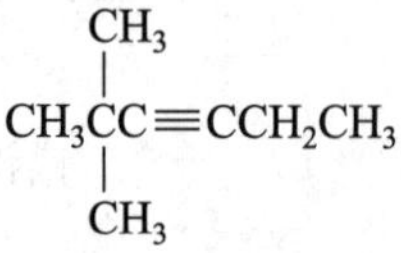　（6）$H_3CC{\equiv}CCH{=}CHCH_3$

5-12　（1）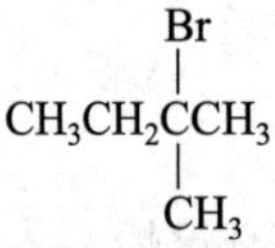　（2）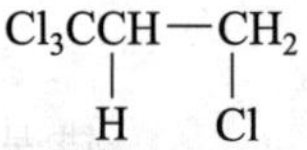　（3）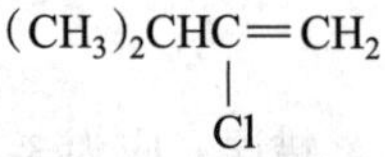

（4）$(CH_3)_2CO + CO_2$　（5）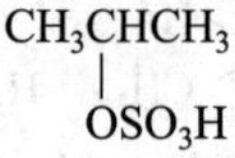　（6）$CH_3CH_2C{\equiv}CAg$

（7）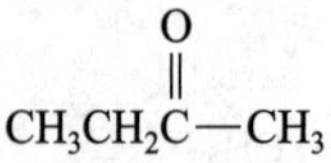

5-13　（1）不正确，应该按马氏规则加成，产物应该是 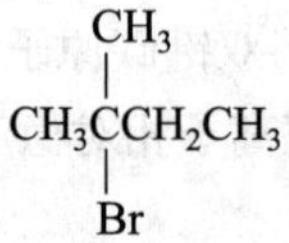

（2）不正确，碱性条件下用高锰酸钾氧化应得到顺式二醇 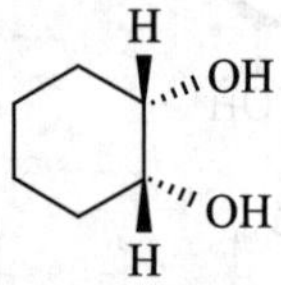

（3）不正确，炔烃加水应该按马氏规则加成，产物是 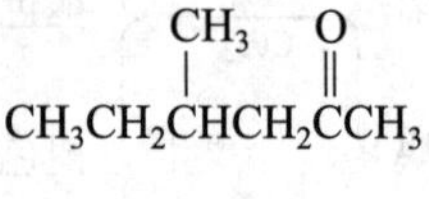

5-14

（1）

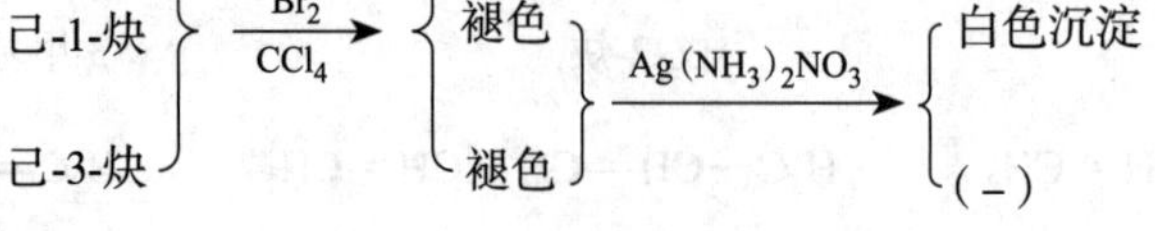
己烷
己-1-炔
己-3-炔
Br2
CCl4
（－）
褪色
褪色
Ag(NH3)2NO3
白色沉淀
（－）

（2）

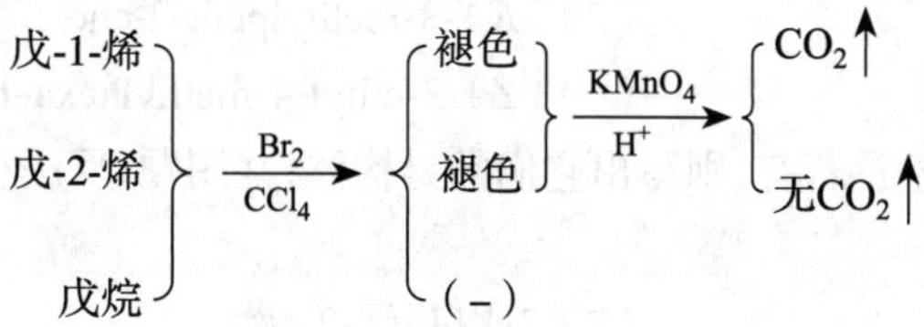
戊-1-烯
戊-2-烯
戊烷
Br_2
CCl_4
褪色
褪色
（－）
$KMnO_4$
H^+
CO_2↑
无CO_2↑

5-15　（1）$(CH_3)_2CHCH=CH_2$　　（2）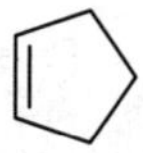

（3）$(CH_3)_2C=CHCH_3$

5-16　（1）丁-2-烯 > 丙烯　　（2）2-甲基丁-1-烯 > 戊-1-烯

（3）2-甲基丙烯 > 丁-2-烯　　（4）丙烯 > 3,3,3-三氯丙烯

5-17　（1）丁-2-烯酸　　（2）3-溴-2-甲基己-2-烯

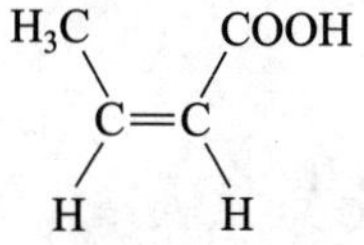
H_3C
COOH
C=C
H
H

顺（*Z*）

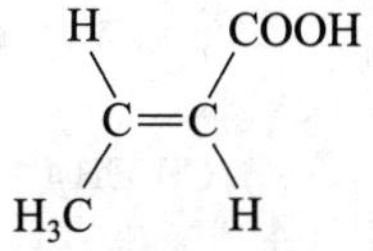
H
COOH
C=C
H_3C
H

反（*E*）

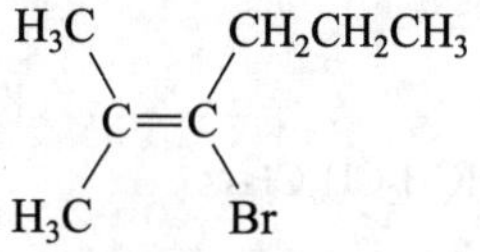
H_3C
$CH_2CH_2CH_3$
C=C
H_3C
Br

无

（3）2-苯基丁-2-烯　　（4）1,2-二溴-1-氯乙烯

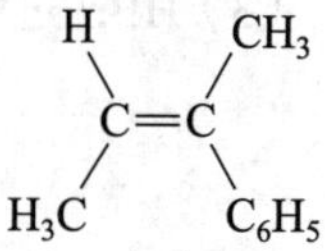
H
CH_3
C=C
H_3C
C_6H_5

（*Z*）

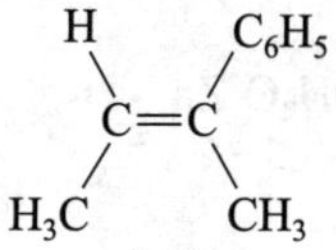
H
C_6H_5
C=C
H_3C
CH_3

（*E*）

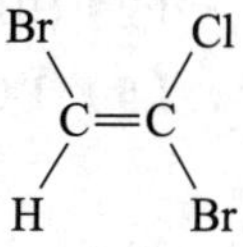
Br
Cl
C=C
H
Br

（*E*）

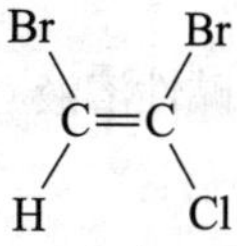
Br
Br
C=C
H
Cl

（*Z*）

5-18　稳定性次序为：（4）>（1）>（3）>（2）

5-19　A. $CH_3CH_2C\equiv CH$　　B. $CH_3C\equiv CCH_3$、$H_2C=CHCH=CH_2$

五、复习题

1. 用系统命名法命名下列化合物。

（1）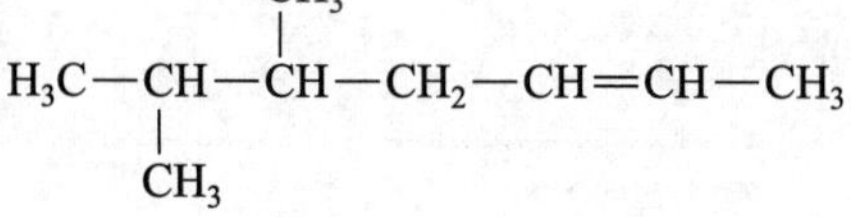
CH_3
$H_3C-CH-CH-CH_2-CH=CH-CH_3$
CH_3

（2）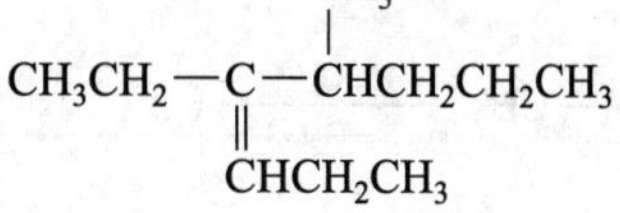
CH_3
$CH_3CH_2-C-CHCH_2CH_2CH_3$
$CHCH_2CH_3$

（3）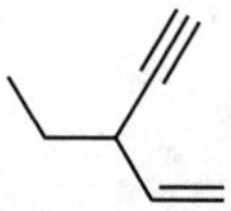

（4）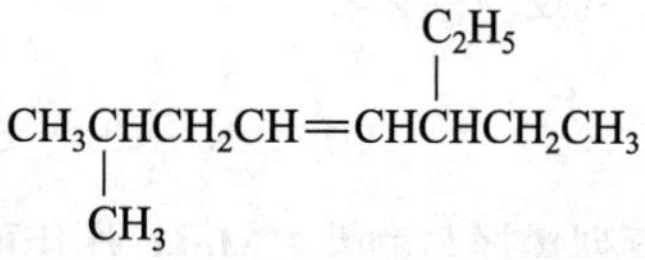
C_2H_5
$CH_3CHCH_2CH=CHCHCH_2CH_3$
CH_3

（5）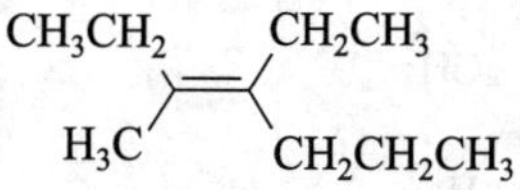
CH_3CH_2
CH_2CH_3
H_3C
$CH_2CH_2CH_3$

2. 写出下列化合物的结构式。

（1）2,5,5-trimethylhex-2-ene　　（2）(*E*)-3-methylpent-2-ene

（3）3-methyloct-2-en-6-yne　　（4）(*Z*)-3-ethyl-4-methylhexa-1,3-diene

3. 下列化合物有无双键异构现象？若有，则写出它们的异构体，并用顺、反法和 *Z*、*E* 法表示其构型。

（1）戊-2-烯　　（2）2-甲基己-2-烯

（3）1-溴-1-氯己-1-烯　　（4）1-溴-2-氯丙烯

（5）4-乙基-3,5-二甲基己-3-烯

4. 下列烯烃有无双键异构现象？若有，则写出它们的异构体，并用顺、反法和 *Z*、*E* 法表示其构型。

（1）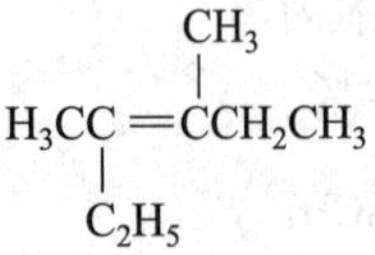　　（2）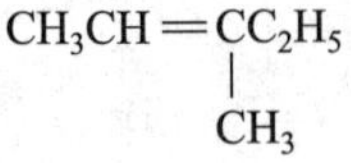

（3）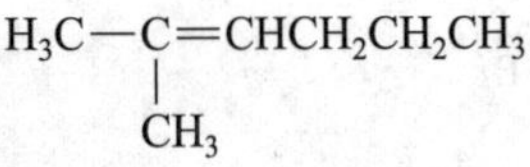　　（4）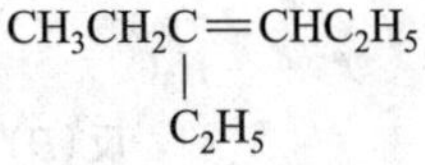

5. 写出 2-甲基丁-2-烯与下列试剂作用的产物。

（1）Br_2/CCl_4　　（2）HBr　　（3）HBr/ 过氧化物

（4）5%$KMnO_4$ 碱性溶液　　（5）①O_3，②H_2O/Zn

6. 完成下列反应：

（1）$H_2C{=}CHCH_3 \xrightarrow{H_2SO_4} (\quad) \xrightarrow{H_2O} (\quad)$

（2）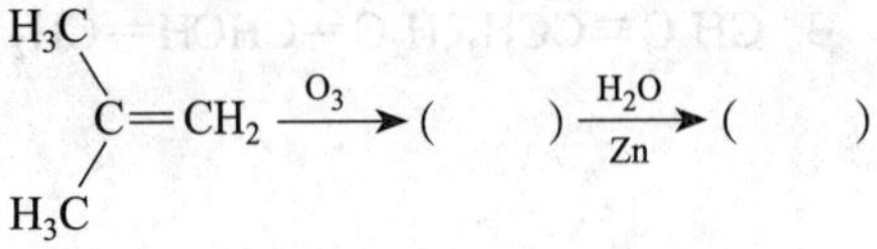

（3）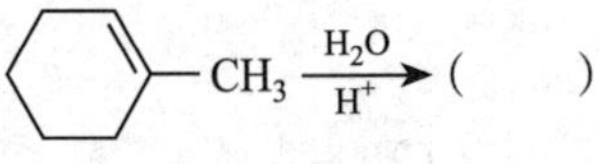

（4）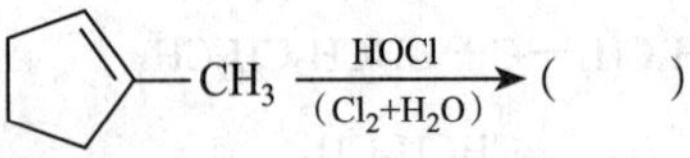

7. 解释下列反应结果：

$$(H_3C)_3\overset{+}{N}-CH{=}CH_2 \xrightarrow{HBr} (H_3C)_3\overset{+}{N}-CH_2CH_2Br$$

8. 写出下列烯烃与酸性 $KMnO_4$ 作用的产物。

（1）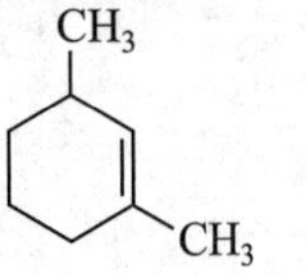　　（2）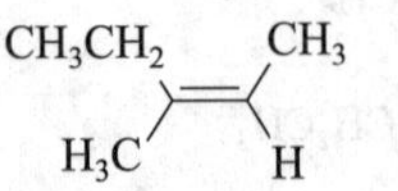

（3）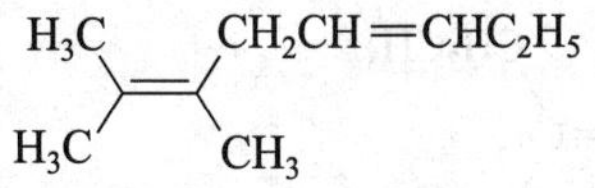　　（4）$H_2C{=}CHCH_2CH_3$

9. 一个烃 A 在铂催化下加 1 mol 氢生成正己烷，当 A 用 $KMnO_4$ 剧烈氧化时，只分离到一个含有三个碳原子的羧酸。试写出 A 的结构和名称。

10. 写出分子式为 C_6H_{10} 的所有端基炔的结构式并命名。

11. 用系统命名法命名下列化合物。

（1）$HC{\equiv}CCH_2CH_2CHCH_3$（CH 上连 CH_3）　　（2）$CH_3CH_2C{\equiv}C{-}C(CH_3)_2{-}CH_3$

（3）$HC{\equiv}C{-}CH{=}CHCH_3$　　（4）$CH_3CH{=}CH{-}C{\equiv}C{-}CH_3$

12. 写出戊-1-炔与下列物质反应所得的有机产物的结构式。

（1）Br_2（1mol）　（2）HBr（2mol）　（3）H_2O，$HgSO_4$，H_2SO_4

（4）$Ag(NH_3)_2NO_3$

13. 命名下列化合物。

（1）$CH_3CH{=}C{=}C(CH_3)_2$　　（2）$H_3C\underset{|}{C}(CH_3){=}CH(CH_2)_2CH{=}C(CH_3){-}CH_3$

（3）$H_2C{=}CH{-}CH{=}C(CH_3)_2$　　（4）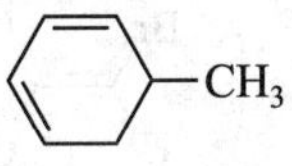

14. 用简便的化学方法区别下列化合物：

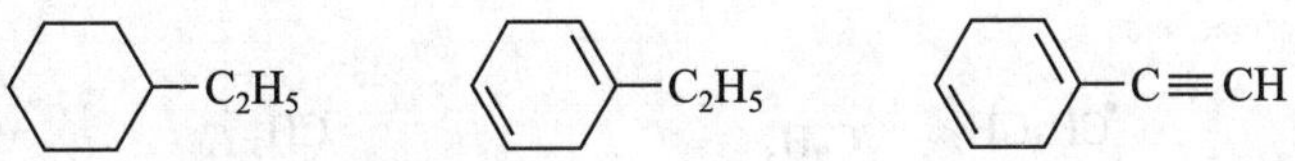

15. 用化学方法鉴别下列各组化合物

（1）庚-1-炔、己-1,3-二烯、庚烷

（2）丁-1-炔、丁-2-炔、丁-1,3-二烯

（3）丙烷、丙炔、丙烯

（4）2-甲基丁烷、2-甲基丁-1-烯、2-甲基丁-2-烯

16. 化合物 A（C_6H_{12}）与 Br_2 / CCl_4 作用生成 B（$C_6H_{12}Br_2$），B 与 KOH 的醇溶液作用得到两个异构体 C 和 D（C_6H_{10}），用酸性 $KMnO_4$ 氧化 A 和 C 得到同一种酸 E（$C_3H_6O_2$），用酸性 $KMnO_4$ 氧化 D 得二分子的乙酸和一分子乙二酸，试写出 A、B、C、D 和 E 的结构式。

六、复习题参考答案

1.（1）5,6-二甲基庚-2-烯　　（2）4-乙基-5-甲基辛-3-烯

（3）3-乙基戊-1-烯-4-炔　　（4）6-乙基-2-甲基辛-4-烯

（5）（*E*）-4-乙基-3-甲基庚-3-烯

2. (1) 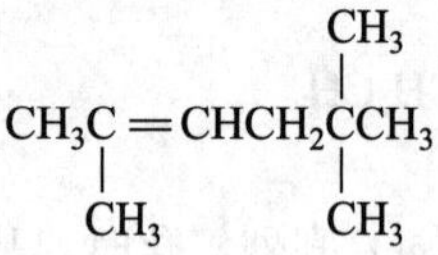　(2) 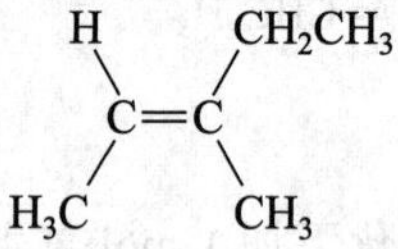

(3) 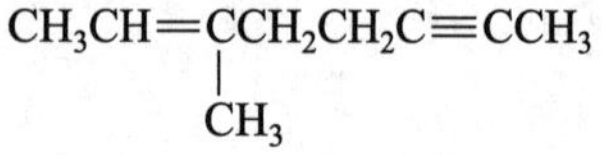　(4) 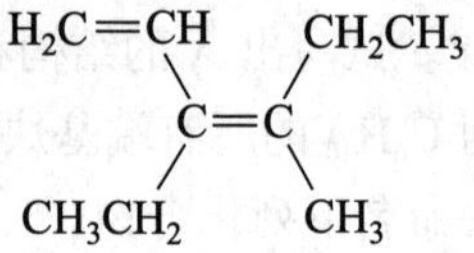

3. (1) 有

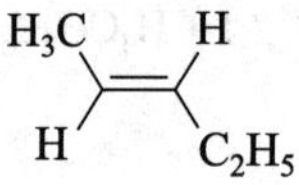
反(*E*)

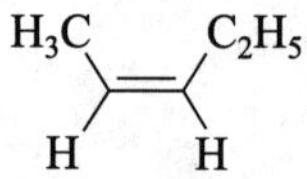
顺(*Z*)

(2) 无

(3) 有

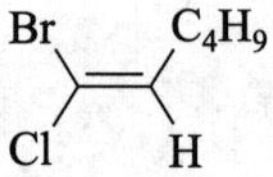
(*Z*)

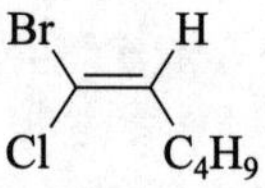
(*E*)

(4) 有

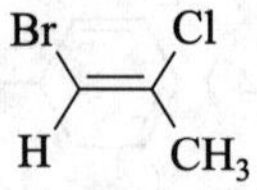
(*Z*)

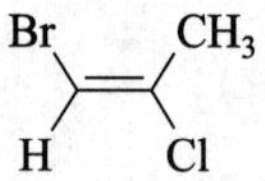
(*E*)

(5) 有

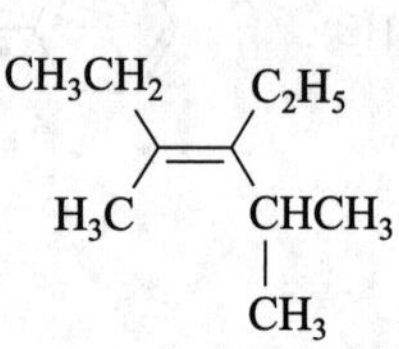
(*E*)

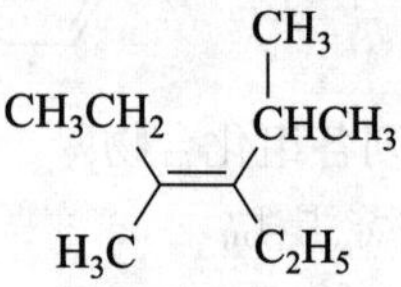
(*Z*)

4. (1)有

(*Z*)-3,4-二甲基己-3-烯

(*E*)-3,4-二甲基己-3-烯

(2) 有

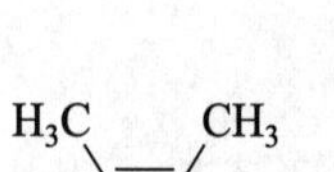
(*E*)-3-甲基戊-2-烯

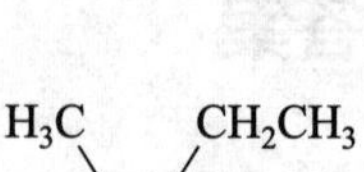
(*Z*)-3-甲基戊-2-烯

（3）无

（4）无

5.

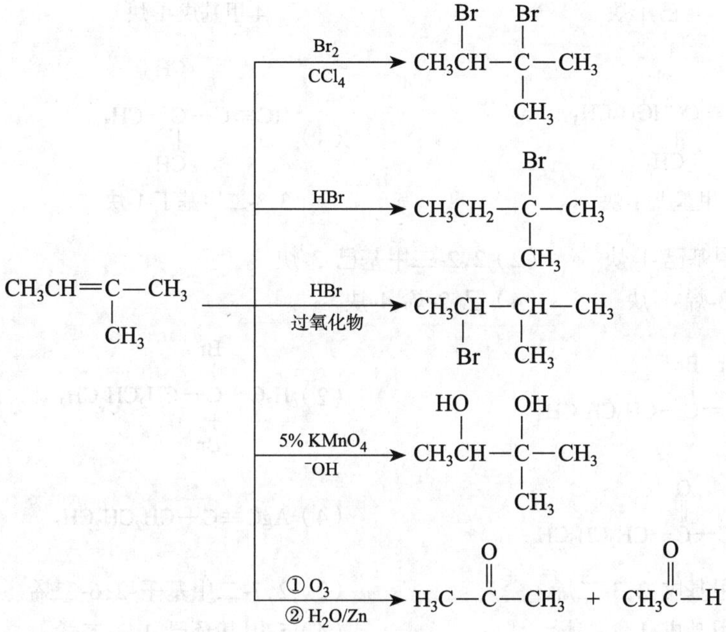

6.（1）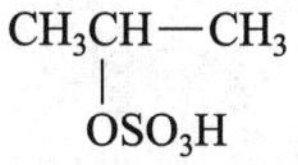　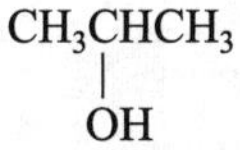

（2）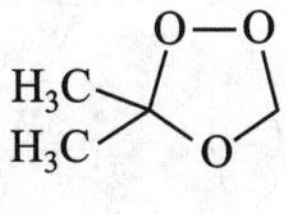　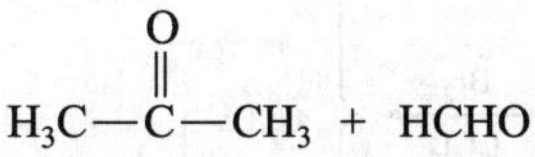

（3）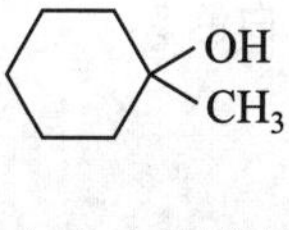　（4）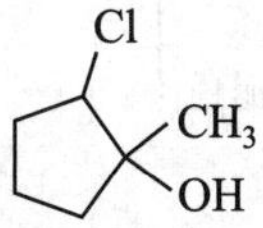

7. 反应（2）中可能形成的中间体为$(H_3C)_3\overset{+}{N}-\overset{+}{C}HCH_3$ 和$(H_3C)_3\overset{+}{N}-CH_2\overset{+}{C}H_2$，前者虽然是一个 $2°R^+$，但$(H_3C)_3\overset{+}{N}-$ 是一个强吸电子基团，直接与碳正离子相连不利于正电荷分散，且 N 上所带正电荷与碳正离子上所带正电荷产生排斥作用，使体系不稳定。因此，后者所表示的碳正离子相对更稳定。

8.（1）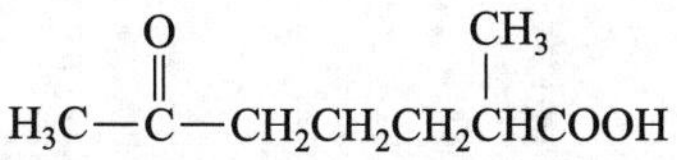　（2）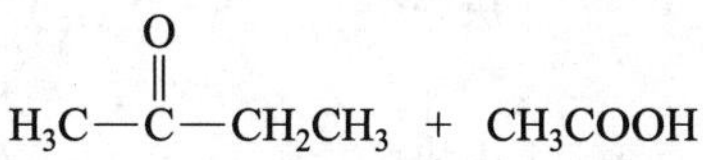

（3）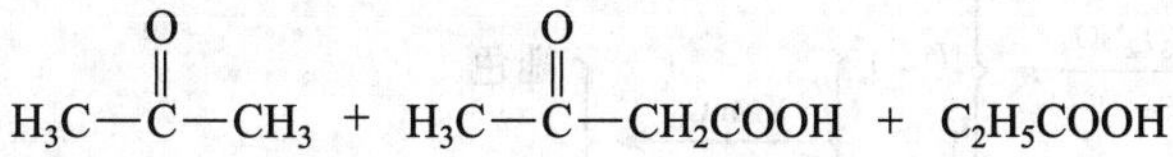

（4）$CH_3CH_2COOH + CO_2$

9. 结构为 $CH_3CH_2CH{=}CHCH_2CH_3$，己-3-烯。

10.（1）$HC{\equiv}CCH_2CH_2CH_2CH_3$
己-1-炔

（2）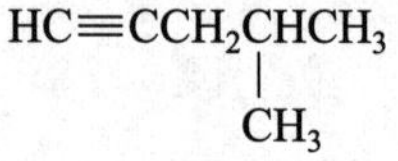
4-甲基戊-1-炔

（3）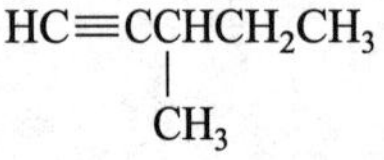
3-甲基戊-1-炔

（4）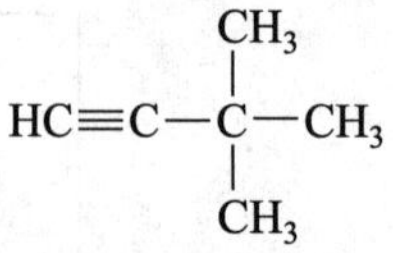
3,3-二甲基丁-1-炔

11.（1）5-甲基己-1-炔　　（2）2,2-二甲基己-3-炔
（3）戊-3-烯-1-炔　　（4）己-2-烯-4-炔

12.（1）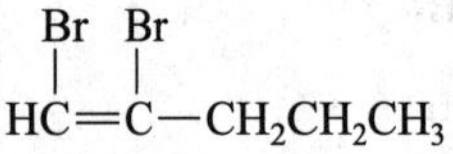

（2）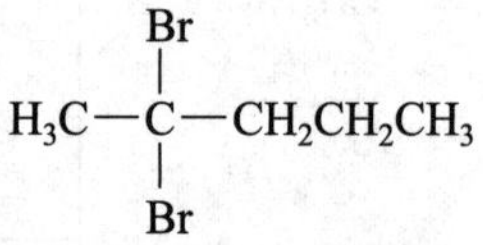

（3）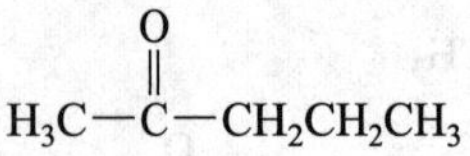

（4）$AgC{\equiv}C{-}CH_2CH_2CH_3$

13.（1）2-甲基戊-2,3-二烯　　（2）2,7-二甲基壬-2,6-二烯
（3）4-甲基戊-1,3-二烯　　（4）5-甲基环己-1,3-二烯

14.

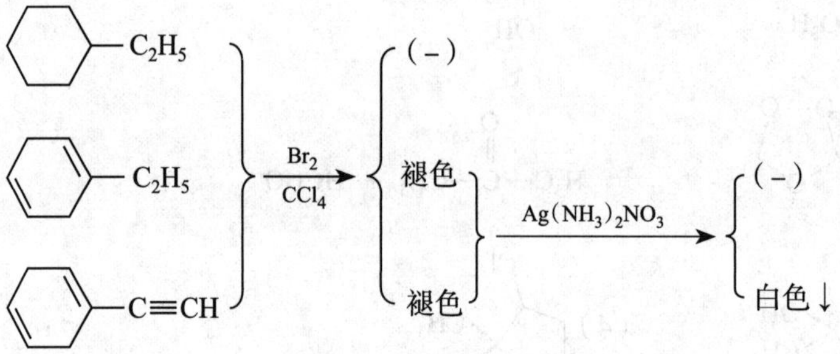
C2H5
C2H5
C≡CH
Br2
CCl4
(－)
褪色
褪色
Ag(NH3)2NO3
(－)
白色↓

15.（1）
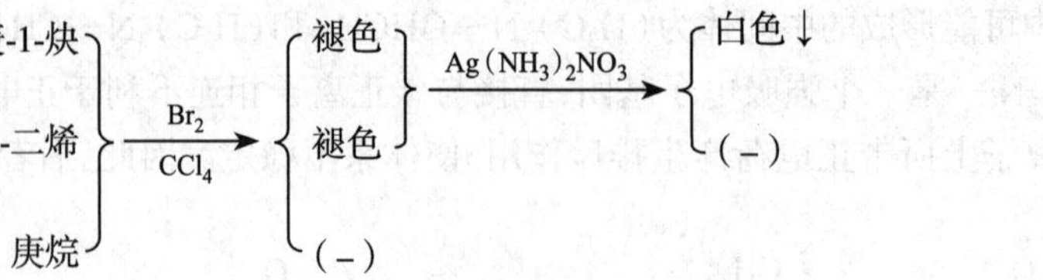
庚-1-炔
己-1,3-二烯
庚烷
Br2
CCl4
褪色
褪色
(－)
Ag(NH3)2NO3
白色↓
(－)

（2）
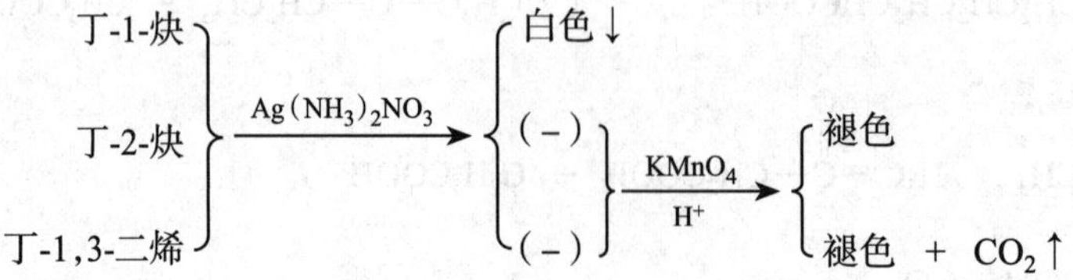
丁-1-炔
丁-2-炔
丁-1,3-二烯
Ag(NH3)2NO3
白色↓
(－)
(－)
KMnO4
H+
褪色
褪色 ＋ CO2↑

（3）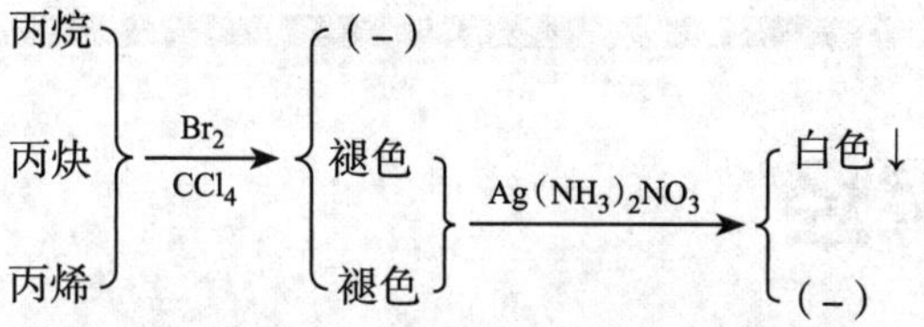
丙烷
丙炔
丙烯
Br2
CCl4
（–）
褪色
褪色
Ag(NH3)2NO3
白色↓
（–）

（4）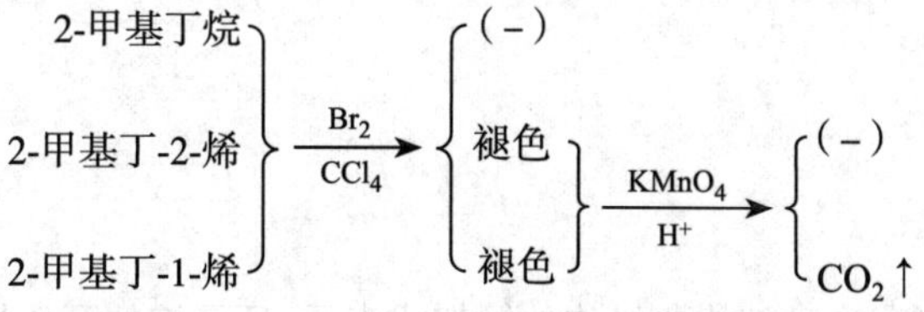
2-甲基丁烷
2-甲基丁-2-烯
2-甲基丁-1-烯
Br2
CCl4
（–）
褪色
褪色
KMnO4
H+
（–）
CO2↑

16. A. $CH_3CH_2CH{=}CHCH_2CH_3$　　B. $CH_3CH_2CHBrCHBrCH_2CH_3$

C. $CH_3CH_2C{\equiv}CCH_2CH_3$　　D. $CH_3CH{=}CH{-}CH{=}CHCH_3$

E. CH_3CH_2COOH

（龚少龙）

第六章 环烷烃

一、基本要求

掌握:环烷烃的命名;环己烷构象;环己烷构象异构的锯架式表示;环丙烷的开环加成反应。

熟悉:环烷烃的稳定性与环张力的关系,影响环张力的因素,环己烷构象异构的 Newman 投影式。

了解:环戊烷的构象异构。

二、总结

(一)环烷烃的命名

1. 简单环烷烃的命名在同数碳原子的链状烷烃的名称前加“环”字。英文命名则加词头 cyclo。

2. 环碳原子的编号,应使环上取代基的位次最小;含多个取代基时,首先按照最低位次组原则编号,如果还是有不止一种选择,再按取代基英文名称的首字母顺序依次编号。

3. 当环上有复杂取代基时,可将环作为取代基命名。

4. 环烷烃存在顺、反异构体,命名时需根据要求标识取代基的顺反位置。两个取代基位于环同侧的,称为顺式异构体;位于环异侧的,则称为反式异构体。

(二)影响环烷烃稳定的因素

当环烷烃分子中环上的键角与碳原子的杂化轨道角度之间有较大偏差时,会存角张力,偏差越大,角张力越大。

环烷烃的稳定性与环内角张力的大小有关,当环内角张力大时,环的稳定性较差,环内角张力小时,环较稳定。

环烷烃稳定性的排列顺序是:环己烷 > 环戊烷 > 环丁烷 > 环丙烷。

(三)环烷烃的化学性质

1. 环烷烃与链状烷烃的化学性质相似　能发生自由基取代反应,与酸、碱、氧化剂和还原剂(如金属钠)等一般都不起反应。

2. 环丙烷、环丁烷能与 H_2、X_2、HX 发生开环加成反应　环丙烷比环丁烷更容易发生氢化开环反应,说明环丁烷比环丙烷更稳定;环丙烷与卤素和卤化氢在室温下就可发生开环反应,而环丁烷要在加热情况下才发生开环反应。取代环丙烷发生开环加成的规律:从含氢较多和含氢较少的碳碳键之间断裂,正电部分加在含氢较多的碳上,负电部分加在含氢较少的碳上。

(四)环己烷的构象

1. 环己烷的构象　环己烷的船式构象和椅式构象为环己烷的两种典型构象,其中椅式为环己烷的稳定构象(优势构象)。在椅式构象中,12 根碳氢键根据其取向不同分为 6 根 a 键和 6 根 e 键,通过翻环作用可实现 a 键和 e 键的互换。

2. 取代环己烷的构象　取代基处于 e 键上的数目越多，构象越稳定；对于二取代环己烷，较大的取代基位于 e 键上的构象为稳定构象，同时考虑满足两个取代基的顺反关系。

三、重点和难点

重点：环烷烃的命名；环丙烷的开环加成反应，环己烷的构象异构的表示及优势构象判断。

难点：环己烷的构象异构现象及表示，取代环己烷的优势构象判断。

四、习题参考答案

6-1 
A
B
C
环翻转
C
B
A

6-2 （1）顺式 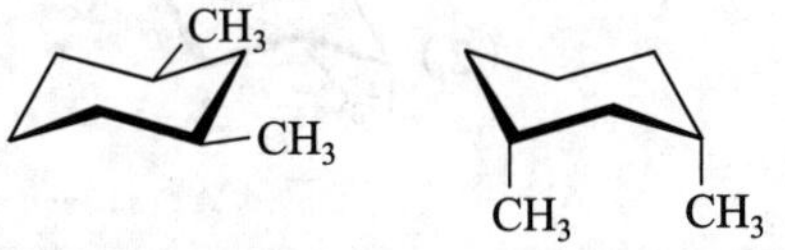
CH_3
CH_3
CH_3
CH_3

（2）反式 
CH_3
CH_3
CH_3
CH_3

稳定性顺序

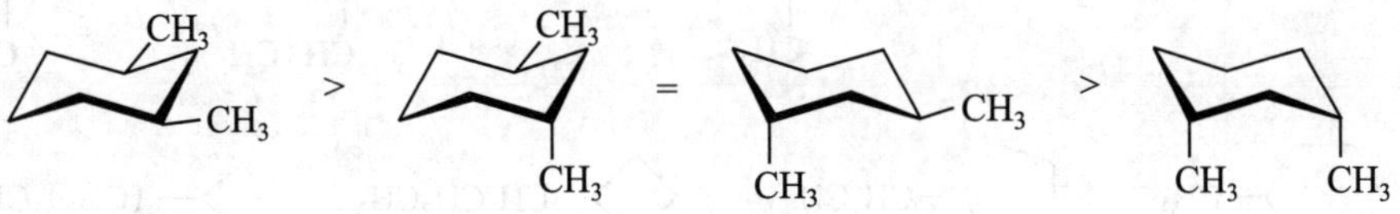
CH_3
CH_3
>
CH_3
CH_3
=
CH_3
CH_3
>
CH_3
CH_3

6-3 （1）顺式 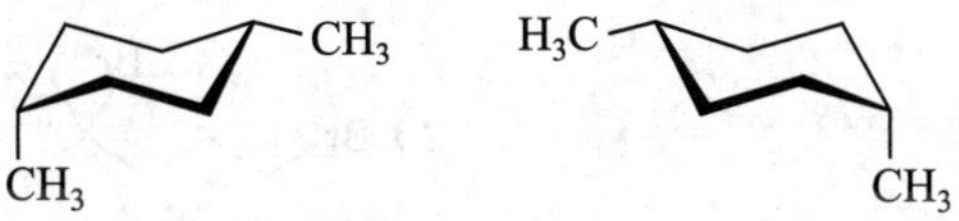
CH_3
CH_3
H_3C
CH_3

（2）反式 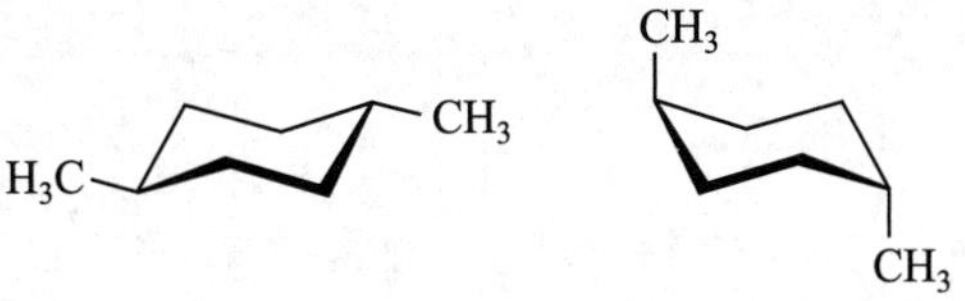
H_3C
CH_3
CH_3
CH_3

稳定性顺序

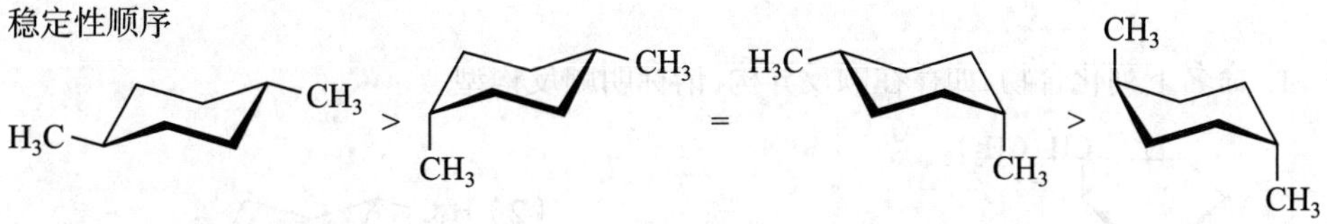
H_3C
CH_3
>
CH_3
CH_3
=
H_3C
CH_3
>
CH_3
CH_3

6-4 （1）反-1-异丙基-4-甲基环己烷　　（2）2-环丁基-4-甲基己烷

（3）反-1,3-二乙基环戊烷　　　　（4）1-叔丁基-3-甲基环己烷

6-5 （1）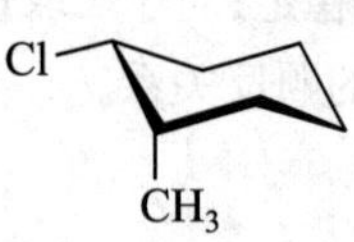 或 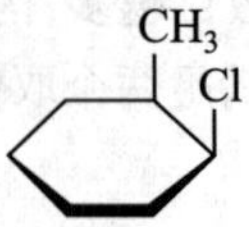　　（2）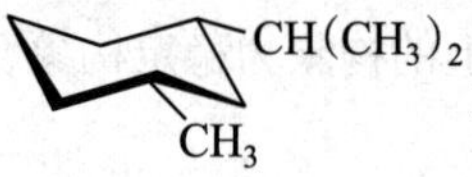 或 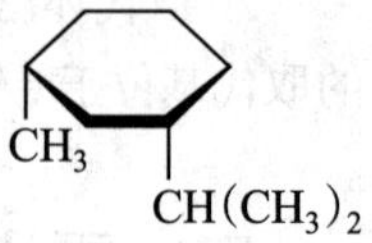

（3）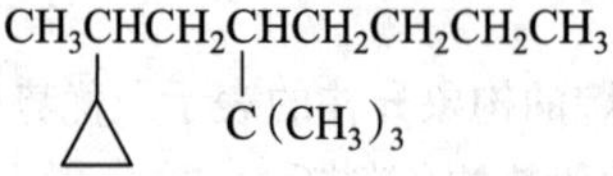

（4）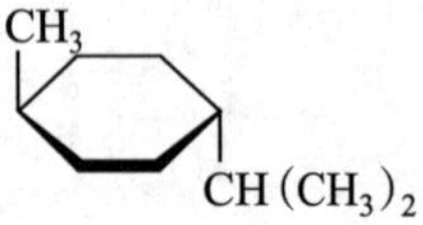 或 

6-6 （1）　　（2）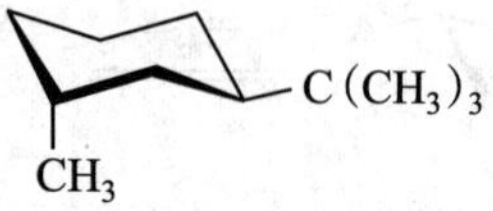

6-7 （1）　　（2）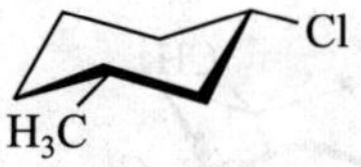

（3）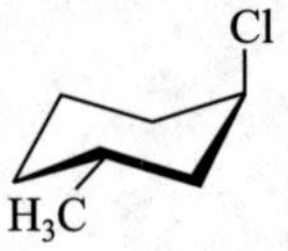　　（4）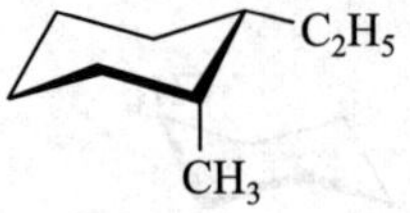

6-8 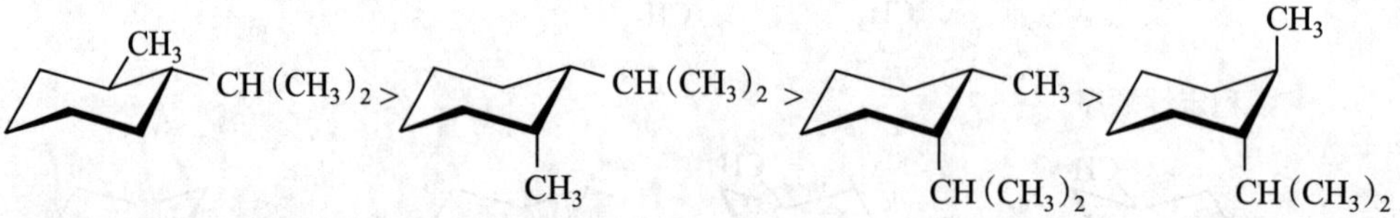

6-9 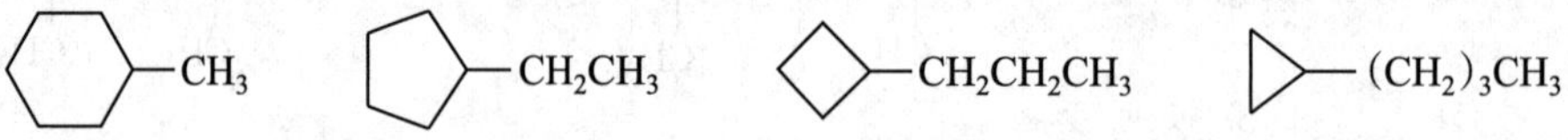

6-10 （1）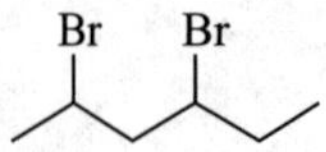　　（2）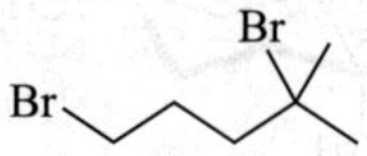

（3）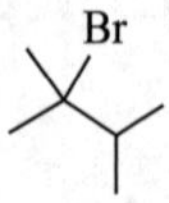

五、复习题

1. 命名下列化合物，如存在顺反异构，请标明顺反构型。

（1）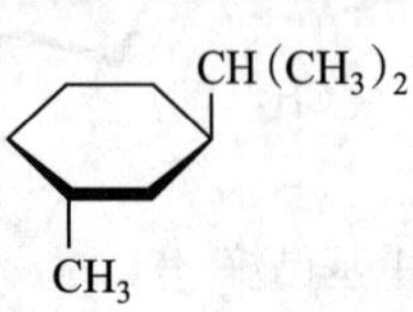　　（2）

（3）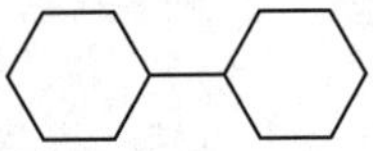　　（4）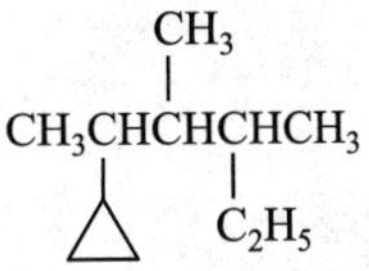
CH3
CH3CHCHCHCH3
C2H5

2. 写出下列化合物的结构。

（1）1-叔丁基-2-甲基环己烷（平面式）

（2）1-异丙基-1-甲基环己烷（构象式）

（3）反-1-异丙基-3-甲基环己烷（优势构象）

（4）1-乙基-1，2-二甲基环丙烷

3. 写出 1-乙基-3-甲基环己烷顺、反异构体的优势构象，并比较其稳定性。

4. 写出下列化合物的优势构象。

（1）顺-1-溴-2-氯环己烷　　（2）反-1-叔丁基-4-甲基环己烷

（3）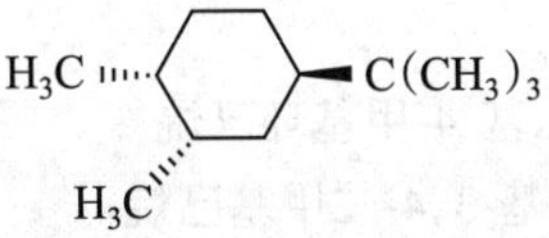
H3C
C(CH3)3
H3C

（4）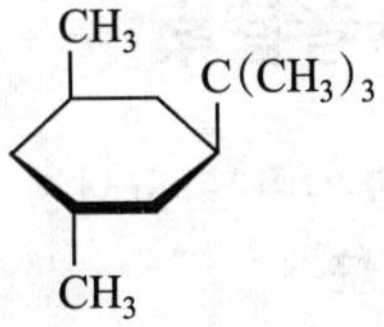
CH3
C(CH3)3
CH3

5. 选择题

（1）下列自由基中，最稳定的自由基是（　　）

A. 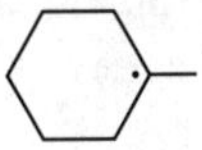　　B. 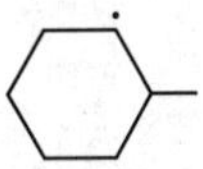

C. 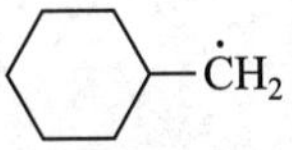
ĊH2
D. 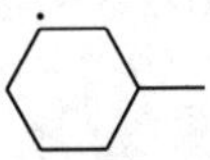

（2）化合物 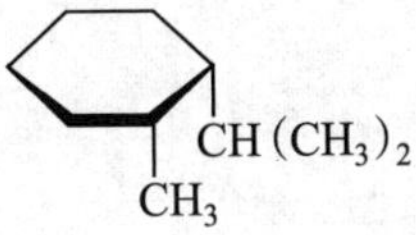
CH(CH3)2
CH3
最稳定的构象是（　　）

A. 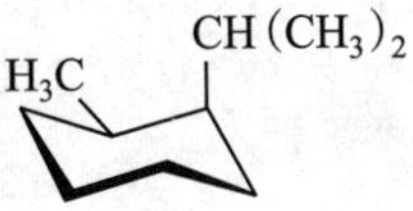
CH(CH3)2
H3C
B. 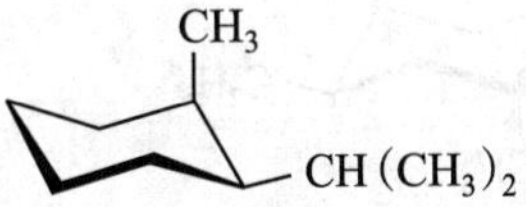
CH3
CH(CH3)2

C. 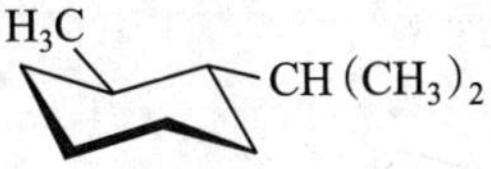
H3C
CH(CH3)2
D. 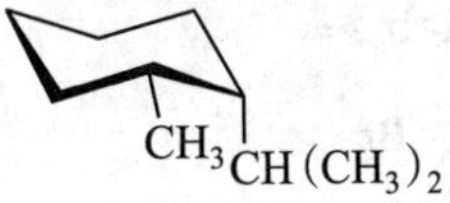
CH3
CH(CH3)2

（3）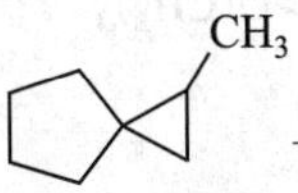
CH3
与 HBr 反应的主产物是（　　）

A. 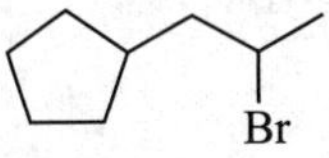
Br
B. 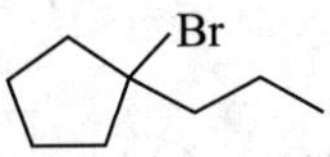
Br

C. 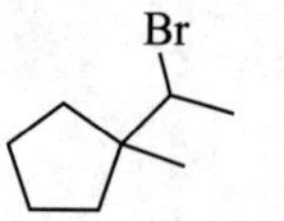
Br

D. 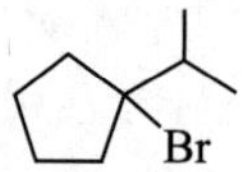
Br

（4）反-1-异丙基-4-甲基环己烷最稳定的构象是（　　）

A. 
(H3C)2HC
CH3

B. 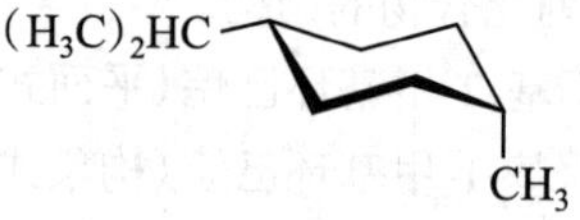
(H3C)2HC
CH3

C. 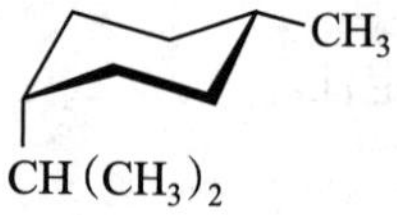
CH3
CH(CH3)2

D. 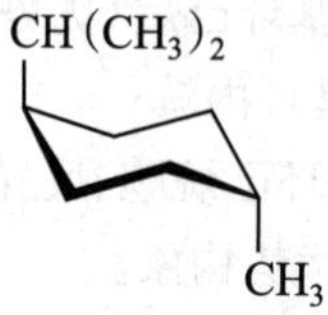
CH(CH3)2
CH3

六、复习题参考答案

1.（1）反-1-异丙基-3-甲基环己烷　（2）反-1-乙基-4-甲基环己烷

（3）环己基环己烷　（4）2-环丙基-3，4-二甲基己烷

2.（1）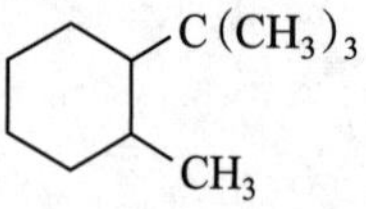
C(CH3)3
CH3

（2）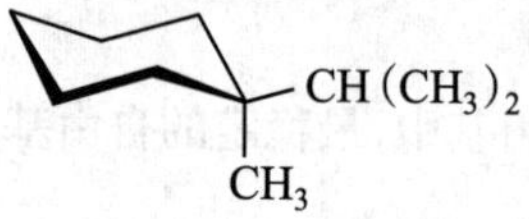
CH(CH3)2
CH3

（3）
CH3
CH(CH3)2

（4）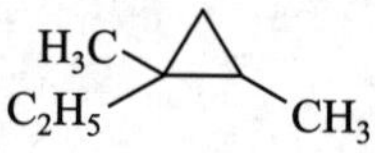
H3C
C2H5
CH3

3. 顺式：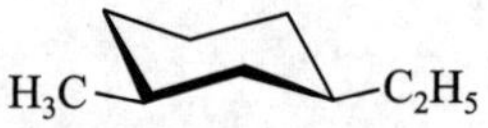
H3C
C2H5

a

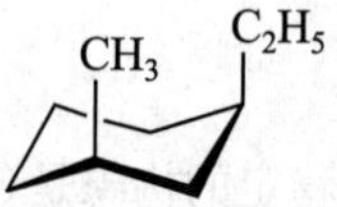
CH3
C2H5

b

反式：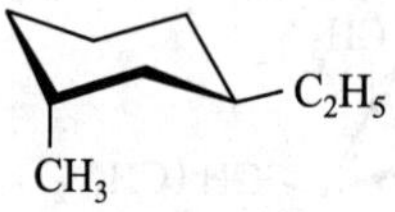
C2H5
CH3

c

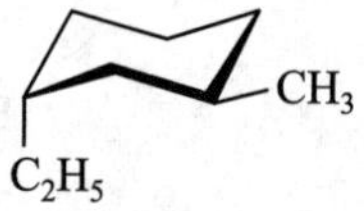
CH3
C2H5

d

稳定性：a>c>d>b

4.（1）
Br
Cl

（2）
H3C
C(CH3)3

（3）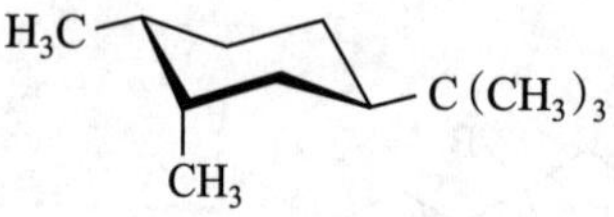
H3C
C(CH3)3
CH3

（4）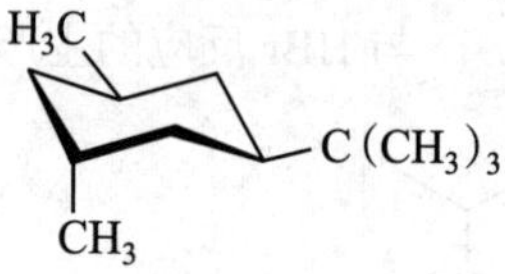
H3C
C(CH3)3
CH3

5.（1）A　（2）B　（3）D　（4）A

（张静夏）

第七章 芳香烃

一、基本要求

掌握:苯及其同系物的结构、命名;苯及其衍生物的化学性质;萘的结构和化学性质;Hückel 规则。

熟悉:苯及其同系物的物理性质;苯的亲电取代反应机制;蒽、菲的结构。

了解:致癌芳烃。

二、总结

芳香烃是芳香族碳氢化合物的简称。根据分子中是否含有苯环,分为苯型芳香烃和非苯型芳香烃。

(一) 苯的结构及烃基苯的命名

苯中的 6 个碳原子均为 sp^2 杂化,其杂化轨道通过 σ 键连接形成平面六元环,未参与杂化的 *p* 轨道形成完全离域的大 π 键。因此,苯中的 C—C 键等长,电子云密度均一化,结构具有相当的稳定性。不易发生加成反应,也很难被氧化。

烃基苯命名时通常选择苯为母体,有多个烃基时编号按照“最低位次组原则”。在符合最低位次组原则的前提下,如果还有多种编号选择,则取代基英文名首字母排序靠前者编号最小。当烃基的碳数超过 6 个时将苯环作为取代基,烃基作为命名主体(IUPAC 命名不论烃基链长短均选择苯环为命名母体)。当苯环侧链含有命名级别比苯或烯、炔级别更高的官能团,如羟基、氨基、磺酸基、羧基等时苯环均作为取代基。

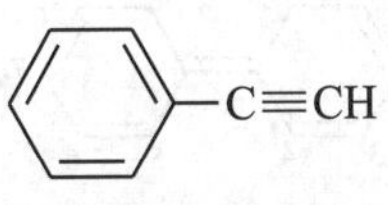
C≡CH

乙炔基苯(苯乙炔)
ethynylbenzene

CH3
H3C
CH2CH3

1-乙基-2,4-二甲基苯
1-ethyl-2,4-dimethylbenzene

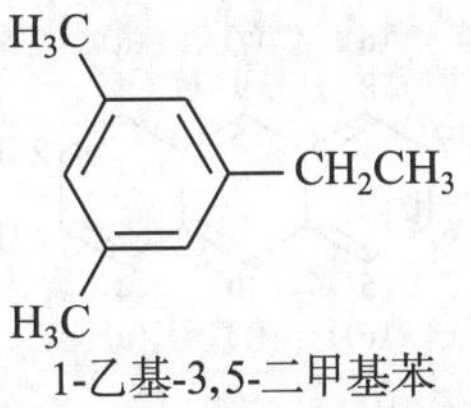
H3C
CH2CH3
H3C

1-乙基-3,5-二甲基苯
1-ethyl-3,5-dimethylbenzene

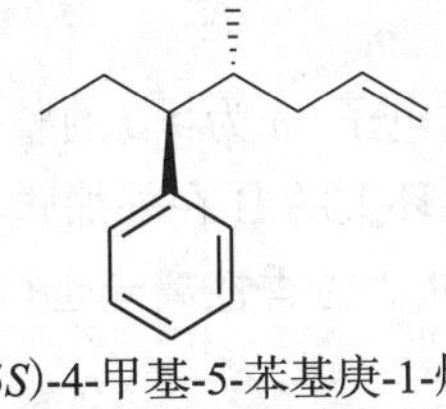

(4*R*,5*S*)-4-甲基-5-苯基庚-1-烯
((3*S*,4*R*)-4-methylhept-6-en-3-yl)benzene

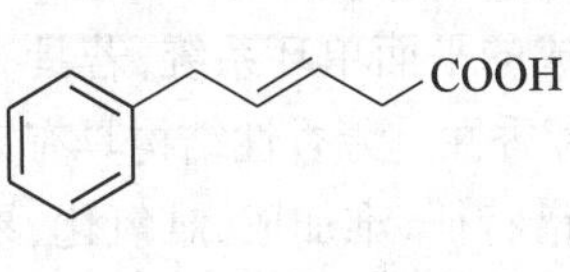
COOH

(*E*)-5-苯基戊-3-烯酸
(*E*)-5-phenylpent-3-enoic acid

(二) 苯及其衍生物的化学性质

1. 亲电取代反应　苯及其衍生物可与亲电试剂结合发生环上 H 被取代的反应,包括卤代、硝化、磺化、Friedel-Crafts 烷基化及酰化反应等,其中磺化反应为可逆反应。反应分步进行,中间体为环碳正离子。

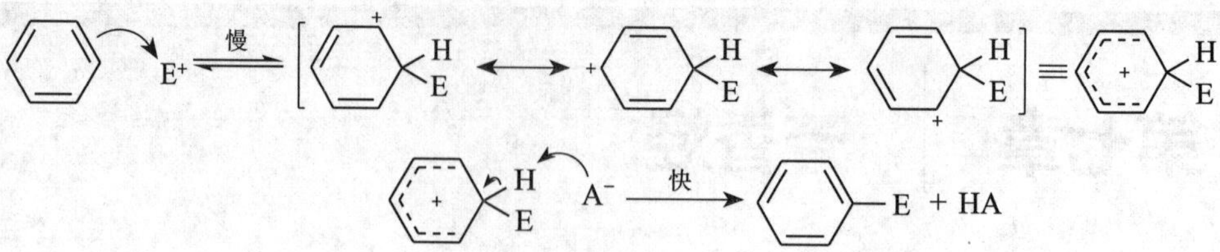
慢
H
E
快
A⁻
E + HA

单取代苯再次进行亲电取代反应时，反应相对速率与主产物取决于原有取代基的电子效应。给电子基团使苯环活化，反应速度加快，主产物为邻、对位取代产物；钝化基团使反应速度变慢，除卤素为邻、对位定位基外，其他钝化基团均为间位定位基。苯环连接强或中强钝化基团时不能发生 Friedel-Crafts 反应。

常见的活化基团为：$-NH_2$，$-NHR$，$-NR_2$，$-OH$，$-NHCOR$，$-OR$，$-OCOR$，$-R$，$-Ar$，$-CH{=}CHR$。

常见的钝化基团为：$-CF_3$，$-NO_2$，$-{}^+NH_3$，$-{}^+NR_3$，$-SO_3H$，$-CHO$，$-COOH$，$-COR$，$-CN$，$-COOR$，$-CONH_2$，$-X$。

2. 还原反应　苯较烯烃难还原，可以用催化活性更高的铂或铑将苯还原成环己烷。

3. 自由基取代反应　烃基苯可发生自由基取代反应，因苄自由基稳定性高，与溴反应时，主要生成 α-溴代产物。

4. 亲电加成反应　烯基苯可与卤素、HX 等发生亲电加成反应。由于苄基碳正离子的稳定性较高，因此丙烯基苯与 HBr 反应的主产物是 1-溴丙基苯。

5. 氧化反应　苯很难被氧化，但当取代苯有 α-H 时，可被强氧化剂氧化为苯甲酸。

（三）稠环芳香烃

稠环芳香烃是指由两个或两个以上苯环共用碳碳键稠合而成的多环芳香烃。

1. 萘　萘由两个苯环稠合而成，电子云密度不均匀，碳碳键不等长，α-H 较 β-H 易被取代。

2. 蒽和菲　蒽和菲均由三个苯环稠合而成，两者互为同分异构体，电子云密度也不均匀，C_9-H、C_{10}-H 易被取代。

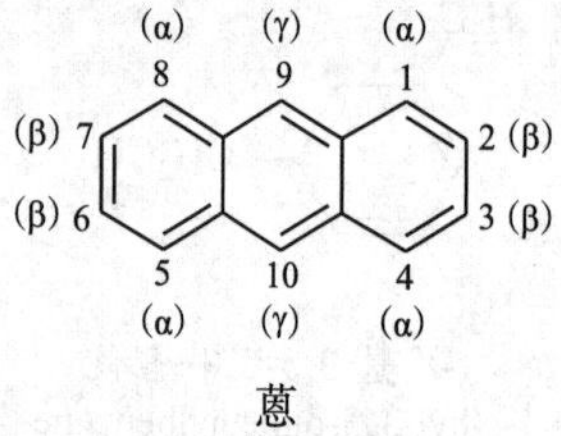
(α) (γ) (α)
8 9 1
(β) 7 2 (β)
(β) 6 3 (β)
5 10 4
(α) (γ) (α)

蒽

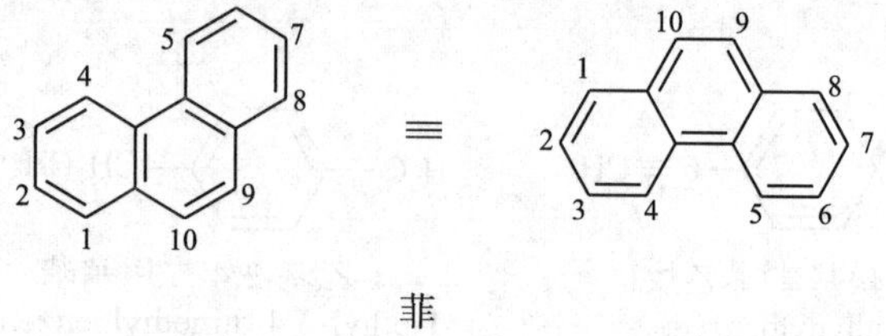
6 7 5 8 4 3 2 9 1 10
≡
10 9 1 8 2 7 3 4 5 6

菲

（四）芳香性：Hückel 规则

由 p 轨道共轭形成的平面单环系统，若具有 $4n+2$ 个 π 电子（n 为≥0 的整数），即有相当的电子稳定性，即 Hückel 芳香性。芳香性结构具有键长平均化、环上的 H 在外加磁场中受到环电流效应影响产生特殊的光谱特征、难加成、难氧化、易取代等性质。芳香性离子也可以形成稳定的盐，如环戊二烯负离子、环庚三烯正离子等。

三、重点和难点

重点：苯的结构、苯及其同系物的命名。苯及其衍生物的化学反应、萘的化学性质、Hückel 规则。

难点：苯环上取代基的电子效应即定位规则、具有 Hückel 芳香性的非苯型化合物或离子的判断。

四、习题参考答案

7-1 （1）芳香族化合物的亲电取代反应常用的催化剂是 Lewis 酸，它可与反应试剂作用产生较强的亲电试剂。（2）中间体碳正离子脱去 1 个 H 可恢复稳定的环状闭合共轭体系。

7-2

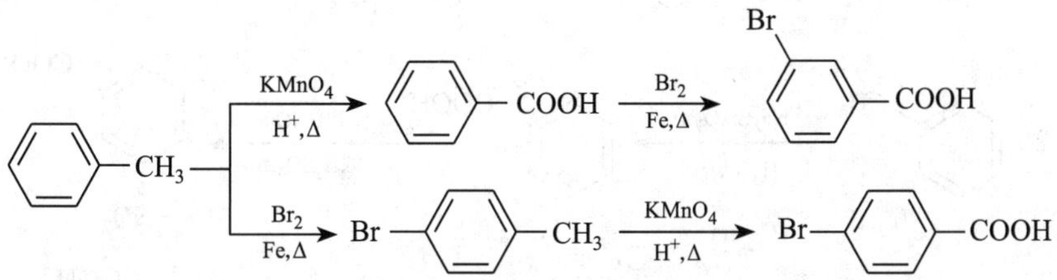
CH3
KMnO4
H+,Δ
COOH
Br2
Fe,Δ
Br
COOH
Br2
Fe,Δ
Br
CH3
KMnO4
H+,Δ
Br
COOH

分离对溴甲苯

7-3 （1）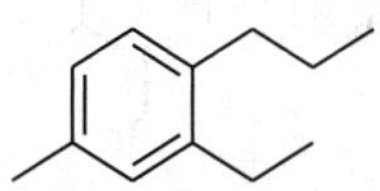 （2）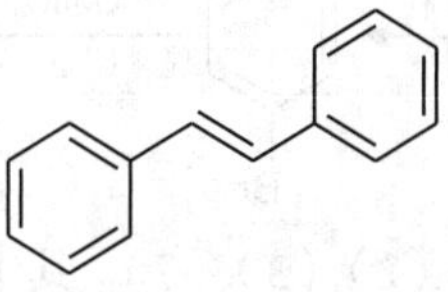 （3）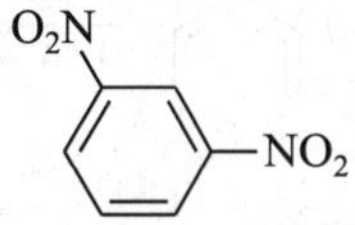
O2N
NO2

（4）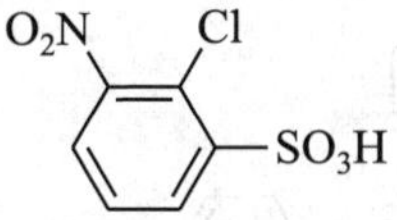
O2N
Cl
SO3H
（5）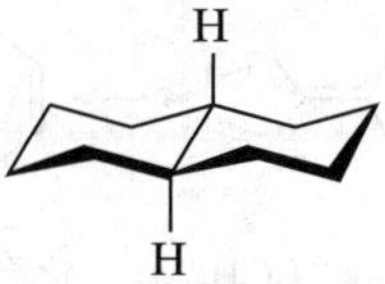
H
H
（6）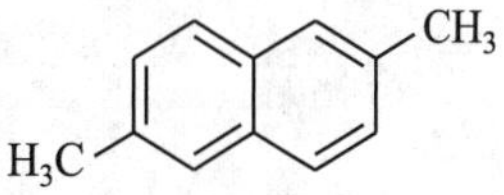
CH3
H3C

7-4 （1）A（B 环被—NO_2 钝化） （2）A（B 环被—NO_2 钝化）

7-5 （1）苯 > 溴苯 > 硝基苯 （2）苯胺 > 苯甲酸 > 三氟甲苯

（3）甲氧基苯 > 甲苯 > 苯 > 苯甲醛 （4）苯乙烯 > 氯苯 > 苯乙酮

7-6 （1）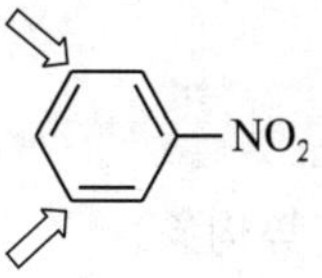
NO2
（2）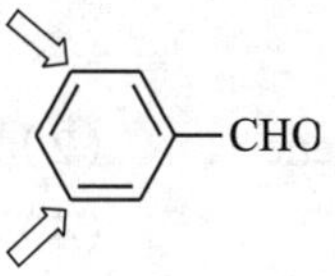
CHO
（3）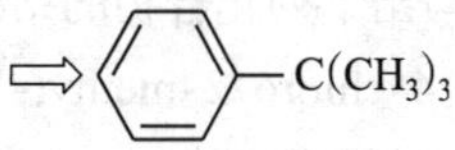
C(CH3)3

（4）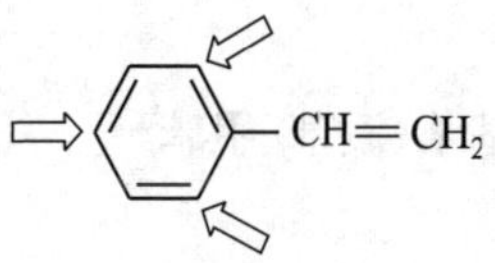
CH=CH2
（5）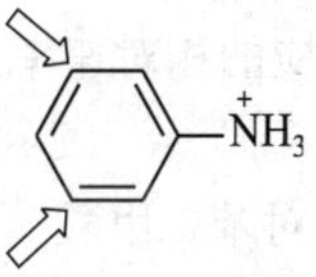
NH3+
（6）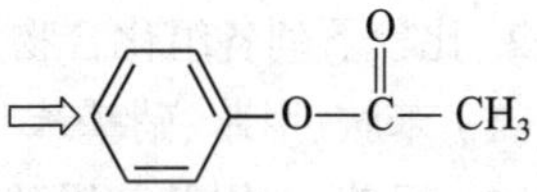
O
O—C—CH3

7-7 （1）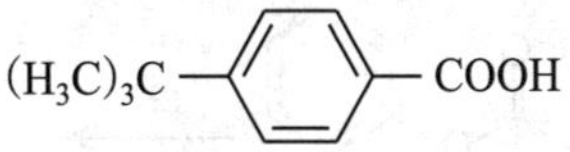
(H3C)3C
COOH
（2）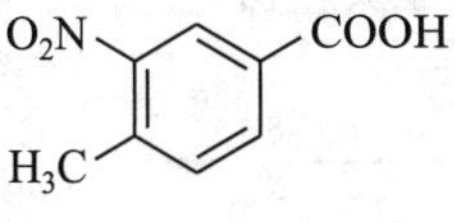
O2N
COOH
H3C

（3）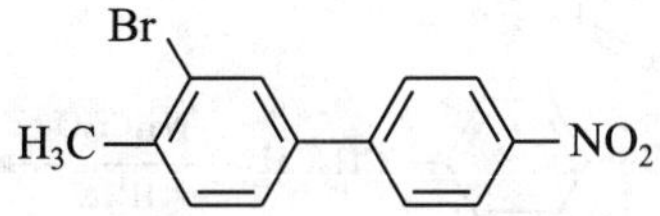
Br
H3C
NO2
（4）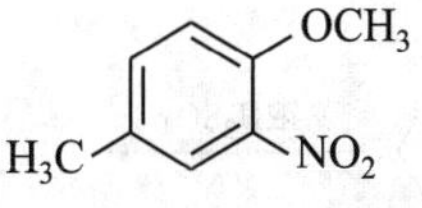
OCH3
H3C
NO2

（5）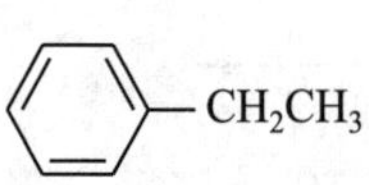
CH2CH3
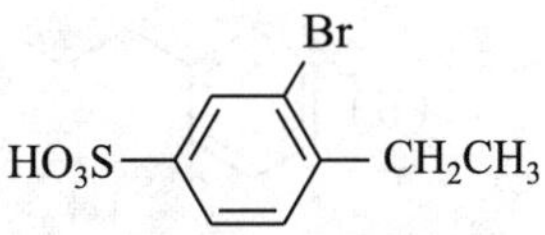
Br
HO3S
CH2CH3
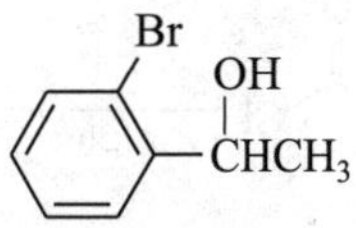
Br
OH
CHCH3

（6）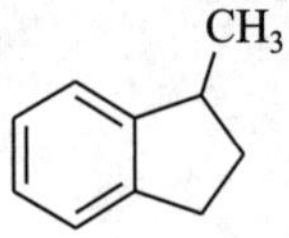　　（7）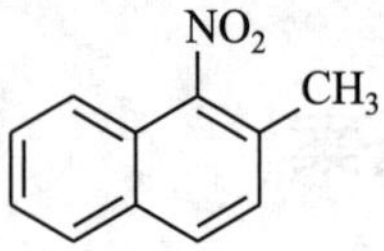

7-8　（1）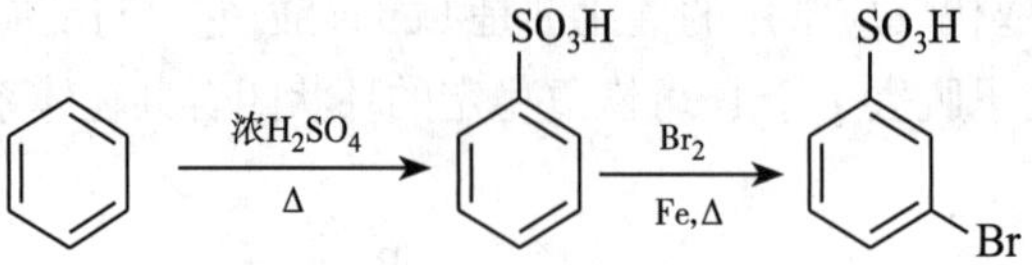

（2）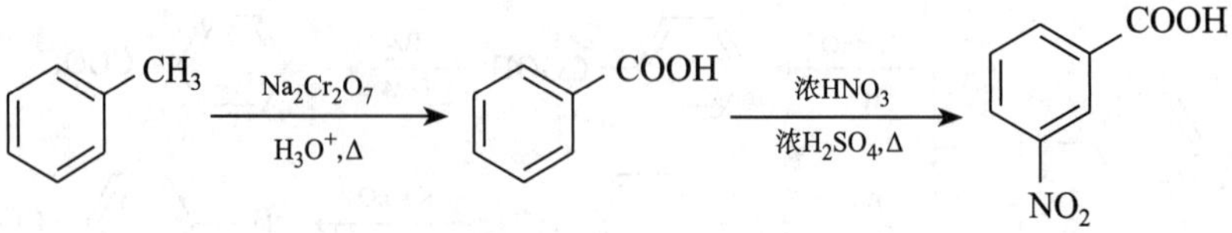

（3）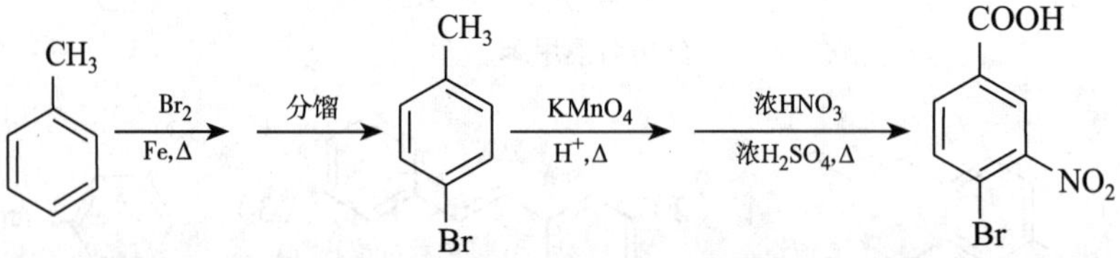

7-9　具有 Hückel 芳香性的是:（2）、（3）、（7）。其中化合物（7）为内盐形式：

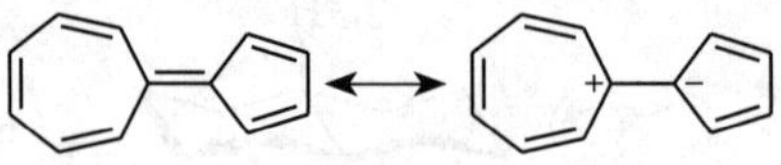

7-10　化合物 A：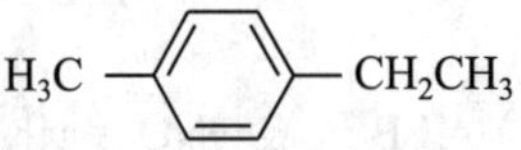　化合物 B：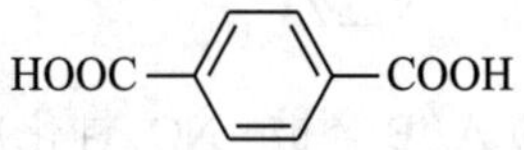

五、复习题

1. 写出下列化合物的结构式：

（1）4-chloro-2-methyl-1-nitrobenzene　　（2）*o*-bromotoluene

（3）对氯溴化苄　　（4）顺-十氢萘(优势构象)

（5）β-萘磺酸　　（6）2,10-二甲基蒽

2. 比较下列各组化合物发生溴代反应的相对速率：

（1）苯胺、甲苯、硝基苯　　（2）甲氧基苯、溴苯、甲苯

（3）甲苯、对甲基苯甲酸、间二甲苯、对苯二甲酸

3. 写出下列反应的主要产物：

（1）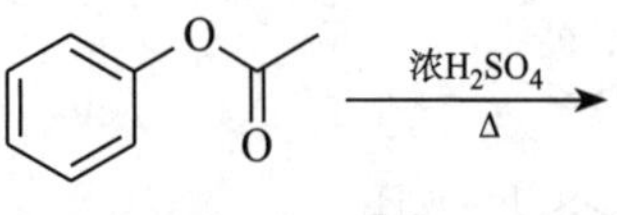　　（2）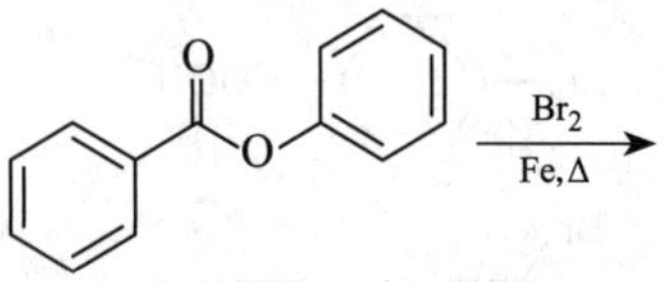

（3）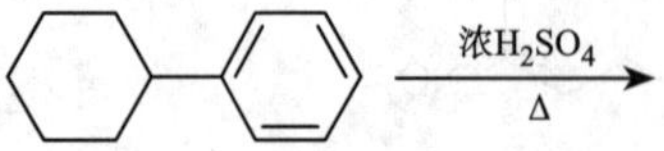　　（4）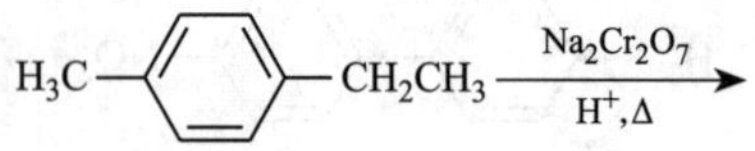

（5）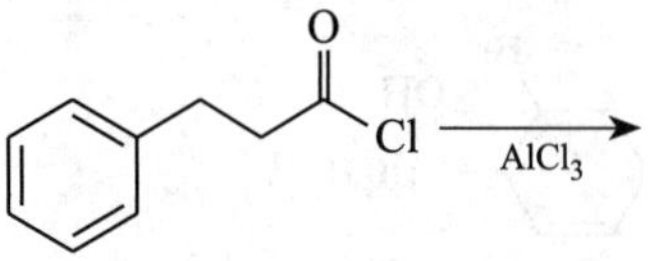　　（6）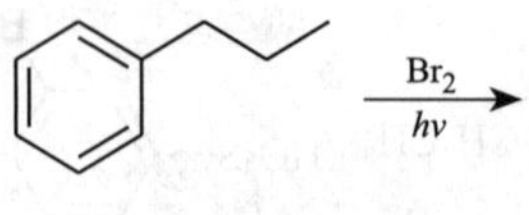

（7）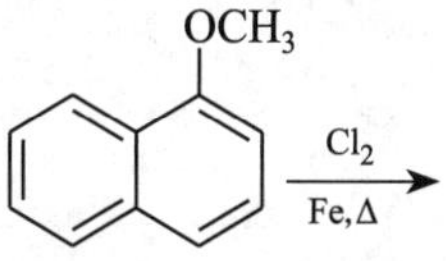　　（8）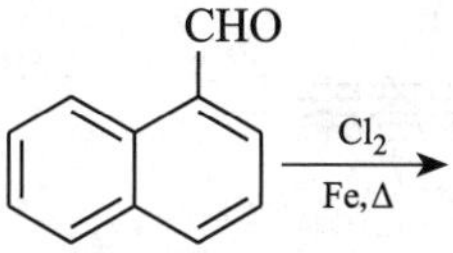

4. 用甲苯及其他合适的试剂制备 2-溴-5-硝基苯甲酸。

5. 某不饱和烃 A（C_9H_8）能与 Cu_2Cl_2 的氨溶液反应生成砖红色沉淀。A 催化加氢得到 B（C_9H_{12}）。B 用酸性 $K_2Cr_2O_7$ 氧化得到一个二元酸 C（$C_8H_6O_4$）。试推测化合物 A~C 的结构。

6. 异丁基苯与溴在光照下，生成（1-溴-2-甲基丙基）苯的反应中，不生成或几乎不生成（2-溴-2-甲基丙基）苯，为什么？

7. 写出以下反应所有可能的加成产物的结构式（包括立体构型）：

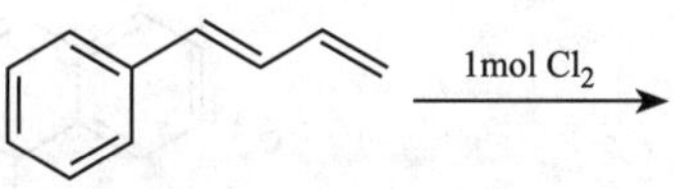

（1）在生成产物的过程中哪个中间体最稳定？

（2）实际上只得到 2 个产物，是哪 2 个？为什么？

8. 判断下列结构是否具有 Hückel 芳香性：

（1）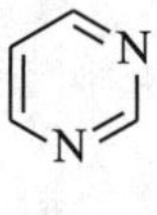　（2）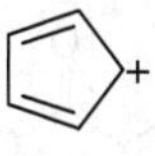　（3）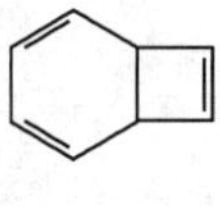　（4）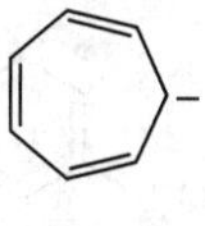

（5）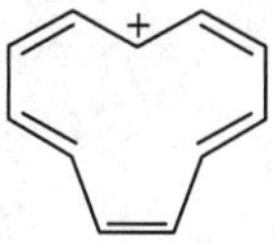　（6）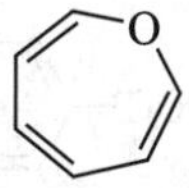　（7）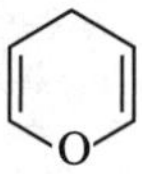　（8）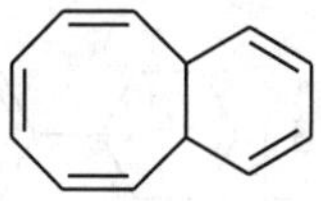

9. 比较每组中饱和碳上氢的酸性强弱：

（1）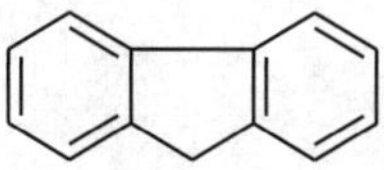 和 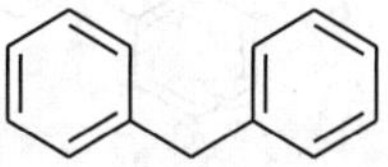　（2）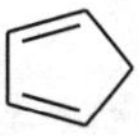 和 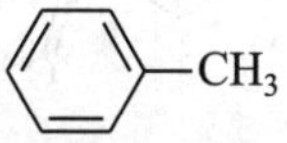

（i）　（ii）　（i）　（ii）

10. 由于分子内环电流效应的影响，芳香性化合物的氢谱较为特殊。试根据学过的知识回答以下问题：（1）化合物［18］-轮烯的 ^{1}HNMR 中有两组信号，δ −2.99 及 δ 9.28，请归属以上信号并说明两组信号产生的原因；（2）1,6-甲叉基-［10］-轮烯的 ^{1}HNMR 中也有两组信号，δ −0.50 及 δ 7.10，请归属以上信号，这一结果是分子具有芳香性的标志吗？

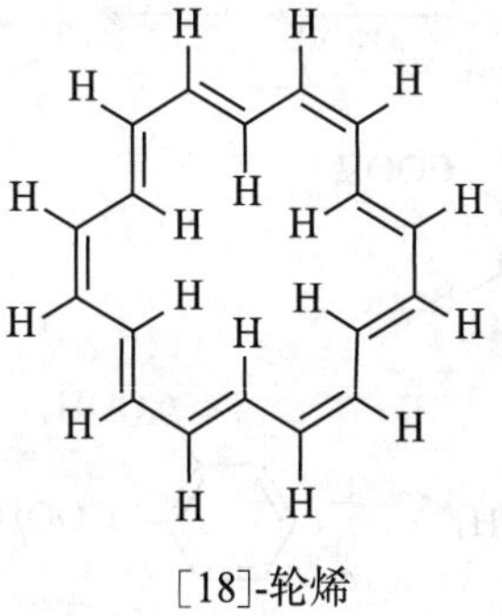

［18］-轮烯

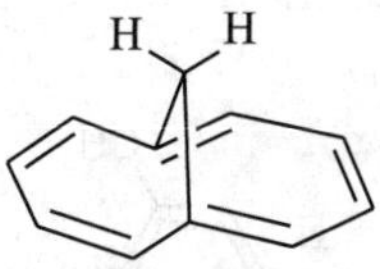

1,6-甲叉基-［10］-轮烯

六、复习题参考答案

1.（1）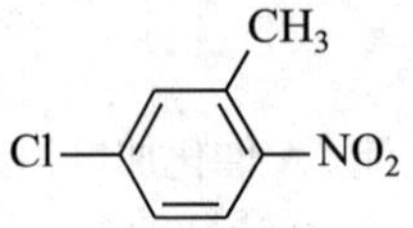　　（2）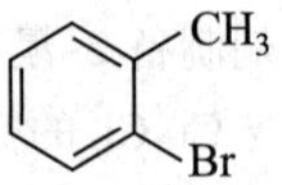

（3）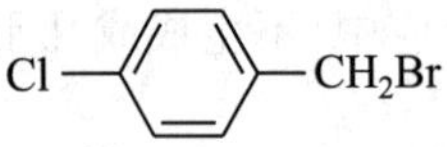　　（4）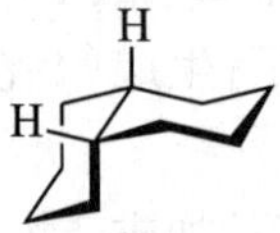

（5）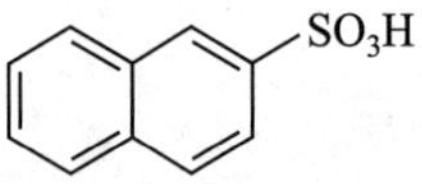　　（6）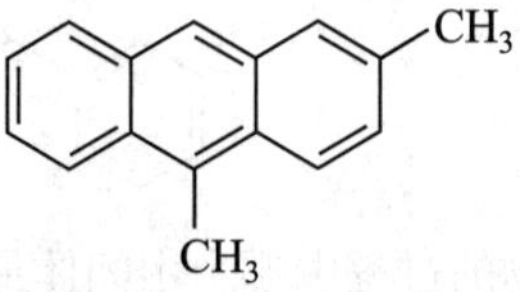

2.（1）苯胺＞甲苯＞硝基苯　　（2）甲氧基苯＞甲苯＞溴苯

（3）间二甲苯＞甲苯＞对甲基苯甲酸＞对苯二甲酸

3.（1）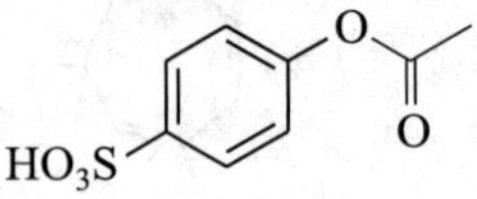　　（2）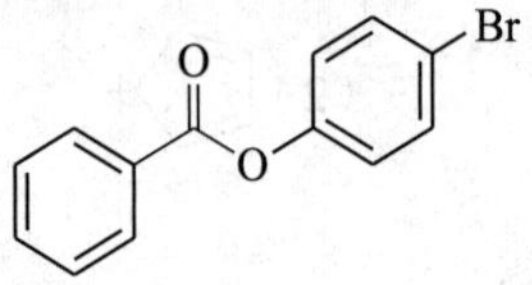

（3）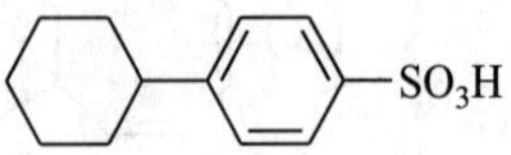　　（4）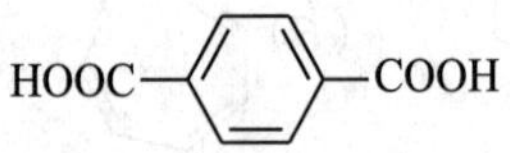

（5）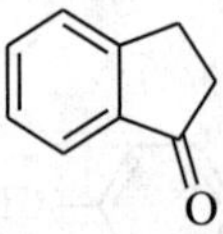　　（6）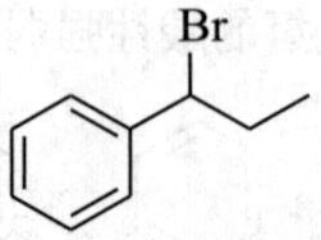

（7）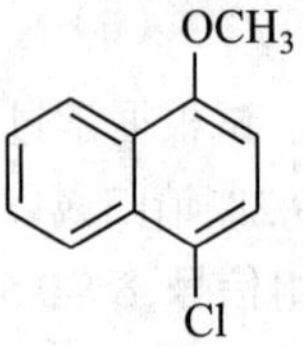　　（8）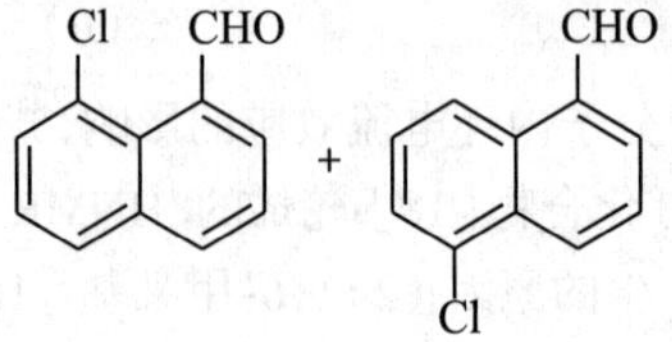

4. 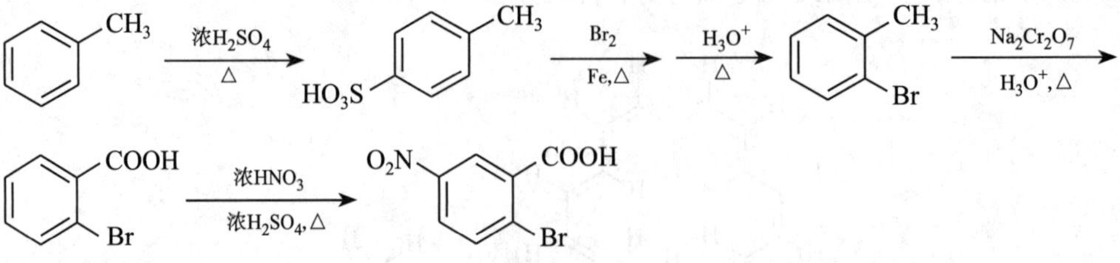

5. A 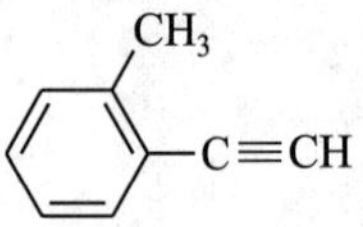　B 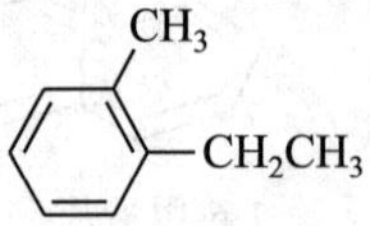　C 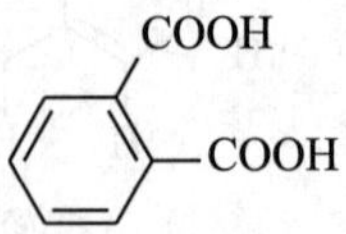

6. 此反应是自由基取代反应，在生成（1-溴-2-甲基丙基）苯的反应中，中间体是自由基Ⅰ；在生成(2-溴-2-甲基丙基)苯的反应中,中间体是自由基Ⅱ。自由基Ⅰ的稳定性大于自由基Ⅱ的稳定性,所以反应主要生成(1-溴-2-甲基丙基)苯。

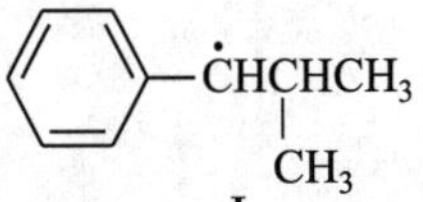

Ⅰ

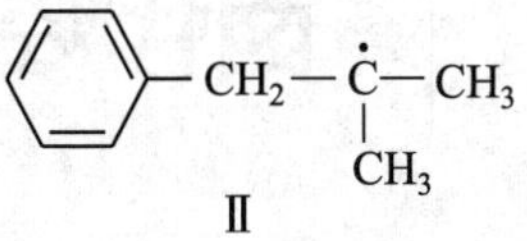

Ⅱ

7. (1)可能的加成产物有 6 个:

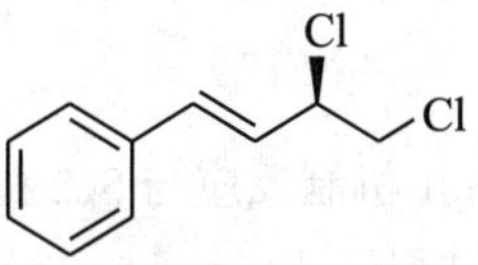

(*R*,*E*)-(3,4-dichlorobut-1-en-1-yl)benzene

Ⅰ

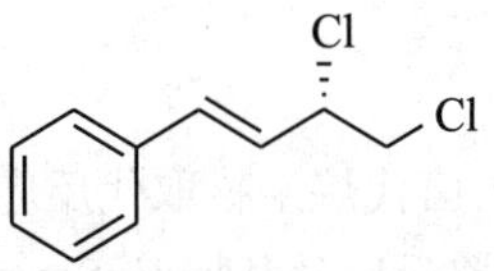

(*S*,*E*)-(3,4-dichlorobut-1-en-1-yl)benzene

Ⅱ

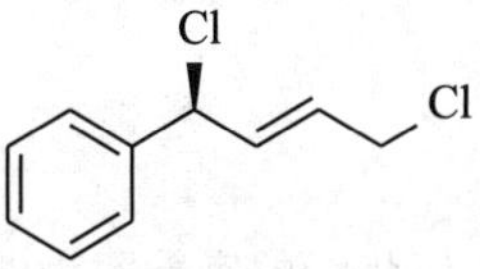

(*S*,*E*)-(1,4-dichlorobut-2-en-1-yl)benzene

Ⅲ

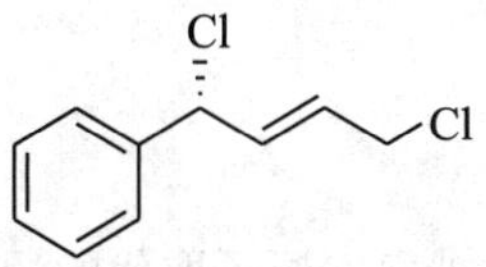

(*R*,*E*)-(1,4-dichlorobut-2-en-1-yl)benzene

Ⅳ

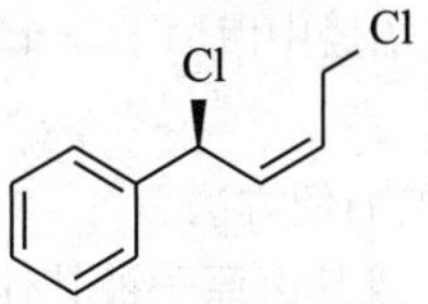

(*S*,*Z*)-(1,4-dichlorobut-2-en-1-yl)benzene

Ⅴ

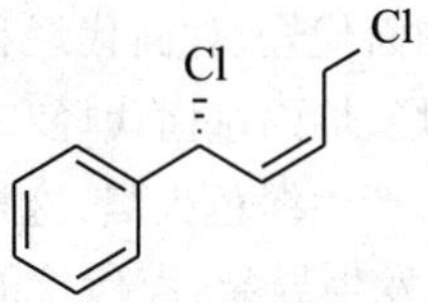

(*R*,*Z*)-(1,4-dichlorobut-2-en-1-yl)benzene

Ⅵ

该反应的中间体是碳正离子,Ⅶ最稳定:

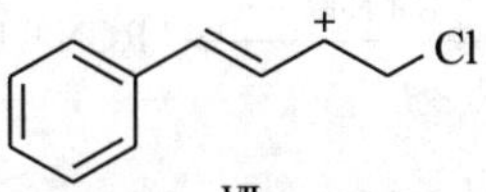

Ⅶ

(2)Ⅰ和Ⅱ,因为生成Ⅰ和Ⅱ的中间体相对最稳定,且产物保持了 π-π 共轭体系。

8. 有 Hückel 芳香性的是:(1)、(5)。

9. (1)i > ii, (2)i > ii(能生成具有芳香性的碳负离子者 H^+更易离去)

10. (1)环内 H:δ −2.99,位于屏蔽区;环外 H:δ 9.28,位于去屏蔽区。

(2)δ −0.50是甲叉基的H信号,位于屏蔽区。δ 7.10是图中双键碳上的H信号,位于去屏蔽区。十元环上的 H 化学位移相同,且位于低场,甲叉基 H 位于极高场,说明 1,6-甲叉基-[10]-轮烯在磁场中产生了环电流效应,即有 Hückel 芳香性。

(杨若林)

第八章 卤代烃

一、基本要求

掌握:卤代烃的命名;卤代烷亲核取代反应的机理及其应用,S_N1 机制反应与 S_N2 机制反应的特点;卤代烷的 E1、E2 消除反应及其特点,Saytzeff 规则;Grignard 试剂。

熟悉:影响亲核取代反应机制的因素;不饱和卤代烃的结构特点及其取代反应。

了解:卤代烃的分类,卤代烃的物理性质,氟利昂等重要的卤代烃。

二、总结

一个或多个氢原子被卤素原子取代的烃分子称为卤代烃。卤代烃的官能团为卤原子。按卤原子的种类和数目,卤代烃可分为氟代烃、氯代烃、溴代烃和碘代烃及一卤代烃和多卤代烃;按烃基的种类,卤代烃可分为饱和卤代烃、卤代烯烃、卤代炔烃和卤代芳烃;按卤原子连接的饱和碳原子的类型,卤代烃可分为伯卤代烃、仲卤代烃和叔卤代烃;根据卤代烯烃中卤原子与 π 键的位置,卤代烯烃可分为乙烯基卤代烃、烯丙基卤代烃和孤立型卤代烯烃。

卤代烃在铜丝上灼烧,产生绿色火焰,这是鉴定含卤素有机物的简便方法。

卤代烷的碳卤键容易发生异裂,卤代烷能与许多试剂作用,生成其卤原子被其他原子或基团取代的产物。

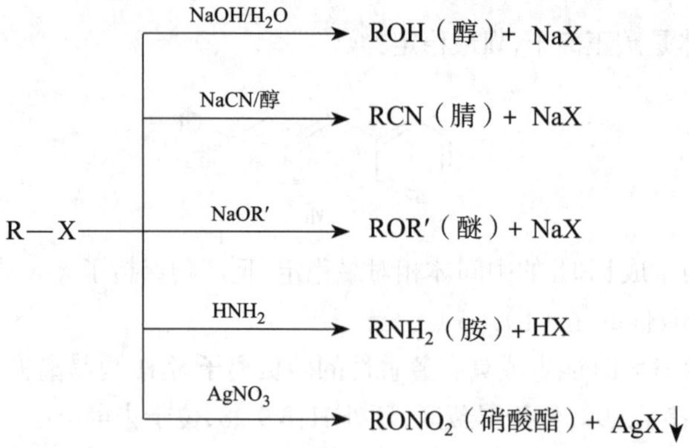

NaOH/H2O
ROH(醇)+ NaX
NaCN/醇
RCN(腈)+ NaX
R—X
NaOR′
ROR′(醚)+ NaX
HNH2
RNH2(胺)+ HX
AgNO3
RONO2(硝酸酯)+ AgX↓

卤代烷中与卤原子直接相连的带部分正电荷的碳原子可被带负电荷的试剂(如:^-OH、^-CN、^-OR)或含有未共用电子对的试剂(如:NH_3)进攻,上述进攻卤代烷正电荷部位的试剂称为亲核试剂,由亲核试剂进攻而引起的取代反应称为亲核取代反应,以 S_N 表示。亲核取代反应中,碳卤键断裂的难易程度为 C—I > C—Br > C—Cl,和相应键能的大小顺序相反。C—F 键键能大、结合牢固,因此,氟代烃难以发生取代反应。

亲核取代反应可按 S_N1 和 S_N2 两种机制进行。

单分子亲核取代机制（S_N1）反应的速率仅取决于卤代烷的浓度，动力学上为一级反应。叔丁基溴与 HO^- 反应生成醇的反应是 S_N1 反应，反应的第一步是叔丁基溴的碳溴键异裂，生成活性中间体叔丁基碳正离子和溴离子，这一步反应较慢，决定整个反应速率；反应第二步较快，为碳正离子与亲核试剂 HO^- 结合，生成叔丁醇。S_N1 机制反应的特点为：①单分子反应，反应速率仅与卤代烷的浓度有关；②反应是分步进行的，有活泼中间体碳正离子生成；③若反应物中与卤素相连的 α 碳原子为手性碳原子，则该手性中心发生外消旋化。

双分子亲核取代机制（S_N2）反应速率取决于卤代烷和亲核试剂的浓度。氯甲烷在碱性溶液中生成甲醇的反应是 S_N2 反应，其反应速率分别与氯甲烷的浓度和碱的浓度成正比，动力学上为二级反应。S_N2 机制反应的特点为：①反应速率分别与卤代烷的浓度和碱的浓度有关；②反应通过过渡态一步完成；③若反应物中与卤素相连的 α 碳原子为手性碳原子，则反应中该手性中心发生"构型翻转"。

不同烃基卤代烷发生 S_N1 机制反应的相对速率为：叔卤代烷 > 仲卤代烷 > 伯卤代烷 > 卤甲烷。不同烃基卤代烷发生 S_N2 机制反应的相对速率为：卤甲烷 > 伯卤代烷 > 仲卤代烷 > 叔卤代烷。卤代甲烷和伯卤代烷易发生 S_N2 机制反应，而叔卤代烷一般按 S_N1 机制进行反应。仲卤代烷的亲核反应机制取决于反应条件，既可按 S_N1 机制又可按 S_N2 机制进行，或两者兼有。

亲核试剂的结构和性质对 S_N1 机制反应速率影响不大。而在 S_N2 机制反应中，亲核试剂的亲核性越强，反应速率越快。空间位阻大的亲核试剂 S_N2 机制反应的速率低。在烷基相同的卤代烷中，I^- 是最好的离去基团，Cl^- 的离去能力较弱。因此，RI 亲核取代反应的速率最大。极性溶剂促使卤代烷的碳卤键异裂生成碳正离子，有利于反应按 S_N1 机制进行。

卤代烷酸性的 β 氢易受碱进攻，使卤代烷失去 β 氢和卤原子而发生 β-消除反应。消除反应的主要产物是双键碳原子上连有最多烃基的烯烃（Saytzeff 规则）。卤代烷的单分子消除（E1）反应分两步进行。第一步是卤代烷分子发生共价键的异裂，生成碳正离子，第一步决定反应速率；第二步是试剂 B^-（碱）进攻并夺走 β 氢原子，α 碳原子和 β 碳原子之间生成双键。E2 机制为双分子反应机制，在该机制中，碱性的亲核试剂进攻卤代烷 β 氢，同时卤原子在溶剂作用下离去，α 碳原子和 β 碳原子之间形成双键而生成烯烃。

E1 消除反应和 E2 消除反应的反应活性次序相同，即：叔卤代烷 > 仲卤代烷 > 伯卤代烷。

在多数情况下，卤代烷的消除反应和亲核取代反应同时发生，相互竞争，两种反应产物的比例受卤代烷结构、试剂的碱性、溶剂的极性、反应温度等因素的影响。

伯卤代烷与强亲核试剂作用主要发生 S_N2 机制反应，叔卤代烷与强碱作用主要发生 E2 机制反应。通常，提高温度有利于消除反应。极性溶剂对 S_N1 和 E1 机制反应均有利，而对 S_N2 和 E2 机制反应都不利。

不饱和卤代烃分子中含有碳碳双键和卤素两种不同的官能团，属于混合官能团化合物。不饱和卤代烃分子中卤素的活泼性取决于卤素与碳碳双键的相对位置。乙烯基卤代烃不易发生取代反应，乙烯基卤代烃与硝酸银醇溶液共热，无卤化银沉淀产生。卤代芳烃的卤原子与乙烯基卤代烃的卤原子的反应性相似。烯丙基卤代烃的卤原子易离去，易发生取代反应。烯丙基卤代烃在室温下能与硝酸银醇溶液发生反应，生成卤化银沉淀。苄基卤代烃与烯丙基卤代烃的反应性相似。孤立型不饱和卤代烃中卤原子与双键（或苯环）相隔两个以上饱和碳原子。孤立型不饱和卤代烃中的卤素的活泼性与卤代烷中卤原子的活泼性相似。孤立型不饱和卤代烃与硝酸银醇溶液共热，产生卤化银沉淀。

卤代烃与镁在无水乙醚中反应生成的烃基卤化镁，称为 Grignard 试剂。Grignard 试剂与二氧化碳反应可以制备羧酸，与醛酮的反应可制备各种醇。

三、重点和难点

重点：卤代烷的亲核取代反应和消除反应及其在有机合成中的应用；卤代烷亲核取代反应 S_N1 和 S_N2 的机制及其立体化学；消除反应 E1 机制和 E2 机制；不同类型不饱和卤代烃的结构，其亲核取代反应的活性差异；Grignard 试剂的制备方法、性质及应用。

难点：卤代烷亲核取代反应 S_N1 和 S_N2 机制的反应动力学和立体化学；卤代烷消除反应的 E1 机制和 E2 机制，两种机制的动力学特征和立体化学；卤代烷的消除反应与亲核取代反应竞争及其影响因素。

四、习题参考答案

8-1　该鉴别反应基于卤代烃在碱性水溶液中发生亲核取代反应，释放出卤素离子；在中性溶液中，银离子与不同的卤素离子作用，生成不同颜色的卤化银沉淀。根据反应产生沉淀的颜色判断卤素的种类。

8-2　（1）$CH_3CH{=}C(CH_3)CH_2CH_3$；（2）$C_6H_5CH{=}CHCH_2CH_3$。

8-3　卤代烷中碳卤键的极性可通过诱导效应使 α 碳带部分正电荷、β 氢显酸性。α 碳带正电荷，易受亲核试剂进攻，发生取代反应；而 β 氢显酸性，易受碱进攻，失去 H^+发生消除反应。

卤代烷的亲核取代反应与 β-消除反应都是由于碳卤键的极性导致分子中的 α 碳、β 氢带正电荷，这些带正电荷的部位受带负电荷试剂（亲核试剂或碱）的进攻，而发生上述反应。这两种反应的差别为：亲核取代反应中亲核试剂进攻 α 碳，亲核试剂与该原子生成新的 σ 键；而 β 消除反应，带负电荷的试剂（碱）夺走酸性的 β 氢，随后卤原子离去，α 碳和 β 碳之间生成新的 π 键。

8-4　3-溴丁-1-烯 >2-溴-1-苯基丁烷 >2-溴丁-2-烯

8-5　（1）1-溴-2,3,3-三甲基丁烷；（2）三碘甲烷（碘仿）；（3）叔丁基氯；
（4）对溴苄基氯；（5）5-碘-4-甲基戊-2-烯。

8-6　（1）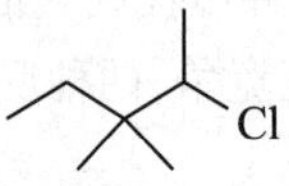（2）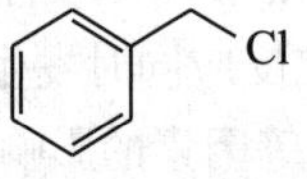（3）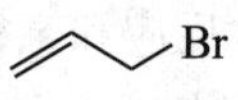（4）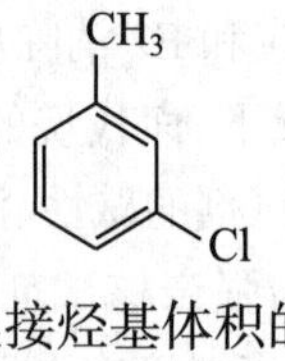（5）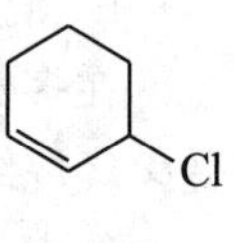

8-7　伯卤代烷烃发生 S_N2 反应时的反应速率受中心碳原子所连接烃基体积的影响。其体积越大，对亲核试剂从离去基团背面进攻中心碳原子的阻碍越大，反应越慢。

8-8　叔丁基有 3 个甲基，3 个甲基的给电子效应使中心碳原子的缺电子程度下降，另外，3 个甲基的空间阻碍，也使得碳正离子不易和亲电试剂靠近，这均使得叔丁基碳正离子表现为相对稳定。

8-9　（1）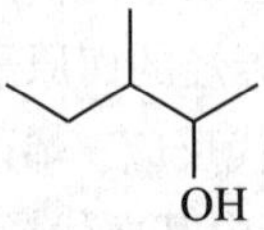（2）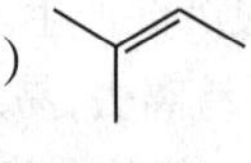（3）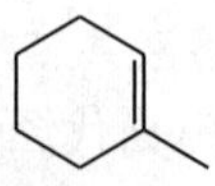（4）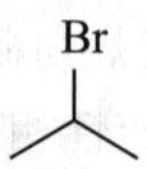，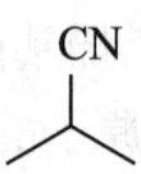

（5）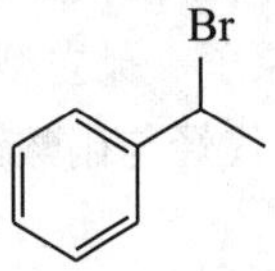，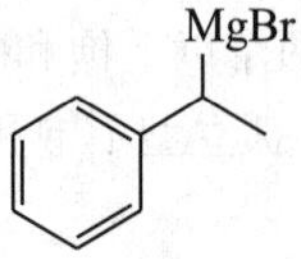，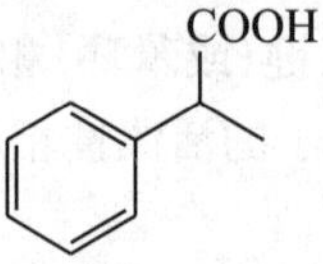

8-10 （1）S_N2；（2）S_N1；（3）S_N2；（4）S_N1；（5）S_N2。

8-11 （1）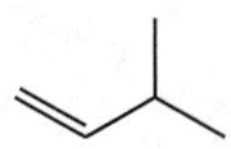　（2）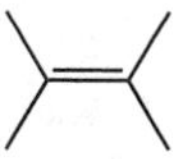　（3）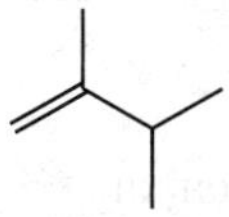

8-12 （1）和（2）与硝酸银溶液在室温或加热下，均不会产生溴化银沉淀；（3）和（4）与硝酸银溶液在室温下会产生溴化银沉淀；（5）与硝酸银溶液在加热下，会产生溴化银沉淀。

8-13

（1）

	$CH_3CH{=}CHBr$	$CH_2{=}CHCH_2Br$	$CH_3CH_2CH_2Br$
$AgNO_3$ 醇溶液，室温	（－）	AgBr↓	（－）
$AgNO_3$ 醇溶液，加热	（－）		AgBr↓

（2）

	氯苯	苄氯	1-氯-2-苯基乙烷
$AgNO_3$ 醇溶液，室温	（－）	AgCl↓	（－）
$AgNO_3$ 醇溶液，加热	（－）		AgCl↓

8-14 （1）$(CH_3)_3CBr > CH_3CH_2CH_2CH(CH_3)Br > CH_3CH_2CH_2CH_2Br$；

（2）$C_6H_5CH(CH_3)Br > C_6H_5CH_2Br > C_6H_5CH_2CH_2Br$；

（3）$CH_3CH_2CH_2Br > (CH_3)_2CHCH_2Br > (CH_3)_3CCH_2Br$；

（4）$CH_3CH_2CH_2CH_2Br > CH_3CH_2CH(CH_3)Br > (CH_3)_3CBr$。

五、复习题

1. 简述卤代烃的结构特点和化学性质。
2. 比较 S_N1 机制反应和 S_N2 机制反应的特点。
3. 卤代芳烃在结构上有何特点。
4. 卤代烃的β-消除反应与亲核取代反应有何共同点，又有何不同点？
5. 生物烷化剂（如氮芥）是一类重要的抗肿瘤药物，它在生物体内可与 DNA 或某些酶中富电子的基团（如羟基、氨基等）发生共价结合，使其丧失活性，从而抑制恶性肿瘤细胞的生长。试根据卤代烃性质，讨论氮芥在生物体内的作用机制。

$$H_3C-N(CH_2CH_2Cl)_2$$ 氮芥

6. 完成下列反应式（写出主要产物）。

（1）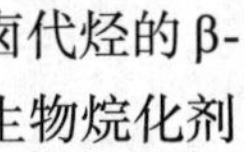 $\xrightarrow{NaOH/H_2O}$ （　）

（2）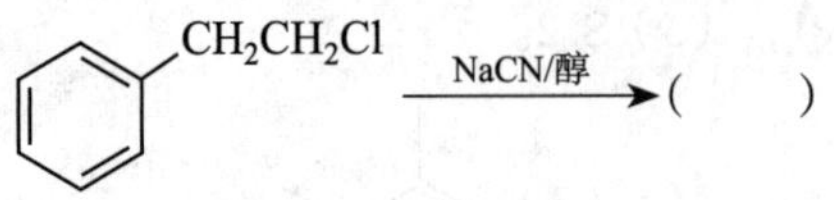

（3）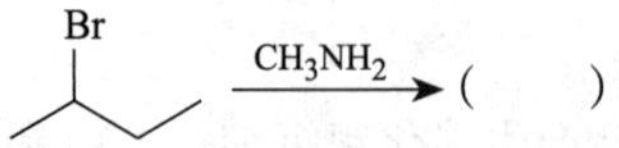

（4）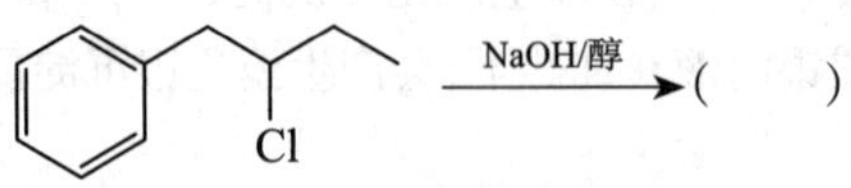

（5）$CH_3CH_2CH_2Br \xrightarrow{CH_3CH_2ONa}$（　　）

（6）$CH_3CH=CH_2 \xrightarrow{HBr}$（　　）$\xrightarrow[Et_2O]{Mg}$（　　）$\xrightarrow[2.\ H_2O]{1.\ CO_2}$（　　）

7. 请比较下列化合物进行 S_N2 机制反应时的速率。

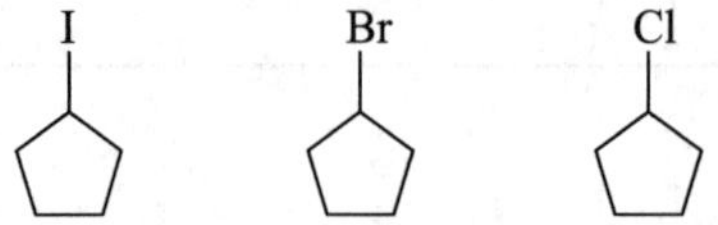

8. 卤代烃与氢氧化钠在水与乙醇混合液中反应，请指出下列哪些现象属于 S_N2 机制，哪些现象属于 S_N1 机制？

（1）产物的构型完全转变；

（2）增加碱的浓度，反应速率明显加快；

（3）反应分两步完成；

（4）增加溶剂的含水量，反应速率明显加快。

9. 推测乙基溴化镁与下列试剂反应生成的主要产物。

（1）$CH_3CH_2CH_2Br$　　（2）H_2O

（3）C_2H_5OH　　（4）HBr

（5）$H_3CC\equiv CH$

10. 写出下列卤代烃进行消除反应的主要产物。

（1）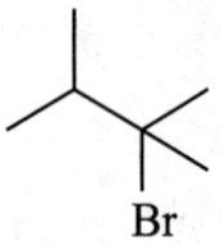　　（2）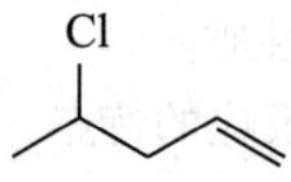

11. 完成下列转变

（1）丙烯 ⟶ 2-甲基丙酸

（2）异丙苯 ⟶ 2-甲基-2-苯基丙酸

12. 化合物 A 的分子式为 C_6H_{12}，与溴水不发生反应，在紫外光照射下与等摩尔溴作用得产物 B（$C_6H_{11}Br$），B 与 KOH 醇溶液共热生成化合物 C（C_6H_{10}），C 与酸性 $KMnO_4$ 溶液作用得己二酸，试写出 A、B、C 的结构式及各步反应式。

六、复习题参考答案

1. 由于卤素原子吸电子的诱导效应，使得卤代烃 α-C 带部分正电荷、β-H 具有酸性，因此，α-C 易受亲核试剂的进攻发生取代反应，β-H 在碱的作用下发生消除反应。

2. S_N1 是单分子的取代反应，反应速度只和卤代烃的浓度有关，如果α-C是手性的，则反应后发生外消旋化；S_N2 是双分子的取代反应，反应速度和卤代烃及亲核试剂的浓度都有关，如果α-C是手性的，则反应后构型翻转。

3. 卤代芳烃卤原子的p-轨道和芳环的π-轨道共轭，碳卤键结合牢固，一般情况下不能发生取代反应。

4. 卤代烃的β-消除反应与亲核取代反应都是亲核试剂（碱）对卤代烃的进攻反应。β-消除反应是亲核试剂（碱）对β-H的反应，生成烯烃；亲核取代反应是亲核试剂（碱）对α-C的进攻反应，生成卤素被取代的产物。

5. 由于氮芥分子中存在两个碳氯极性键，可与羟基、氨基或取代氨基等发生亲核取代反应，故能与肿瘤细胞中的生物分子DNA或酶的上述基团反应，使其丧失活性，从而抑制恶性肿瘤的生长；另一方面，氮芥也属于胺类化合物，它可与强酸反应成盐，增强其水溶性，更易被机体吸收。

6. (1) 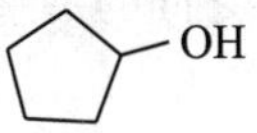
OH
(2) 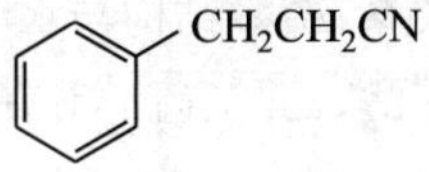
CH2CH2CN
(3) 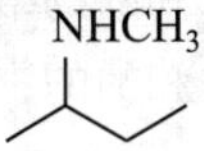
NHCH3

(4) 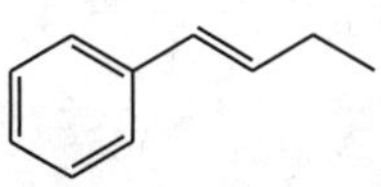
(5) $CH_3CH_2CH_2OCH_2CH_3$

(6) $CH_3CH=CH_2$ 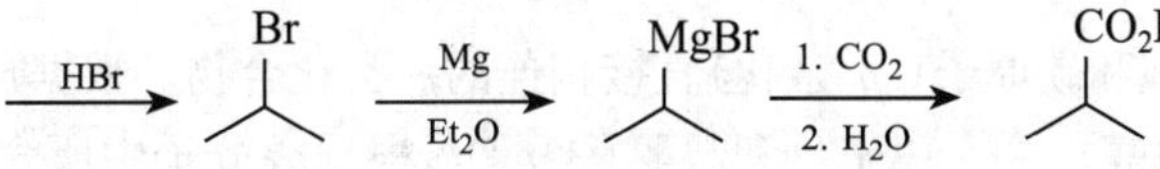
HBr
Br
Mg
Et2O
MgBr
1. CO2
2. H2O
CO2H

7. 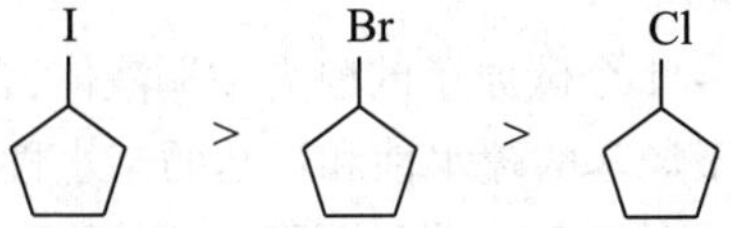
I
>
Br
>
Cl

8. (1) S_N2;　　(2) S_N2;　　(3) S_N1;　　(4) S_N1

9. (1) $CH_3CH_2CH_2CH_2CH_3$　　(2)~(4) CH_3CH_3　　(5) CH_3CH_3, $CH_3C\equiv CMgBr$

10. (1) $(CH_3)_2C=C(CH_3)_2$　　(2) $CH_3CH=CH-CH=CH_2$

11. (1) 
HBr
NaCN
无水乙醇
H2O/H+
CO2H

(2) 异丙苯 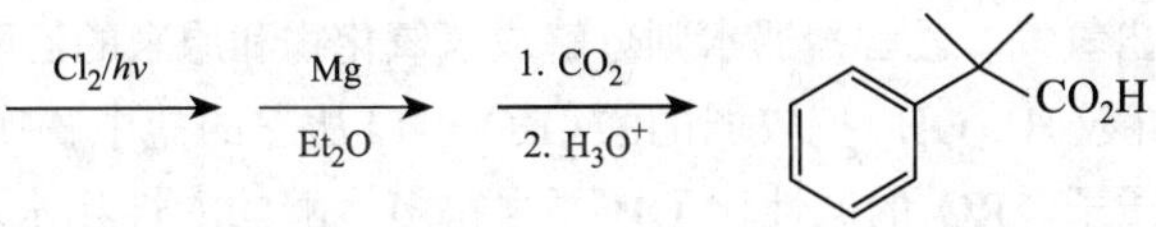
Cl2/hv
Mg
Et2O
1. CO2
2. H3O+
CO2H

12. 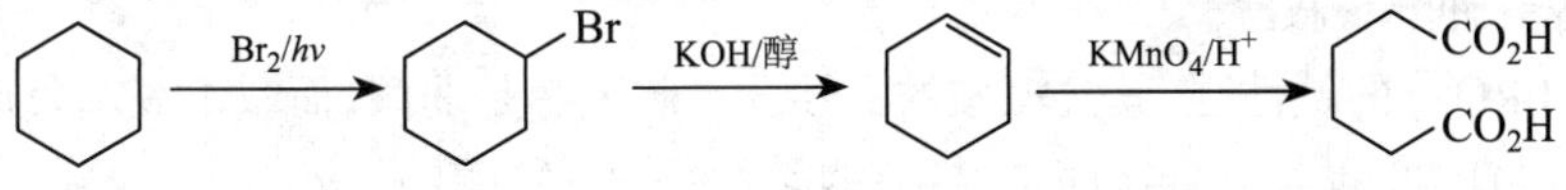
Br2/hv
Br
KOH/醇
KMnO4/H+
CO2H
CO2H
A　　B　　C

（厉廷有）

第九章 醇 硫醇 酚

一、基本要求

掌握:醇、硫醇和酚的结构特点、分类、命名原则和化学性质(包括酸性、酯化反应、脱水反应和氧化反应);醇结构与酸性之间的关系;硫醇的化学性质;酚的化学性质及各种取代酚酸性的变化规律。

熟悉:醇、硫醇和酚的结构与性质关系;硫醇结构与水溶性、沸点和酸性之间的关系。

了解:醇、硫醇和酚的物理性质及甲醇、乙醇、硫醇等在医药中的应用。

二、总结

(一) 醇

醇是羟基与饱和碳原子(sp^3杂化)直接相连的一类化合物。根据羟基所连碳原子的类型不同,醇可分为伯醇(1°醇)、仲醇(2°醇)和叔醇(3°醇)。根据醇分子中所含羟基的数目,醇又可分为一元醇、二元醇及三元醇等。含两个以上羟基的醇统称为多元醇。

1. 物理性质　含1~4个碳原子的醇为无色液体,含5~11个碳原子的醇为黏稠液体,含12个以上碳原子的醇则为蜡状固体。醇在水中的溶解度取决于烃基的疏水性和羟基的亲水性。当羟基占主导地位,低级醇可与水互溶。反之,随着烃基增大,醇的溶解度明显下降。链状饱和一元醇的沸点与其碳链长的关系与烷烃的变化规律相似。但醇的沸点比相对分子质量相近的烷烃高得多。这是因为液态下醇可通过羟基之间的氢键作用使分子缔合所致。

2. 化学性质　醇的化学反应主要发生在醇羟基部分。在不同的条件下,醇可发生羟基的氧氢键异裂,或者发生碳氧键异裂。

(1) 与金属钠的反应:醇的酸性比水弱,不能与碱的水溶液作用。无水条件下,乙醇能与碱金属反应生成乙醇盐,并放出氢气。乙醇盐遇水则分解成氢氧化物和原来的乙醇。

这一反应中,较强的酸(H—OH)把较弱的酸(RO—H)从它的盐中置换出来。换言之,较强的碱RO^-从H_2O中夺取质子。RO^-的碱性比^-OH要强得多。醇的酸性比水弱。不同类型醇的酸性强弱次序是:伯醇 > 仲醇 > 叔醇。

烷氧基负离子(RO^-)的碱性强,其共轭酸的酸性弱。叔丁醇是弱酸,而叔丁氧基负离子则是强碱。不同烃基结构醇钠的碱性强弱次序是:叔醇钠 > 仲醇钠 > 伯醇钠。

乙二醇、甘油等邻二醇也有酸性,且由于相邻碳原子上两个羟基相互影响,使其酸性有所增强。在碱性溶液中,邻二醇类化合物可与Cu^{2+}反应生成绛蓝色的配合物。

(2) 与无机含氧酸的酯化反应:醇可与含氧无机酸(如硝酸、亚硝酸、硫酸和磷酸等)直接反应,生成相应的无机含氧酸酯。例如甘油与硝酸反应生成甘油三硝酸酯(即称硝酸甘油)。硫酸是二元酸,可形成两种硫酸酯——酸性酯和中性酯。低级醇的硫酸酯可作为烷基化试剂,高级醇(C_8~C_{18})的硫酸酯钠盐用作合成洗涤剂。磷酸是三元酸,与醇作用时可形成三种类型的磷酸酯。

磷酸酯广泛存在于生物体中,具有重要的生物功能。

(3)脱水反应:醇在浓 H_2SO_4 或 H_3PO_4 催化下加热,分子内脱水生成烯烃。不同脂肪醇脱水成烯烃由易到难顺序为:叔醇 > 仲醇 > 伯醇。叔醇和仲醇分子内脱水成烯的反应遵循 Saytzeff 规律,即主要产物是双键上连有最多烃基的烯烃。例如,丁-2-醇脱水的主要产物是丁-2-烯而不是丁-1-烯。

醇在无机酸催化下脱水反应的机制为:首先,醇羟基与质子作用形成质子化醇;其次,离去 H_2O 分子,形成碳正离子中间体;最后,消去 β-H 而生成乙烯。其中第二步为限速步骤,决定整个反应的速率,即其生成的碳正离子越稳定,脱水反应越容易进行。

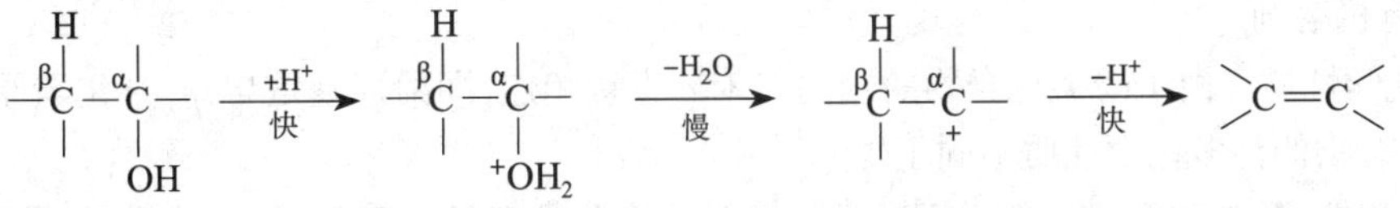
+H⁺
快
−H₂O
慢
−H⁺
快

醇　　　　质子化醇　　　　碳正离子中间体　　　　烯烃

(4)氧化反应:伯醇氧化生成醛,醛继续氧化生成羧酸;仲醇氧化生成酮;叔醇一般不能被氧化。反应物和产物都是无色的。若使用 $K_2Cr_2O_7$ 的酸性水溶液作为氧化剂,反应液由橙红色变成绿色;若使用 $KMnO_4$ 溶液作为氧化剂,则氧化剂的紫色可被褪去。利用此实验现象可区别伯醇、仲醇与叔醇。

3. 醇的应用　酒中的乙醇与铬酸试剂反应,将会使原来橙色的试剂转变为绿色。这一性质是使用呼吸分析仪检查汽车驾驶员是否酒后驾车的依据。

甲醇为无色透明液体,能与水和大多数有机溶剂混溶,是实验室常用的溶剂,也是一种重要的化工原料。甲醇有酒的气味,但毒性很强,长期接触甲醇蒸气,可使视力下降;若内服 10mL 甲醇可致人失明,30mL 甲醇可致死。这是由于甲醇进入体内,很快被肝脏的脱氢酶氧化成甲醛,甲醛不能被同化利用,能凝固蛋白质,损伤视网膜。甲醛的氧化产物甲酸难代谢而潴留于血中,使 pH 下降,导致酸中毒而致命。

乙醇是重要的有机溶剂和化工原料。由于能使细菌的蛋白质变性,临床上使用 70% 或 75% 乙醇水溶液作外用消毒剂。乙醇作溶剂溶解药品可制成酊剂和醑剂。

在人体内,乙醇可被肝脏中的乙醇脱氢酶氧化成乙醛,后者可被乙醛脱氢酶氧化成机体细胞能同化的乙酸(体内形式为乙酰辅酶 A),因此人体可以承受适量的乙醇。

(二)硫醇

硫醇是硫原子替代醇中羟基氧原子的一类化合物。硫醇可作为重金属解毒剂,具有调整物质代谢、保护酶系统等功能,在治疗疾病方面起着十分重要的作用。

大多数硫醇易挥发,且具有特殊臭味,工业上常将低级硫醇作为臭味剂使用。硫醇难溶于水;硫醇沸点也较同碳原子数的醇低。

硫醇的酸性比水和醇强。硫醇易溶于氢氧化钠溶液。

硫醇可与汞、银、铅等重金属盐或氧化物作用生成不溶于水的硫醇盐。

重金属中毒,是体内许多酶(如琥珀酸脱氢酶、乳酸脱氢酶等)含的氢巯基与铅、汞等重金属发生了上述反应,使其变性失活而丧失正常的生理功能所致。利用硫醇的这一性质,医药上用某些硫醇作为重金属中毒的解毒剂。

硫醇比醇易被氧化。在稀过氧化氢或碘,甚至在空气中氧的作用下,硫醇可被氧化成二硫化物。二硫化物在一定的条件下又可被还原为原来的硫醇。在生物体中,硫醇与二硫化物之间的氧化还原是一个重要的生化过程。

在氨基酸中,半胱氨酸和胱氨酸也有相似的氧化还原转化。含有游离氢巯基的多肽和蛋白质,通过这种性质可使肽链中相应的氢巯基连接起来,使这些肽或蛋白质具有一定的三维构型。

甲硫醇可被强氧化剂(高锰酸钾、硝酸等)氧化成甲磺酸。

(三) 酚

酚是羟基与苯环(sp^2杂化碳原子)直接相连的一类化合物。酚类可分为苯酚和萘酚等,可分为一元酚、二元酚和三元酚等,含有两个以上酚羟基的酚统称为多元酚。

1. 物理性质 室温下酚类化合物大多数为结晶性固体,少数烷基酚(如甲酚)为高沸点的液体,并且沸点高于分子质量相近的芳香烃。酚类化合物在水中有一定溶解度,但可溶于乙醇、乙醚、苯等有机溶剂。

2. 化学性质 由于酚类化合物的羟基与苯环直接相连,即酚羟基是与sp^2杂化碳原子键合,因此酚类化合物的许多化学性质不同于醇。

(1) 酸性:酚类化合物一般显弱酸性。酚类化合物的酸性比醇强,而比无机酸、羧酸等弱。苯酚可以溶于氢氧化钠溶液,而不溶于碳酸氢钠溶液。在苯酚钠溶液中,通入二氧化碳,可游离出苯酚。利用酚的弱酸性和成盐性质,可将酚类化合物与近中性化合物(如环己醇、硝基苯等)进行鉴定,尤其是分离提纯。

取代酚类化合物的酸性与苯环上取代基的种类、数目等有关。以取代苯酚为例,若苯环上连有吸电子取代基(如$-NO_2$、$-X$等),苯环的电子云密度降低,酚的酸性加强;若苯环上连有给电子取代基(如$-CH_3$、$-C_2H_5$等),苯环的电子云密度增加,酚的酸性减弱。例如,硝基酚的酸性比苯酚强,甲基酚的酸性比苯酚弱。

(2) 亲电取代反应:苯酚中的羟基是邻对位定位基,能使苯环活化。苯酚很容易发生卤代、硝化和磺化等亲电取代反应。

1) 卤代反应:苯酚水溶液与溴水可立即作用,生成2,4,6-三溴苯酚的白色沉淀。此反应非常灵敏,可用此反应检验部分酚类化合物。

低温下用非极性溶剂的二硫化碳作溶剂,苯酚与溴反应生成4-溴苯酚;当苯酚对位有取代基时,如选择低极性溶剂,低温下可制得邻位取代物。

2) 硝化反应:苯酚与稀硝酸反应生成2-硝基苯酚和4-硝基苯酚,两者可通过水蒸气蒸馏可分离。苯酚与硝酸在低极性溶剂、低温下反应主要生成对硝基苯酚。

3) 磺化反应:苯酚与硫酸反应,在较低温度(25℃)时主要生成2-羟基苯-1-磺酸(受速率控制);在较高温度(100℃)时主要生成4-羟基苯-1-磺酸(受平衡控制)。若采用发烟硫酸,则生成2-羟基苯-1,3,5-三磺酸。

(3) 与三氯化铁的显色反应:具有烯醇结构的化合物都可与三氯化铁水溶液发生呈色反应。该反应可用于检验酚类及能形成烯醇结构的化合物。

苯酚与三氯化铁水溶液发生反应,使溶液呈蓝紫色;苯-1,3-二酚、苯-1,3,5-三酚呈紫色;甲基苯酚呈蓝色;苯-1,2-二酚和苯-1,4-二酚分别呈绿色和暗绿色;苯-1,2,3-三酚则呈红色。

(4) 氧化反应:酚及多元酚类化合物很容易被氧化,其产物很复杂,主要为醌类化合物。醌类化合物大都具有颜色。

三、重点和难点

重点:醇的化学性质(包括酸性、酯化反应、脱水反应和氧化反应);硫醇的化学性质;酚的化学性质及各种取代酚酸性的变化规律。

难点：醇分子结构与酸性之间的关系；硫醇分子结构与水溶性、沸点和酸性之间的关系；酚及各种取代酚的酸性及变化规律。

四、习题参考答案

9-1 （1）3-乙基戊-2-烯-1-醇（伯醇）；（2）1,2-二苯基乙醇（仲醇）；（3）反-2-甲基环己醇（仲醇）；

（4）$CH_3CH_2CH(C_6H_5)CH_2C(OH)(CH_3)CH_3$（叔醇）；　　（5）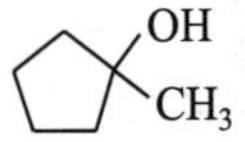（叔醇）；

（6）$Cl—CH(Cl)CH_2OH$（伯醇）

9-2 （1）正丁醇 > 仲丁醇 > 叔丁醇；　　（2）甲醇 > 乙醇 > 正丙醇 > 异丙醇；

（3）乙酸 > 水 > 丙醇 > 氨 > 丙烷

9-3 因为乙醇分子之间形成氢键较多而且较强，这就减弱了它的酸性；另外，在共轭碱乙巯基负离子 $CH_3CH_2S^-$ 和乙氧基负离子 $CH_3CH_2O^-$ 中，S 原子体积大有利于电荷的分散，使得乙巯基负离子 $CH_3CH_2S^-$ 的碱性更弱，则乙硫醇的酸性更强。

9-4 4-硝基甲苯、4-甲基苯酚 —NaOH 溶液→ 4-硝基甲苯（有机层）；4-甲基苯酚钠（水层）酸化 ⟶ 4-甲基苯酚

9-5

（1）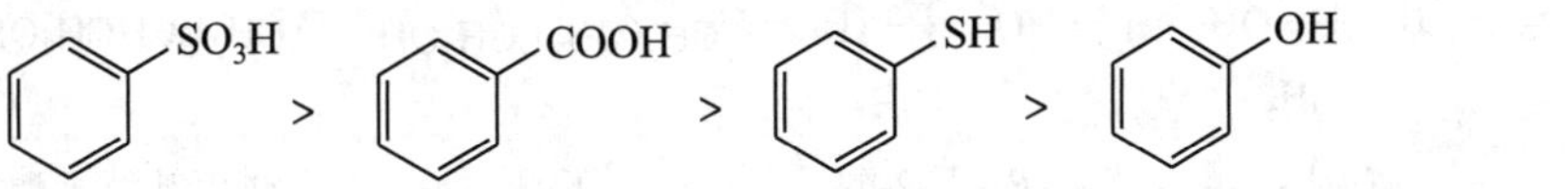

（2）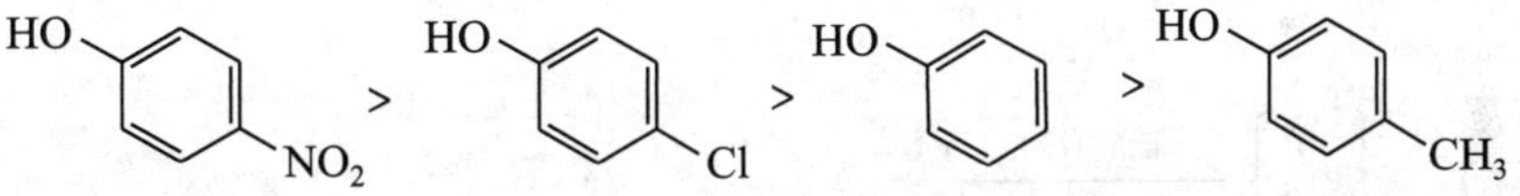

9-6 （1）2-苯基乙醇；　（2）丙-2-烯-1-醇（烯丙醇）；　（3）3,3-二甲基丁-1-醇；

（4）2-氢巯基乙醇；　（5）甘油-1-磷酸酯；　（6）2-甲基丁-1,4-二醇；

（7）顺-3-甲基环己-1-醇；　（8）1-甲基环戊-2-烯醇；　（9）反-环戊-1,2-二醇；

（10）4-烯丙基-2-甲氧基苯酚。

9-7

（1）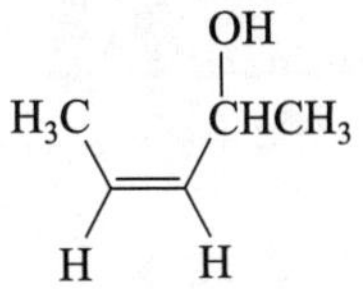　　（2）$(CH_3)_2CHCH_2CH(OH)CH_2OH$

（3）$HSCH_2COOH$　　（4）$(CH_3)_2CHCH_2CH_2ONO$

（5）$CH_2ONO_2—CHONO_2—CH_2ONO_2$　　（6）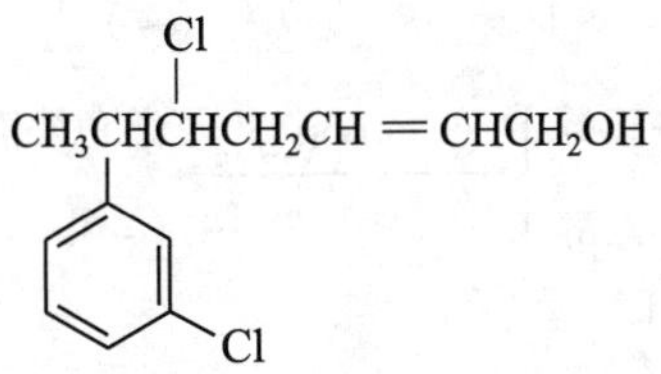

（7）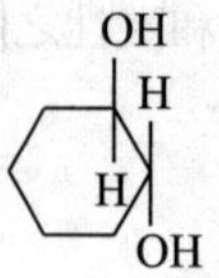
（8）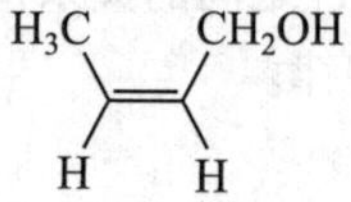

（9）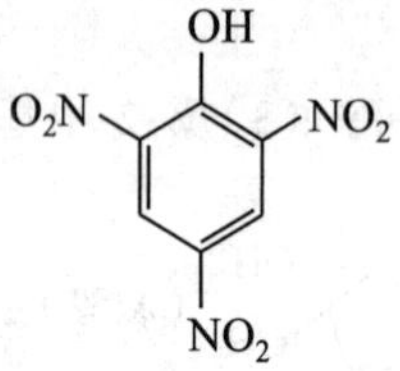
（10）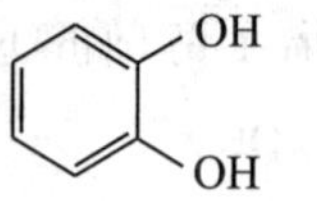

9-8

（1）CH_3CH_2ONa （2）$C_6H_5CH{=}CHCH_3$ （3）C_6H_5SNa

（4）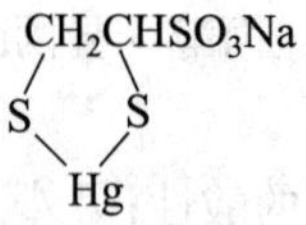
（5）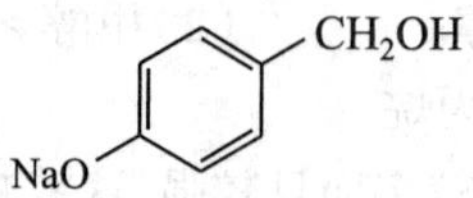
（6）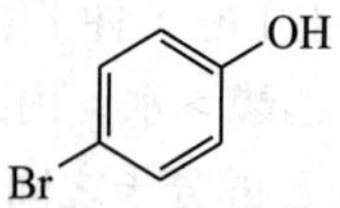

（7）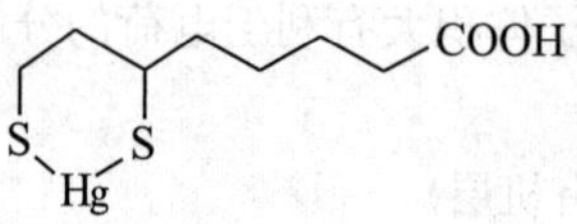
（8）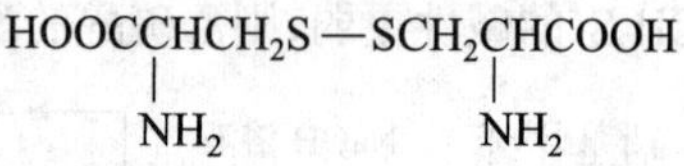

9-9

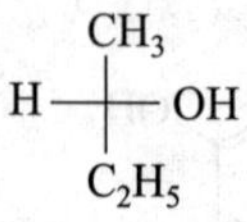
(*S*)-丁-2-醇

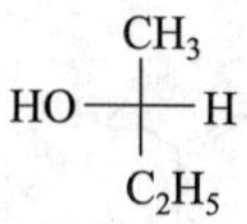
(*R*)-丁-2-醇

$CH_3(CH_2)_2CH_2OH$
丁醇

$(CH_3)_2CHCH_2OH$
2-甲基丙-1-醇

$(CH_3)_3COH$
叔丁醇

9-10

	化合物	试剂	现象
（1）	丁-1-醇	硫酸（冷）	溶解
	正戊烷		不溶
（2）	溴乙烷	铬酐-硫酸	（-）
	丁-1-醇		橙红色转为深绿色
（3）	戊-1-醇	Br_2/CCl_4	不褪色
	戊-2-烯-1-醇		褪色
（4）	正丁醇	铬酐-硫酸，温和条件	橙红色转为深绿色
	叔丁醇		橙红色不变
（5）	4-甲基苯酚	$FeCl_3$ 水溶液	暗绿色
	苯甲醇		（-）
（6）	丙-1,2-二醇	$Cu(OH)_2$	蓝色溶液
	丙-1,3-二醇		（-）

9-11 （1）2-甲基戊-2-烯和 4-甲基戊-2-烯；前者为主要产物。

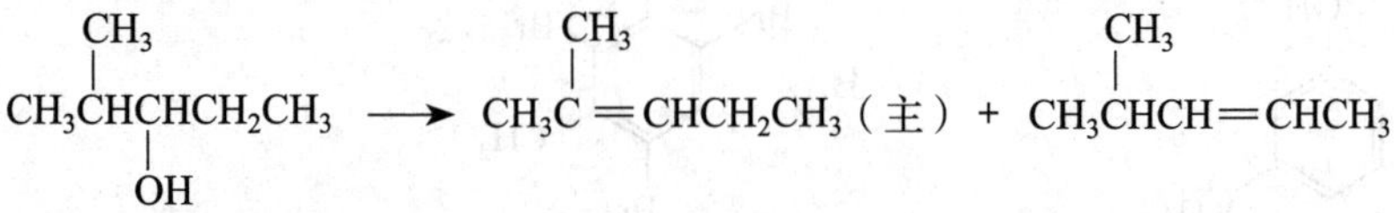

（2）丁-1-烯-1-基苯和丁-2-烯-1-基苯；前者为主要产物。

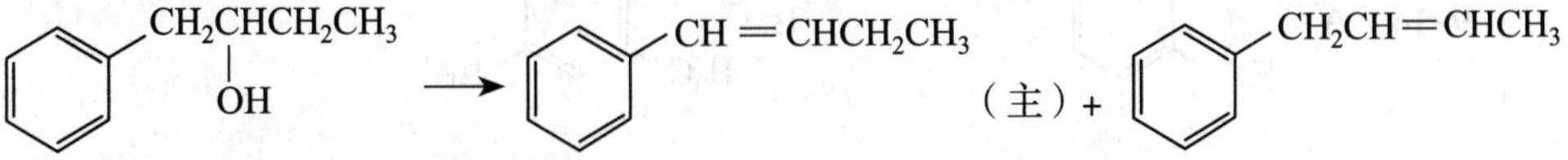

（3）2,3-二甲基丁-2-烯和 2,3-二甲基丁-1-烯；前者为主要产物。

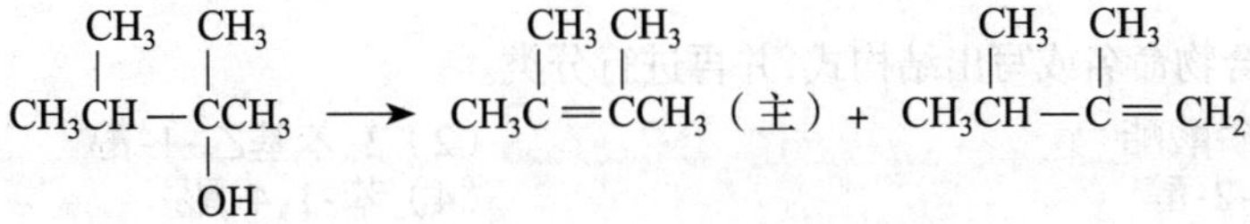

（4）1-甲基环己-1-烯和 1-甲亚基环己烷；前者为主要产物。

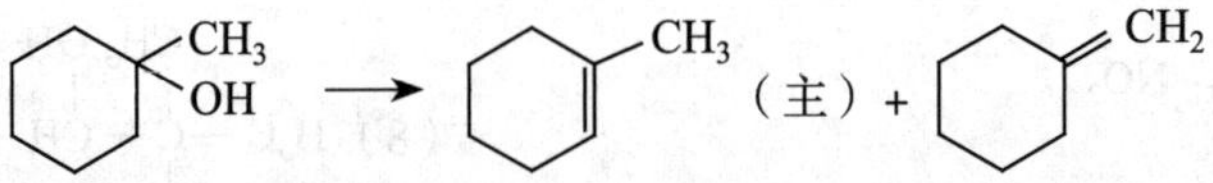

（5）丁-2-烯和丁-1-烯；前者为主要产物。

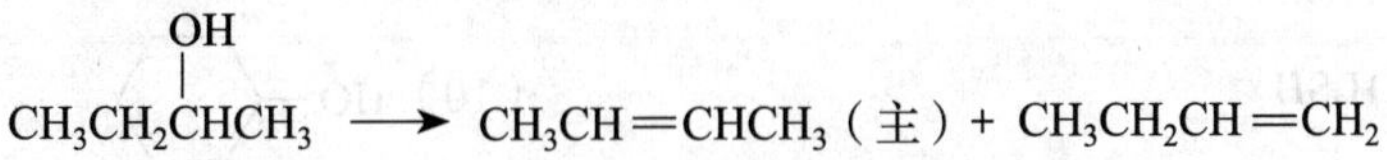

（6）2-甲基丁-2-烯和 2-甲基丁-1-烯；前者为主要产物。

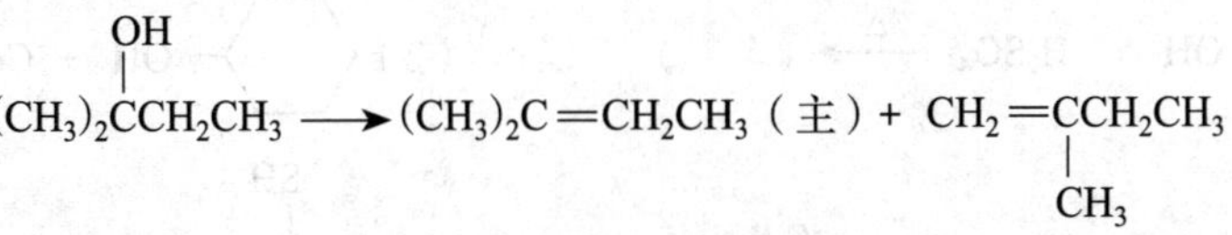

9-12

A 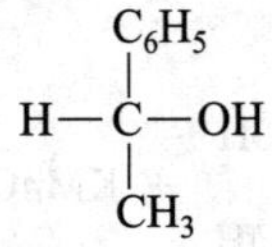　B 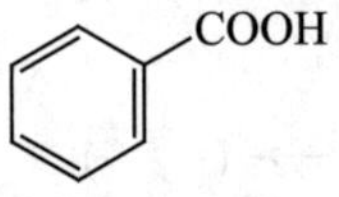　C $C_6H_5-CH=CH_2$

有关反应式为：

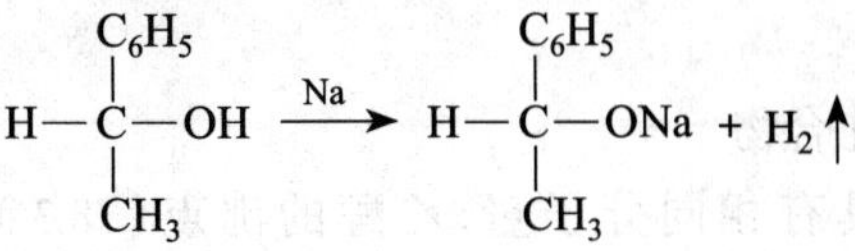

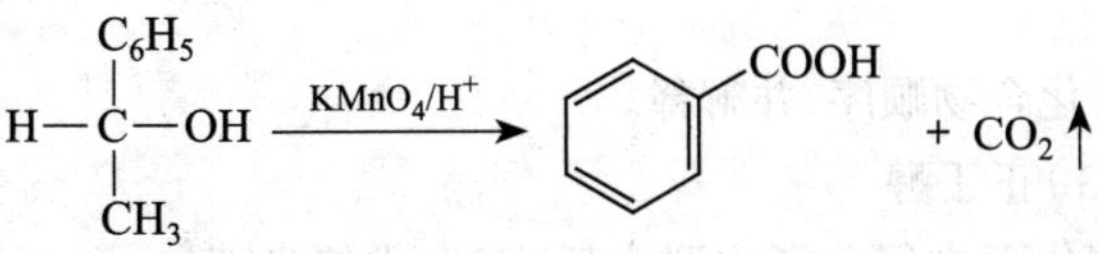

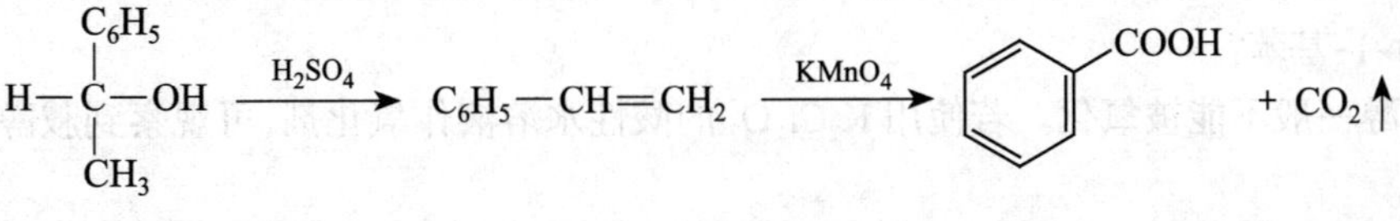

9-13 A. 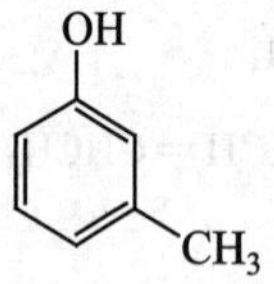 B. 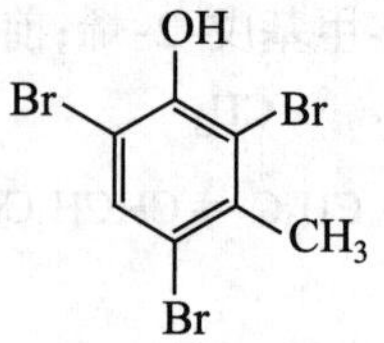

9-14 A. 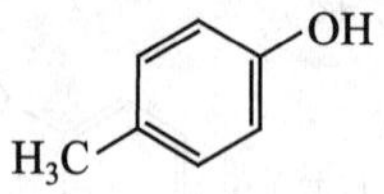 B. 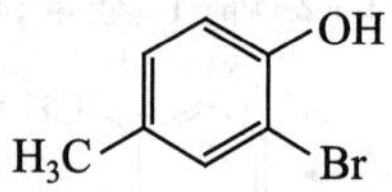

五、复习题

1. 将下列化合物命名或写出结构式，并再进行分类。

（1）甘油-3-磷酸酯　　（2）2-苯基乙-1-醇

（3）丁-3-烯-2-醇　　（4）苯-1,4-醌

（5）丙-1,2-二醇　　（6）$(CH_3)_2CHCH_2CH_2ONO_2$

（7）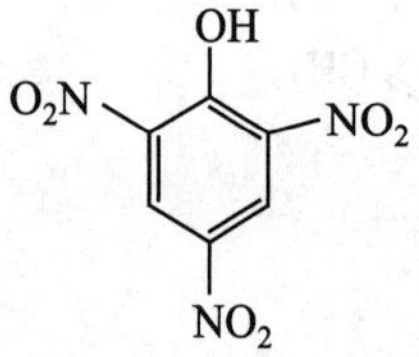　　（8）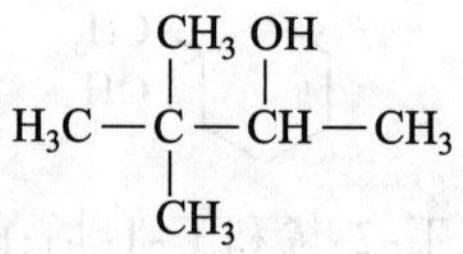

（9）$CH_3CH_2CH_2SH$　　（10）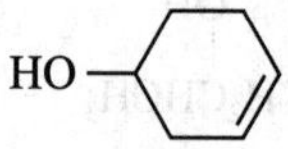

2. 完成下列反应式。

（1）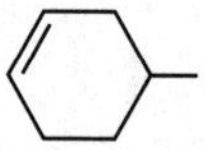 OH + $H_2SO_4 \xrightarrow{\triangle}$（　　）

（2）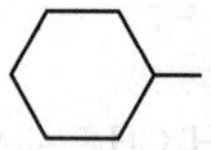 OH + $CrO_3 \xrightarrow{H_2SO_4}$（　　）

（3）$CH_3CH=CHCH_2OH + CrO_3 \xrightarrow{C_5H_5N}$（　　）

（4）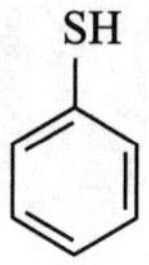 + NaOH ⟶（　　）

（5）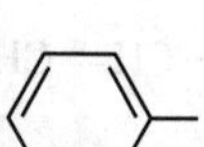 S—CH_2CH_3 + H_2O_2 ⟶（　　）

（6）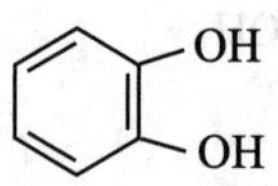 + $KMnO_4$ ⟶（　　）

3. 解释下列现象。

（1）丙烷和丁烷不溶于水，丙醇可溶于水。

（2）乙醇的沸点（78.3℃）高于相应的烃类化合物。

（3）乙醇（C_2H_5OH）和甲醚（CH_3OCH_3）具有相同分子量，乙醇的沸点（78.3℃）比甲醚（−24.9℃）的高。

4. 按酸性由强到弱排列下列醇类化合物顺序，并解释。

（1）叔丁醇　（2）仲丁醇　（3）正丁醇

5. 为什么1-苯基丁-2-醇在酸催化下进行分子内脱水反应，生成的是丁-1-烯-1-基苯，而不是丁-2-烯-1-基苯？

6. 叔醇一般不能被氧化。若使用 $K_2Cr_2O_7$ 的酸性水溶液作氧化剂，可观察到叔醇氧化现象，试解释之。

7. 下列各对醇中哪一个较易脱水,并指出其主要脱水产物。

（1）$(CH_3)_2CHC(OH)(CH_3)_2$ 和 $(CH_3)_2CHCH(CH_3)CH_2OH$　　（2）$CH_3CH_2CH(OH)CH_3$ 和 $CH_3CH_2CH_2OH$

（3）$(CH_3)_2C(OH)CH_2CH_3$ 和 $(CH_3)_3CCH(OH)CH_3$

8. 为什么乙硫醇的酸性（pK_a 约为 11）强于乙醇（pK_a 约为 17）？

9. 具有 S-构型化合物 A 的分子式为 $C_7H_{16}O$,A 不溶于 NaOH 溶液,但在酸性催化下易失水可得分子式为 C_7H_{14} 的化合物 B、C、D、E 和 F 五种异构体。用 $KMnO_4$ 溶液处理 B 可得二氧化碳和化合物 G(分子式为 $C_6H_{12}O$);用 $KMnO_4$ 溶液处理 C 和 D 可得乙酸和化合物 H(分子式为 $C_5H_{10}O$);用 $KMnO_4$ 溶液处理 E 和 F 可得丙酸和化合物 I(分子式为 C_4H_8O)。试写出 A、B、C、D、E、F、G、H 和 I 的结构式。

六、复习题参考答案

1.（1）$HOCH_2CH(OH)CH_2—OPO_3H$,三元醇的磷酸酯　　（2）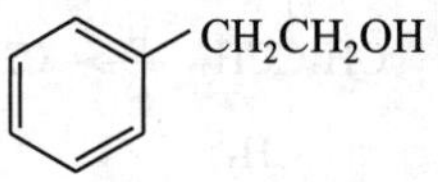 ,伯醇

（3）$CH_2═CH_2CH(OH)CH_3$,不饱和醇　　（4）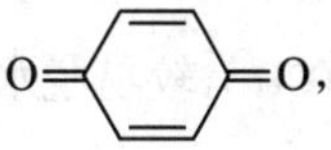 ,醌类

（5）$CH_2—OH$ / $CH—OH$ / CH_3 ,三元醇　　（6）硝酸异戊酯,一元醇的硝酸酯

（7）2,4,6-三硝基苯酚,酚　　（8）3,3-二甲基丁-2-醇,仲醇

（9）丙硫醇,硫醇　　（10）环己-3-烯-1-醇,脂环醇

2.（1）　　（2）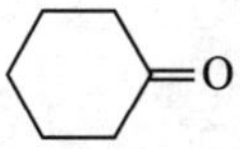

（3）$CH_3CH═CHCHO$　　（4）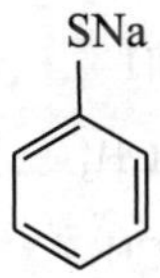

（5）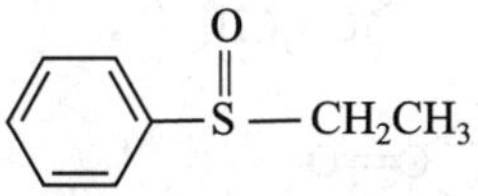　　（6）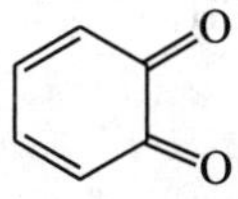

3.（1）因为丙醇羟基中的氧原子可与水的氢原子之间形成氢键：$CH_3CH_2CH_2—O(H)\cdots H—O—H$，

所以丙醇可溶于水。

（2）因为乙醇分子之间可形成氢键：$CH_3CH_2-\overset{\overset{H}{|}}{O}\cdots H-O-CH_2CH_3$；另外，偶极-偶极的相互作用也更大，所以使得乙醇的沸点高于相应的烃类化合物。

（3）因为乙醇分子之间可形成氢键，而甲醚 CH_3OCH_3 分子中氧原子上无氢原子，不能形成氢键，只存在很弱的偶极-偶极的相互作用，所以乙醇的沸点比甲醚的高。

4. 按酸性由强到弱排列顺序为：正丁醇>仲丁醇>叔丁醇。这是由于烷基的给电子作用所致。因为烷基的给电子作用使得共轭碱 RO^- 的电荷增加，稳定性降低，所以使醇的酸性减弱。烷基的给电子由强到弱顺序为：叔丁基>仲丁基>正丁基。

5. 因为产物丁-1-烯-1-基苯中双键与苯环能形成共轭，且双键上的取代基多，这使得其比丁-2-烯-1-基苯更加稳定。其反应为：

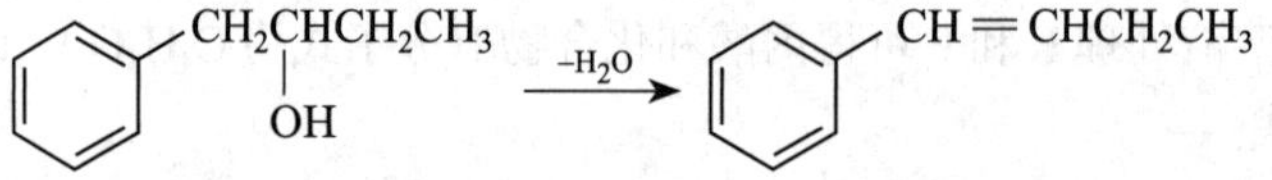

6. 以叔丁醇为例。在 $K_2Cr_2O_7$ 的酸性水溶液中，由于酸性使叔丁醇脱水成 2-甲基丙烯，后者在氧化剂 $K_2Cr_2O_7$ 作用下，反应可得丙酮和二氧化碳，因此可观察到叔丁醇的氧化现象。其反应式为：

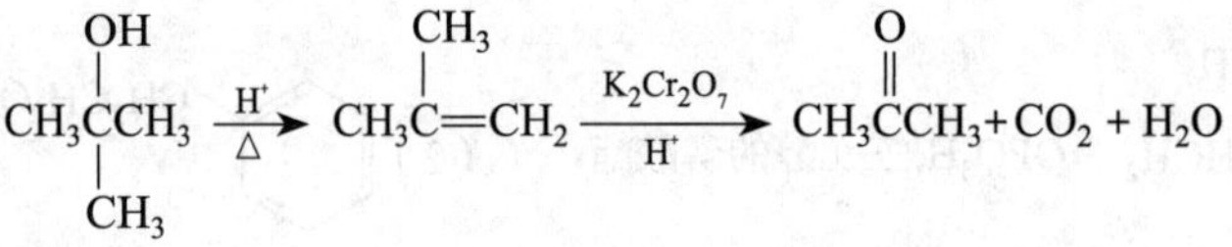

7.（1）$(CH_3)_2CH\overset{\overset{OH}{|}}{C}(CH_3)_2$ 较易脱水，其主要脱水产物为：$(CH_3)_2C=C(CH_3)_2$

（2）$CH_3CH_2\overset{\overset{OH}{|}}{C}HCH_3$ 较易脱水，其主要脱水产物为：$CH_3CH=CHCH_3$

（3）$(CH_3)_2\overset{\overset{OH}{|}}{C}CH_2CH_3$ 较易脱水，其主要脱水产物为：$(CH_3)_2C=CHCH_3$

8. 因为乙醇的分子间氢键多且强，这减弱了它的酸性；另外，在共轭碱 $CH_3CH_2S^-$ 和 $CH_3CH_2O^-$ 中，S 原子体积大有利于电荷的分散，使得 $CH_3CH_2S^-$ 的碱性更弱，则乙硫醇 CH_3CH_2SH 的酸性更强。

9. A. 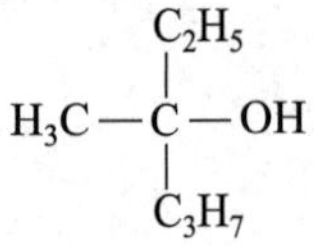

B. 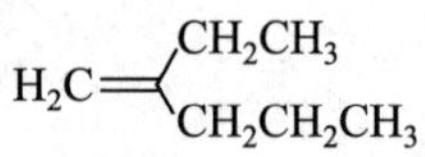

C. 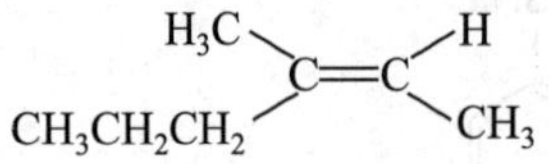

D. 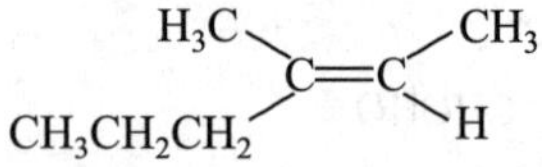

E. 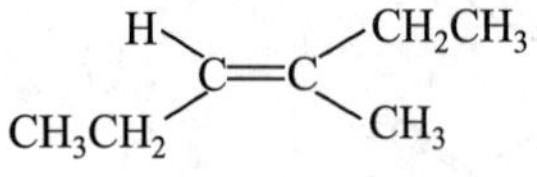

F. 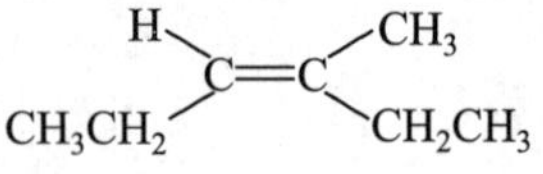

G. 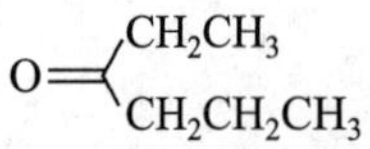

H. 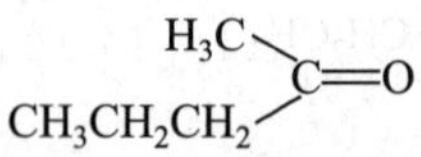

I. 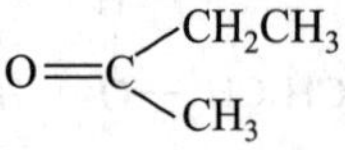

（郑学丽）

第十章　醚

一、基本要求

掌握:醚的结构、命名和化学性质;环氧化合物的结构、命名和开环反应。

熟悉:醚键断裂和环氧化合物开环反应的机制。

了解:冠醚的结构特点、命名和络合性质。

二、总结

(一) 醚的结构和命名

醚是两个烃基通过氧原子连接起来的化合物,氧原子采取 sp^3 杂化,通式为 R—O—R′,官能团为醚键 $-\overset{|}{\underset{|}{C}}-O-\overset{|}{\underset{|}{C}}-$。根据结构不同分为简单醚(R—O—R、Ar—O—Ar)、混合醚(R—O—R′、Ar—O—Ar′)和脂肪醚[R—O—R(R′)]、芳香醚[Ar—O—R、Ar—O—Ar(Ar′)]和环醚。

通式为 R—O—R′醚的命名分为官能团类别法和取代法。

取代法是将基团—OR(烷氧基或芳氧基)的名称加在相应的母体烃名称前面。

官能团类别法是将基团 R 和 R′按其英文名称的首字母顺序列出后,再加上“醚”字。

环醚的命名主要有两种方法。第一种命名为“环氧某烷”,即以烃为母体,氧原子为取代基,在“环氧”前用数字标明与氧原子相连的碳原子的位次。第二种命名为“氧杂环某烃”,即以环烃为母体,将环醚看作是氧原子置换环烃环上碳原子后所得的衍生物,编号时需使氧原子的位次尽可能小。命名时氧写在母体烃名之前,在氧和母体烃之间加“杂”字。根据成环的原子数称为“氧杂环某烃”,并在前面写上取代基名称、氧原子的位次号和数目。

冠醚的命名以“m-冠-n”表示,m 代表成环原子总数,n 代表氧原子数。例如:

$C_2H_5OC_2H_5$

二乙醚
(乙醚)

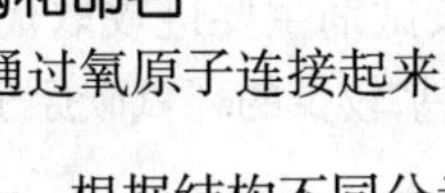

二苯醚

$(CH_3)_3COCH_3$

叔丁基甲基醚

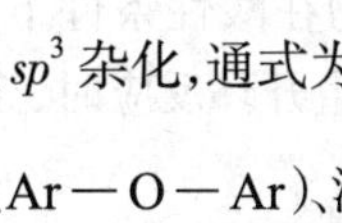

甲基苯基醚

$CH_3\underset{\displaystyle OCH_3}{\underset{|}{C}H}CH_2CH_3$

2-甲氧基丁烷

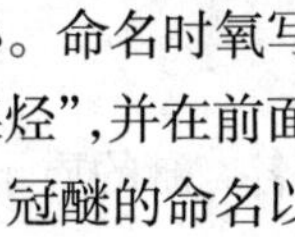

2-甲基氧杂环丙烷
(1,2-环氧丙烷)

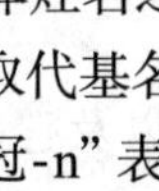

氧杂环戊烷
(1,4-环氧丁烷)
四氢呋喃(俗名)

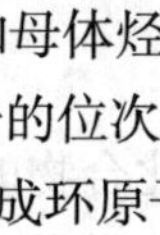

氧杂环己烷
(1,5-环氧戊烷)
四氢吡喃(俗名)

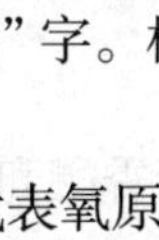

1,4-二氧杂环己烷
1,4-二氧六环(俗名)

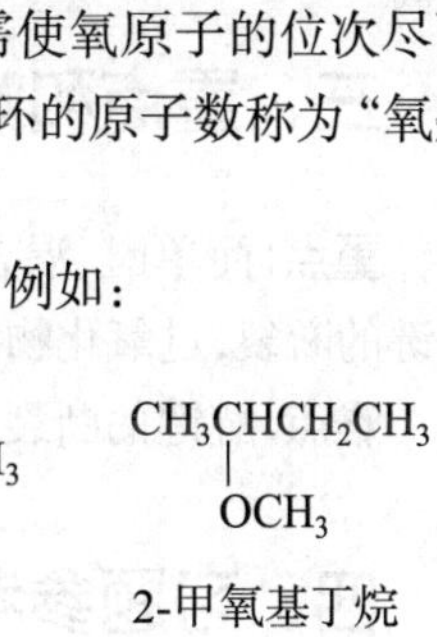

18-冠-6

(二) 醚的化学性质

醚较稳定，不与强碱、氧化剂、还原剂或活泼金属反应。醚的反应主要包括与酸生成氧正离子、断裂醚键和生成过氧化物。

利用生成氧正离子的反应，可以区分醚与烷烃或卤代烃。烷基醚在空气中久置会生成不稳定的过氧化物。在加热条件下，氢卤酸可以使烷基醚键断裂，活性次序为 HI>HBr>HCl。

$$CH_3CH_2-O-CH_2CH_3 + HI \xrightarrow{\triangle} CH_3CH_2OH + ICH_2CH_3$$

$$CH_3CH_2OH \xrightarrow{HI} CH_3CH_2I + H_2O$$

醚键的断裂反应属于亲核取代反应，通常伯烷基醚键按 S_N2 机制断裂，仲烷基醚和叔烷基醚键按 S_N1 机制断裂。

对于混合醚，碳氧键断裂的次序是：叔烷基 > 仲烷基 > 伯烷基 > 芳基。

芳基醚键不易断裂。芳基烷基醚与氢卤酸反应时，断裂发生在烷基醚键，生成卤代烷和酚。

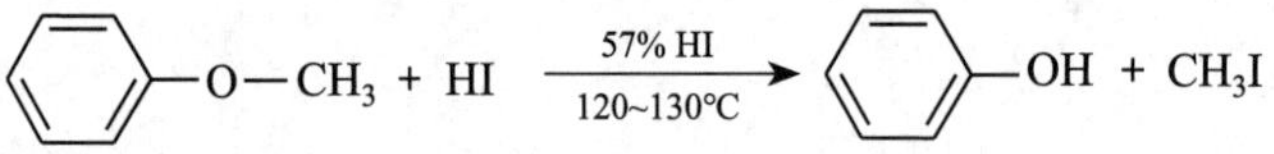

(三) 1,2-环氧化合物的开环反应

1,2-环氧化合物在酸性条件下发生开环反应时，亲核试剂主要进攻取代基较多的环氧碳原子；在碱性条件下发生开环反应时，亲核试剂主要进攻取代基较少的环氧碳原子。

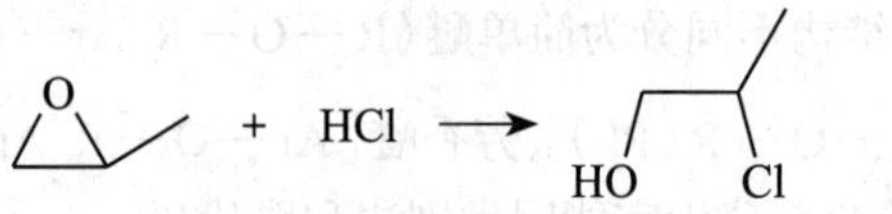

2-氯丙-1-醇

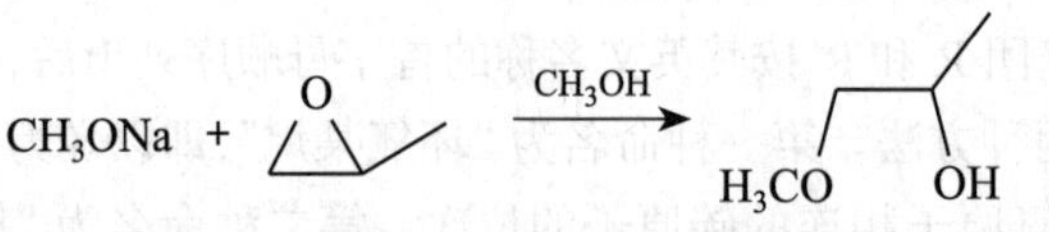

1-甲氧基丙-2-醇

三、重点和难点

重点：简单醚、混合醚、芳香醚和 1,2-环氧化合物的结构特点以及它们的命名。醚的质子化，醚键的断裂，过氧化物的生成，以及环氧化合物的开环反应。

难点：醚键的断裂反应和 1,2-环氧化合物的开环反应及其机制。

四、习题参考答案

10-1 （1）环己基异丙基醚；（2）乙基苯基醚；（3）4-甲氧基苯酚；
（4）氧杂环己烷（1,5-环氧戊烷）。

10-2 （1） 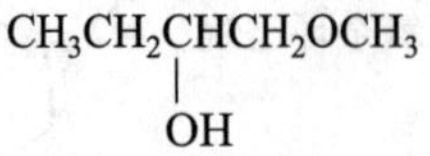 （2） 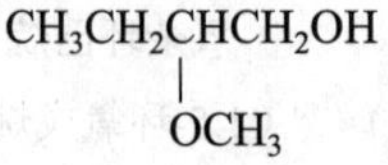 （3） 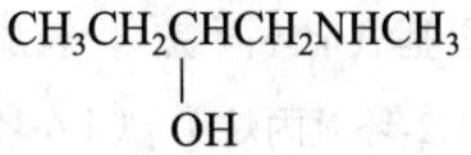

10-3 （1）2-甲氧基-3-苯基丙-1-醇；（2）3-甲氧基-4-硝基苯酚；（3）异丙基苯基醚；（4）3-甲氧基戊烷；（5）1-乙氧基-4-硝基苯；（6）2,3-二甲基氧杂环丙烷（或 2,3-环氧丁烷）。

10-4 （1）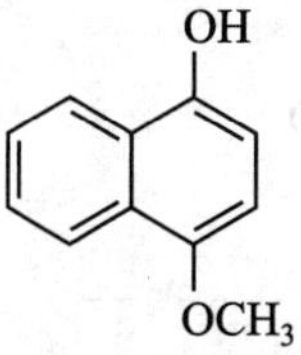　（2）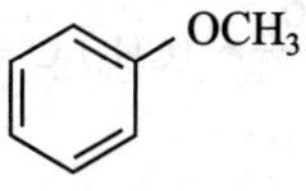　（3）

（4）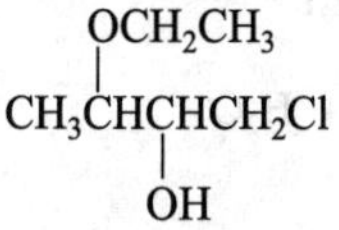　（5）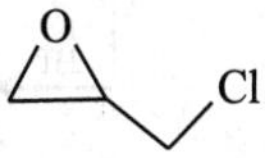　（6）$CH_3OC(CH_3)_3$

10-5 （1）$CH_3I + (CH_3)_2CHI$　（2）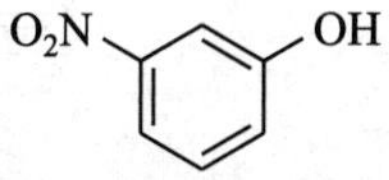 + CH_3I　（3）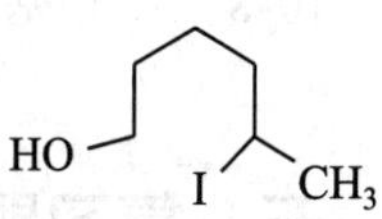

（4）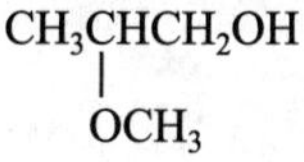　（5）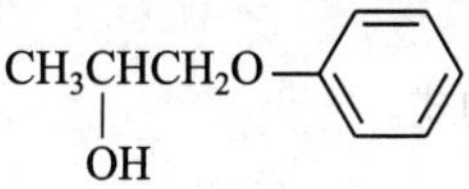

10-6

（1）正丁醇 / 正丁醚 $\xrightarrow{K_2Cr_2O_7,\ H^+}$ 橙红色变成绿色 / （-）

（2）甲基苯基醚 / 4-甲基苯酚 $\xrightarrow{FeCl_3}$ （-）/ 紫红色

10-7 A. 叔丁醇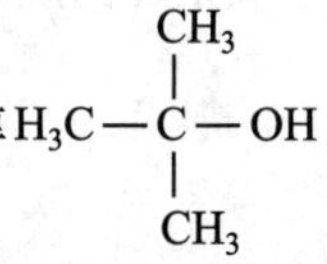，B. 异丁醇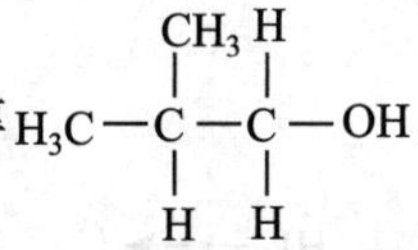，C. 乙醚 $CH_3CH_2—O—CH_2CH_3$。

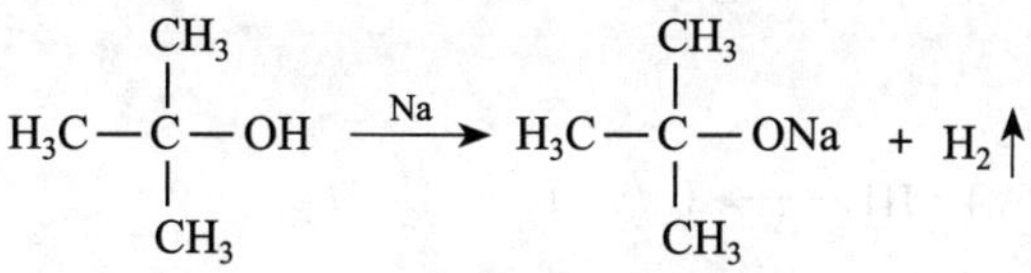

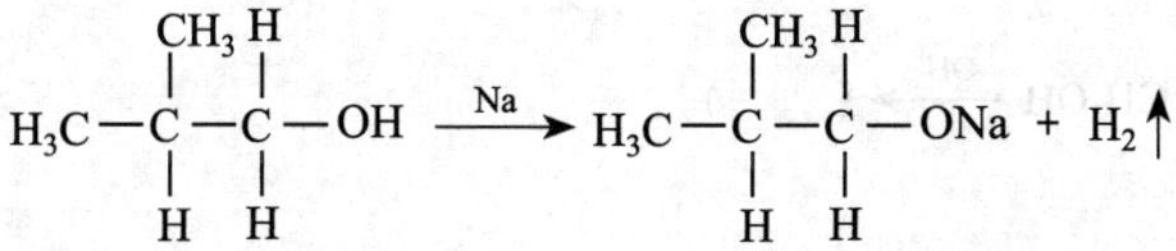

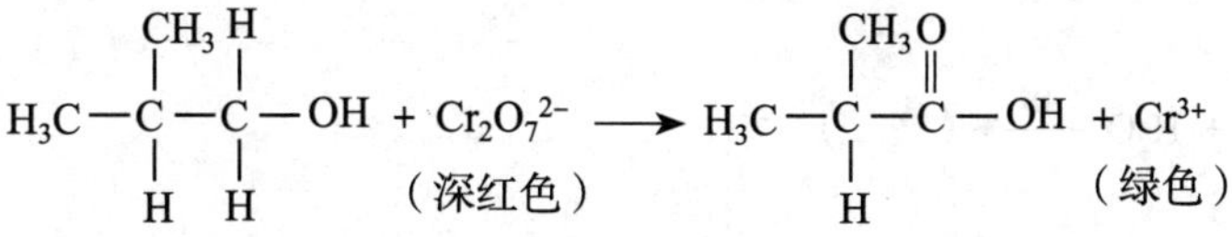
（深红色）
（绿色）

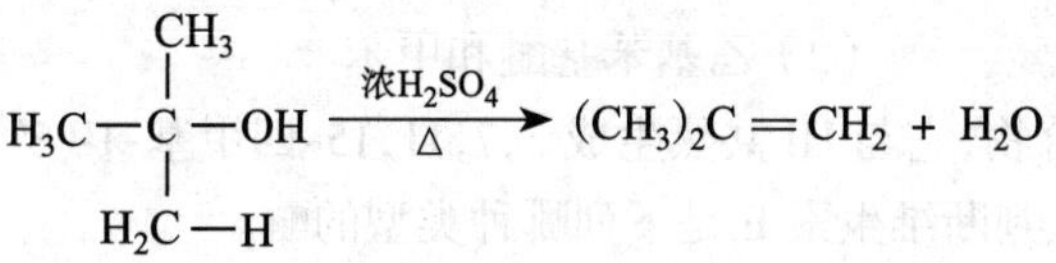

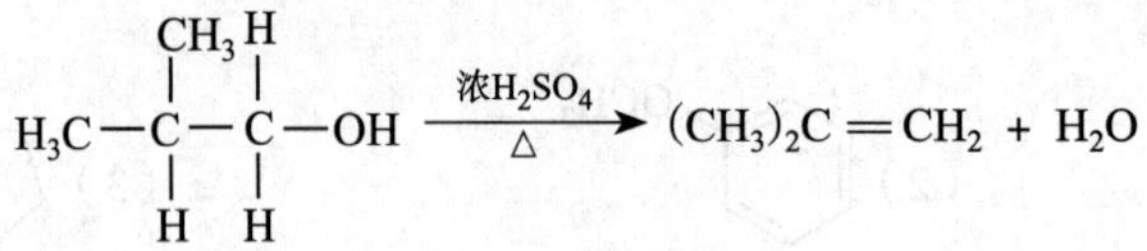

$$CH_3CH_2—O—CH_2CH_3 \xrightarrow[\triangle]{HI} CH_3CH_2OH + CH_3CH_2I$$

$$CH_3CH_2OH \xrightarrow{HI} CH_3CH_2I + H_2O$$

10-8　A. 甲基苯基醚 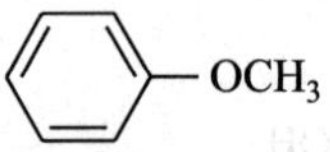 ,B. 苯酚 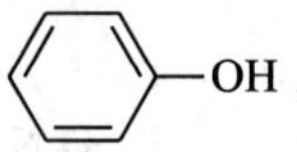 ,C. 碘甲烷 CH_3I。

五、复习题

1. 命名下列化合物或写出结构式。

（1）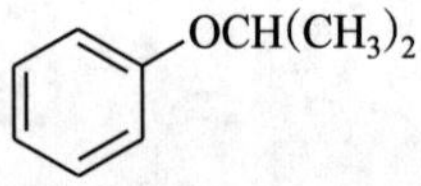　　（2）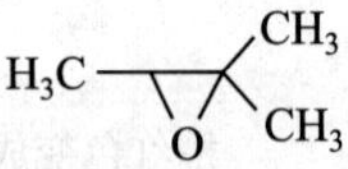

（3）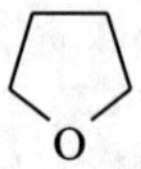　　（4）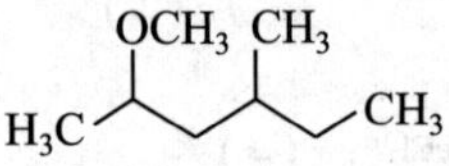

（5）18-冠-6　　（6）3-甲氧基丙-1-烯

（7）异丙醚　　（8）2-叔丁基-3-甲基氧杂环丙烷

2. 完成下列反应式。

（1）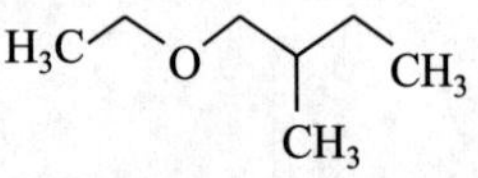 + HI $\xrightarrow{\triangle}$ (　　)

（2）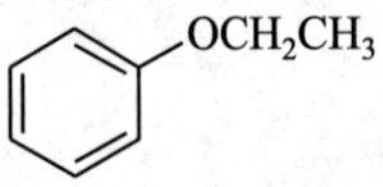 + HI $\xrightarrow{\triangle}$ (　　)

（3）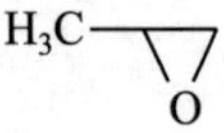 + CH_3OH $\xrightarrow{OH^-}$ (　　)

（4） + CH_3NH_2 ⟶ (　　)

（5）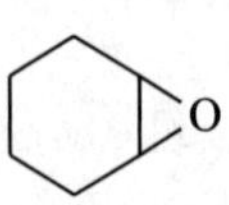 + H_2O $\xrightarrow{H^+}$ (　　)

3. 用化学方法鉴别下列各组化合物。

（1）异丙醇和异丙醚　　（2）乙基苯基醚和甲苯

4. 维生素 E 是一种醚类化合物，它与 HI 共热生成 3,7,11,15-四甲基-1-(3′,4′,6′-三甲基-2′,5′-二羟基)苯基-3-碘十六烷。试判断维生素 E 是下列哪种类型的醚。

（1）脂肪醚　　（2）芳香单醚

（3）芳香混醚　　　　　　　　（4）芳香环醚

5. 为什么苯甲醚与热的氢碘酸反应，得到的是碘甲烷和苯酚，而不是得到甲醇和碘苯？

6. 化合物 A 的分子式是 $C_8H_{18}O$，常温下不与金属钠作用，和过量的浓氢碘酸共热时，生成 B，B 与氢氧化钠溶液作用则生成异丁醇。试推测 A、B 的结构式。

六、复习题参考答案

1.（1）异丙基苯基醚　　　　（2）2,2,3-三甲基氧杂环丙烷

（3）四氢呋喃　　　　（4）2-甲氧基-4-甲基己烷

（5）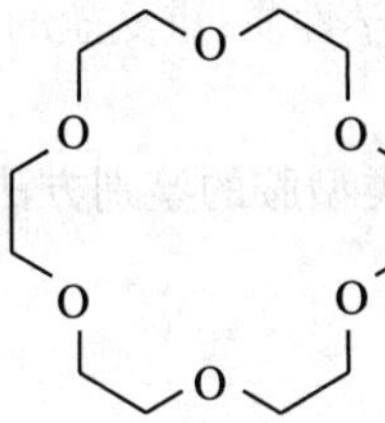
O
O
O
O
O
O

（6）$CH_3OCH_2CH=CH_2$

（7）$(CH_3)_2CHOCH(CH_3)_2$

（8）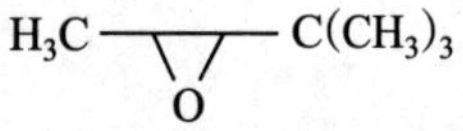
H₃C
C(CH₃)₃
O

2.

（1）CH_3CH_2I + $HOCH_2CHCH_2CH_3$（CH_3 连于 CH 上）

（2）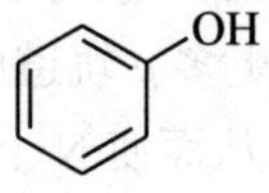
OH
+ CH_3CH_2I

（3）$CH_3CHCH_2OCH_3$（OH 连于 CH 上）

（4）$HOCH_2CH_2NHCH_3$

（5）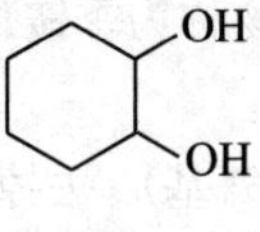
OH
OH

3.（1）{异丙醇 / 异丙醚} $\xrightarrow[\text{加热}]{K_2Cr_2O_7,H^+}$ 绿色 / （－）

（2）{乙基苯基醚 / 甲苯} $\xrightarrow[\text{加热}]{KMnO_4,H^+}$ （－） / 紫色褪去

4.（4）

5. 由于芳基氧的孤对电子与苯环共轭，具有一定的双键性质，苯氧键不容易断裂。苯甲醚与热的氢碘酸反应是按 S_N2 机制进行的，I^- 容易进攻空间位阻小的甲基，生成碘甲烷，同时生成稳定的苯氧负离子，因此反应得到碘甲烷和苯酚。

6. A. $(H_3C)_2CHCH_2-O-CH_2CH(CH_3)_2$

B. $(CH_3)_2CHCH_2I$

（郑学丽）

第十一章 胺和生物碱

一、基本要求

掌握:胺的结构和命名;胺的碱性、酰化反应、与亚硝酸反应等化学性质;重氮盐的取代反应和偶联反应等化学性质;生物碱的概念。

熟悉:胺的分类及伯、仲、叔胺与伯、仲、叔醇的概念区别,不同类型胺的鉴别方法;酰基化反应、芳香重氮盐在有机合成上的应用。

了解:胺的物理性质;常见生物碱的结构和生理活性及临床应用。

二、总结

胺分子中的氮原子为不等性 sp^3 杂化,4 个杂化轨道中的 3 个分别与碳或氢原子形成 σ 键,另一个 sp^3 杂化轨道被一孤对电子所占用,分子呈三棱锥形结构。苯胺的氮原子仍为不等性 sp^3 杂化,但孤对电子所占据的轨道含有更多 *p* 轨道成分。苯胺的氮原子上孤对电子所占据的轨道能与苯环的大 π 键形成 *p*-π 共轭体系,从而使 N 上的电子密度降低,芳环上电子密度增高。芳香胺与脂肪胺的这种差异明显地表现在化学性质上。

胺是氨的烃基取代产物。根据直接连在 N 原子上的烃基种类胺可分为脂肪胺和芳香胺;根据烃基数目可分为伯胺、仲胺和叔胺。胺的伯仲叔分类与醇或卤代烃不同,后者是根据羟基或卤素所连接的碳原子的类型分类的。NH_4^+ 中 4 个 H 原子都被烃基取代的化合物称为季铵化合物,包括季铵盐和季铵碱。

氨(胺)分子中去掉 1 个氮原子上的氢原子后得到的基团称为氨基(烃氨基)。去掉 2 个氮原子上的氢原子后得到的基团称为氨叉基(—NH—)或氨亚基(=NH)。

常用的胺的命名方式有两种:一种是以烃作为母体,氨基作为取代基。伯胺命名时是在烃的名称后面加“胺”字,并在“胺”字前标明其位次,编号时是氨基的位次尽可能小。如果母体是烷烃,称为“某烷胺”,在不致引起混淆的情况下,“烷”字可省略。仲胺和叔胺的命名可以伯胺为基础,看作是伯胺的氮取代衍生物,用“*N*-”标明氮上取代基的位次。胺的另一种命名方式是以 NH_3 为母体,将与其相连的烃基名称写在“胺”字前,称为“某基胺”。对于仲胺和叔胺,则需要将相同的烃基合并起来,将其数目、名称写于“胺”之前;若为不同的烃基,则按取代基名称首字母顺序依次写于“胺”之前,并用括号分开。单氨基单苯环类芳香胺的命名常以苯胺为母体,脂肪烃基作为取代基,命名时在氮原子上所连取代基前标上“*N*-”或“*N*,*N*-”,以表示此烃基连接在氮原子上。当胺不是分子的主体官能团时,则将氨基或烃氨基(—NHR、—NR_2)作为前缀取代基进行命名。季铵盐、季铵碱和胺的盐类的命名类似无机铵类化合物。命名时应注意“氨”、“胺”、“铵”的用法。

胺分子因氮原子上的孤对电子能接受质子而呈碱性。胺在水溶液中的碱性强弱是电子效应、立体效应和溶剂化效应共同综合作用的结果。在水溶液中各类胺的碱性强弱大致如下：

脂肪仲胺 > 脂肪伯胺、脂肪叔胺 > 芳香伯胺 > 芳香仲胺 > 芳香叔胺

季铵的碱性由与季铵正离子相伴出现的负离子来决定，季铵碱的碱性为 ^{-}OH 的碱性，故为强碱。

伯胺和仲胺能与酰卤、酸酐等酰化剂作用生成酰胺。叔胺氮上没有可以被取代的氢原子，不能起酰化反应。酰化反应在有机合成中是保护氨基的常用方法。某些胺类药物酰化后，可降低药物的毒性和改善药物在体内的吸收。

伯胺和仲胺可与苯磺酰氯（或对甲苯磺酰氯）反应，生成相应的磺酰胺。由伯胺生成的磺酰胺可与碱成盐而溶于水；仲胺形成的磺酰胺不与碱成盐而呈固体析出；叔胺不被磺酰化。

伯、仲、叔胺与亚硝酸反应各不相同，脂肪胺和芳香胺也有差异。脂肪伯胺与亚硝酸反应，定量放出 N_2，并生成醇、烯及卤烃等混合物（无合成价值）。此反应可用做伯氨基的定量分析。芳香伯胺与亚硝酸在低温下反应生成芳香重氮盐，芳香重氮盐在低温水溶液中较稳定，当温度较高时会逐渐分解，放出 N_2。

仲胺与亚硝酸反应，生成难溶于水的黄色油状物 *N*-亚硝基胺。*N*-亚硝基胺是一类强致癌物质。

脂肪叔胺与亚硝酸作用生成不稳定、易水解的弱酸弱碱盐。芳香叔胺与亚硝酸作用，芳环上对位的氢被亚硝基取代，生成有颜色的 C-亚硝基化合物；若对位被占据，则亚硝基取代在邻位。

芳香胺芳环上的氢原子容易被亲电试剂所取代。如苯胺与溴水在常温下立即定量生成 2，4，6-三溴苯胺白色沉淀。

重氮盐分子中含有重氮基（$-N^+{\equiv}N$）结构，偶氮化合物分子中则含有偶氮基（$-N{=}N-$）结构。芳香重氮盐很活泼，易发生取代反应（放氮反应）和偶联反应（留氮反应）。

在不同条件下，芳香重氮盐的重氮基可以被羟基、卤素、氰基、氢原子等取代。此类反应可用于制备某些在芳环上直接取代不能得到的苯衍生物。

芳香重氮盐可与酚或芳胺进行不放出氮气的反应，由偶氮基 $-N{=}N-$ 将两个芳环连接起来，生成偶氮化合物。该反应属于重氮基进攻芳环的亲电取代反应。由于重氮正离子是较弱的亲电试剂，它只能与酚、芳胺等高活泼性芳环发生亲电取代反应。偶联反应通常发生在羟基或氨基的对位，当对位被其他取代基占据时，则发生在邻位。一般说来，重氮盐与芳胺的偶联反应最佳 pH 为 5~7；与酚类的偶联反应最佳 pH 为 7~10。

生物碱又称植物碱是指生物体内的一类含氮有机化合物。许多生物碱具有生理活性。多数生物碱属于仲胺、叔胺，少数为伯胺，常含有氮杂环。植物中的生物碱常以有机酸盐（苹果酸盐、柠檬酸盐等）形式存在。

本章主要化学反应归纳如下：

$$RNH_2 + HCl \longrightarrow RNH_3^+Cl^-$$

$$RNHR' + R''COCl \longrightarrow RR'NCOR'' + HCl$$

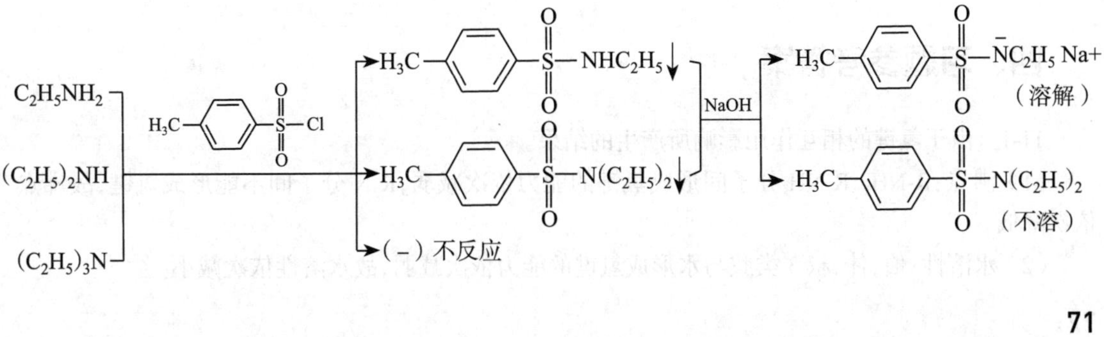

C₂H₅NH₂
(C₂H₅)₂NH
(C₂H₅)₃N
H₃C
S
Cl
NHC₂H₅
N(C₂H₅)₂
(−) 不反应
NaOH
NC₂H₅ Na+
（溶解）
（不溶）

$$R-NH_2 \xrightarrow{NaNO_2+HCl} [R-\overset{+}{N}\equiv N\ Cl^-] \longrightarrow R^+ + N_2\uparrow + Cl^-$$

$R^+ \longrightarrow$ 醇、烯、卤代烃等混合物

$$ArNH_2 \xrightarrow[0\sim5^\circ C]{NaNO_2+HCl} Ar-\overset{+}{N}\equiv N\ Cl^-$$

$$R(Ar)'RNH \xrightarrow{NaNO_2+HCl} R(Ar)'R\,N-N=O$$

$$R_3N + HNO_2 \longrightarrow [R_3NH]^+NO_2^- \xrightarrow{NaOH} R_3N + NaNO_2 + H_2O$$

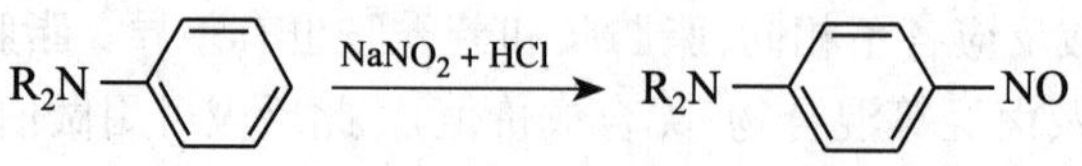

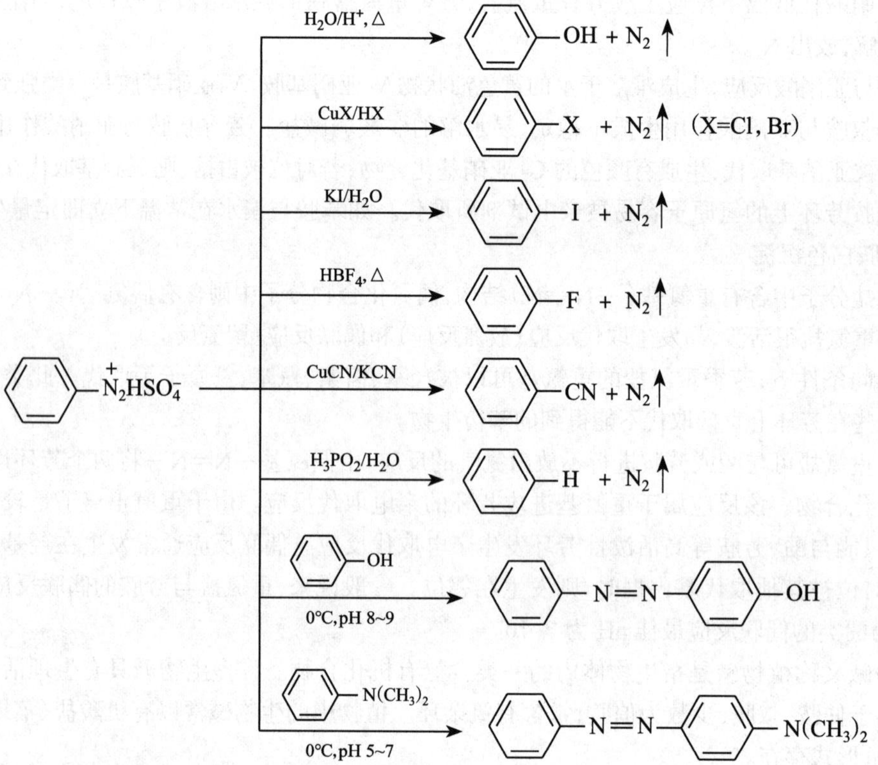

三、重点和难点

重点:胺的命名、结构与化学性质;芳香重氮盐的化学性质。

难点:脂肪胺与芳香胺在结构上的特点及其与性质的关系;胺类的碱性比较。

四、习题参考答案

11-1　由于氢键的相互作用影响所产生的结果。

(1)沸点:$R-NH_2$、R_2NH 分子间形成氢键的能力依次减弱,R_3N 分子间不能形成氢键,故沸点依次降低。

(2)水溶性:伯、仲、叔3类胺与水形成氢键的能力依次减弱,故水溶性依次减小。

11-2　两组反应式如下：

$$R_4\overset{+}{N}\overset{-}{Cl} + KOH \rightleftharpoons R_4\overset{+}{N}\overset{-}{OH} + KCl$$

$$2R_4\overset{+}{N}\overset{-}{Cl} + H_2O + Ag_2O \rightleftharpoons 2R_4\overset{+}{N}\overset{-}{OH} + 2AgCl\downarrow$$

反应都是利用了平衡原理。季铵盐在强碱的醇溶液中反应，生成的 KX 不溶于醇中而沉淀析出；季铵盐与湿的氧化银作用，生成卤化银沉淀，都使反应朝生成季铵碱的方向进行。

11-3

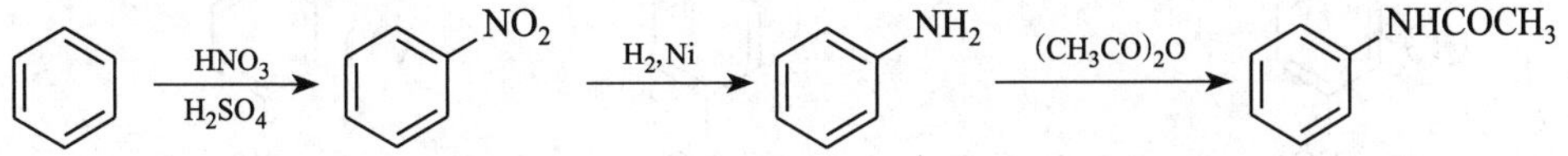
HNO3
H2SO4
NO2
H2,Ni
NH2
(CH3CO)2O
NHCOCH3

11-4

伯胺：
- $CH_3CH_2CH_2CH_2NH_2$　丁胺
- $CH_3CH_2CH(NH_2)CH_3$　丁-2-胺（仲丁胺）
- $CH_3CH(CH_3)CH_2NH_2$　2-甲基丙-1-胺（异丁胺）
- $CH_3C(CH_3)_2NH_2$　2-甲基丙-2-胺（叔丁胺）

仲胺：
- $CH_3CH_2CH_2NHCH_3$　（甲基）丙基胺
- $CH_3CH(CH_3)NHCH_3$　（异丙基）甲基胺
- $CH_3CH_2NHCH_2CH_3$　二乙胺

叔胺：
- $CH_3N(CH_3)CH_2CH_3$　乙基（二甲基）胺（*N*,*N*-二甲基乙胺）

11-5

（1）*N*-乙基苯胺

（2）溴化二乙基二甲基铵

（3）3-乙基-2,2-二甲基戊-3-胺

（4）氯化间异丙基苯重氮盐（3-异丙基苯重氮盐酸盐）

（5）顺-对二乙氨基偶氮苯

（6）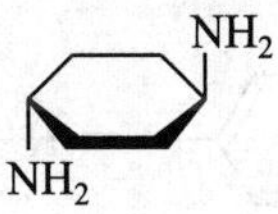
NH2
NH2

（7）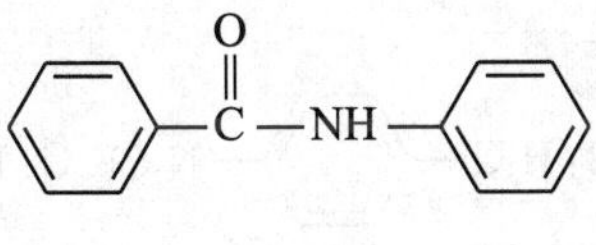
O
C
NH

（8）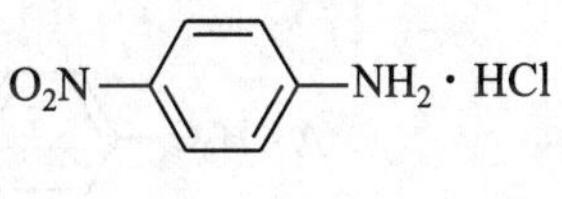
O2N
NH2 · HCl

（9）$(CH_3)_4N^+OH^-$

（10）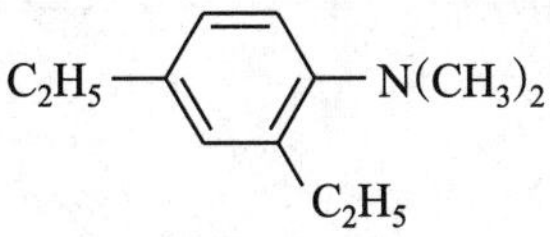
C2H5
N(CH3)2
C2H5

11-6

（1）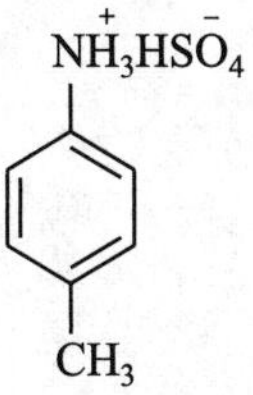
NH3HSO4
CH3

（2）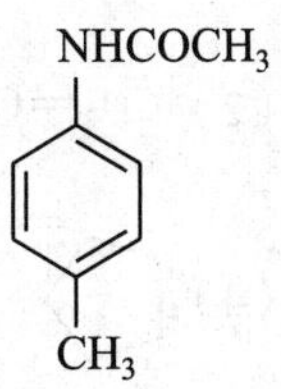
NHCOCH3
CH3

（3）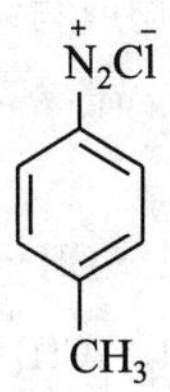
N2Cl
CH3

（4）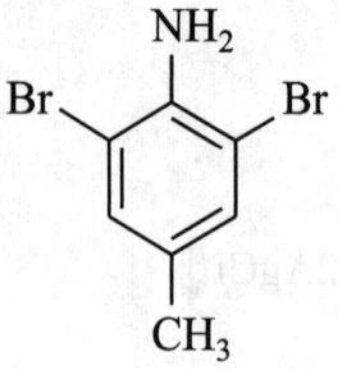　（5）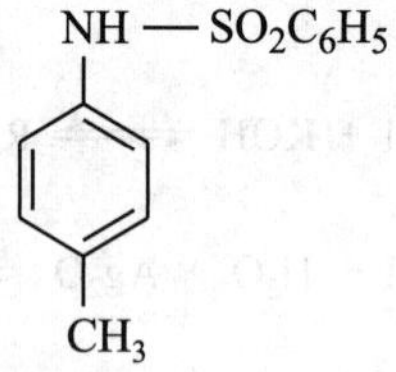　（6）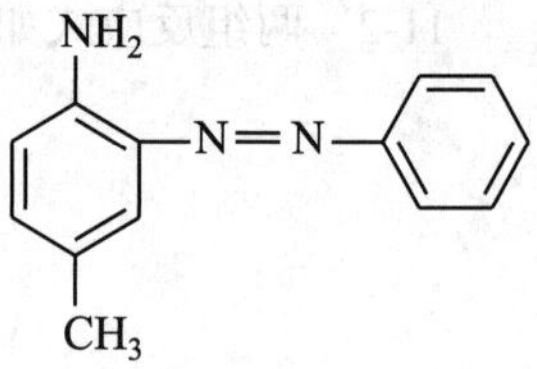

11-7

（1）　（2）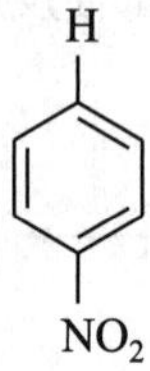　（3）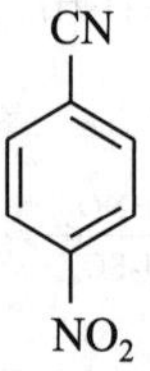

（4）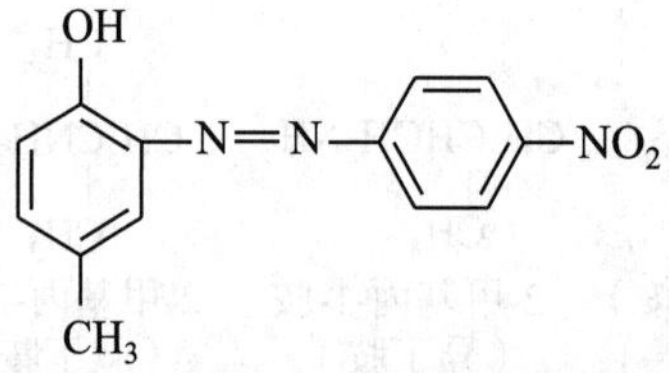　（5）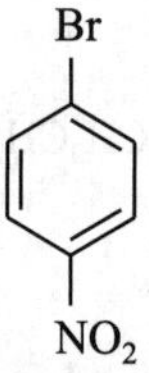

11-8

（1）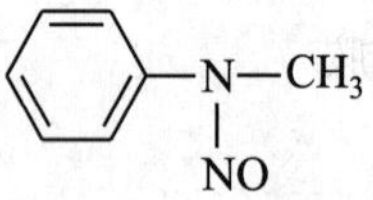　（2）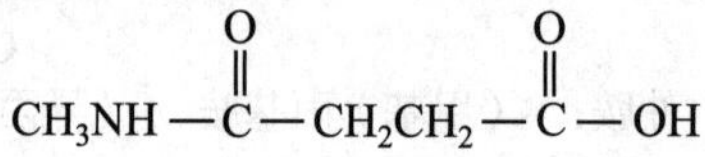

（3）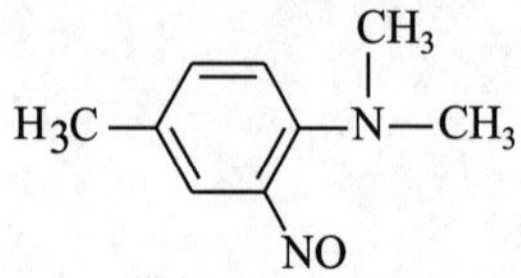

（4）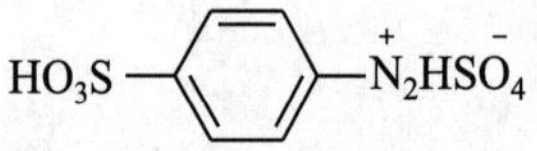；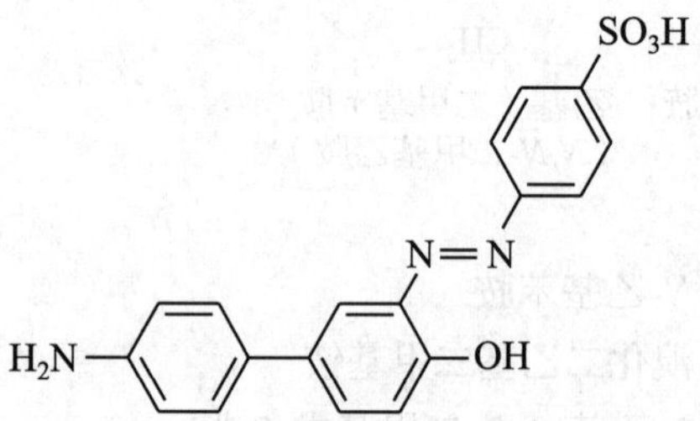

11-9 （1）D>A>B>C;（2）A>C>B;（3）D>A>B>C;（4）C>D>B>A;（5）A,B,C;（6）B,C;（7）D;（8）C。

11-10

A：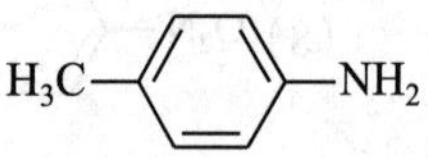　B：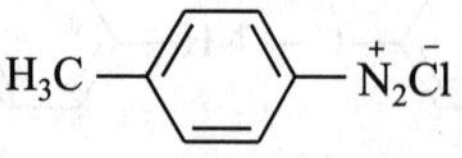　C：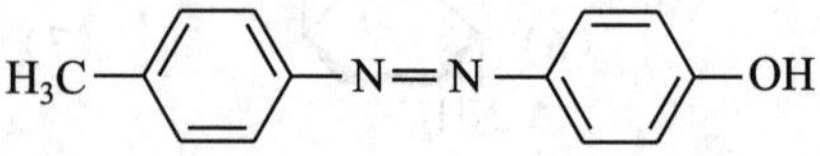

五、复习题

1. 命名下列化合物或写结构简式。

（1）$CH_3NHCH_2CH_3$　　（2）$CH_2{=}CHCH_2NHCH_3$

（3）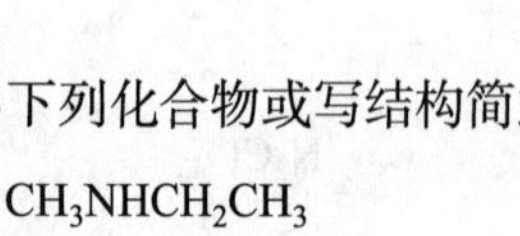　（4）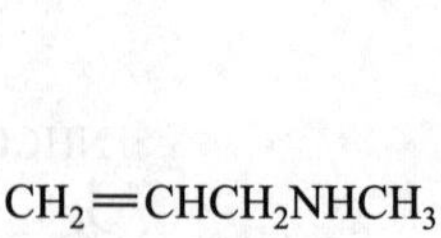

（5）$CH_3NHC_6H_5 \cdot HCl$　　（6）$(CH_3)_4N^+HSO_4^-$

（7）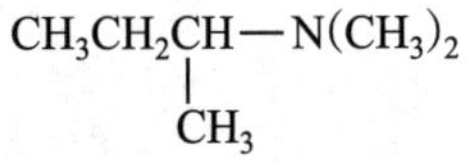　　（8）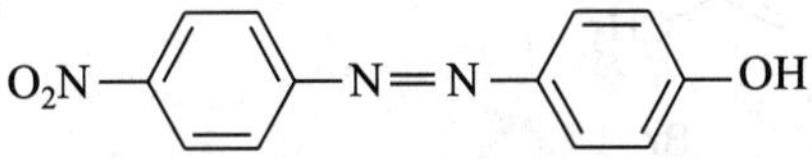

（9）*N*,*N*-二乙基-4-甲氧基苯胺　　（10）溴化对乙酰氨基苯重氮盐

2. 将下列化合物按伯、仲、叔、季分类。

（1）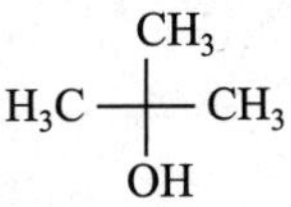　　（2）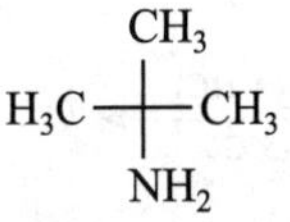

（3）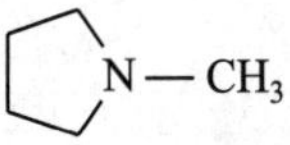　　（4）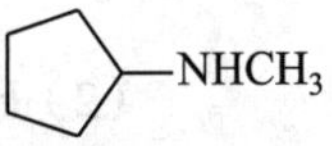

（5）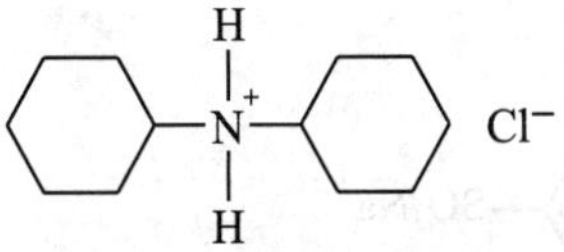　　（6）$(CH_3)_3N^+C_6H_5OH^-$

3. 将下列化合物按其碱性由强到弱排序。

（1）a. $CH_2{=}CHCH_2NH_2$　b. $CH_3CH_2CH_2NH_2$　c. $HC{\equiv}CCH_2NH_2$

（2）a. 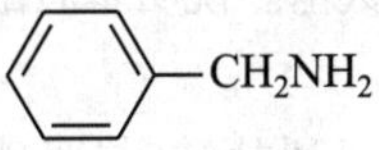　b. 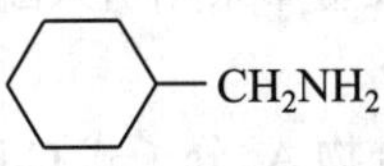　c. 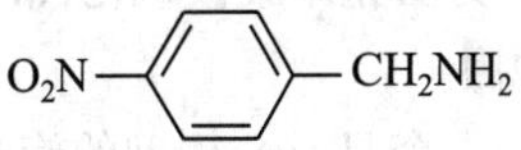

（3）a. 邻乙酰苯胺　b. 邻苯二甲酰亚胺

c. 氢氧化四乙铵　d. 苯胺盐酸盐

4. 用化学方法鉴别下列各组化合物。

（1）乙胺　二乙胺　三乙胺

（2）苯胺　苄胺　N-甲基苯胺

5. 完成下列化学反应。

（1）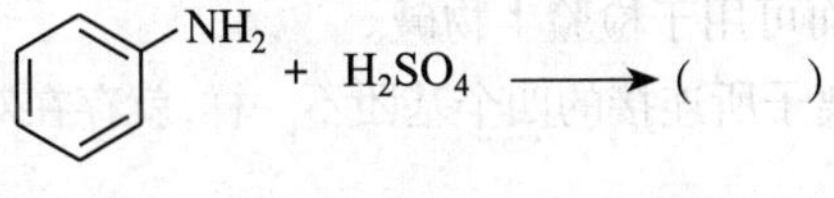

（2）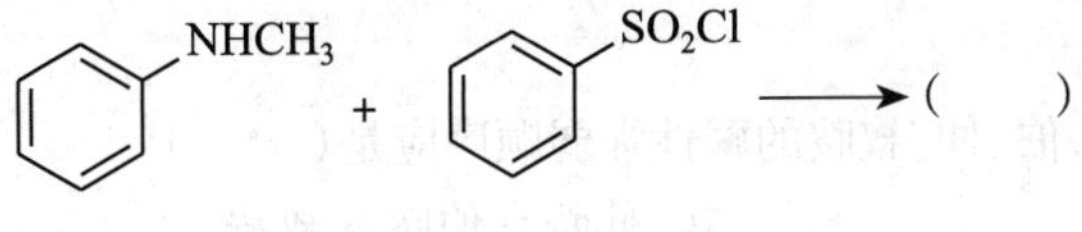

（3）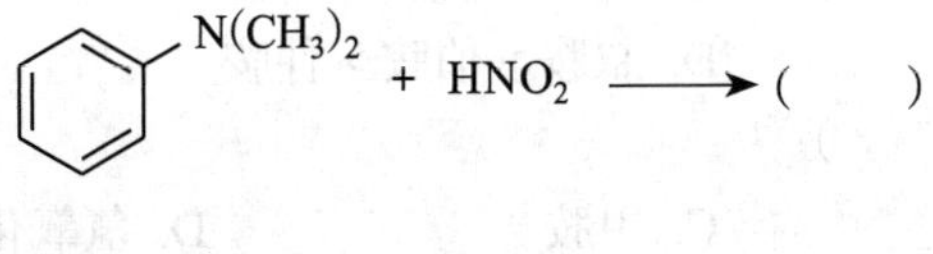

（4）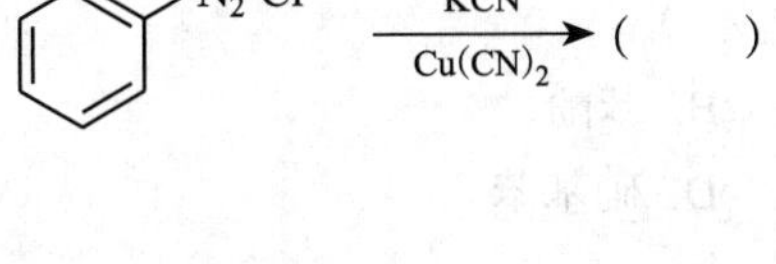

（5）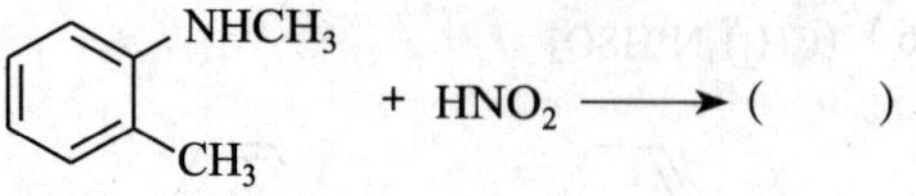
NHCH3
CH3
+ HNO2
(　　)

（6）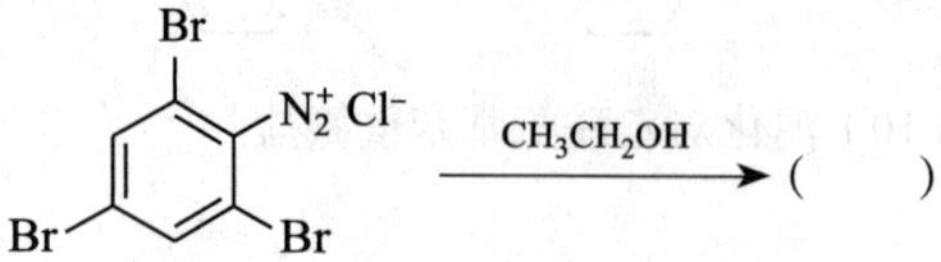
Br
N2+ Cl-
Br
Br
CH3CH2OH
(　　)

（7）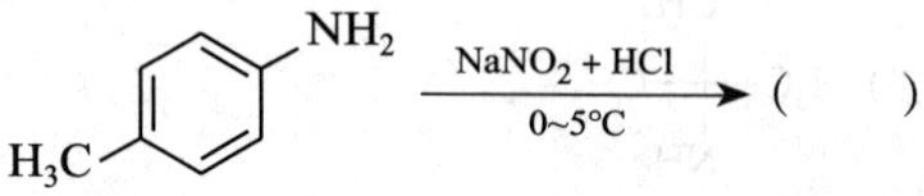
NH2
H3C
NaNO2 + HCl
0~5℃
(　　)

6. 完成下列合成。

（1）甲苯→间溴甲苯　　（2）硝基苯→1-溴-3-氯苯

（3）1-溴丁烷→2-氨基丁烷　　（4）苯胺→2,4,6-三溴苯酚

（5）由适当原料合成甲基橙

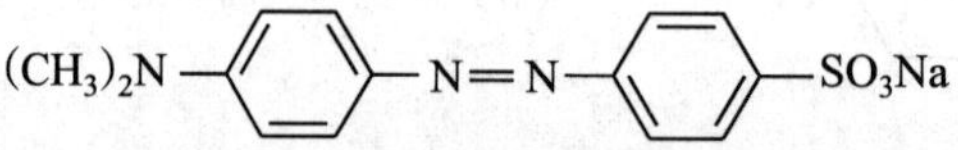
(CH3)2N
N=N
SO3Na

对二甲氨基偶氮苯磺酸钠(甲基橙)

7. 分离苯甲酸、苯甲胺、对甲苯酚和甲苯的混合物(只需用分离流程图表示分离过程)。

8. 为防止苯胺被氧化,常在化学反应中采用引入酰基来保护氨基。说明苯胺酰化后不易被氧化的原因。

9. 一个具有S构型的旋光性化合物A,分子式$C_8H_{11}N$,能溶于稀盐酸,与亚硝酸作用放出氮气。试推测化合物A的结构,并用Fischer投影式表示。

10. 是非题(在每小题后面正确的打"√"错误的打"×")

（1）在重氮盐的溶液中加酸可得到重氮酸。（　　）

（2）胺分子中氮原子上的孤对电子使胺既具有碱性又具有亲核性。（　　）

（3）重氮化反应是重氮盐与酚类或芳胺类作用生成偶氮化合物的反应。（　　）

（4）无论偶氮基(—N=N—)两端连接的基团是否相同,偶氮化合物都存在顺反异构体。（　　）

（5）一些试剂与生物碱作用能产生沉淀,因而可用于检验生物碱。（　　）

（6）无论季铵盐还是季铵碱,只要季铵正氮离子所连接的四个基团不一样,就存在对映异构体。（　　）

11. 选择题

（1）若仅从水的溶剂化效应考虑,伯、仲、叔胺的碱性强弱顺序应是(　　)

A. 伯胺>仲胺>叔胺　　B. 仲胺>伯胺>叔胺

C. 叔胺>仲胺>伯胺　　D. 叔胺>伯胺>仲胺

（2）与亚硝酸作用可生成致癌物的是(　　)

A. 三甲胺　　B. 二甲胺　　C. 甲胺　　D. 氢氧化四甲铵

（3）<u>不能</u>与氯化苯重氮盐发生偶联反应的是(　　)

A. *N*,*N*-二甲基苯胺　　B. 苯酚

C. 苯胺　　D. 硝基苯

（4）分离甲苯与苯胺的混合物通常采用的方法是（　　）

A. 混合物与苯混合并振荡，再用分液漏斗分离

B. 混合物与水一起振荡，再用分液漏斗分离

C. 混合物与盐酸一起振荡，再用分液漏斗分离

D. 混合物与碳酸钠溶液一起振荡，再用分液漏斗分离

（5）关于生物碱，下列叙述<u>不确切</u>的是（　　）

A. 大多具有碱性　　B. 存在于生物体内

C. 多数具有氮杂环结构　　D. 属于毒品类

（6）下列生物碱中属于仲胺碱的是（　　）

A. 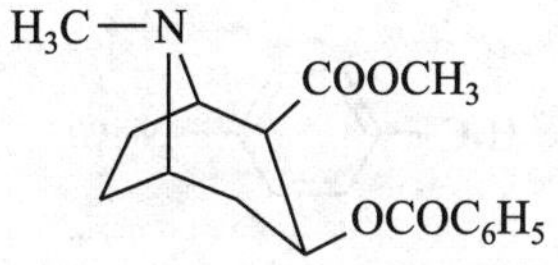

H_3C-N
$COOCH_3$
$OCOC_6H_5$

可卡因

B. 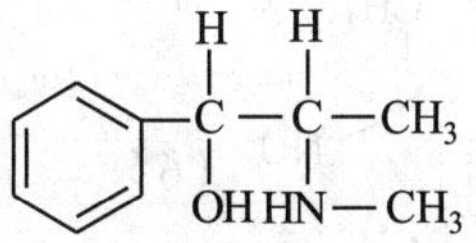

H H
C C CH_3
OH HN CH_3

麻黄碱

C. 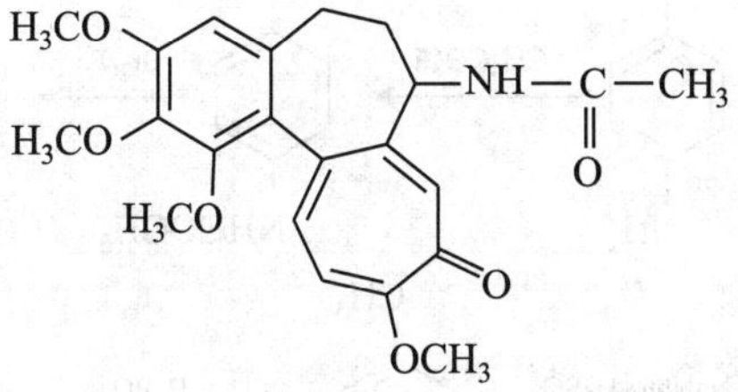

H_3CO
H_3CO
H_3CO
NH C CH_3
O
O
OCH_3

秋水仙碱

D. 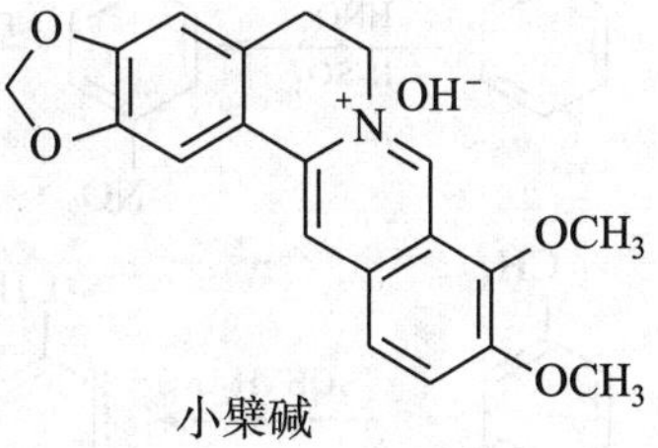

O
O
N
OH^-
OCH_3
OCH_3

小檗碱

（7）下列类型的生物碱中可以采用酸提取、碱沉淀方法分离的是（　　）

A. 季铵碱　　B. 酰胺生物碱　　C. 叔胺碱　　D. 两性生物碱

六、复习题参考答案

1.（1）乙甲胺　　（2）*N*-甲基烯丙基胺　　（3）3-甲基戊-2-胺

（4）*N*-乙基-*N*-甲基环戊胺　　（5）*N*-甲基苯胺盐酸盐　　（6）硫酸氢四甲铵

（7）*N*,*N*-二甲基丁-2-胺　　（8）4-羟基-4′硝基偶氮苯

（9）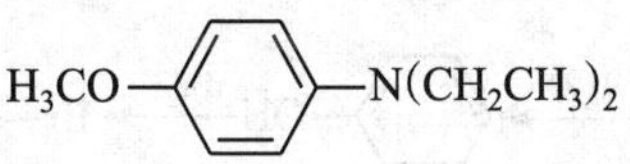

H_3CO
$N(CH_2CH_3)_2$

（10）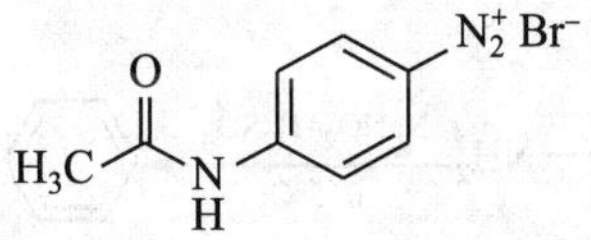

$N_2^+Br^-$
O
H_3C
N
H

2.（1）叔醇　　（2）伯胺　　（3）叔胺

（4）仲胺　　（5）仲胺的盐酸盐　　（6）季铵碱

3.（1）b>a>c　　（2）b>a>c　　（3）c>a>b>d

4.

（1）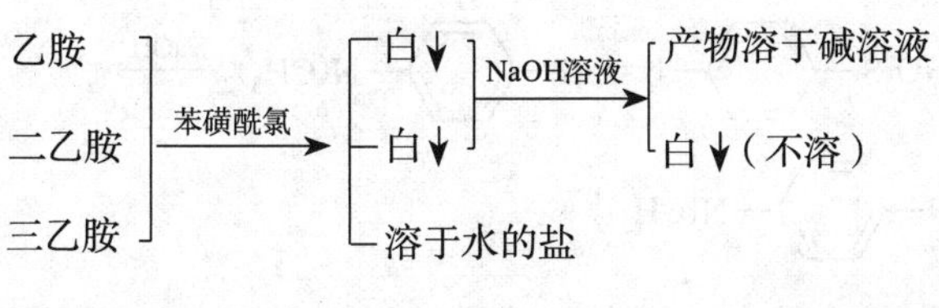

乙胺
二乙胺
三乙胺
苯磺酰氯
白↓
白↓
溶于水的盐
NaOH溶液
产物溶于碱溶液
白↓（不溶）

（2）苯胺、苄胺、N-甲基苯胺 $\xrightarrow[\text{室温}]{HNO_2}$ 苯胺：$N_2\uparrow$；苄胺：$N_2\uparrow$；N-甲基苯胺：黄色

苯胺、苄胺 $\xrightarrow{Br_2/H_2O}$ 苯胺：白↓；苄胺：（－）

5.

（1）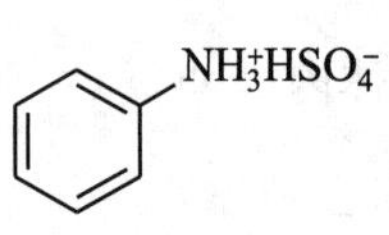
（2）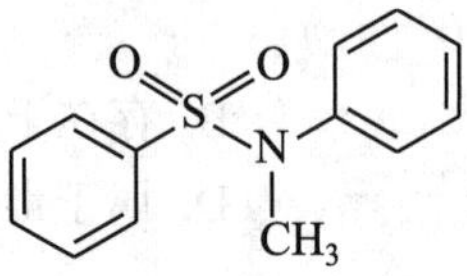
（3）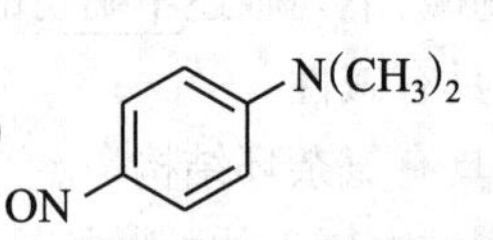
（4）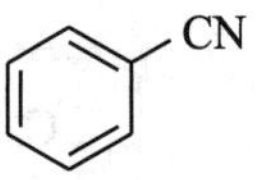

（5）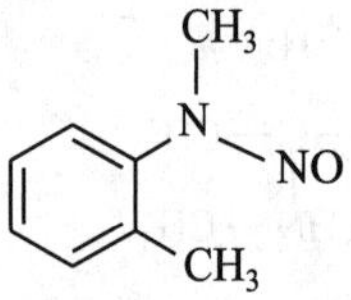
（6）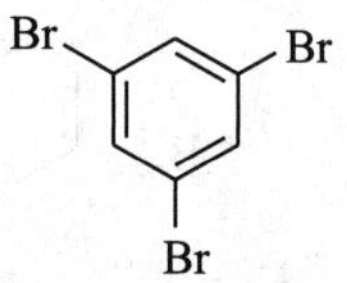
（7）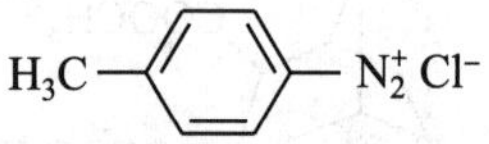

6.

（1）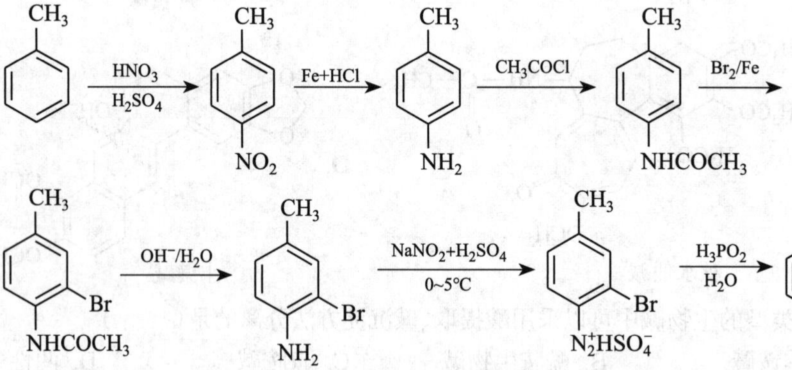

（2）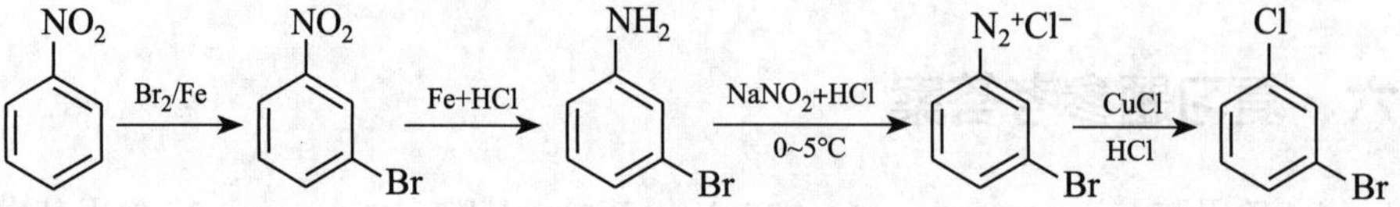

（3）$CH_3CH_2CH_2CH_2Br \xrightarrow[\text{乙醇}\ \triangle]{NaOH} CH_3CH_2CH{=}CH_2 \xrightarrow{HBr} CH_3CH_2CH(Br)CH_3 \xrightarrow{NH_3} CH_3CH_2CH(NH_2)CH_3$

（4）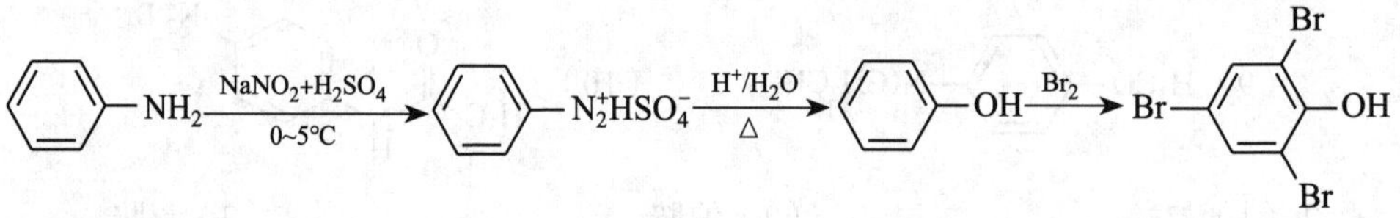

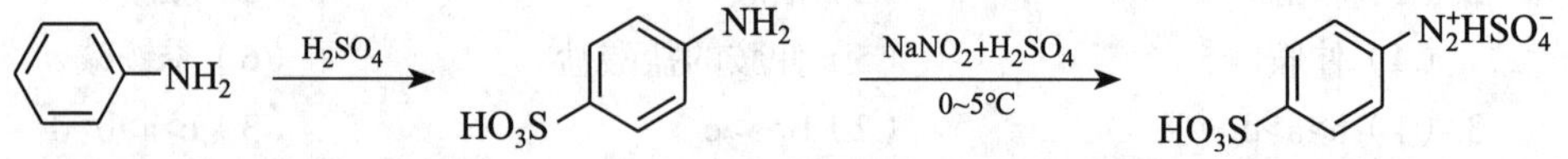

（5）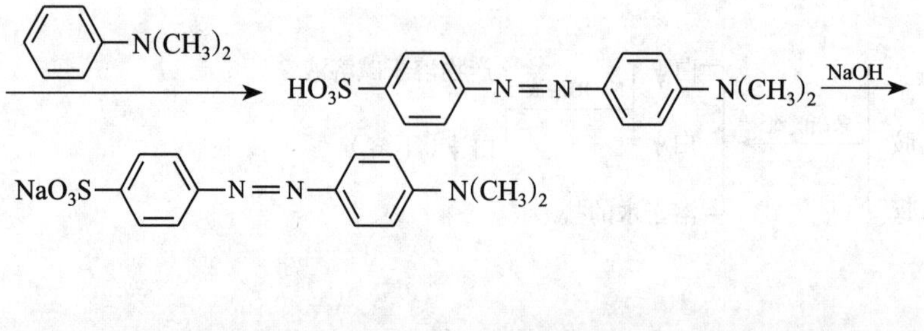

7.

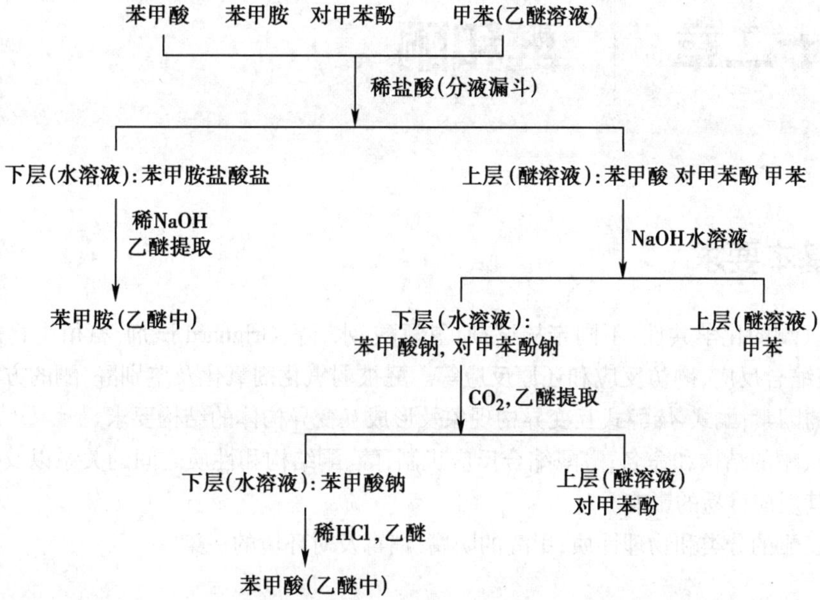
苯甲酸　苯甲胺　对甲苯酚　甲苯(乙醚溶液)
稀盐酸(分液漏斗)
下层(水溶液):苯甲胺盐酸盐
上层(醚溶液):苯甲酸 对甲苯酚 甲苯
稀NaOH
乙醚提取
NaOH水溶液
苯甲胺(乙醚中)
下层(水溶液):
苯甲酸钠, 对甲苯酚钠
上层(醚溶液)
甲苯
CO_2,乙醚提取
下层(水溶液):苯甲酸钠
上层(醚溶液)
对甲苯酚
稀HCl,乙醚
苯甲酸(乙醚中)

8. 酰基的引入同时降低了氮原子和苯环的电子云密度,使之对氧化剂较稳定。

9.

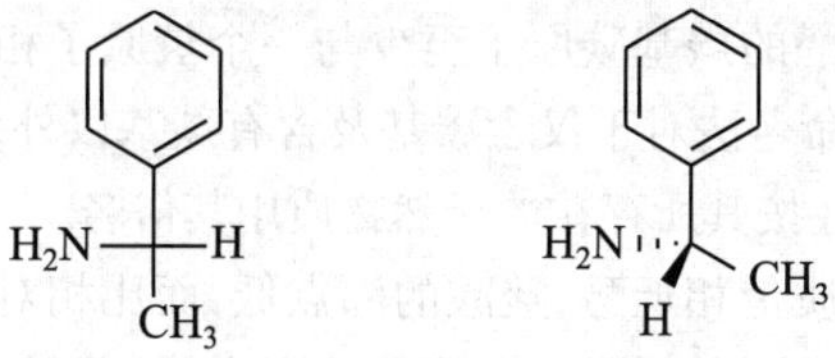
H_2N
H
CH_3
H_2N
CH_3
H

Fischer投影式　　立体结构式

10.（1）×;（2）√;（3）×;（4）√;（5）√;（6）√
11.（1）A;（2）B;（3）D;（4）C;（5）D;（6）B;（7）C

（张　韵）

第十二章　醛和酮

一、基本要求

掌握:醛、酮的化学共性:不同亲核试剂(氢氰酸,水,醇,Grignard 试剂,氨衍生物等)与醛、酮的反应,醇醛缩合反应,碘仿反应和还原反应等。醛被弱氧化剂氧化及鉴别醛、酮的方法;影响醛、酮亲核加成的因素;酮式-烯醇式互变异构现象及形成互变异构体的结构要求。

熟悉:醛、酮的结构和命名;醇醛缩合反应机制;醛、酮结构和性质之间的关系以及电子效应和空间效应对其反应难易的影响。

了解:醛、酮的分类和物理性质,甲醛的防腐、消毒及对环境的污染。

二、总结

醛和酮的官能团是羰基,醛的羰基碳原子至少与一个氢原子相连,而酮的羰基碳原子则分别与两个烃基相连。醛、酮系统命名法对于仅含羰基及含有羰基以外多个官能团化合物的命名均有相应要求,一些天然醛和酮往往按其所存在的天然物质用其俗名。

醛、酮的沸点比相对分子质量相近醇、羧酸的沸点低,而比相对分子质量相近的烷烃和醚高。醛、酮可溶于乙醚、甲苯等有机溶剂。低级醛、酮易溶于水,随着醛、酮分子中烃基增大,其水溶性迅速降低。

醛和酮是极性分子,其羰基碳原子为 sp^2 杂化,羰基碳氧双键是极性不饱和键。醛、酮羰基易受亲核试剂进攻,发生加成反应。羰基的 α-H 活泼。醛、酮主要表现两类化学性质:对羰基碳的亲核加成作用和羰基 α-H 的活泼性。

亲核加成反应是羰基的特征反应,亲核试剂容易与羰基发生亲核加成反应。

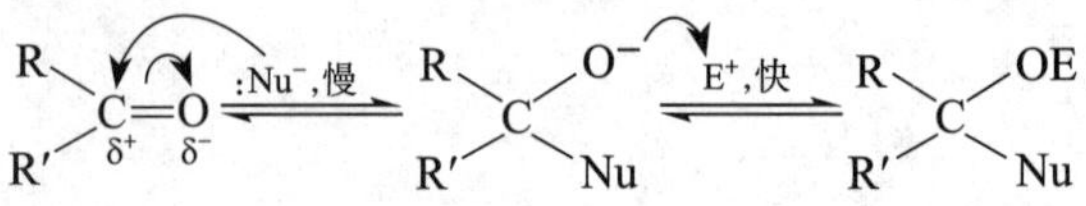
R
R′
C=O
δ⁺
δ⁻
:Nu⁻,慢
R
R′
C
O⁻
Nu
E⁺,快
R
R′
C
OE
Nu

氧负离子中间体

在上述机制中,第一步是决定整个反应速率的慢步骤,它由亲核试剂(氢氰酸、醇、水及氨的衍生物等)进攻带正电荷的羰基碳开始,反应产物为加成产物。羰基的亲核加成反应通常是可逆的。醛、酮亲核加成反应的难易取决于亲核试剂的性质,羰基碳上连接的原子或基团的电子效应和空间效应等。通常,羰基上连有吸电子基团,反应速率加快;如果羰基所连基团体积大,将导致反应速率降低。一般醛比相应的酮活泼,更容易发生亲核加成反应。

氢氰酸与醛、脂肪族甲基酮和 8 个碳原子以下的环酮作用生成相应的加成产物氰醇,也称 α-羟基腈。这一反应产物比原料多一个碳原子。氰醇具有醇羟基和氰基两种官能团,是一种非常有用的有机合成中间体。由氰醇可制备 α,β-不饱和腈、β-羟基胺等化合物。

在无水酸存在下,醇与醛的羰基加成生成半缩醛,半缩醛还可以与另一分子醇反应,脱水生成缩醛。与醛相比,酮与醇反应生成缩酮的反应较困难。但酮容易与乙二醇作用,生成五元环状缩酮。缩醛和缩酮的性质相似,它们均对碱、氧化剂和还原剂稳定,但遇稀酸则分解成原来的醛(或酮)和醇。在有机合成中,为了保护容易发生化学变化的醛基,将醛转化为缩醛,待氧化或其他反应完成后,再用酸水解缩醛,把醛基释放出来。

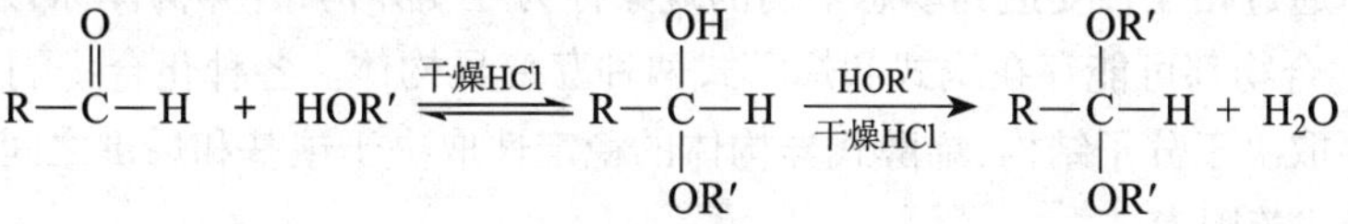

$$R-\overset{\overset{O}{\|}}{C}-H + HOR' \underset{干燥HCl}{\rightleftharpoons} R-\overset{\overset{OH}{|}}{\underset{\underset{OR'}{|}}{C}}-H \underset{干燥HCl}{\overset{HOR'}{\rightleftharpoons}} R-\overset{\overset{OR'}{|}}{\underset{\underset{OR'}{|}}{C}}-H + H_2O$$
半缩醛　　　　缩醛

水与羰基加成形成醛、酮的水合物(偕二醇)。由于水是弱亲核试剂,生成的偕二醇不稳定,容易失水,该反应平衡主要偏向反应物一方。

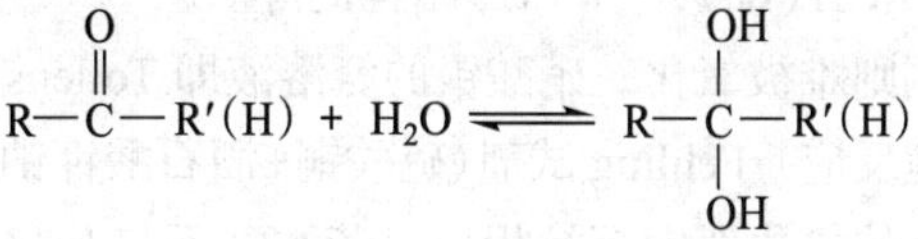

$$R-\overset{\overset{O}{\|}}{C}-R'(H) + H_2O \rightleftharpoons R-\overset{\overset{OH}{|}}{\underset{\underset{OH}{|}}{C}}-R'(H)$$
偕二醇

Grignard 试剂具有很强的亲核性,对醛酮的加成是不可逆反应。Grignard 试剂与不同的羰基化合物反应,可以制备具有更多碳原子及新碳骨架的醇。

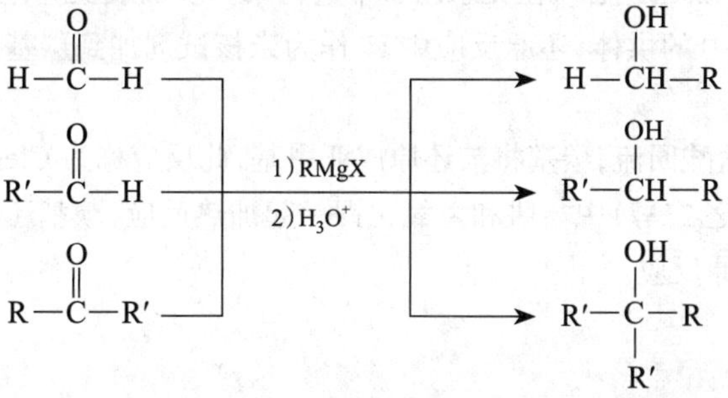

$$\begin{array}{l}H-\overset{\overset{O}{\|}}{C}-H \\ R'-\overset{\overset{O}{\|}}{C}-H \\ R-\overset{\overset{O}{\|}}{C}-R'\end{array} \xrightarrow[2)H_3O^+]{1)RMgX} \begin{array}{l}H-\overset{\overset{OH}{|}}{C}H-R \quad 伯醇 \\ R'-\overset{\overset{OH}{|}}{C}H-R \quad 仲醇 \\ R'-\overset{\overset{OH}{|}}{\underset{\underset{R'}{|}}{C}}-R \quad 叔醇\end{array}$$

醛或酮与氨衍生物(羟胺、肼、苯肼、2,4-二硝基苯肼等)先加成后脱水,生成 N-取代亚胺。N-芳香取代亚胺特别是 2,4-二硝基苯腙有一定的熔点和晶形,可用于鉴别羰基化合物。氨衍生物又称为羰基试剂。

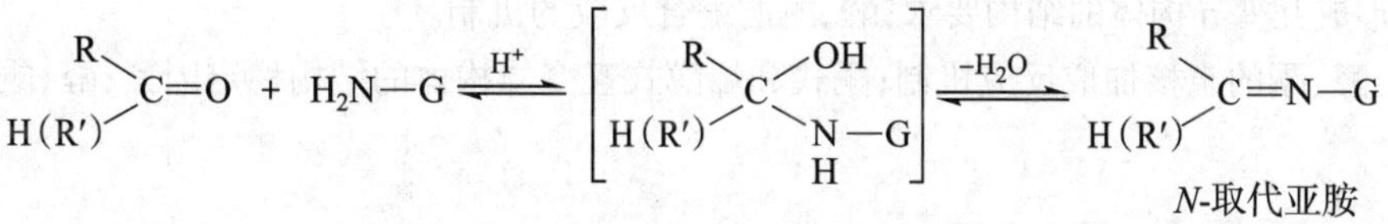

$$\overset{R}{\underset{H(R')}{C}}=O + H_2N-G \overset{H^+}{\rightleftharpoons} \left[\overset{R}{\underset{H(R')}{C}}\overset{OH}{\underset{\underset{H}{N-G}}{}}\right] \overset{-H_2O}{\rightleftharpoons} \overset{R}{\underset{H(R')}{C}}=N-G$$
N-取代亚胺

醛、酮分子受羰基的影响 α-H 比较活泼。在稀碱溶液中,含 α-H 的羰基化合物可发生醇醛缩合。醇醛缩合是有机合成中增长碳链的重要方法,其机制如下:

$$(1)\ RCH_2-\overset{\overset{O}{\|}}{C}H + {}^-OH \overset{-H_2O}{\rightleftharpoons} \left[R\bar{C}H-\overset{\overset{O}{\|}}{C}H \longleftrightarrow RCH=\overset{\overset{O^-}{|}}{C}H\right]$$ 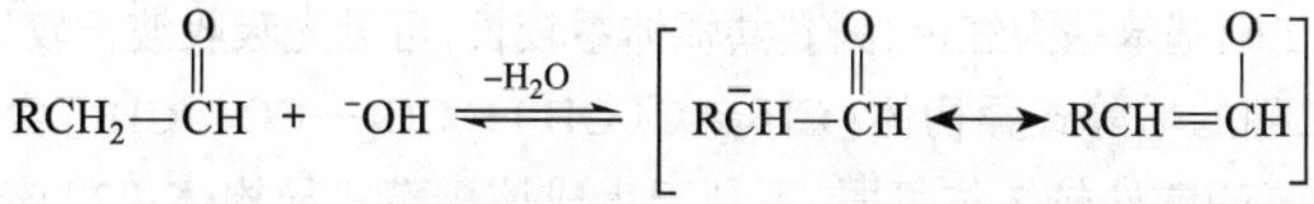

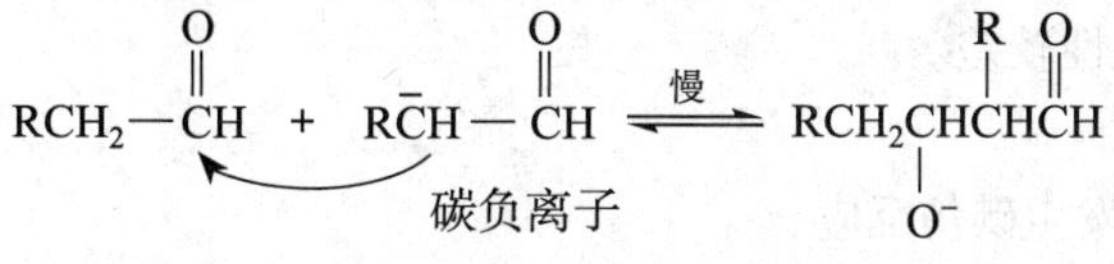

$$(2)\ RCH_2-\overset{\overset{O}{\|}}{C}H + R\bar{C}H-\overset{\overset{O}{\|}}{C}H \overset{慢}{\longrightarrow} RCH_2\overset{\overset{R}{|}}{C}H\overset{\overset{O}{\|}}{C}H$$
碳负离子　　　　　　$\overset{|}{\underset{O^-}{}}$

(3) 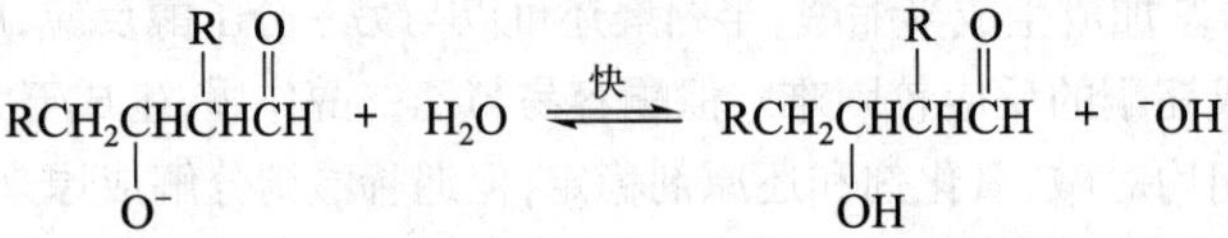

β-羟基醛

两种异构体通过相互转变达到动态平衡的现象称为互变异构，各异构体称为互变异构体。具有 α-H 的羰基化合物都可能存在酮式和烯醇式两种互变异构体。各种化合物酮式和烯醇式存在的比例大小主要取决于分子结构，烯醇式异构体的稳定性取决于羰基和烯键之间的 π-π 共轭效应和六元螯环的形成等因素。

碱催化下，卤素与含有 α-H 的醛或酮反应，生成三卤甲烷(俗称卤仿)和羧酸盐。卤仿反应常用碘的碱溶液，发生碘仿反应。碘仿是难溶于水的淡黄色晶体，有特殊的气味。碘仿反应可用于鉴别乙醛和甲基酮及含有 $CH_3CH(OH)$—R(H)结构的醇。

醛容易被氧化成羧酸，酮则难被氧化。硝酸银的氨溶液即 Tollens 试剂可区别醛与酮。Tollens 试剂与醛作用形成银镜(银镜反应)。Fehling 试剂(硫酸铜+酒石酸钾钠的碱性溶液)与醛一起加热，Cu^{2+}被还原成亚铜，以砖红色的氧化亚铜沉淀析出。芳香醛不与 Fehling 试剂反应，故又可用它来区别脂肪醛与芳香醛。

$LiAlH_4$、$NaBH_4$ 等金属氢化物将醛、酮的羰基还原为伯醇和仲醇。在水或醇溶液中可以用 $NaBH_4$ 还原羰基化合物，而 $LiAlH_4$ 必须在无水乙醚中进行第一步加成反应，然后进行第二步水解。金属氢化物是负氢离子(H^-)的供体，还原反应中 H^-作为亲核试剂加到羰基碳上，金属离子(M^+)则与羰基氧结合。

醛和酮与锌汞齐和浓盐酸回流，羰基将被还原成亚甲基，此反应称为 Clemmensen 还原法。醛或酮在高沸点溶剂(如缩二乙二醇)中与肼和氢氧化钾一起加热反应，羰基还原为亚甲基的反应称为 Wolff-Kishner-Huang 还原反应。

三、重点和难点

重点：氢氰酸、水、醇、Grignard 试剂、氨衍生物等亲核试剂与醛、酮的亲核加成反应及其机制，醇醛缩合反应，碘仿反应和醛、酮的还原反应等；弱氧化剂鉴别醛、酮的方法；酮式和烯醇式互变异构现象及形成互变异构体的结构要求；醛、酮的缩合反应的机制。

难点：醛、酮的亲核加成反应机制；酮式和烯醇式互变异构体的结构稳定因素；醛、酮的缩合反应的机制。

四、习题参考答案

12-1 丁-2-烯醛的 2,4-二硝基苯腙为红色，因其共轭体系较长，可见光吸收波长较长。

12-2 平衡时，戊-2,4-二酮的烯醇式异构体[CH_2═C(OH)—CH_2—CO—CH_3]含量很少的原因为:(1)戊-2,4-二酮 1 位氢的酸性较 3 位氢弱，不利于生成该烯醇式异构体;(2)该烯醇式异构体的烯醇双键未与羰基共轭，其稳定性较差。

12-3 $CH_3C(OH)$═CHCHO

12-4 (1)、(2)、(5)、(6)、(8)能发生碘仿反应。

12-5 （1）6-甲基庚-3-酮　（2）2-乙基-3,4-二甲基己醛　（3）3-甲基-1-苯基丁-2-酮
（4）4-甲基戊-3-烯醛　（5）2,2,3-三甲基环己酮

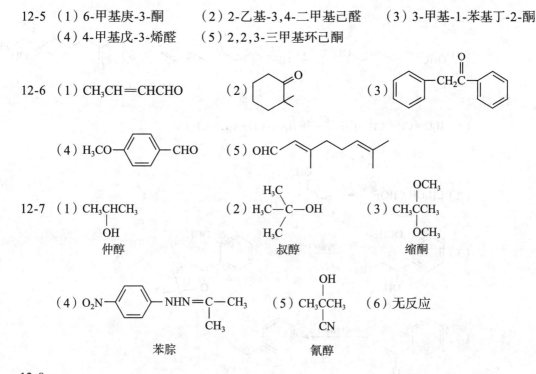

12-6 （1）$CH_3CH{=}CHCHO$　（2）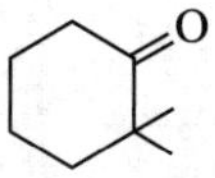　（3）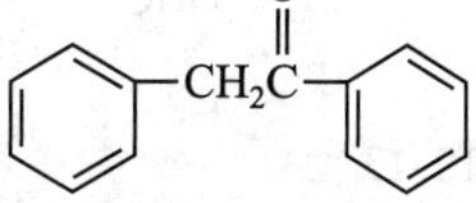

（4）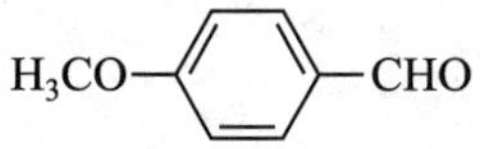　（5）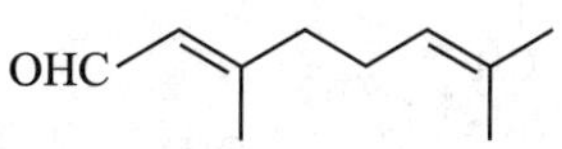

12-7 （1）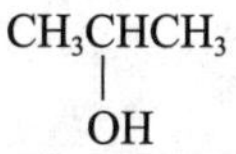
仲醇
（2）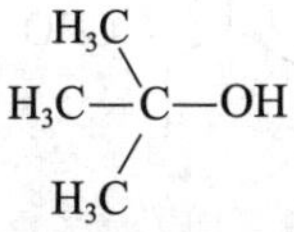
叔醇
（3）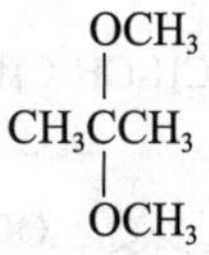
缩酮

（4）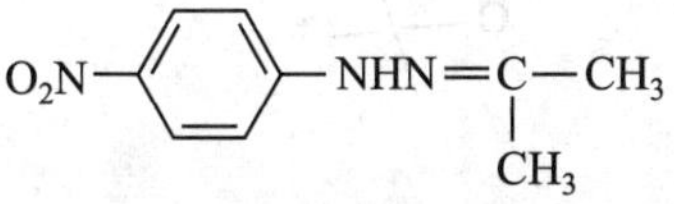
苯腙
（5）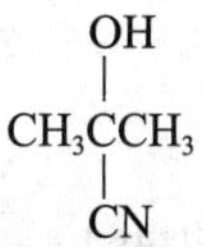
氰醇
（6）无反应

12-8

	酮可能结构	还原产物	还原产物结构特点
1	$CH_3COCH_2CH_2CH_3$	$CH_3CHOHCH_2CH_2CH_3$	手性分子
2	$CH_3CH_2COCH_2CH_3$	$CH_3CH_2CHOHCH_2CH_3$	有对称面,非手性分子
3	$CH_3COCH(CH_3)_2$	$CH_3CHOHCH(CH_3)_2$	手性分子

12-9 （1）a. $(CH_3)_2CHCH_2CH_2CHO+CH_3CH_2MgX$;
b. $(CH_3)_2CHCH_2CH_2MgX+CH_3CH_2CHO$;
（2）$(CH_3)_3CMgX+HCHO$;
（3）a. CH_3CH_2MgX+辛-4-酮;b. $CH_3CH_2CH_2MgX$+庚-3-酮;
c. $CH_3CH_2CH_2CH_2MgX$+己-3-酮;
醇（1）和醇（2）也可以用醛酮加氢还原的方法制备

12-10 题述羰基化合物亲核加成的活性顺序为：

甲醛>乙醛>苯甲醛>苯乙酮>二苯基（甲）酮。

从空间效应看，题述化合物羰基所连基团空间位阻大小为：$C_6H_5>CH_3>H$，羰基所连位阻基团越多，基团位阻越大，亲核加成越难进行。从电子效应看，甲基是给电子基，它对羰基的给电子效应会使羰基碳的电子云密度增加；苯基与羰基相连时，羰基与苯环共轭，羰基碳上电子云密度会有较大程度提高。因此，羰基连有的甲基和苯基越多，羰基碳的电子云密度提高越多，越不利于亲核加成。

12-11

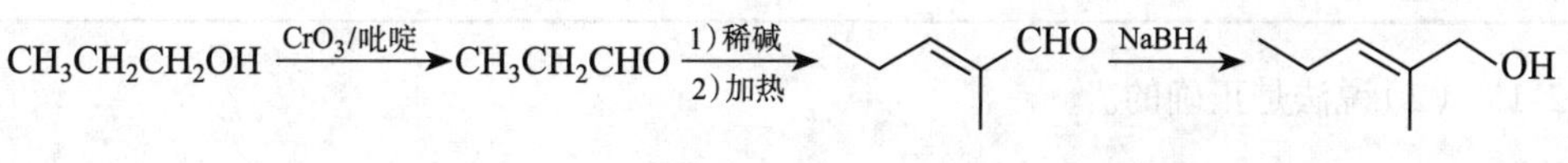
$CH_3CH_2CH_2OH$
CrO_3/吡啶
CH_3CH_2CHO
1）稀碱
2）加热
CHO
$NaBH_4$
OH

12-12

（1）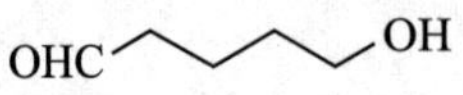　（2）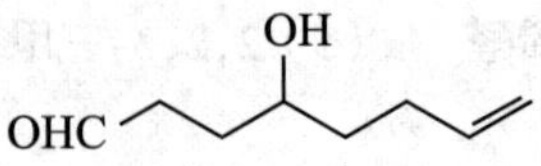　（3）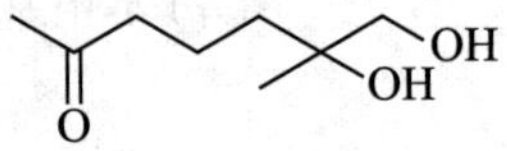

12-13

（1）$H_2C{=}CH{-}\underset{CH_3}{\underset{|}{CH}}{-}CHO \xrightarrow{KBH_4} H_2C{=}CH{-}\underset{CH_3}{\underset{|}{CH}}{-}CH_2OH$

（2）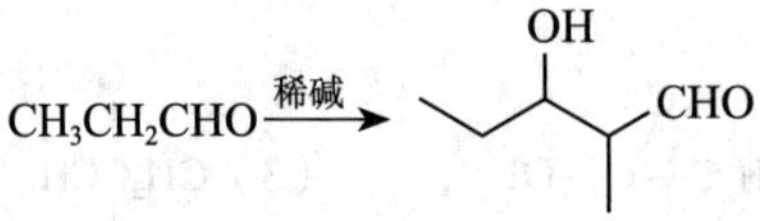

（3）

（4）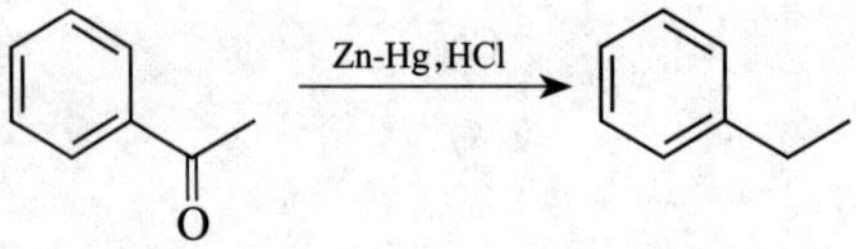

（5）苯甲醛＋丙基溴化镁 ——→ 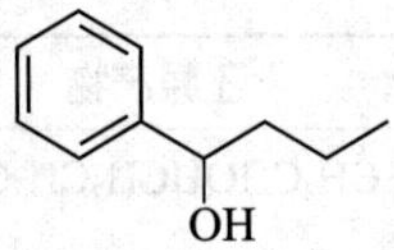

12-14

（1）

	甲醛	乙醛	丁-2-酮
I_2/NaOH	–	淡黄色沉淀	淡黄色沉淀
Tollens 试剂		银镜	–

（2）

	戊-2-酮	戊-3-酮	戊-2,4-二酮
Br_2	–	–	棕色褪去
I_2/NaOH	淡黄色沉淀	–	

（3）

	苯甲醛	苯乙酮	2-苯基乙醇
Tollens 试剂	银镜	–	–
2,4-二硝基苯肼		橘红色沉淀	–

12-15　（2）说法是正确的。

12-16

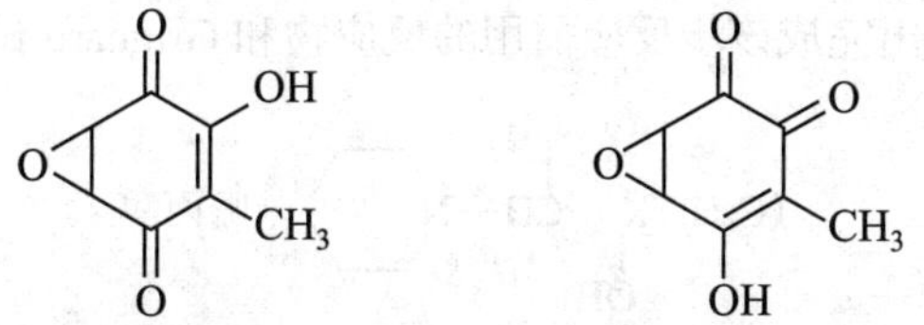

更稳定

12-17　可能产生以下 4 种产物的混合物。化合物（a）、（b）无手性；化合物（c）为 S 构型；化合物（d）为 R 构型。

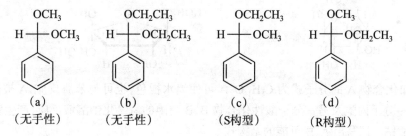

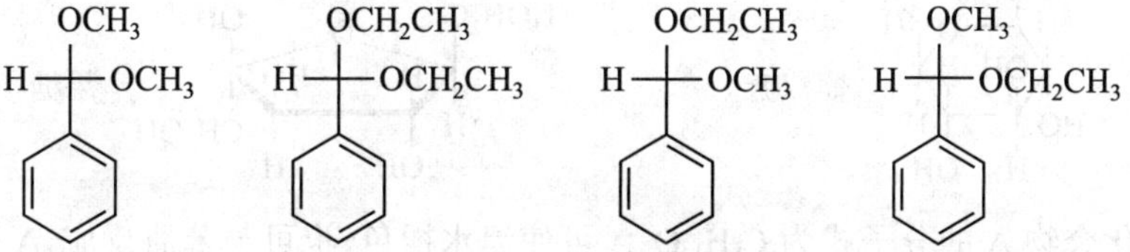

（a）（无手性）　（b）（无手性）　（c）（S构型）　（d）（R构型）

12-18

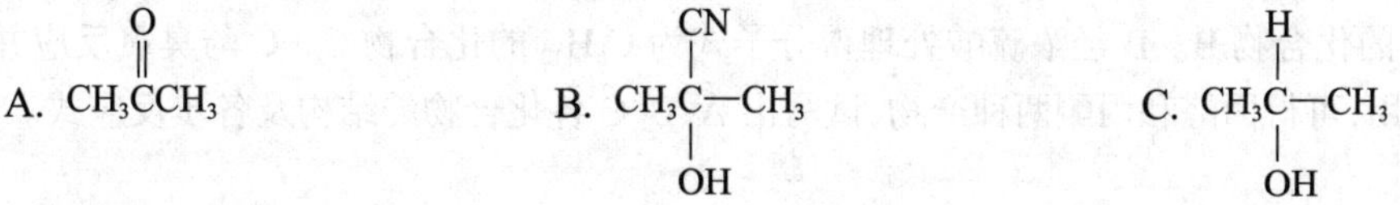

五、复习题

1. 写出分子式为 $C_5H_{10}O$ 的醛、酮的可能异构体，并用习惯命名法和系统命名法命名。

2. 写出下列各试剂与苯甲醛反应生成主要产物的结构。

（1）$[Ag(NH_3)_2]^+$　　（2）$CH_3CH_2NH_2$

（3）高锰酸钾　　（4）乙醛，稀氢氧化钠

3. 哪些化合物能发生碘仿反应？

乙醇　戊-2-醇　戊-3-醇　异丙醇　苯乙酮　丙醛

4. 用简便方法区别下列各组化合物。

（1）戊醛和戊-3-酮　　（2）戊-2-酮与戊-3-酮

（3）戊-2-醇和戊-2-酮

5. 用下列试剂分别与苯乙酮反应，写出相应的反应产物及其类别。

（1）2,4-二硝基苯肼　　（2）Zn-Hg，HCl

（3）乙二醇（干燥 HCl）　　（4）$NaBH_4$（乙醇）

6. 丙酮与外消旋丁-2-醇在干燥 HCl 存在下反应，可能生成的缩酮产物有哪些？它们有怎样的立体化学关系？

7. 分别比较下列各组化合物与亲核试剂反应的活性大小，并简要说明理由。

（1）$(CH_3)_3CCHO$ 和 Cl_3CCHO　　（2）C_6H_5CHO 和 $C_6H_{11}CHO$

（3）丙醛和丁-2-酮

8. 试设计以丙醇和 2-溴戊烷为起始原料合成 4-甲基戊-3-醇的合成路线，列出各步反应试剂和反应产物的结构。

9. 已知镇咳药苯哌丙醇（diphepanol）的结构如下所示，其制备的最后一步系用 Grignard 试剂对羰基化合物的加成，试写出完成该步反应需用的反应物和 Grignard 试剂的结构式。

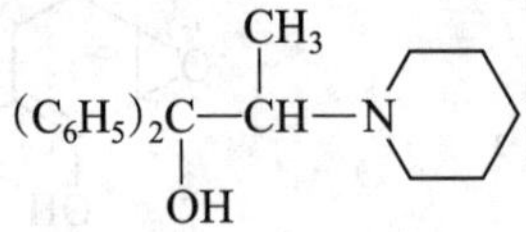
苯哌丙醇

10. 已知单糖在溶液中同时以环状和开链式存在。根据下列葡萄糖和果糖的环状的半缩醛结构，分别推测它们开链羟基醛、酮的结构。

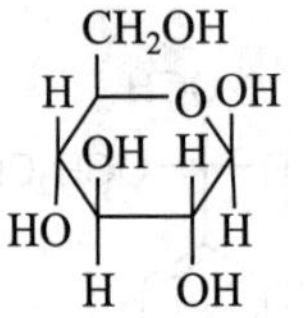
葡萄糖

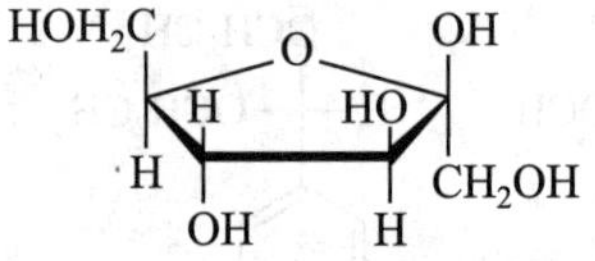
果糖

11. 未知化合物 A 的分子式为 $C_8H_{14}O$，A 可使溴水褪色，也可与苯肼反应，A 被酸性 $KMnO_4$ 氧化后生成一分子丙酮及另一分子酸性化合物 B，B 与碘的氢氧化钠溶液反应，产生黄色沉淀，并可得到丁二酸钠。试写出 A，B 可能的结构式。

12. 某未知化合物 A，Tollens 试验呈阳性，A 与乙基溴化镁反应，随即加稀酸得分子式为 $C_6H_{14}O$ 的化合物 B。B 经浓硫酸处理得分子式为 C_6H_{12} 的化合物 C。C 与臭氧反应并在锌存在下与水作用，可得丙醛和丙酮两种产物，试写出 A、B、C 各化合物的结构及各步反应式。

六、复习题参考答案

1.

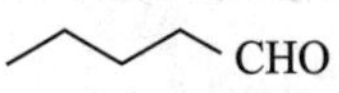
戊醛

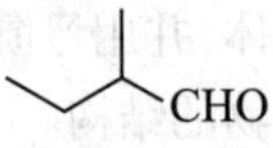
2-甲基丁醛
（α-甲基丁醛）

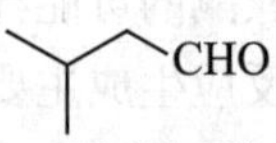
3-甲基丁醛
（β-甲基丁醛）

2,2-二甲基丙醛

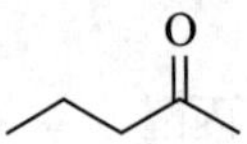
戊-2-酮

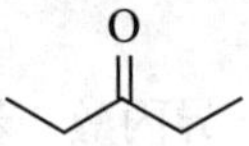
戊-3-酮

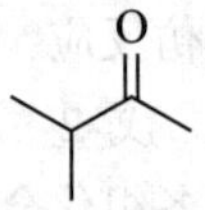
3-甲基丁-2-酮

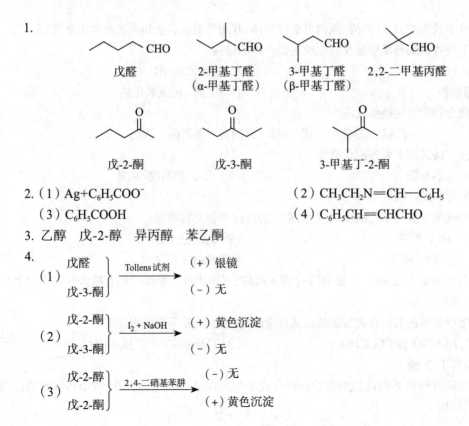

2.（1）$Ag + C_6H_5COO^-$　　（2）$CH_3CH_2N{=}CH{-}C_6H_5$

（3）C_6H_5COOH　　（4）$C_6H_5CH{=}CHCHO$

3. 乙醇　戊-2-醇　异丙醇　苯乙酮

4.

（1）戊醛、戊-3-酮 $\xrightarrow{\text{Tollens试剂}}$ 戊醛（+）银镜；戊-3-酮（-）无

（2）戊-2-酮、戊-3-酮 $\xrightarrow{I_2 + NaOH}$ 戊-2-酮（+）黄色沉淀；戊-3-酮（-）无

（3）戊-2-醇、戊-2-酮 $\xrightarrow{\text{2,4-二硝基苯肼}}$ 戊-2-醇（-）无；戊-2-酮（+）黄色沉淀

5.

（1）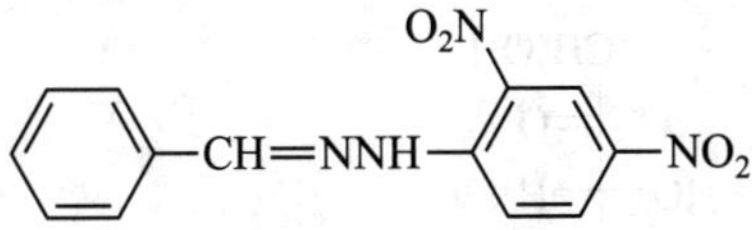

腙

（2）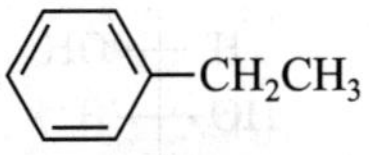

芳香烃

（3）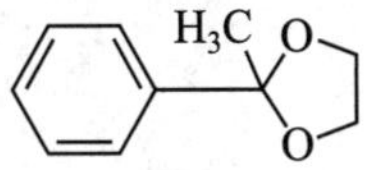

缩酮

（4）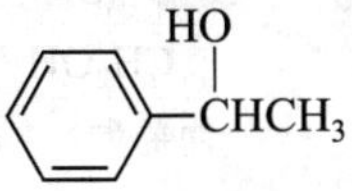

仲醇

6.

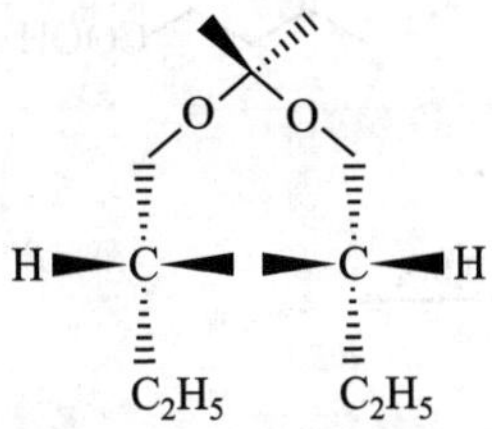

（a）

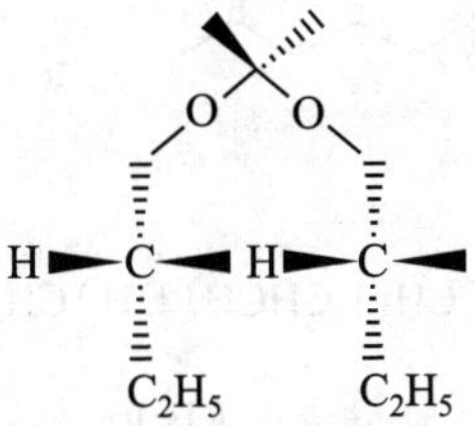

（b）

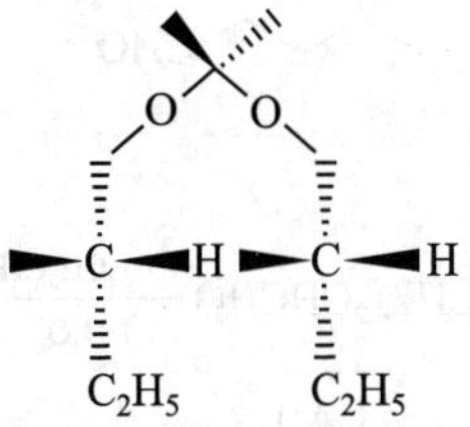

（c）

其中 b 和 c 为一对对映体，a 为内消旋体。

7.（1）后者活性大，因 Cl_3C—基的吸电子效应导致羰基碳原子上的正电荷增高，有利于亲核试剂的进攻。

（2）前者活性小，因苯环与醛基共轭效应导致羰基碳原子上的正电荷降低，不利于亲核试剂的进攻。

（3）前者活性大，因与丙醛相比，丁-2-酮的羰基多连有一个甲基，甲基的空间位阻效应阻碍亲核试剂的进攻，而甲基的斥电子效应导致羰基碳原子上的正电荷降低，也不利于亲核试剂的进攻。

8.

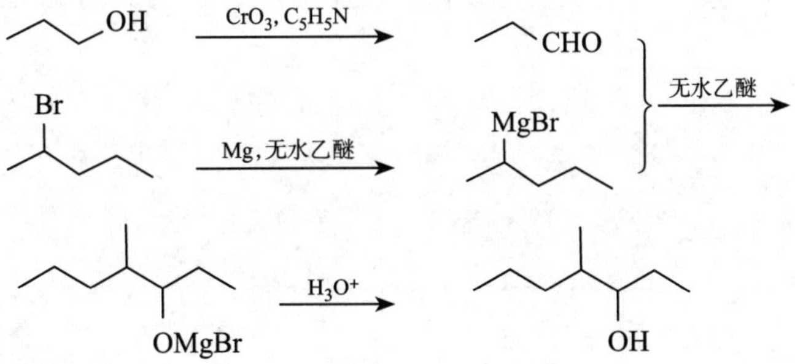

9. 用 Grignard 试剂完成 diphepanol 最后一步合成，需用的试剂有两种可能：

（a）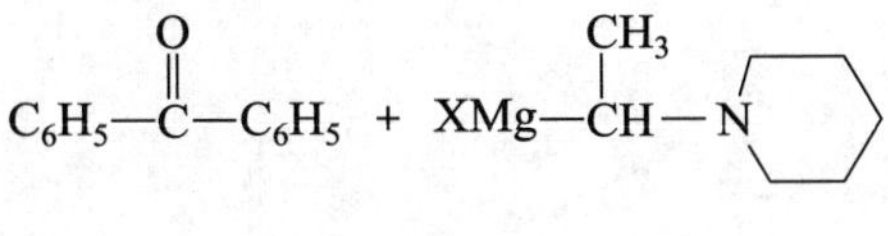

（b）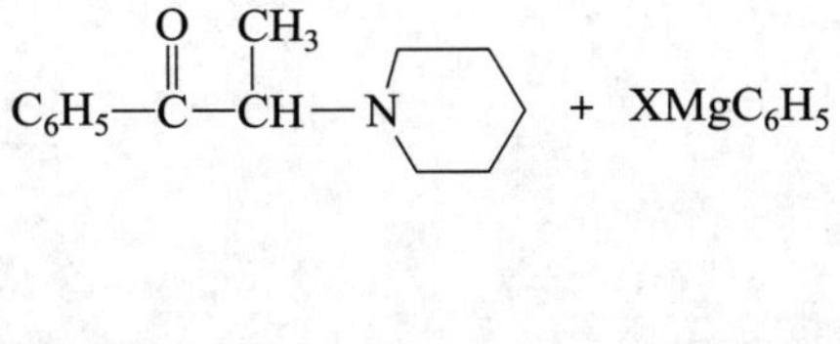

10.

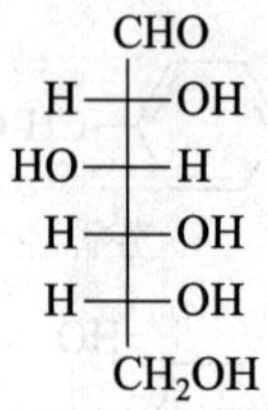

葡萄糖

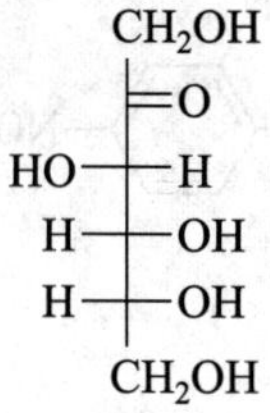

果糖

11.

A 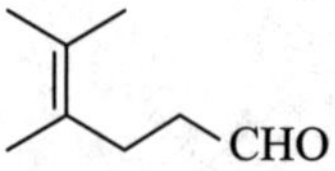 或 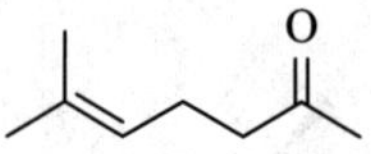

B 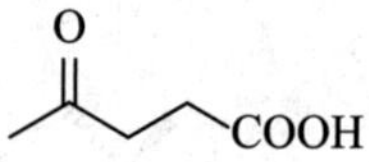

12.

$$(CH_3)_2CHCHO \xrightarrow[(2)\ H_3O^+]{(1)\ CH_3CH_2MgBr} (CH_3)_2CHCH(OH)CH_2CH_3 \xrightarrow{H_2SO_4}$$

（A）　　　　　　　　（B）

$$(CH_3)_2C{=}CHCH_2CH_3 \xrightarrow[(2)\ Zn,H_2O]{(1)\ O_3} (CH_3)_2C{=}O + CH_3CH_2CHO$$

（C）

（吴运军）

第十三章　羧酸和取代羧酸

一、基本要求

掌握:羧酸和取代羧酸的命名,羧酸酸性及结构对酸性的影响,羧基中羟基的取代,脱羧,还原,二元酸热解反应,取代羧酸的化学性质等。

熟悉:羧酸和取代羧酸的结构、分类;羧基中羟基的取代反应机制。

了解:羧酸和取代羧酸的物理性质。

二、总结

羧基是羧酸的官能团。羧基的羰基碳是 sp^2 杂化,羰基碳氧间存在 1 根 π 键,该 π 键与羟基氧的 1 对未共用电子发生 p-π 共轭,导致两根碳氧键键长趋于平均化。羧基的氢原子离解后,羧酸根负离子中负电荷平均分配在两个氧原子上,两根碳氧键键长完全平均化。

根据与羧基相连烃基的种类,羧酸可分为脂肪酸和芳香酸;根据烃基饱和程度,羧酸可以分为饱和酸和不饱和酸;根据分子中羧基的数目,羧酸可以分为一元酸、二元酸和多元酸。

链状一元羧酸的命名是以含羧基在内的最长碳链作为主链,根据主链碳原子总数命名为“某酸”,链状二元羧酸的命名是以含两个羧基在内的最长碳链作为主链,称“某二酸”,取代基位置、数目及名称等放在母体羧酸名称的前面。当直链烃直接与两个以上的羧基相连时,看作母体烃氢原子被羧基所取代,可采用诸如“三甲酸”等后缀加以命名。

当羧基直接与环烃相连时,以相应环烃为母体,羧基作为取代基,其命名是在相应环烃名称后面加后缀“甲酸”,编号从羧基所连碳原子开始。对于单个羧基直接与苯环连接的芳香酸,其命名以苯甲酸为母体,其他基团作为取代基。

羧酸分子去掉羧基中的羟基后形成的基团称为酰基。酰基的名称是将相应的羧酸名称“某酸”改成“某酰基”即可。羧酸分子仅去掉羧基中的氢形成的基团称为酰氧基。

含有多个官能团的化合物命名时,应按官能团的优先次序选择主体基团作为后缀。一些常见官能团作为主体基团的优先次序如下:

羧酸>磺酸>酸酐>酯>酰卤>酰胺>腈>醛>酮>醇>酚>胺

醇酸和酮酸的命名是以羧基为主体基团,并用阿拉伯数字或希腊字母 α、β、γ 等标明羟基、羰基(称为“氧亚基”)的位置。

羧基是一个亲水基团,可和水形成氢键。低级羧酸可与水混溶,一元脂肪族羧酸随碳原子数增加,水溶性降低,高级一元酸不溶于水。多元酸的水溶性大于相同碳原子的一元酸。芳香酸的水溶性小。

1. 羧酸性质

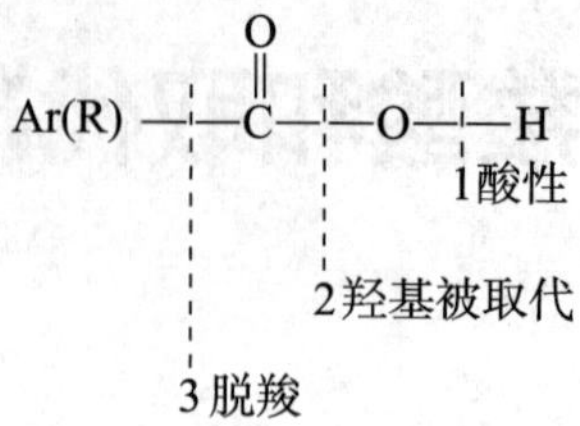
Ar(R)
O
C
O
H
1酸性
2羟基被取代
3脱羧

上述羧酸结构与性质的关系表明：羧酸的酸性源于1处断裂，释放出质子，羧酸的酸性随R基的给电子作用增强而减弱，随R基吸电子作用增强而增强；羧酸衍生物的生成反应相当于2处断裂，羟基被其他基团取代，可以生成酰卤、酸酐、酯、酰胺等；羧酸的热分解即脱羧与3处断裂相关，羧酸分子中存在共轭体系或吸电子基利于脱羧。

酸性：$RCOOH \rightleftharpoons RCOO^- + H^+$（酸性比碳酸强）

羧酸衍生物的生成：

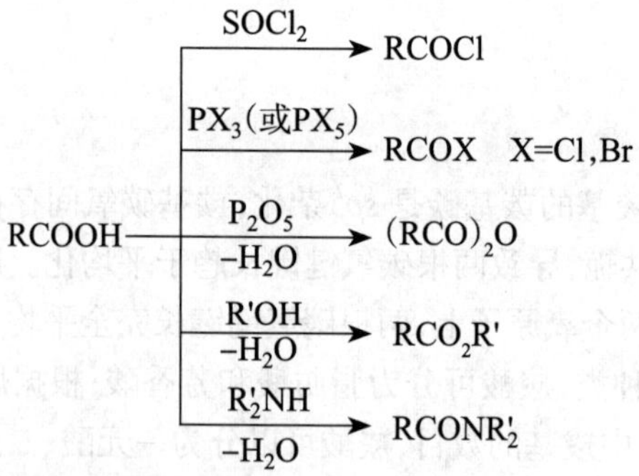
RCOOH
SOCl2
RCOCl
PX3(或PX5)
RCOX　X=Cl,Br
P2O5
-H2O
(RCO)2O
R'OH
-H2O
RCO2R'
R'2NH
-H2O
RCONR'2

乙二酸可热分解放出二氧化碳和一氧化碳；丙二酸受热脱羧生成一元酸。

(COOH)2
△
HCOOH + CO2
△
CO + H2O

$$RCH(COOH)_2 \xrightarrow{\triangle} RCH_2COOH + CO_2$$

丁二酸、戊二酸受热发生脱水反应，分别生成五元、六元环状酸酐。己二酸、庚二酸受热发生脱水脱羧反应，分别生成五元、六元环酮。

2. 羟基酸　羟基酸根据所连接基团不同，可以分为醇酸和酚酸。羟基酸具有醇、酚和羧酸的通性。

（1）醇酸可被氧化成醛酸、酮酸或二元酸：

$$HOCH_2COOH \xrightarrow{稀\ HNO_3} OHCCOOH \xrightarrow{稀\ HNO_3} HOOCCOOH$$

$$RCH(OH)CH_2COOH \xrightarrow{稀\ HNO_3} RCOCH_2COOH$$

$$RCH(OH)COOH \xrightarrow{Tollens\ 试剂} RCOCOOH + Ag\downarrow（银镜反应）$$

（2）α-醇酸受热可形成交酯：

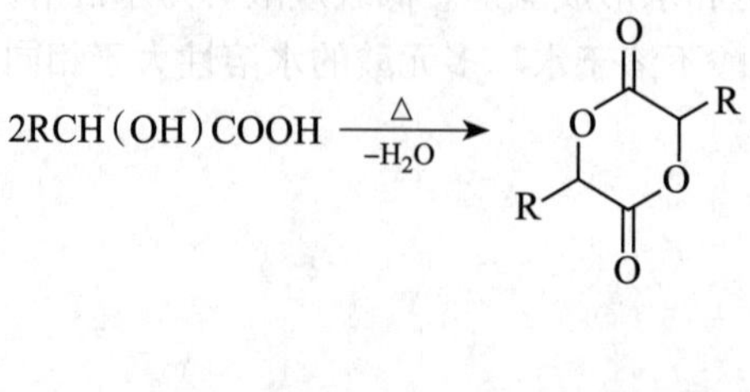
2RCH(OH)COOH
△
-H2O
O
O
O
O
R
R

β-醇酸受热发生消除，生成 α，β-不饱和酸：

$$RCH(OH)CH_2COOH \xrightarrow[-H_2O]{\triangle} RCH{=}CHCH_2OOH$$

γ，δ-醇酸受热可以形成内酯：

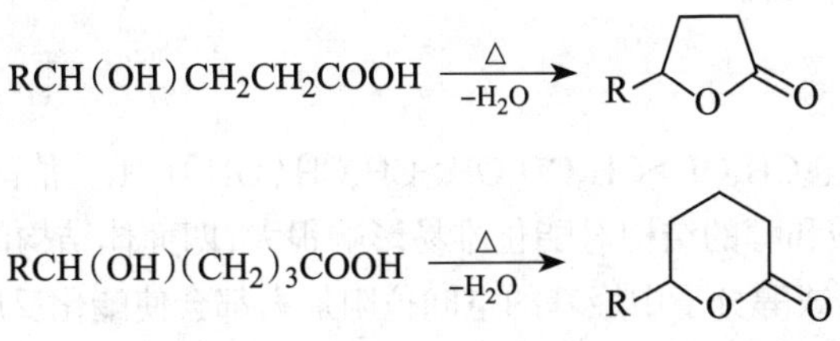

（3）羟基在羧基邻、对位的酚酸加热至熔点以上时，脱羧成酚和二氧化碳：

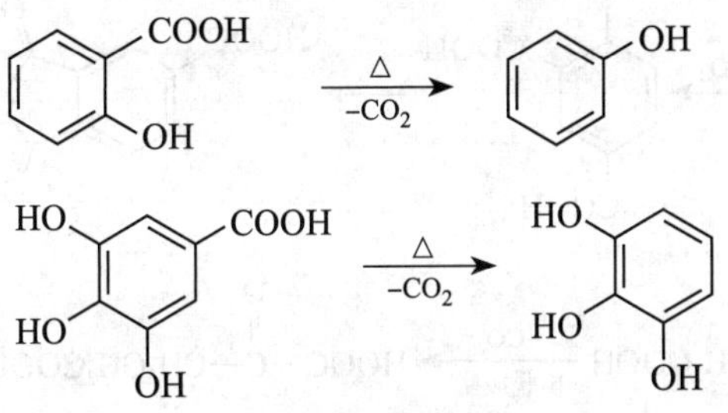

3. 酮酸　α-和 β-酮酸受热脱羧，β-酮酸比 α-酮酸更易脱羧。

$$CH_3COCOOH \xrightarrow[\triangle\ -CO_2]{稀\ H_2SO_4} CH_3CHO$$

$$CH_3COCH_2COOH \xrightarrow[-CO_2]{微热} CH_3COCH_3$$

4. 酯化反应　酯化反应时羧酸与醇脱去一分子水，羧酸和醇之间脱水可以有两种不同的方式：

（1）$R{-}\overset{O}{\overset{\|}{C}}\ \vdots\ OH + H\ \vdots\ O{-}R' \longrightarrow R{-}\overset{O}{\overset{\|}{C}}{-}OR' + H_2O$

（2）$R{-}\overset{O}{\overset{\|}{C}}{-}O\ \vdots\ H + HO\ \vdots\ R' \longrightarrow R{-}\overset{O}{\overset{\|}{C}}{-}OR' + H_2O$

方式（1）是由羧酸分子中的羟基与醇羟基的氢结合脱水生成酯，称为酰氧断裂；方式（2）是由羧基中的氢与醇中的羟基结合脱水生成酯，称为烷氧断裂。叔醇与羧酸的酯化反应按方式（2）进行，伯醇和仲醇酯化反应按照第（1）种方式脱水，反应经历了亲核加成-消除的过程。反应结果是羧酸发生酰氧键断裂，羧酸的羟基被烃氧基取代，是羧基上的亲核取代反应。对于按照亲核加成-消除机制进行的酯化反应，通常酸或醇分子中烃基的空间位阻加大都会使酯化反应速度变慢，结构不同的醇和羧酸进行酯化反应时的活性次序为：

醇　$CH_3OH>RCH_2OH>R_2CHOH$

酸　$CH_3COOH>RCH_2COOH>R_2CHCOOH>R_3CCOOH$

三、重点和难点

重点：羧酸和取代羧酸的结构、命名以及结构对酸性的影响；羧基上羟基被取代生成羧酸衍生物(如酰卤、酸酐、酯和酰胺等);醇酸受热脱水;酚酸、酮酸受热脱羧反应。

难点:酯化反应的历程和影响因素。

四、习题参考答案

13-1

酯化反应速率大小是:$CH_3OH > CH_3CH_2OH > CH_3CH(OH)CH_3$。伯醇和仲醇酯化反应是亲核加成-消除反应机制,羧酸和醇的结构对酯化难易影响很大,四面体结构的反应中间体空间位阻加大,反应速率变慢,所以酸或醇分子中烃基的空间位阻加大都会使酯化反应速率变慢。

13-2

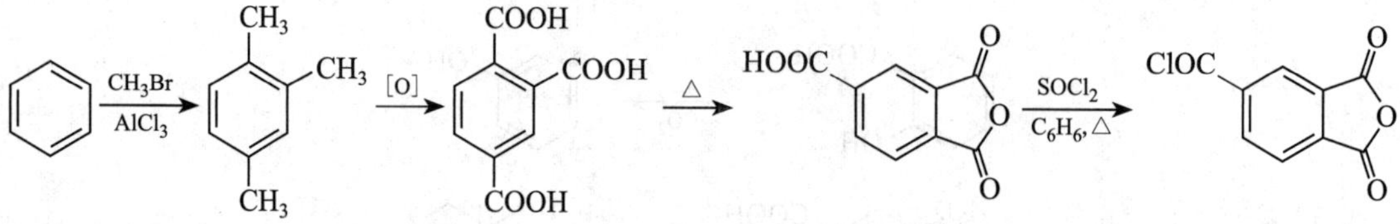

CH3Br
AlCl3
CH3
CH3
CH3
[O]
COOH
COOH
COOH
△
HOOC
O
O
O
SOCl2
C6H6,△
ClOC
O
O
O

13-3

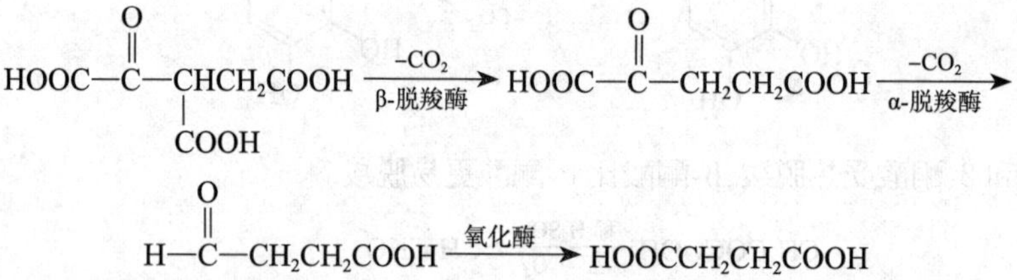

HOOC—C—CHCH2COOH
COOH
-CO2
β-脱羧酶
HOOC—C—CH2CH2COOH
-CO2
α-脱羧酶
H—C—CH2CH2COOH
氧化酶
HOOCCH2CH2COOH

13-4 (1)2-甲基戊-2-烯酸 (2)3-苯基丁酸 (3)2-环己基-2-甲基丙酸

(4)3-溴-4-硝基苯甲酸 (5)2-氧亚基己二酸 (6)3-羟基戊酸

13-5 (1)

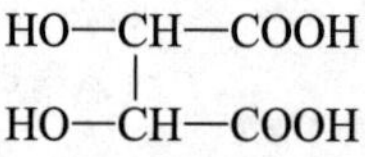

HO—CH—COOH
HO—CH—COOH

(2)

HO
COOH

(3)

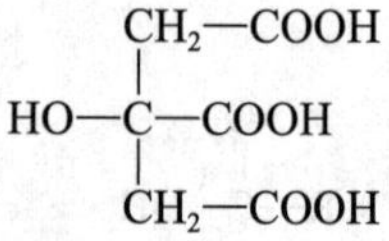

CH2—COOH
HO—C—COOH
CH2—COOH

(4)

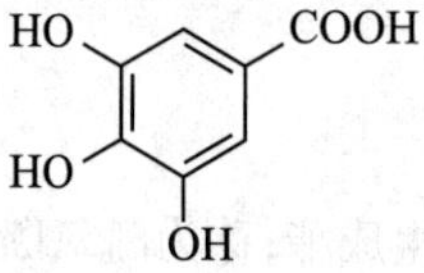

HO
COOH
HO
OH

(5)

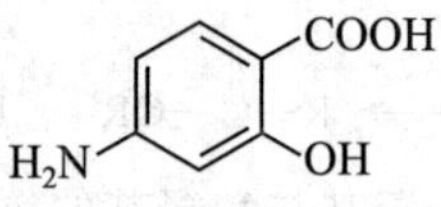

COOH
H2N
OH

(6)

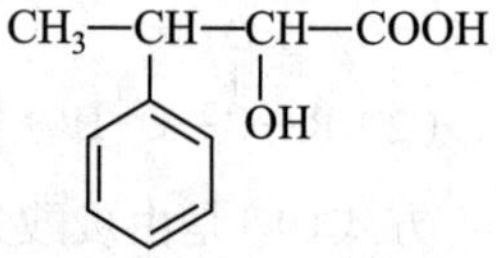

CH3—CH—CH—COOH
OH

13-6 (1)$CH_3CH_2CH_2COCl$

(2)

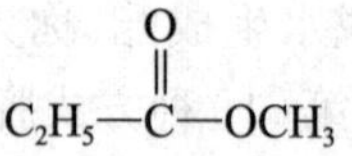

C2H5—C—OCH3

(3)

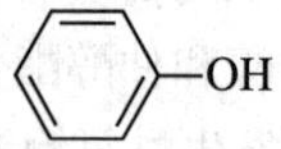

OH

(4)

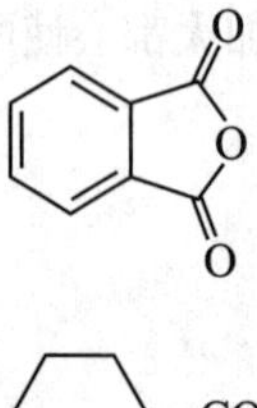

(5)

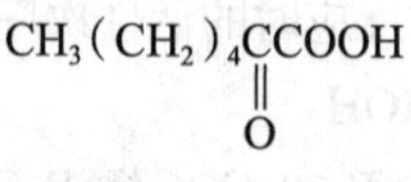

CH3(CH2)4CCOOH

(6)

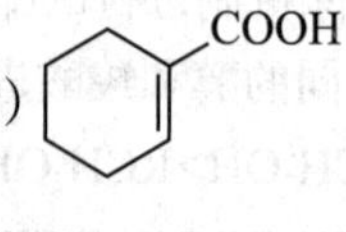

COOH

(7)

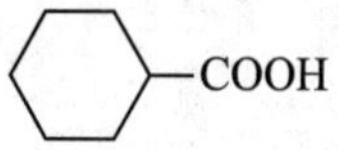

COOH

(8)

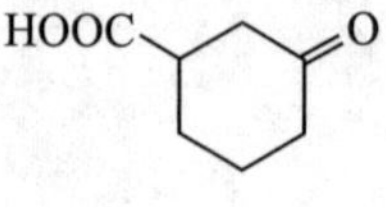

HOOC
O

13-7 （1）苯酚、苯甲酸、水杨酸 $\xrightarrow{NaHCO_3}$ 苯酚：无；苯甲酸：$CO_2\uparrow$ $\xrightarrow{FeCl_3}$ 无；水杨酸：$CO_2\uparrow$ $\xrightarrow{FeCl_3}$ 紫色

（2）甲酸、乙酸、丙醛、丙酮 $\xrightarrow{NaHCO_3}$ 甲酸：$CO_2\uparrow$ $\xrightarrow{\text{Tollens 试剂}}$ 银镜；乙酸：$CO_2\uparrow$ $\xrightarrow{\text{Tollens 试剂}}$ 无；丙醛：无 $\xrightarrow{\text{Tollens 试剂}}$ 银镜；丙酮：无 $\xrightarrow{\text{Tollens 试剂}}$ 无

13-8 （1）乙二酸>甲酸>苯甲酸>乙酸>丙酸　（2）p-溴苯甲酸>苯甲酸>p-甲基苯甲酸

13-9 （1）$CH_3OH>CH_3CH_2OH>(CH_3)_2CHOH>$ 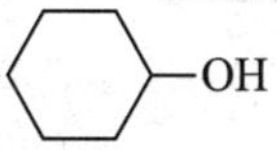

（2）HCOOH > 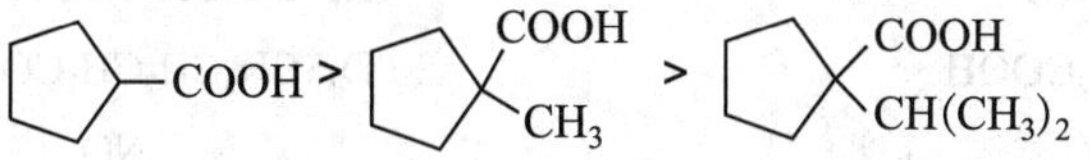

13-10 A. $CH_3—CH(OH)—CH(CH_3)—COOH$　B. $CH_3—CH{=}C(CH_3)—COOH$

C. CH_3COOH　D. $CH_3COCOOH$

13-11 A. $CH_2—COOH$ / $CH_2—COOH$　B. $CH_3—CH(COOH)_2$

C. 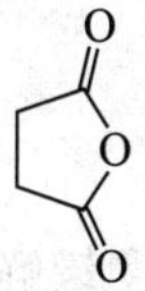　D. CH_3CH_2COOH

五、复习题

1. 用系统命名法命名下列化合物或写出结构式。

（1）$CH_3CH_2CH(CH_3)CH(CH_3)COOH$　（2）$HOOCCH(Br)CH_2CH(Br)COOH$

（3）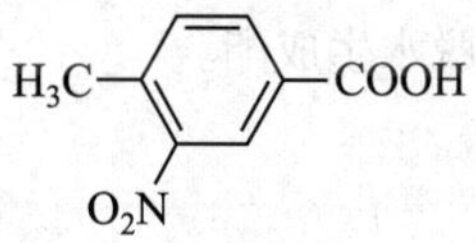　（4）$CH_3COCH{=}CHCOOH$

（5）5-氧亚基己酸　（6）4-甲氧基-2-甲基戊酸

2. 写出下列反应的主要产物。

（1）$CH_3CO_2H \xrightarrow{PCl_5}$

（2）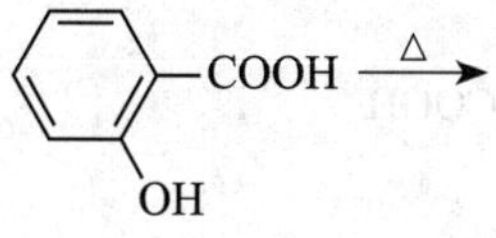

（3）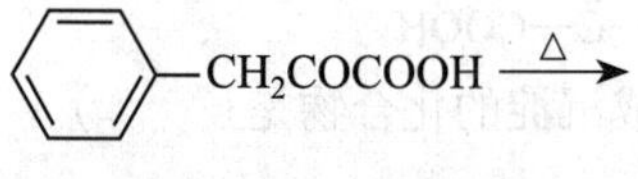

（4）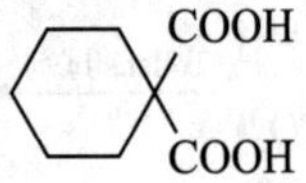 $\xrightarrow{\triangle}$

（5）$(CH_3)_2CHCH(OH)COOH \xrightarrow{\triangle}$

（6）$C_6H_5COOH + C_6H_5CH_2OH \xrightarrow[\triangle]{H^+}$

3. 比较下列化合物酸性的强弱。

（1）A. $NCCH_2COOH$　　B. O_2NCH_2COOH

C. $CH{\equiv}CCH_2COOH$　　D. $CH_3CH_2CH_2COOH$

（2）A. $CH_3CH(NO_2)CH_2COOH$　　B. $CH_3CH_2CH(NO_2)COOH$

C. $CH_2(NO_2)CH_2CH_2COOH$　　D. $CH_3CH_2CH_2COOH$

4. 用化学方法鉴别下列化合物。

（1）乙二酸，丙二酸，丁二酸

（2）甲酸，乙酸，乙二酸

5. 请解释对羟基苯甲酸比苯甲酸的酸性弱，而水杨酸（邻羟基苯甲酸）酸性比苯甲酸强 15 倍。

6. 解释 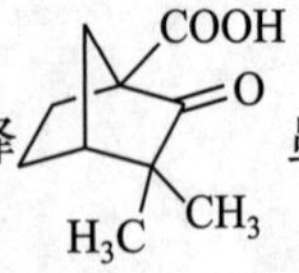 虽是β-氧代羧酸，但不易脱羧的原因。

7. 富马酸（反式-丁烯二酸）的 K_2 大于其顺式异构体马来酸的 K_2。请用氢键解释之。

8. 某化合物 A，分子式 $C_7H_{14}O_3$，水解生成 B、C，C 可以发生碘仿反应，也能氧化成 D；B 有酸性，B 能氧化成 E；E 加热可以生成 D。推导 A，B，C，D，E 的结构。

9. 是非题（在每小题后面正确的打"√"错误的打"×"）

（1）诱导效应可由近及远沿分子键传递，不受传递距离影响。　（　　）

（2）二元酸的酸性强弱顺序是草酸>丙二酸>琥珀酸>戊二酸。　（　　）

（3）β-酮酸比 α-酮酸更易失去羧基。　（　　）

（4）在酯化反应中，都是醇脱氢，酸脱羟基。　（　　）

（5）叔醇与羧酸的酯化反应是由羧基中的氢与醇中的羟基结合脱水生成酯。　（　　）

10. 单选题

（1）乙醇与下列羧酸在酸催化下成酯，反应速率哪个最快？（　　）

A. $(CH_3)_3CCOOH$　　B. CH_3CH_2COOH

C. $(CH_3)_2CHCOOH$　　D. CH_3COOH

（2）以下酸性最强的是（　　）

A. $CH_3—C(=O)—CH_2COOH$　　B. $CH_3—CH(OH)—COOH$

C. CH_3CH_2COOH　　D. $CH_3—C(=O)—COOH$

（3）能溶于氢氧化钠溶液，其溶液通入二氧化碳后又生成沉淀的化合物是（　　）

A. 苯甲酸　　B. 甲酸　　C. 苯酚　　D. 水杨酸

（4）下列化合物中，最容易发生脱羧反应的是（　　）

A. 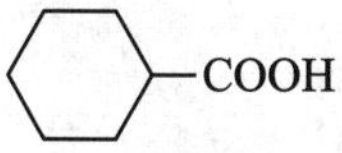　　B. CH_3COCH_2COOH

C. $(CH_3)_3CCOOH$　　D. $CH_3CHOHCH_2COOH$

（5）下列取代羧酸中，加热能生成交酯的是（　　）

A. CH_3CHCH_2COOH（OH 连于 CH 上）
　　B. $CH_3CH_2CHCOOH$（OH 连于 CH 上）

C. 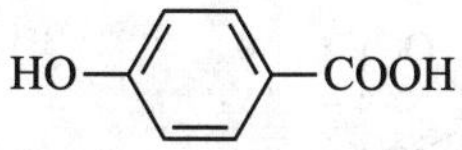　　D. 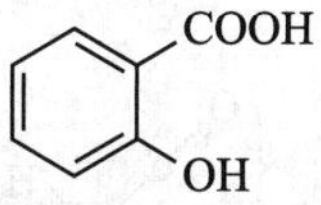

（6）下列哪个试剂能将 CH_3CHCH_2CHO（OH 连于 CH 上）氧化成 CH_3CHCH_2COOH（OH 连于 CH 上）（　　）

A. 托伦试剂　　B. 酸性 $K_2Cr_2O_4$ 溶液

C. 酸性 $KMnO_4$ 溶液　　D. I_2/NaOH

六、复习题参考答案

1.（1）2,3-二甲基戊酸　　（2）2,4-二溴戊二酸

（3）4-甲基-3-硝基苯甲酸　　（4）4-氧亚基戊-2-烯酸

（5）$CH_3COCH_2CH_2CH_2COOH$　　（6）$CH_3CHCH_2CHCOOH$（第一个 CH 上连 OCH_3，第二个 CH 上连 CH_3）

2.（1）CH_3COCl　　（2）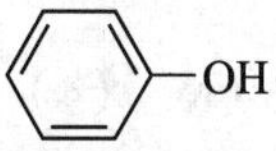

（3）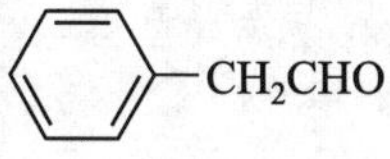　　（4）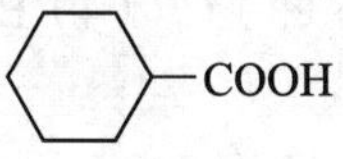

（5）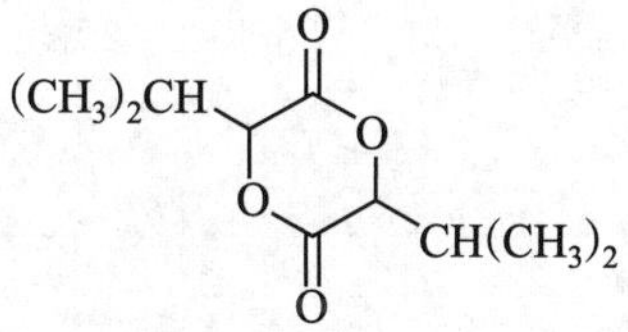　　（6）$C_6H_5COOCH_2C_6H_5$

3.（1）B>A>C>D　　（2）B>A>C>D

4.（1）乙二酸、丙二酸、丁二酸 —$KMnO_4$→ 乙二酸：褪色；丙二酸：不褪色；丁二酸：不褪色。丙二酸、丁二酸 —△，气体通入石灰水中→ 丙二酸：混浊；丁二酸：无变化

（2）甲酸、乙酸、乙二酸 —Tollens 试剂→ 甲酸：银镜；乙酸：无；乙二酸：无。乙酸、乙二酸 —$KMnO_4$→ 乙酸：不褪色；乙二酸：褪色

5. 对羟基苯甲酸中的羟基具有吸电子诱导（$-I$）效应和给电子共轭（$+C$）效应，且$+C>-I$，使得苯环电子云更向羧基偏移，不利于 H^+解离，因此其酸性比苯甲酸弱。由于水杨酸的共轭碱可和

邻位羟基形成氢键，降低了共轭碱的碱性，故水杨酸酸性大。

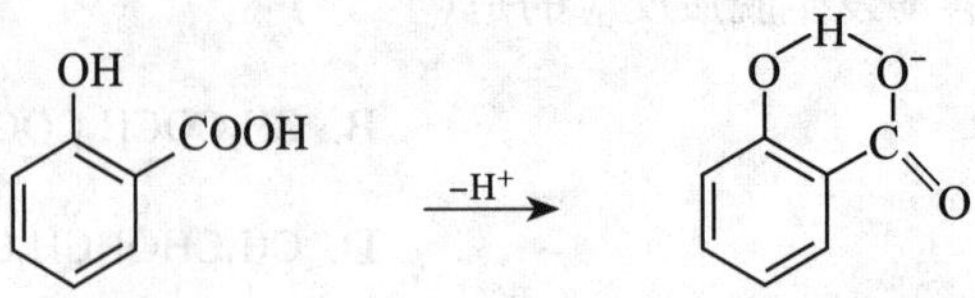

6. 因为羧基和桥头碳相连，不易形成六中心过渡态及烯醇，故不易脱羧。

7. 这两种酸都有两个可电离的 H 原子，这里我们只讨论第二步电离。

富马酸单负离子（1），无氢键；马来酸单负离子（2），有氢键；（1）比（2）酸性强。

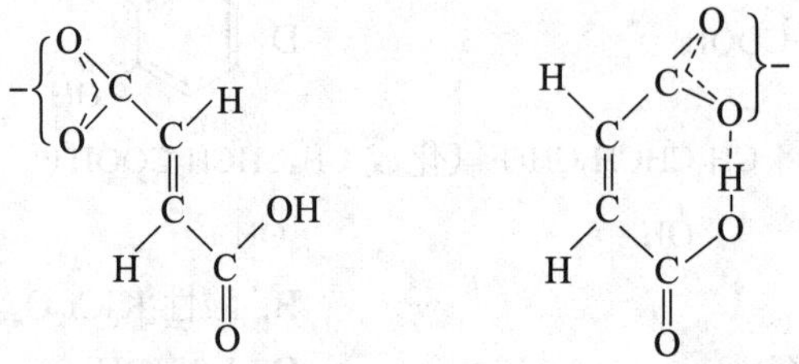

（1）　　　　（2）

由于马来酸中第二个可电离的氢原子参与了氢键，因此要电离这个 H 就需要破坏氢键，消耗更多的能量，所以马来酸单负离子的酸性较弱。

通常酸性氢原子参与形成氢键时，其酸性减弱；共轭碱分子内形成氢键则使其对应的共轭酸的酸性增强。

8. A. $CH_3CH(OH)—CH_2COOCH(CH_3)_2$　B. $CH_3CH(OH)—CH_2COOH$　C. $CH_3CH(OH)—CH_3$

D. CH_3COCH_3　E. CH_3COCH_2COOH

9.（1）×　（2）√　（3）√　（4）×　（5）√

10.（1）D　（2）D　（3）C　（4）B　（5）B　（6）A

（林友文）

第十四章　羧酸衍生物

一、基本要求

掌握:羧酸衍生物的命名;酰卤、酸酐、酯、酰胺的水解、醇解、氨解等化学反应;羧酸衍生物结构与亲核取代反应活性的关系。

熟悉:尿素的结构和基本化学性质。

了解:羧酸衍生物的亲核取代反应机制;胍和丙二酰脲的结构。

二、总结

1. 羧酸衍生物的命名　常见的羧酸衍生物有酰卤、酸酐、酯和酰胺,它们分别是羧基上的羟基被—X(Cl、Br)、—OCOR、—OR、$—NH_2$(或—NHR、$—NR_2$)取代后的产物。结构通式分别如下:

酰氯　　酸酐　　酯　　酰胺

酰卤、酰胺的命名是在酰基后加卤素或氨基名称,称为"某酰卤"或"某酰胺";若酰胺的氮原子上连有烃基,则需在烃基前加字母"*N*",表示烃基连在氮原子上。酸酐命名只需在羧酸后加上"酐"字,称为"某酸酐";不同羧酸形成的酸酐,命名时是将形成酸酐的两个羧酸的名称按字母顺序排列,最后加上"酐"字。酯命名为"某酸某醇酯",常简称为"某酸某酯"。

2. 羧酸衍生物亲核取代反应　羧酸衍生物带部分正电荷的羰基碳容易受到亲核试剂的进攻,发生亲核取代反应。

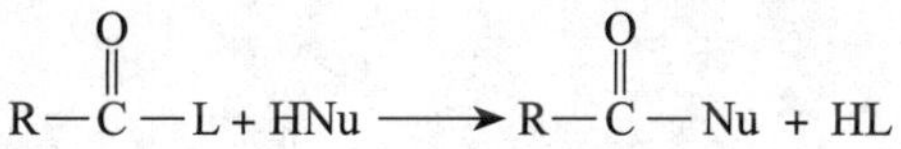

$L = X、O-\overset{\overset{O}{\|}}{C}-R、OR、NH_2、NHR、NR_2$

$Nu = OH、OR、NH_2、NHR、NR_2$

羧酸衍生物可以发生水解、醇解和氨解反应,其结果是羧酸衍生物中的酰基取代了水、醇(或酚)、氨(或伯胺、仲胺)中的氢原子,形成羧酸、酯、酰胺等取代产物。

引入酰基的反应称为酰化反应;能提供酰基的化合物称为酰化剂。酰卤和酸酐是最常用的酰化剂。

3. 羧酸衍生物亲核取代反应的活性　羧酸衍生物亲核取代反应的活性次序依次是酰卤、酸酐、酯和酰胺。通常较活泼的羧酸衍生物能直接转化成较不活泼的羧酸衍生物。酰卤能转化成酸酐、酯和酰胺;酸酐能转化成酯和酰胺。但后者均不能直接转化成前者。

4. 酯的水解反应　酯水解生成羧酸和醇，根据酯的结构和反应条件的不同，水解机制和键的断裂方式也会有所不同。

（1）在碱性条件下水解，酯分子发生酰氧键断裂，水解反应是不可逆的。其反应机制如下：

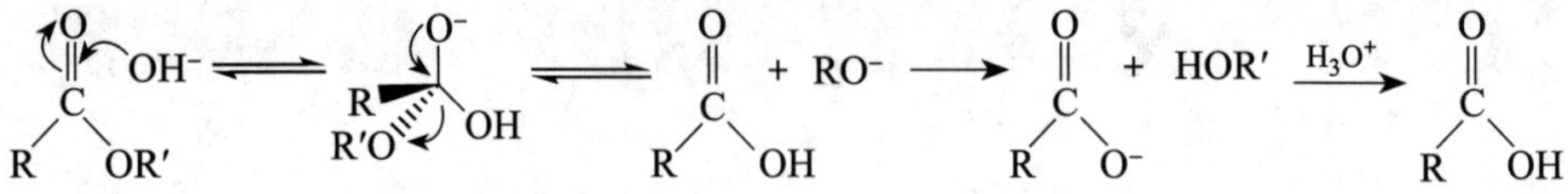

四面体中间体

酯在碱溶液中的水解反应速率主要取决于空间效应和电子效应。酯羰基连有的基团越小，越有利于反应进行；在酯羰基附近连有的吸电子取代基能分散负电荷，可使中间体稳定，反应易进行。

（2）在酸性条件下水解反应是酯化反应的逆反应。羧酸与伯醇和仲醇形成的酯也发生酰氧键断裂，其反应机制如下：

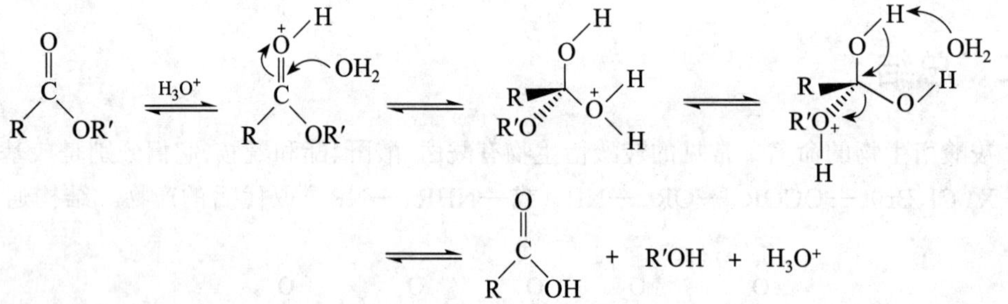

酸性水解反应的速率也与中间体的稳定性有关，电子效应对水解速率的影响不如在碱催化水解中大，因为给电子基团对酯的质子化有利，但不利于 H_2O 亲核进攻；而吸电子基团则不利于酯羰基氧原子的质子化。空间位阻对反应速率的影响较大，R 和 OR′ 基团体积增大，反应速率降低。

叔醇酯的酸性水解反应是按烷氧键断裂方式进行的，其反应机制如下：

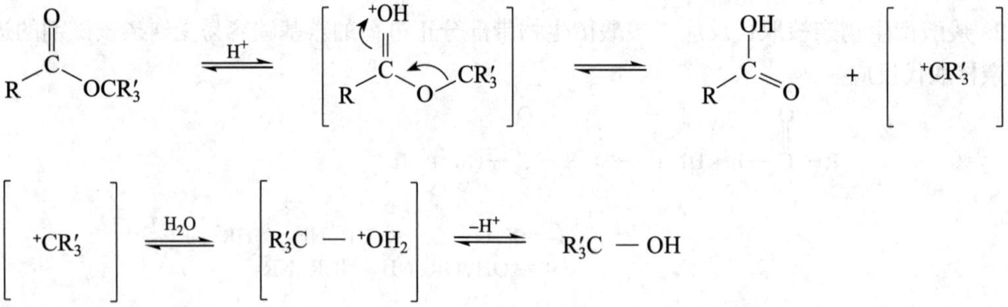

5. 尿素的结构及基本化学性质　尿素又称脲，是碳酸的二元酰胺。

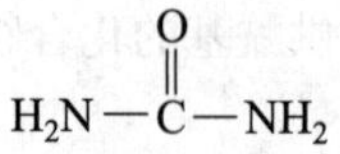

脲具有弱碱性；具有一般酰胺的性质，能水解；加热至 150~160℃两分子脲缩合成缩二脲。

6. 重要的化学反应

（1）酰卤

$$R-COCl + H_2O \longrightarrow R-COOH + HCl$$

$$R-COCl + R'OH \longrightarrow R-COOR' + HCl$$

$$R-COCl + 2NH_3 \longrightarrow R-CONH_2 + NH_4Cl$$

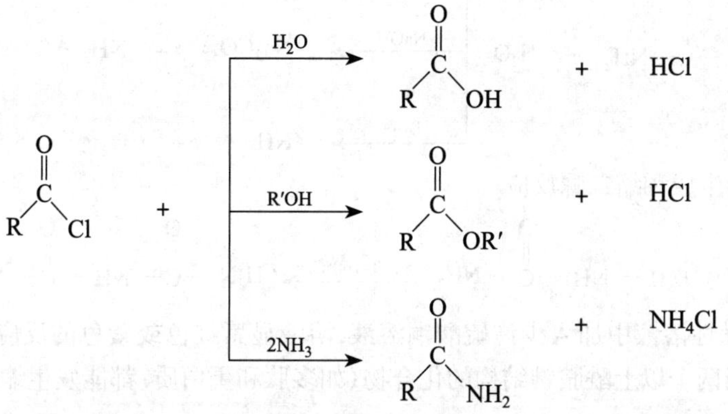

（2）酸酐

$$(R-CO)_2O + H_2O \longrightarrow 2\ R-COOH$$

$$(R-CO)_2O + R'OH \longrightarrow R-COOR' + R-COOH$$

$$(R-CO)_2O + 2NH_3 \longrightarrow R-CONH_2 + R-CO-O^-NH_4^+$$

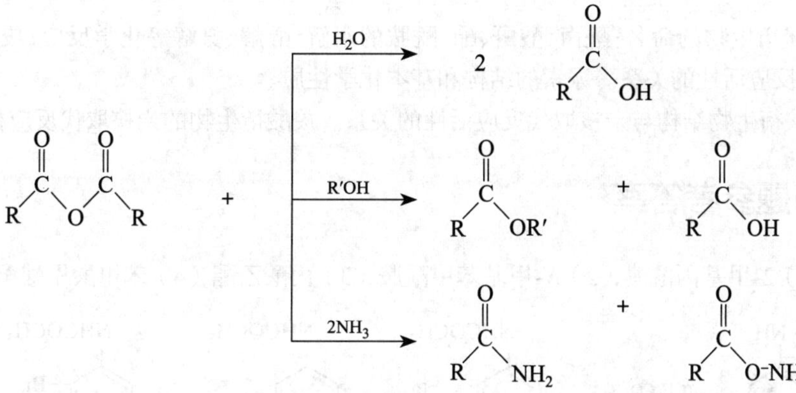

（3）酯

$$R-COOR' + H_2O \xrightarrow{H^+ \text{或} HO^-} R-COOH + R'OH$$

$$R-COOR' + NH_3 \longrightarrow R-CONH_2 + R'OH$$

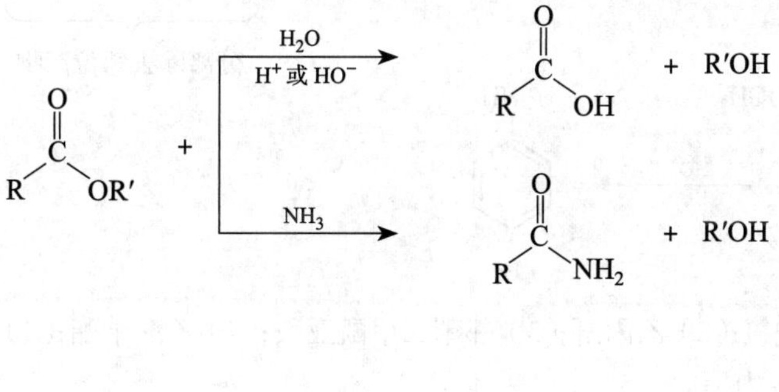

（4）酰胺

$$R-CONH_2 + H_2O \xrightarrow{H^+ \text{或} HO^-} R-COOH + NH_3$$

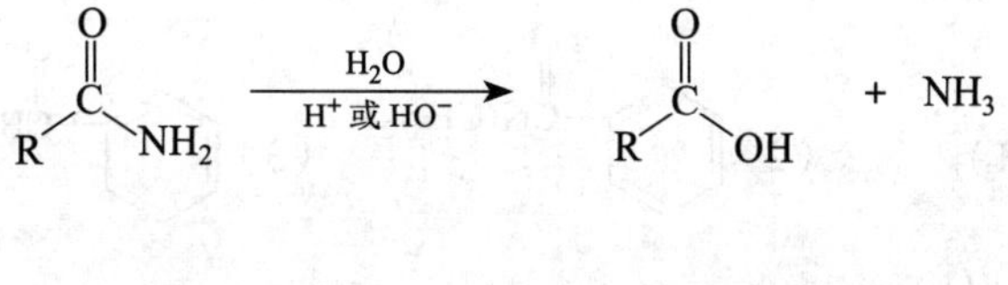

（5）酯缩合反应

$$CH_3-CO-OC_2H_5 + H-CH_2-CO-OC_2H_5 \underset{}{\overset{C_2H_5ONa}{\rightleftharpoons}} H_3C-CO-CH_2-CO-OC_2H_5 + CH_3CH_2OH$$

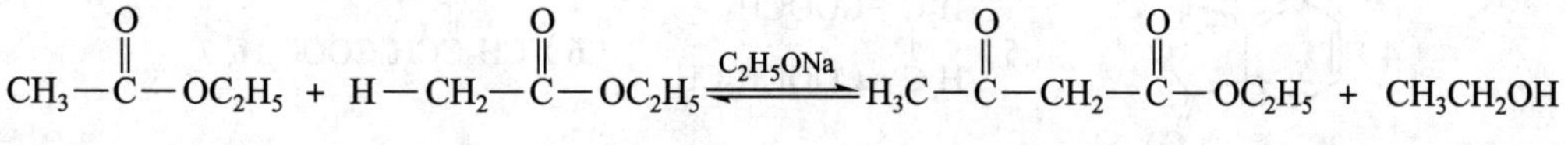

（6）脲的水解

$$NH_2-\overset{O}{\overset{\|}{C}}-NH_2 + H_2O \xrightarrow{HCl} CO_2\uparrow + NH_4Cl$$

$$NH_2-\overset{O}{\overset{\|}{C}}-NH_2 + H_2O \xrightarrow{NaOH} Na_2CO_3 + NH_3\uparrow$$

$$NH_2-\overset{O}{\overset{\|}{C}}-NH_2 + H_2O \xrightarrow{\text{脲酶}} NH_3\uparrow + CO_2\uparrow + H_2O$$

（7）缩二脲的生成和缩二脲反应

$$H_2N-\overset{O}{\overset{\|}{C}}-NH_2 + H-NH-\overset{O}{\overset{\|}{C}}-NH_2 \xrightarrow{150\sim160℃} H_2N-\overset{O}{\overset{\|}{C}}-NH-\overset{O}{\overset{\|}{C}}-NH_2 + NH_3\uparrow$$

在缩二脲的碱性溶液中加入少许硫酸铜溶液，溶液显紫红色或紫色的反应称为缩二脲反应。分子中含有两个或两个以上酰胺键结构的化合物（如多肽和蛋白质）都能发生缩二脲反应。

三、重点和难点

重点：羧酸衍生物的命名；酰卤、酸酐、酯、酰胺的水解、醇解、氨解等化学反应；羧酸衍生物结构与亲核取代反应活性的关系。尿素的结构和基本化学性质。

难点：羧酸衍生物结构与亲核取代反应活性的关系。羧酸衍生物的亲核取代反应机制。

四、习题参考答案

14-1　（1）2-甲基丙酰溴；（2）*N*-甲基苯甲酰胺；（3）丙酸乙酯；（4）苯甲酸甲酸酐

14-2

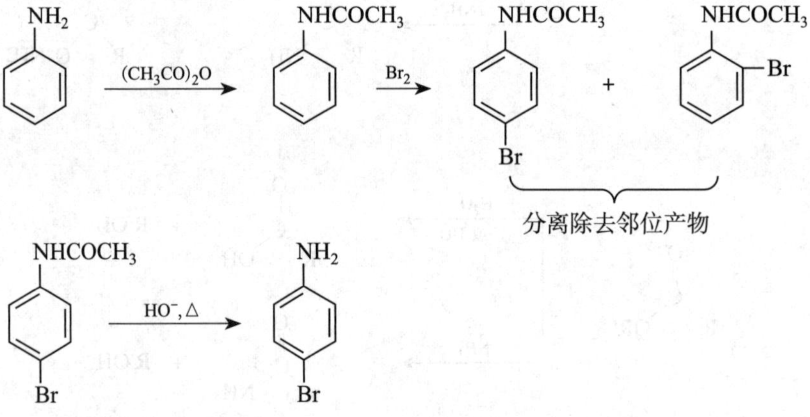

NH2
(CH3CO)2O
NHCOCH3
Br2
NHCOCH3
Br
+
NHCOCH3
Br
分离除去邻位产物
NHCOCH3
Br
HO⁻, Δ
NH2
Br

14-3　（1）丙酰氯；（2）乙丙酐；（3）邻苯二甲酰亚胺；（4）乙酸苄酯；（5）*N*-甲基丙酰胺；（6）戊-γ-内酯

14-4　（1）$H\overset{O}{\overset{\|}{C}}N(CH_3)_2$　（2）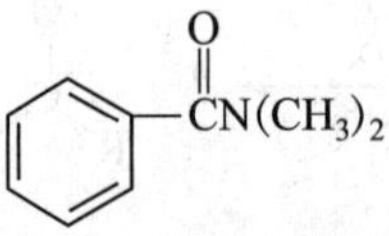

O
CN(CH3)2

（3）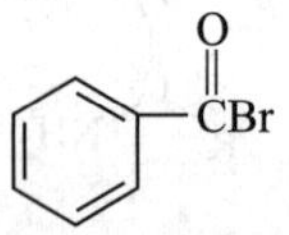

O
CBr

（4）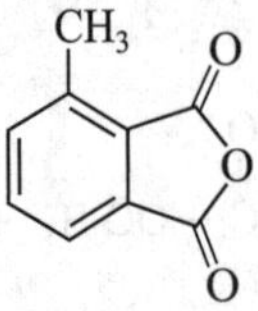

CH3
O
O
O

（5）$\begin{matrix} H_2C-COOCH_3 \\ | \\ H_2C-COOCH_2CH_3 \end{matrix}$　（6）$CH_3\overset{O}{\overset{\|}{C}}CH_2COOC_2H_5$

14-5（1）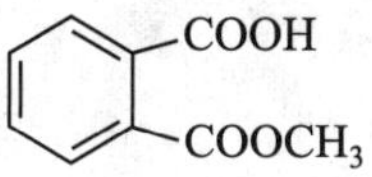　　（2）$FCH_2CONH_2 + CH_3CH_2OH$

（3）CH_3COOK + 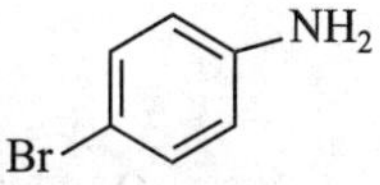　　（4）$CH_3CH_2COOH + CH_3CH_2OH$

（5）$HOOCCH_2CH_2COOH + CH_3\overset{+}{N}H_3Cl^-$　　（6）$HOCH_2CH_2CH_2COONa$

（7）$CH_3CH_2COOH + CH_3CHO$　　（8）$CO_2 + NH_3 + H_2O$

14-6　邻苯二甲酰亚胺氮原子受两个吸电子的羰基影响，致使氮原子的电子云密度较低，有利于增加 N-H 键的极性，从而使氢易于解离而表现出酸性，故能溶于稀碱。

14-7（1）$CH_3COCl > CH_3COOCOCH_3 > CH_3COOC_2H_5 > CH_3CONH_2$；

（2）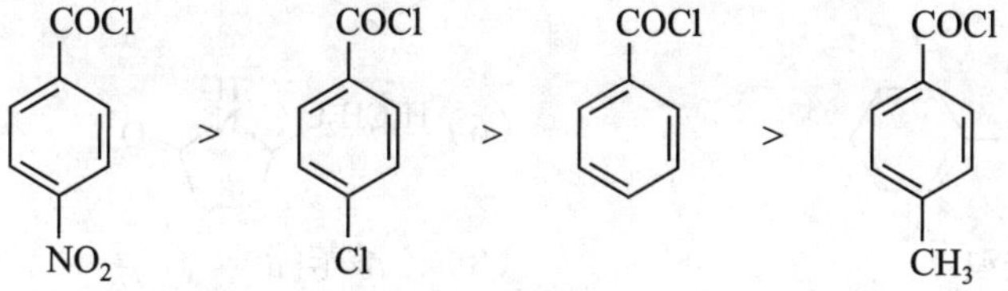

14-8

A. 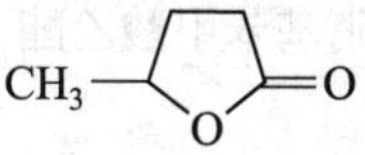　　B. $CH_3\underset{\underset{OH}{|}}{C}HCH_2CH_2COOH$　　C. $CH_3COCH_2CH_2COOH$

14-9

A. CH_3CH_2COOH　　B. $H\overset{\overset{O}{\|}}{C}OC_2H_5$　　C. $CH_3\overset{\overset{O}{\|}}{C}OCH_3$

14-10

A. $CH_3\underset{\underset{NH_2}{|}}{C}HCOOC_2H_5$　　B. $CH_3\underset{\underset{NH_2}{|}}{C}HCOOH$　　C. CH_3CH_2OH

（1）$$\underset{A}{CH_3\underset{\underset{NH_2}{|}}{C}HCOOC_2H_5} \xrightarrow{\text{稀碱}} \underset{B}{CH_3\underset{\underset{NH_2}{|}}{C}HCOOH} + \underset{C}{CH_3CH_2OH}$$

（2）$$CH_3\underset{\underset{NH_2}{|}}{C}HCOOH \xrightarrow{H^+} CH_3\underset{\underset{^+NH_3}{|}}{C}HCOOH$$

$$CH_3\underset{\underset{NH_2}{|}}{C}HCOOH \xrightarrow{^-OH} CH_3\underset{\underset{NH_2}{|}}{C}HCOO^- + H_2O$$

（3）$$CH_3\underset{\underset{NH_2}{|}}{C}HCOOH \xrightarrow{HNO_2} CH_3CH_2COOH + N_2\uparrow$$

（4）$$CH_3CH_2OH \xrightarrow{Na} CH_3CH_2ONa + H_2\uparrow$$

（5）$$CH_3CH_2OH \xrightarrow{I_2/NaOH} CHI_3\downarrow + HCOONa$$

五、复习题

1. 命名或写结构式。

（1）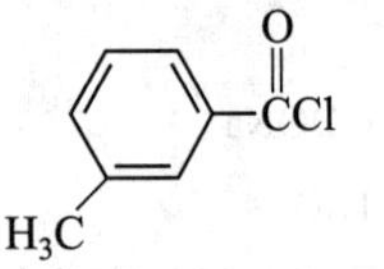

（2）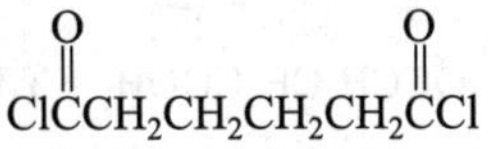

（3）

（4）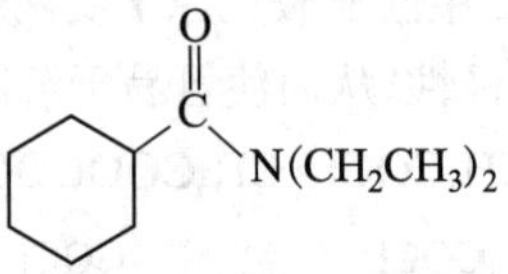

（5）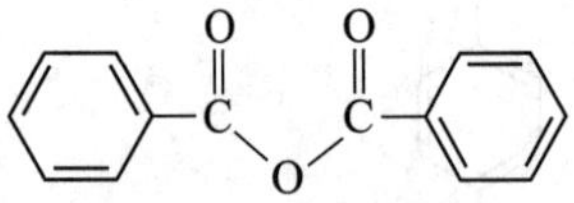

（6）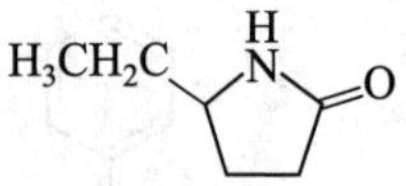

（7）3-溴-3-甲基丁酰溴

（8）乙酸苄酯

（9）*N*,*N*-二甲基甲酰胺

（10）丙烯基丙二酰氯

（11）3-苯基丙烯酰胺

（12）3,5-二硝基苯甲酸乙酯

2. 完成下列反应式。

（1）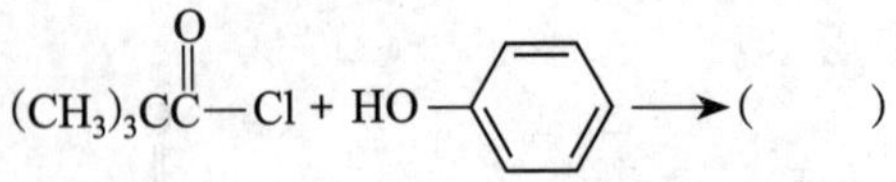

（2）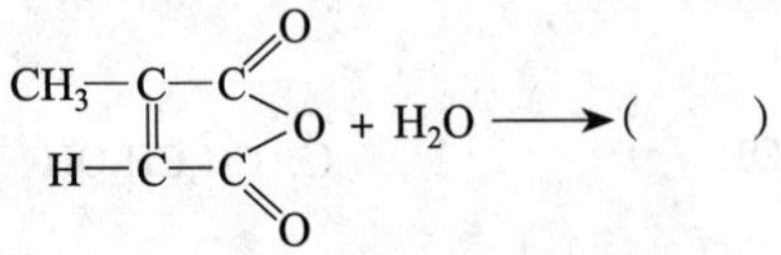

（3）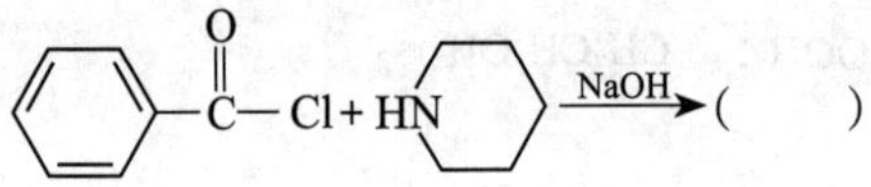

（4）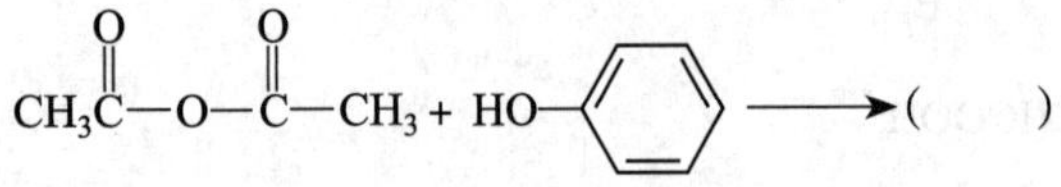

（5）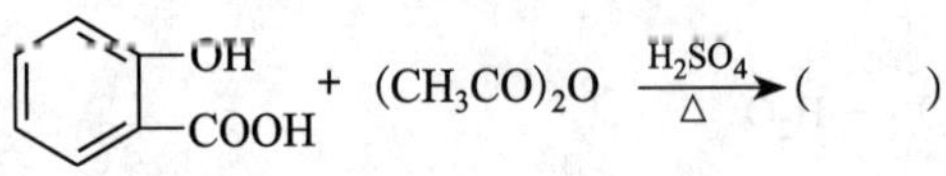

（6）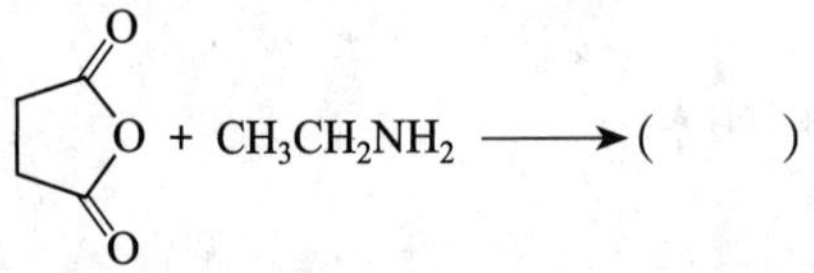

3. 选择题

（1）药物分子中引入酰基，常用的乙酰化剂是（　　）

A. 乙酰氯　　B. 乙醛　　C. 乙醇　　D. 乙酸

（2）具有明显酸性的化合物是（　　）

A. 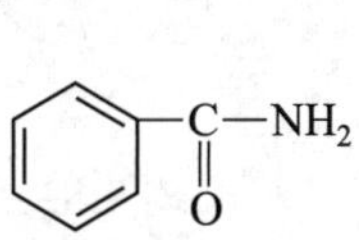　　B. 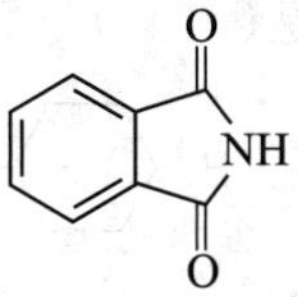　　C. 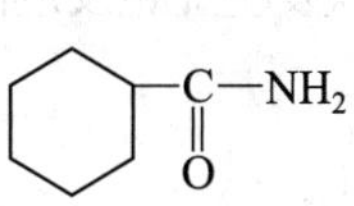　　D. 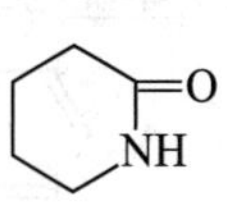

（3）下列各类化合物中最易发生水解反应的是（　　）

A. RCOOR　　B. $RCONH_2$　　C. RCOX　　D. $(RCO)_2O$

（4）下列羰基化合物中最易烯醇化的是（　　）

A. $\mathrm{C_2H_5\overset{\overset{O}{\|}}{C}CH_3}$　　B. $\mathrm{C_2H_5\overset{\overset{O}{\|}}{C}CH_2\overset{\overset{O}{\|}}{C}OCH_3}$　　C. $\mathrm{C_2H_5\overset{\overset{O}{\|}}{C}CH_2\overset{\overset{O}{\|}}{C}CH_3}$　　D. 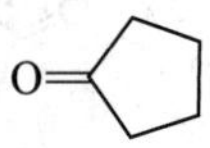

（5）下列化合物氨解反应速率最快的是（　　）

A. $(CH_3)_2CHCl$　　B. CH_3COCl　　C. $(CH_3CO)_2O$　　D. $\mathrm{CH_3\overset{\overset{O}{\|}}{C}OCH_2CH_3}$

（6）下列说法**错误**的是（　　）

A. 由酰卤可以制备酸酐　　B. 由酰胺可以制备酸酐

C. 由酸酐可以制备酯　　D. 由一种酯可以制备另一种酯

（7）下列化合物中**不属于**丙二酰脲类化合物的是（　　）

A. 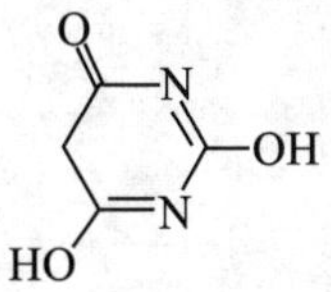　　B. 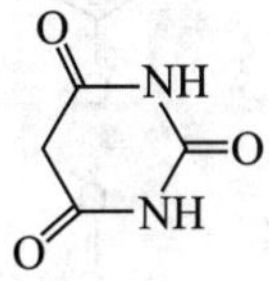　　C. 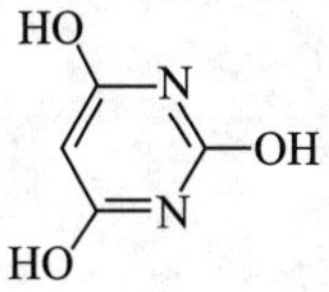　　D. 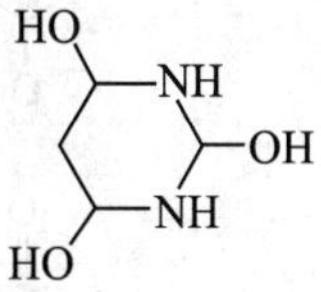

（8）不能发生缩二脲反应的化合物是（　　）

A. $\begin{matrix}CONH_2\\ |\\ CONH_2\end{matrix}$　　B. 多肽　　C. $\mathrm{H_2N-\underset{\underset{O}{\|}}{C}-NHNH_2}$　　D. 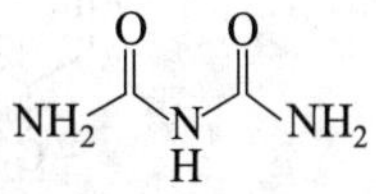

（9）下列基团中碱性最弱的是（　　）

A. Cl^-　　B. $RCOO^-$　　C. RO^-　　D. H_2N^-

（10）$\mathrm{CH_3-\overset{\overset{O}{\|}}{C}-O-\overset{\overset{O}{\|}}{C}-CH_2CH_3}$的化学名称是（　　）

A. 丙酸乙酯　　B. 乙丙酸酐　　C. 乙酰丙酸酯　　D. 乙酸丙酯

（11）$\mathrm{C_6H_5-\underset{\underset{O}{\|}}{C}{}^{18}OCH_3}$的皂化产物是（　　）

A. $\mathrm{C_6H_5-\underset{\underset{O}{\|}}{C}{}^{18}O^-}$ + $CH_3^{18}OH$　　B. $\mathrm{C_6H_5-\underset{\underset{O}{\|}}{C}-O^-}$ + CH_3OH

C. $\mathrm{C_6H_5-\underset{\underset{O}{\|}}{C}{}^{18}O^-}$ + CH_3OH　　D. $\mathrm{C_6H_5-\underset{\underset{O}{\|}}{C}-O^-}$ + $CH_3^{18}OH$

（12）<u>不能</u>与三氯化铁发生显色反应的化合物是（　　）

A. 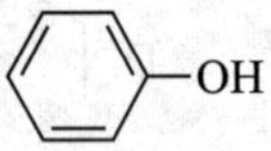　　B. 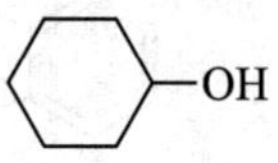

C. 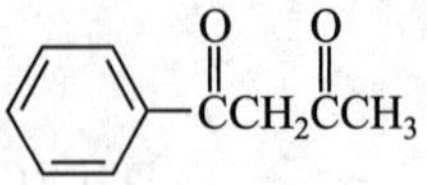　　D. 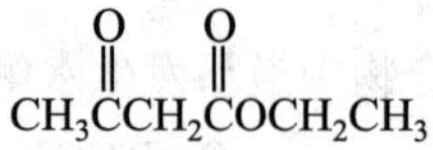

（13）下列化合物中属于酸酐类化合物的是（　　）

A. 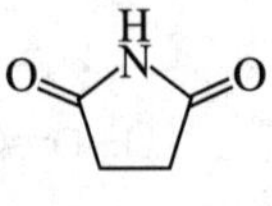　　B. 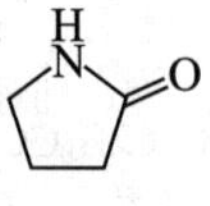

C. 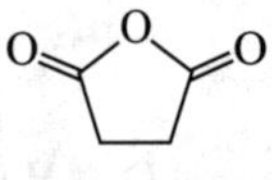　　D. 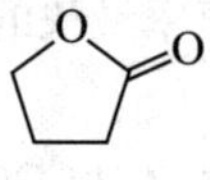

（14）下列酯中最易碱性水解的是（　　）

A. 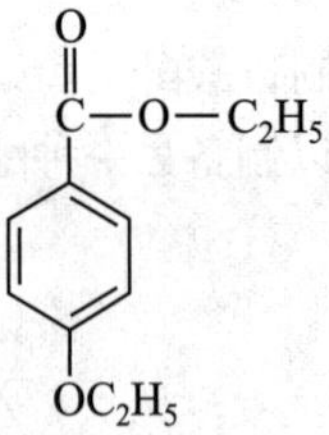　　B. 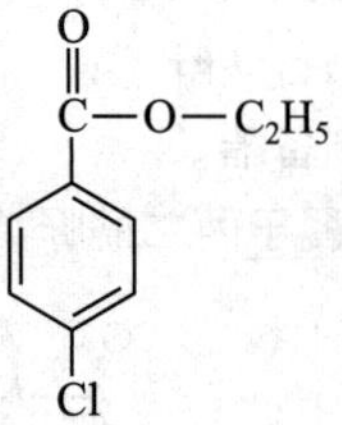

C. 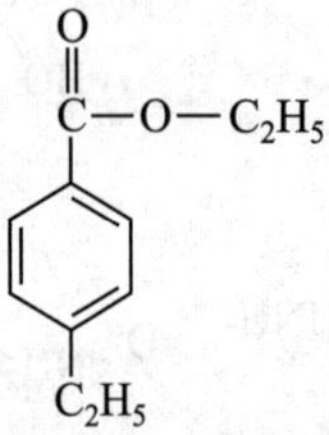　　D. 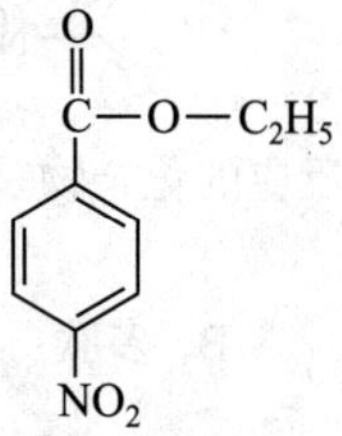

（15）羧酸衍生物发生水解反应时，生成的共同产物是（　　）

A. 羧酸　　B. 酸酐　　C. 酯　　D. 酰胺

4. 是非题（在每小题后面正确的打“√”错误的打“×”）

（1）丙酮不能与三氯化铁溶液发生显色反应，所以没有烯醇式结构存在。（　　）

（2）酮型-烯醇型互变异构现象也存在于某些含氮化合物中。（　　）

（3）决定酯酸性水解和碱性水解反应速率的原因是相同的。（　　）

（4）羧酸衍生物发生酰化反应的活性次序与发生水解反应的活性次序是一样的。（　　）

（5）酯的碱性水解反应是可逆反应。（　　）

（6）具有 α-H 的酯在醇钠作用下可以发生酯缩合反应。（　　）

（7）β-内酰胺抗生素由于β-内酰胺环有较大的环张力，很容易发生水解反应，导致开环、失效。（　　）

（8）脲能发生缩二脲反应。（　　）

5. 化合物 A 分子式为 $C_5H_{11}O_2N$ 具有旋光性，用稀碱处理发生水解生成 B 和 C。B 也具有旋光性，它既能与酸成盐，也能与碱成盐，并与 HNO_2 反应放出 N_2。C 没有旋光性，能与金属钠反应放出 H_2，并能发生碘仿反应，试写出 A、B、C 的结构式。

六、复习题参考答案

1.（1）3-甲基苯甲酰氯　　（2）己二酰氯

（3）丁二酸酐　　（4）*N*,*N*-二乙基环己烷甲酰胺

（5）苯甲酸酐　　（6）己-γ-内酰胺

（7）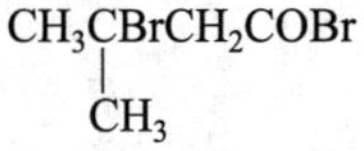　　（8）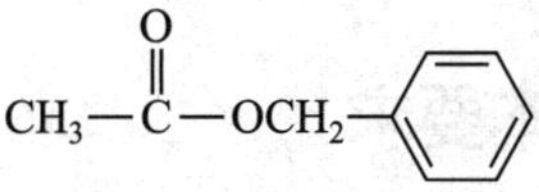

（9）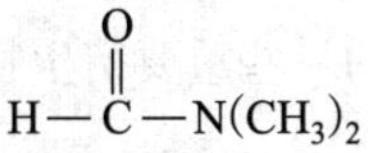　　（10）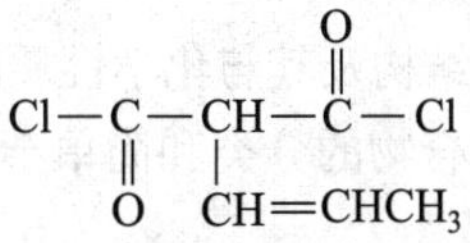

（11）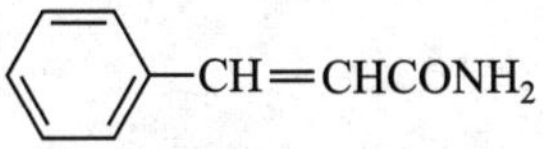　　（12）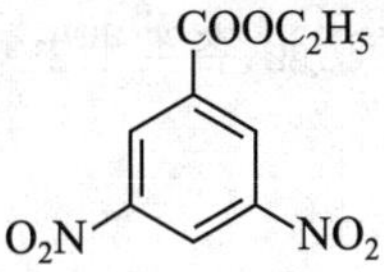

2.（1）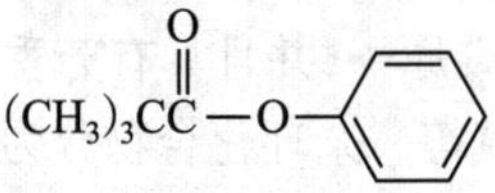　　（2）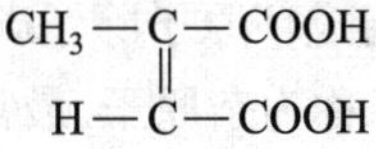

（3）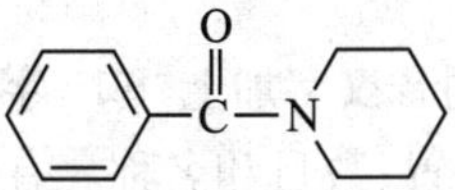　　（4）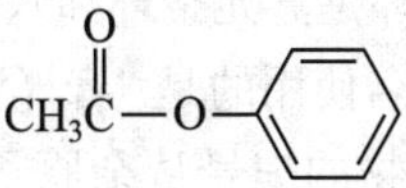

（5）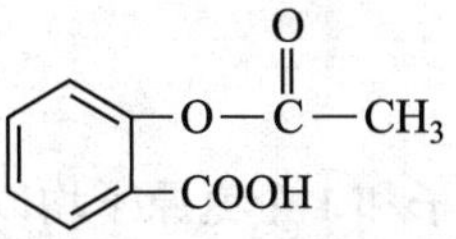　　（6）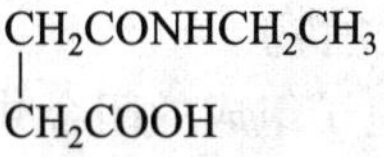

3.（1）A （2）B （3）C （4）C （5）B （6）B （7）D （8）C （9）A （10）B
（11）D （12）B （13）C （14）D （15）A

4.（1）× （2）√ （3）× （4）√ （5）× （6）√ （7）√ （8）×

5.

A. 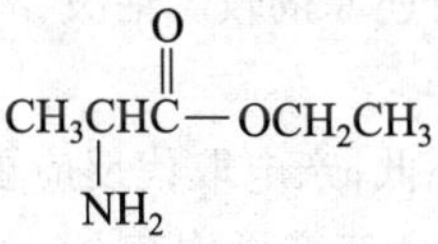　B. 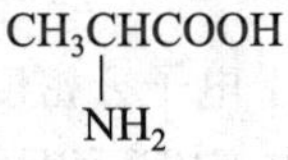　C. CH_3CH_2OH

（徐　红）

第十五章　杂环化合物和维生素

一、基本要求

掌握：吡啶的结构及其与化学性质的关系，吡咯、呋喃和噻吩的结构及化学性质，咪唑的结构。

熟悉：杂环化合物的分类和简单杂环化合物的命名，嘧啶和嘌呤的一些重要衍生物的结构，维生素概念和分类。

了解：了解咪唑的功能，各类维生素的主要功能和食物来源。

二、总结

芳杂环化合物是指成环原子除了碳原子外，还包括其他非碳原子，并且具有芳香性的环状化合物。环中的非碳原子称为杂原子，最常见的杂原子有氧、硫、氮等。杂环化合物分为单杂环和稠杂环。最常见的单杂环是五元杂环和六元杂环。

杂环化合物的命名使用的是“音译法”，即按英文的读音，用同音汉字加上“口”字旁表示杂环的名称。单杂环化合物的编号从杂原子开始，并注明取代基的位置、数目和名称。有一些稠杂环（如异喹啉、嘌呤、吖啶等）有特殊的编号顺序。

（一）六元杂环化合物

吡啶为 6 原子 6 电子组成的闭合共轭体系，环中的 5 个碳原子和 1 个氮原子均以 sp^2 杂化轨道相互重叠形成 σ 键，环上的 6 个原子都在 1 个平面上，同时每个原子各提供 1 个 p 轨道相互平行并重叠成闭合的 π 电子共轭体系，符合 Hückel 规则，具有芳香性。氮原子上的孤对电子占据另外 1 个 sp^2 杂化轨道。由于氮的电负性较强，π 电子偏向氮原子，环上碳原子 π 电子密度下降，发生亲电取代反应比苯难，取代反应主要发生在间位。吡啶氮上的孤对电子没有参与共轭，具有弱碱性和良好的亲核性。吡啶环是缺电子环，因此比苯环更难氧化，但其对还原剂较苯活泼，有 α-氢的侧链可被氧化成羧基。

嘧啶是含有 2 个氮原子的六元杂环，环上电子云密度比吡啶还低，亲电取代反应更困难。尿嘧啶、胞嘧啶和胸腺嘧啶是嘧啶的重要衍生物，它们可以酮式和烯醇式互变异构存在。

（二）五元杂环化合物

吡咯、呋喃和噻吩都有 1 个平面的五元环结构，即成环的 4 个碳原子和 1 个杂原子都是 sp^2 杂化。环上每个碳原子的 p 轨道有 1 个电子，杂原子 p 轨道上有 2 个电子，p 轨道都垂直于 sp^2 杂化轨道所在的平面，互相侧面重叠而形成一个 5 原子 6 电子组成的富电子闭合共轭体系，符合 Hückel 规则，具有芳香性。但是杂环上的 π 电子云密度不像苯那样均匀，芳香性都比苯差。环上的电子云密度比苯环上的大，因此发生亲电取代反应时比苯活泼，取代基主要进入 α-位。吡咯氮上的氢具有弱酸性。吡咯的重要衍生物有：卟吩、血红素、叶绿素等。

咪唑具有平面五元杂环结构，所有原子都是 sp^2 杂化。2 个氮原子中，连接有氢的氮原子上的

p 轨道上有 2 个电子，另 1 个氮的 p 轨道上有 1 个电子，每个碳原子的 p 轨道各有 1 个电子用于形成 1 个 5 原子 6 电子组成的富电子闭合共轭体系，符合 Hückel 规则，具有芳香性。与吡咯类似，咪唑氮上的氢具有一定的酸性，而没有氢的氮原子上的孤对电子具有碱性。咪唑环既是质子供体，又是质子受体。

(三) 稠杂环化合物

杂环与杂环稠合或苯环与杂环稠合而成的化合物总称为稠杂环化合物。由嘧啶和咪唑在 4、5 位稠合而成的化合物称为嘌呤。嘌呤能与酸或碱成盐。嘌呤的重要衍生物有：腺嘌呤、鸟嘌呤、次黄嘌呤、黄嘌呤和尿酸等。尿酸具有酮式和烯醇式两种互变异构体。

(四) 维生素

维生素是维持人体正常代谢机能不可缺少的微量有机化合物。维生素按照在油脂和水中的溶解性不同分为脂溶性维生素和水溶性维生素。功能相近的又归为一族，如 A 族、B 族、C 族等。在同一族里的多种维生素，命名时通常按结构标上 1、2、3 等数字加以区分。脂溶性维生素包括维生素 A、维生素 D、维生素 E 和维生素 K。水溶性维生素包括 B 族维生素、维生素 C 等。

维生素 A 主要是保护眼睛、皮肤、黏膜组织、抗氧化的作用；维生素 E 的主要作用是保护器官，延缓衰老、强化营养；维生素 K 的生理功能主要是加速血液凝固；B 族维生素主要是促进碳水化合物、脂肪和蛋白质代谢、调节内分泌和神经系统；维生素 C 的作用是美白、消炎、解毒、抗氧化。

三、重点和难点

重点：吡啶的结构特点与性质；吡咯、呋喃、噻吩、咪唑的结构特点与性质；维生素的概念和分类。

难点：吡咯、吡啶及其衍生物的结构及性质；嘧啶的重要衍生物（尿嘧啶、胞嘧啶和胸腺嘧啶）、嘌呤的重要衍生物（腺嘌呤、鸟嘌呤、次黄嘌呤、黄嘌呤和尿酸等）的结构和命名。

四、习题参考答案

15-1　吡啶中氮原子上的未共用电子对处于 sp^2 杂化轨道中，脂肪胺中氮原子上的未共用电子对处于 sp^3 杂化轨道中。sp^2 杂化轨道中的 s 轨道成分较 sp^3 杂化轨道多，离原子核近，电子受核的束缚较强，与质子结合较难，因而吡啶碱性较脂肪胺弱。由于苯胺氮上的孤对电子与苯环共轭使氮原子上的电子云密度降低，结合质子能力降低，因而吡啶碱性比苯胺强。

15-2　反应发生在 α 位时，生成的中间体有 3 个共振式参与共振。如果发生在 β 位，生成的中间体只有 2 个共振式参与共振。因此反应发生在 α 位时过渡态的能量更低。

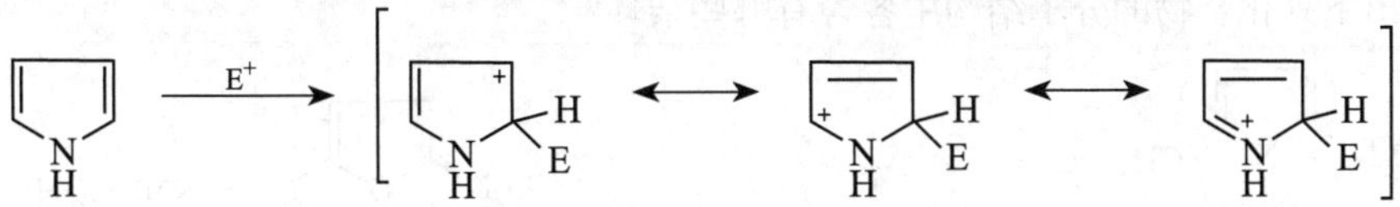

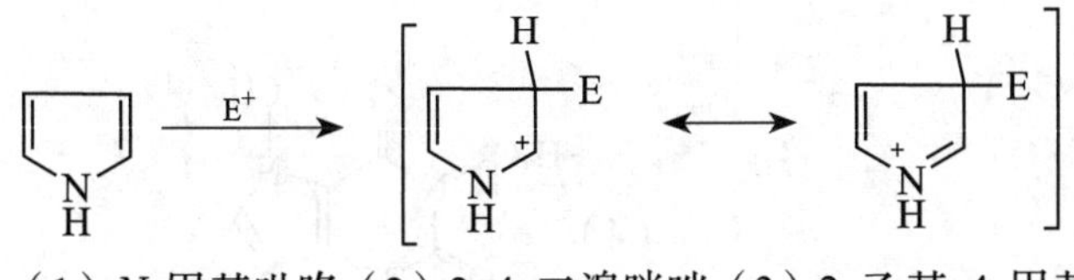

15-3　（1）N-甲基吡咯；（2）2,4-二溴咪唑；（3）2-乙基-4-甲基噻唑；（4）吡啶-3-甲酸；（5）5-羟基嘧啶；（6）8-羟基喹啉；（7）黄嘌呤；（8）2-(吲哚-3-基)乙酸。

15-4 维生素是维持人体正常代谢机能不可缺少的微量有机化合物。它的作用主要是调节物质代谢、促进生长发育和维持生理功能；大多数的维生素，机体不能合成或合成量不足，必须从食物中获得。

维生素按照在油脂中和水中的溶解性不同可以大致分为两类：脂溶性维生素和水溶性维生素，然后将功能相近的归为一族，如A族、B族、C族等。在同一族里的多种维生素，通常命名时按结构标上1、2、3等数字加以区分。脂溶性维生素包括维生素A、维生素D、维生素E和维生素K。水溶性维生素包括维生素B_1、维生素B_2、维生素B_6、维生素B_{12}、维生素C、烟酸和烟酰胺、泛酸、生物素、叶酸等。

15-5 （3）>（2）>（4）>（1）。

15-6 （1）（c）>（b）>（a）；（2）（c）>（a）>（b）；（3）（c）>（b）>（a）。

15-7 （1）有芳香性，N_1上的孤对电子；（3）有芳香性，S上的孤对电子；（4）有芳香性，N_1上的孤对电子；（5）有芳香性，O上的孤对电子。

15-8 吡咯是具有6π电子的五元芳杂环，即N原子向五元的闭合π电子共轭体系提供了2个电子，使其环上的电子云密度比苯环上的大，因此比苯更容易进行亲电取代反应。吡啶的结构与苯相似，但由于氮的电负性较强，与苯相比，吡啶环上π电子云密度不如苯大，因此比苯更难进行亲电取代反应。

15-9

（1）
N
K+
（2）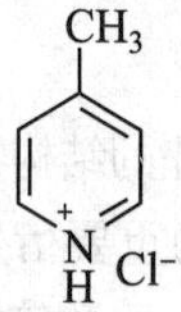
CH3
N
H
Cl-
（3）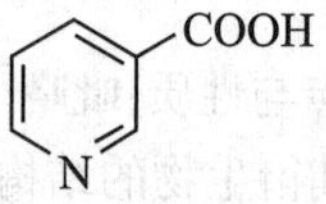
COOH
N
（4）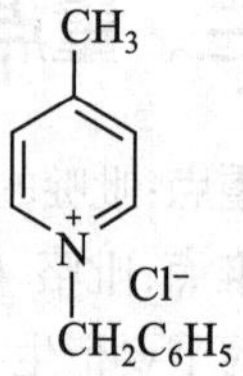
CH3
N
Cl-
CH2C6H5

五、复习题

1. 写出下列化合物的结构式。

（1）四溴呋喃　（2）*N*-乙基-4-甲基咪唑

（3）噻唑-2-甲醛　（4）2-(吡啶-3-基)乙酸

（5）4-氯-5-羟基嘧啶　（6）2-羟基-9-甲基嘌呤

2. 下列维生素各含有哪一类杂环母核？

（1）维生素B_1，B_2，B_6，B_{12}　（2）维生素PP　（3）叶酸

3. 指出下列化合物的分子结构中各含有哪些杂环？

（1）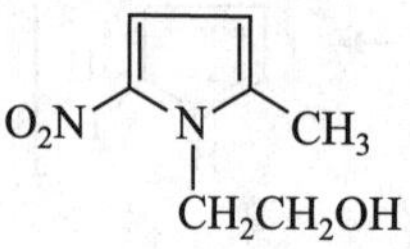
O2N
N
CH3
CH2CH2OH
（2）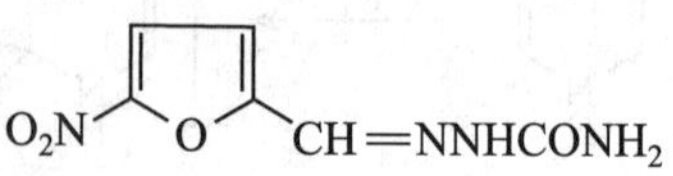
O2N
O
CH=NNHCONH2
（3）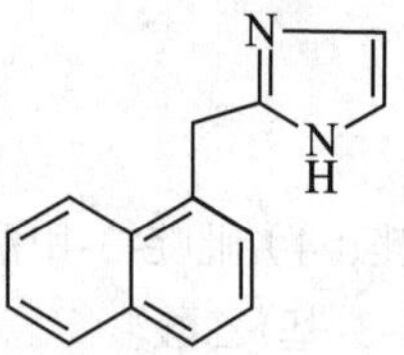
N
N
H
（4）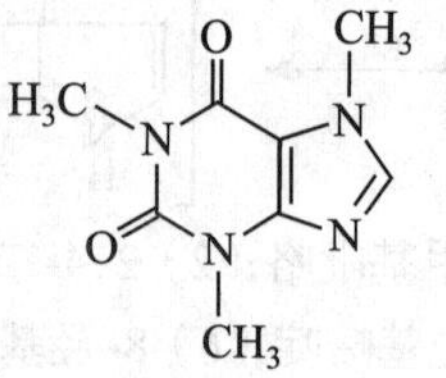
O
CH3
H3C
N
N
O
N
N
CH3

（5）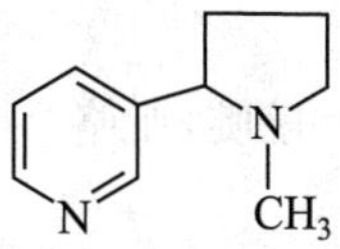

4. 下列化合物发生亲电取代反应速度最快的是哪一个？

（1）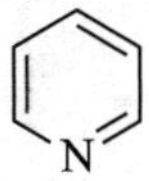　（2）　（3）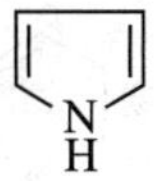

（4）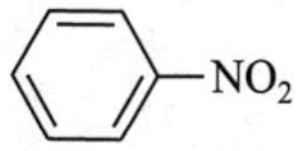　（5）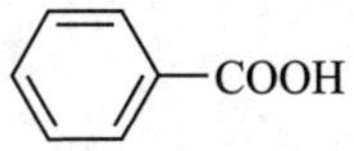

5. 排列下列化合物的碱性强弱顺序。

（1）乙胺、氨、苯胺、吡啶和吡咯

（2）六氢吡啶、吡啶、嘧啶、吡咯

6. 比较下列各化合物中不同氮原子的碱性强弱。

（1）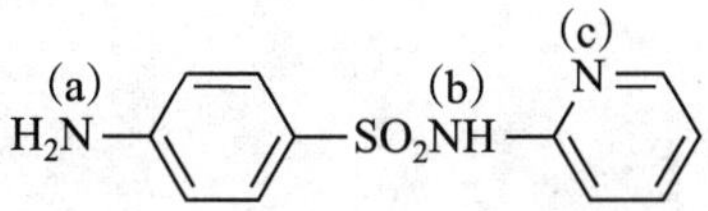　（2）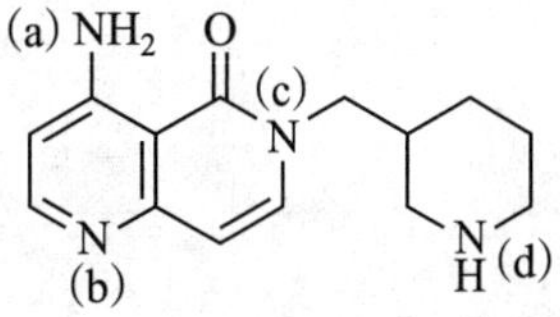

7. 写出下列反应的主要产物。

（1）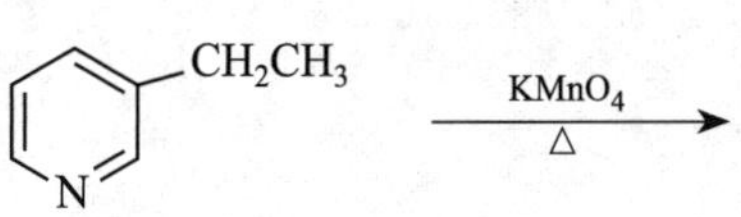　（2）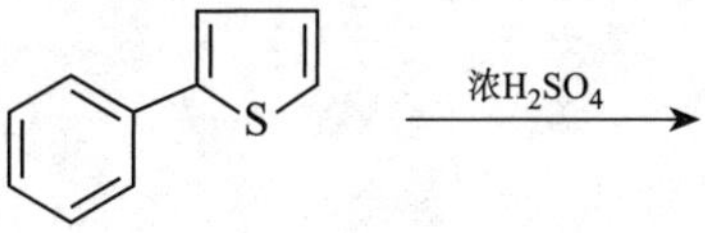

（3）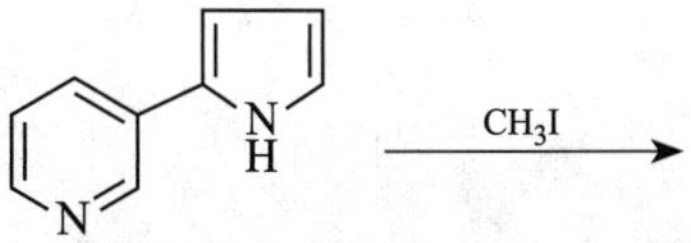　（4）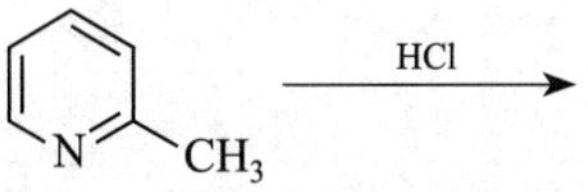

六、复习题参考答案

1.

（1）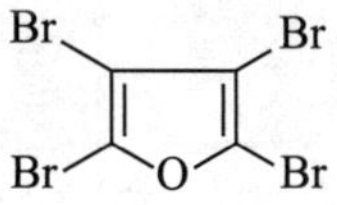　（2）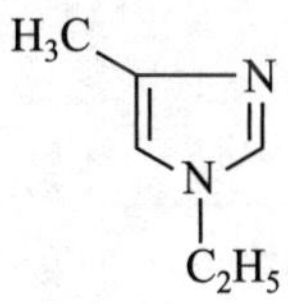　（3）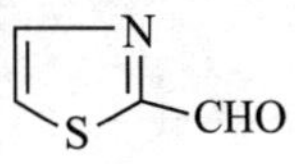

（4）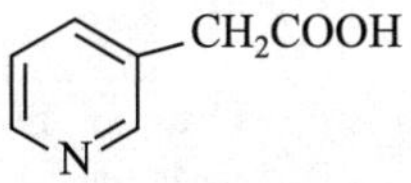　（5）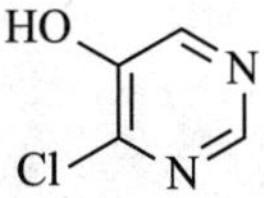　（6）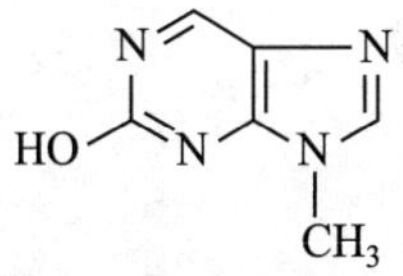

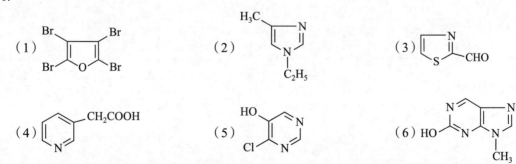

2.（1）B_1:嘧啶和噻唑环;B_2:异咯嗪或苯并蝶啶环;B_6:吡啶环;B_{12}:苯并咪唑环

（2）吡啶环　（3）蝶啶环

3.（1）吡咯环　（2）呋喃环　（3）咪唑环　（4）嘌呤环　（5）吡啶环

4.（3）

5.（1）乙胺>氨>吡啶>苯胺>吡咯　　（2）六氢吡啶>吡啶>嘧啶>吡咯

6.（1）（c）>（a）>（b）;（2）（d）>（b）>（a）>（c）

7.

（1）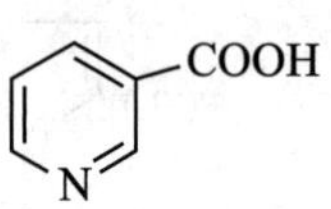

（2）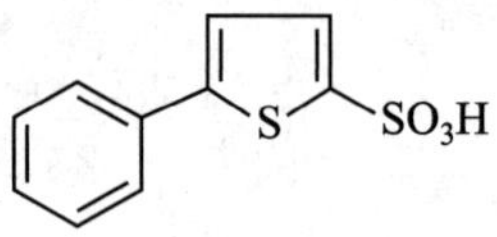

（3）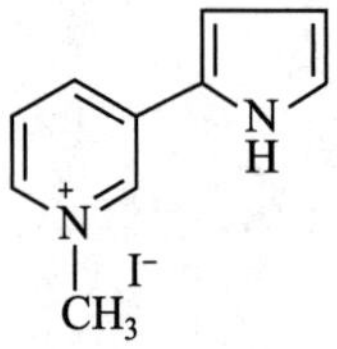

（4）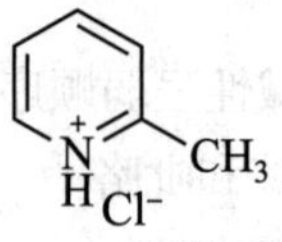

（罗美明）

第十六章 类脂化合物

一、基本要求

掌握:油脂的组成、结构及主要化学性质;油脂化合物中高级脂肪酸的结构特点和命名中的三种编码体系;磷脂的组成、结构;甾族化合物的基本结构及胆固醇、胆甾酸及萜类的结构特点。

熟悉:油脂的皂化、加成和酸败等化学性质及皂化值、碘值和酸值对油脂质量评价的意义。

了解:与医学密切相关的油脂、脂肪酸、磷脂、甾体化合物和萜类化合物。

二、总结

类脂化合物是广泛存在于生物体内有脂溶性的一类有机化合物,它们在化学组成、化学结构和生理功能上有较大差异,主要有油脂、磷脂、甾族化合物和萜类化合物等。

(一)油脂

油脂是室温下液态的油和固态或半固态的脂肪的总称,其化学组成是一分子甘油和三分子高级脂肪酸形成的酯。天然油脂分子中的三个高级脂肪酸的酰基链各不相同,其结构可表示为:

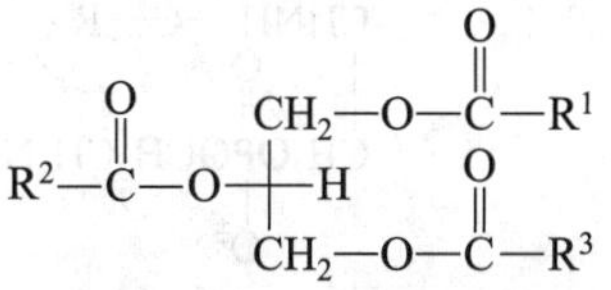

天然油脂是不同混三酰甘油的混合物,其中的脂肪酸一般是含偶数碳原子的直链饱和脂肪酸和非共轭的不饱和脂肪酸。绝大多数脂肪酸含 12~18 个碳原子,且不饱和脂肪酸中的双键多是顺式构型。亚油酸、亚麻酸和花生四烯酸为必需脂肪酸。脂肪酸的名称常用俗名,脂肪酸中的碳原子有三种编码体系,分别为△编码体系、ω 编码体系和希腊字母编码体系。

甘油酯(glycerides)是甘油与脂肪酸形成的酯。按照酰基基团的数目,习惯分成甘油三酯和 1-或 2-甘油单酯。对具体甘油酯的名称,使用单-、双(二)-或叁(三)-*O*-酰基甘油(tri-*O*-acylglycerol)。甘油作为俗名可以使用在一般有机化合物的命名上,但在天然产物中它是优先使用的名称。

油脂的主要化学性质涉及水解反应、加成反应和酸败反应。

(1)皂化和皂化值:油脂在碱性溶液中的水解称为皂化。1g 油脂完全皂化时所需氢氧化钾的毫克数称为皂化值。根据皂化值可判断油脂中三酰甘油的平均相对分子质量的大小。

(2)加成和碘值:含有不饱和脂肪酸的油脂,碳碳双键可与氢、卤素等发生加成反应。100g 油脂所能吸收碘的克数称为碘值。碘值越大,油脂的不饱和程度越大。

(3)酸败和酸值:油脂在空气中久置变质产生异味的现象称为酸败。油脂的酸败是一个包括氧化、水解等一系列的复杂过程,其重要标志是油脂中游离脂肪酸的增多。中和 1g 油脂中游离脂肪酸所需氢氧化钾的毫克数称为油脂的酸值。酸值越大，油脂酸败程度越大，酸值大于 6.0 的油脂不能食用。

（二）磷脂

磷脂分为甘油磷脂和鞘磷脂。

甘油磷脂由甘油、脂肪酸、磷酸及含氮有机碱组成。

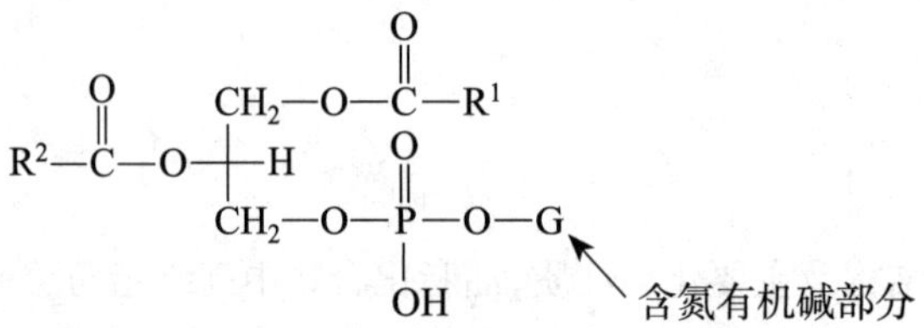
含氮有机碱部分

甘油磷脂

C_2 是手性碳原子，磷脂有一对对映体。天然磷脂为 L 构型。

最常见的甘油磷脂是卵磷脂和脑磷脂。卵磷脂中含氮有机碱为胆碱[$HOCH_2CH_2N^+(CH_3)_3OH^-$]，脑磷脂中含氮有机碱为乙醇胺（$HOCH_2CH_2NH_2$，又称胆胺）。

由鞘氨醇构成的磷脂称为鞘磷脂，又称神经磷脂，分子中不含甘油，它由鞘氨醇、脂肪酸、磷酸及含氮有机碱组成。其结构式为：

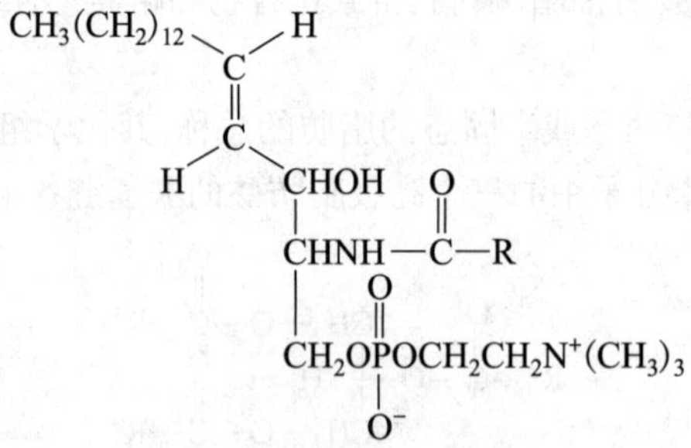

鞘磷脂

磷脂具有疏水性的长烃基和亲水性的磷酸有机碱残基。磷脂分子在水环境中能自发形成双层结构，这种脂双分子层结构是生物膜的基本构架。

（三）甾族化合物

甾族化合物都含有一个环戊烷并氢化菲的骨架。大多数甾族化合物在其母核结构的 10 位和 13 位上连有甲基，在 17 位上有不同长度的碳链或含氧取代基。

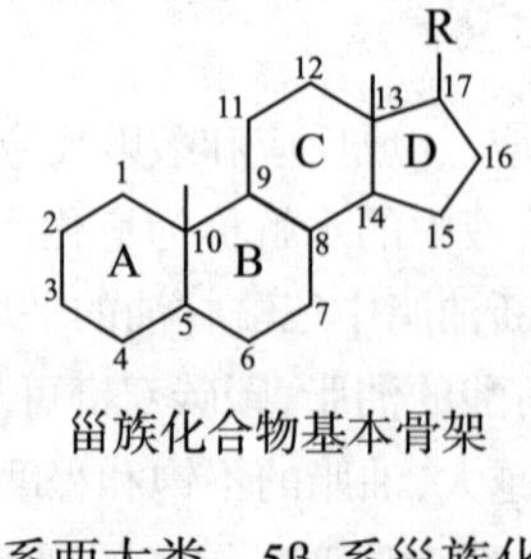

甾族化合物基本骨架

甾族化合物可分为 5β-系和 5α-系两大类。5β-系甾族化合物，A/B 顺（ea 稠合），B/C 反（ee 稠合），C/D 反（ee 稠合）；5α-系甾族化合物，A/B 反（ee 稠合），B/C 反（ee 稠合），C/D 反（ee 稠合）。

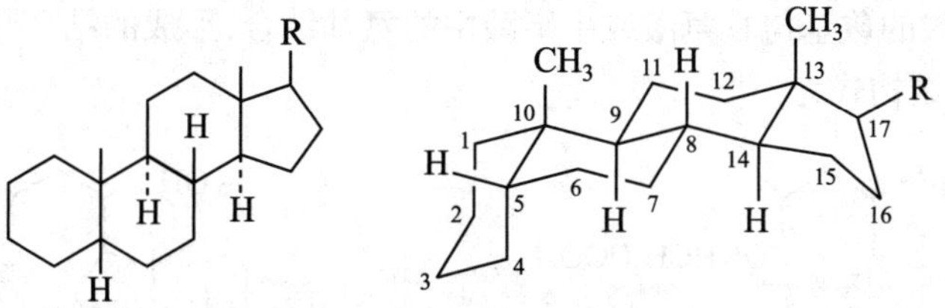

5β-系甾族化合物

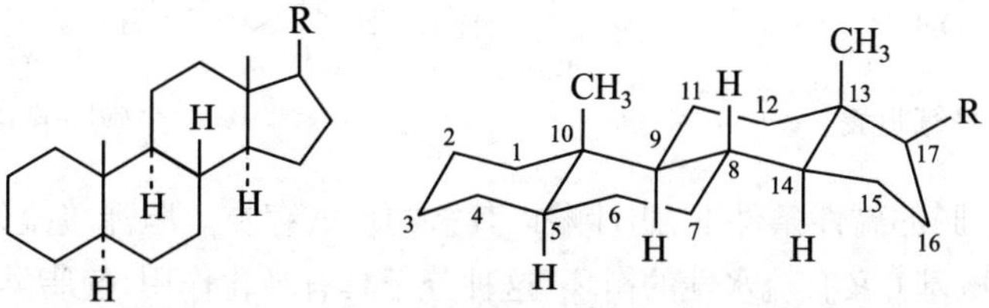

5α-系甾族化合物

甾族化合物种类繁多,包括甾醇类、胆甾酸和甾体激素等。这些甾族化合物都具有重要的生理作用,并可发生相应的化学反应。

（1）甾醇类:分为植物甾醇和动物甾醇。β-谷固醇、麦角甾醇是常见的植物甾醇,胆固醇和7-脱氢胆固醇则是重要的动物甾醇。

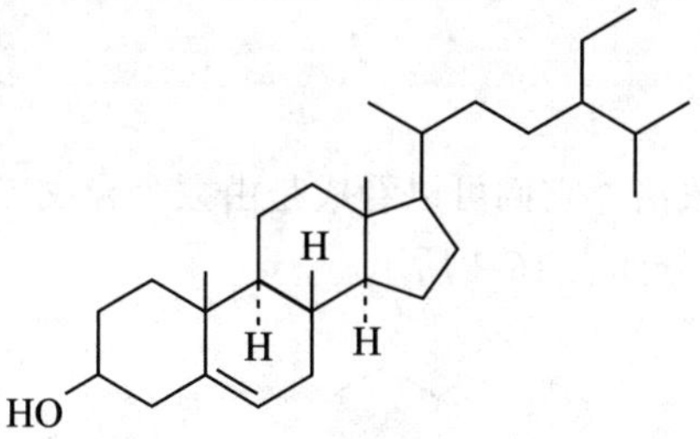

β-谷固醇

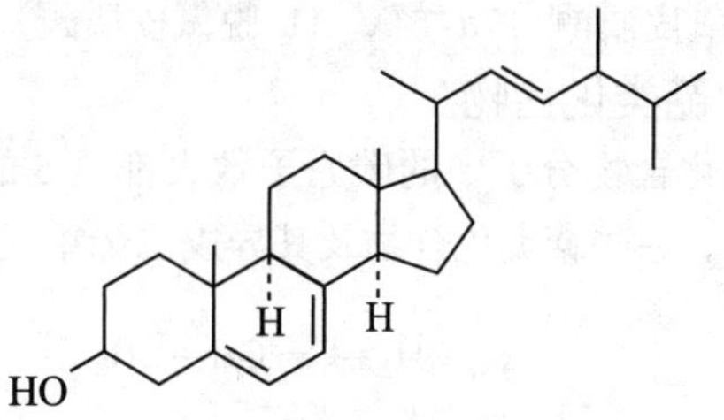

麦角甾醇

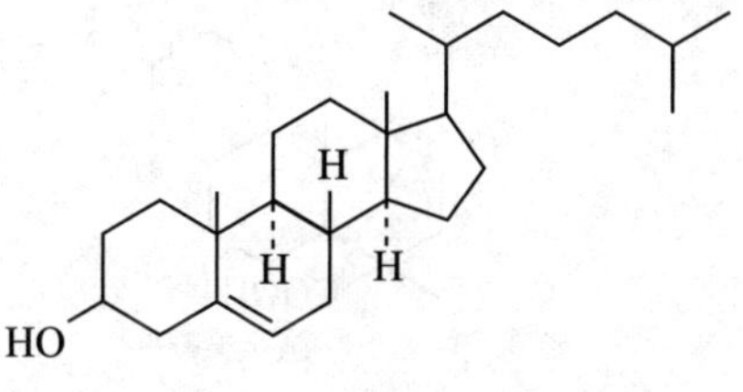

胆固醇

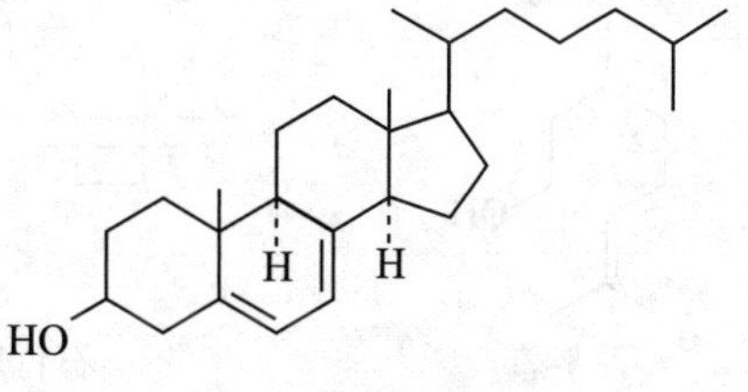

7-脱氢胆固醇

（2）胆甾酸:胆甾酸是动物胆组织分泌的一类甾族化合物,人体内重要的是胆酸和脱氧胆酸。

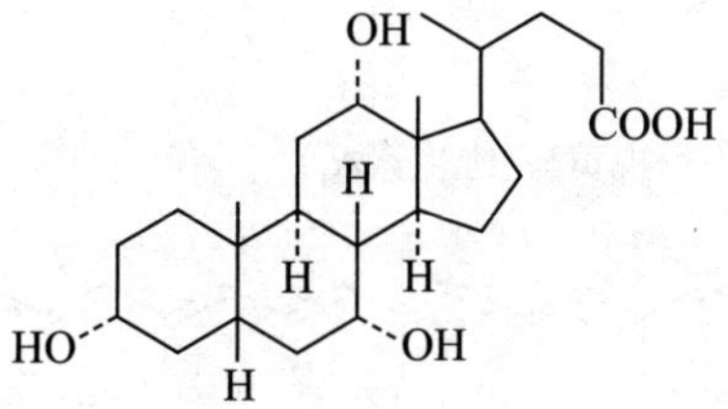

胆酸

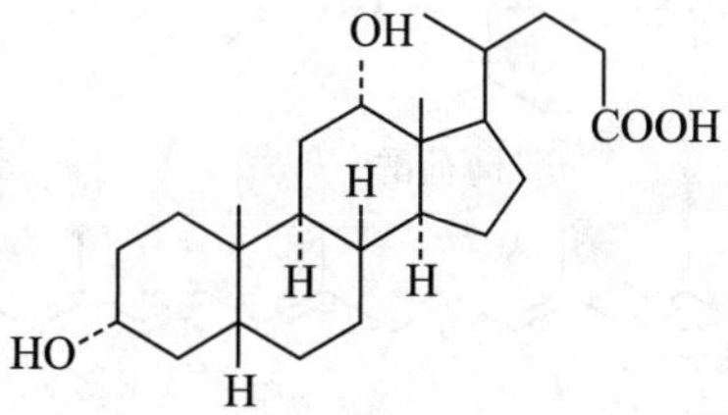

脱氧胆酸

在胆汁中，胆甾酸的羧基与甘氨酸或牛磺酸中的氨基结合，形成的结合胆酸称为胆汁酸。甘氨胆酸和牛磺胆酸的结构式为：

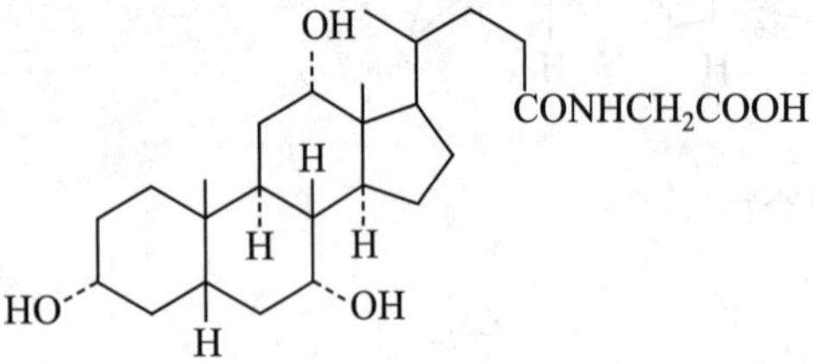

甘氨胆酸

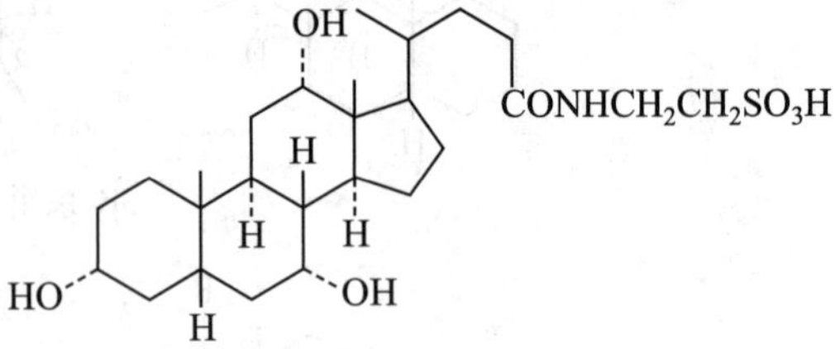

牛磺胆酸

在人体及动物小肠的碱性条件下，胆汁酸以其盐的形式存在。胆汁酸盐分子内部既有亲水性的羟基和羧基（或磺酸基），又有疏水性的甾环，这种分子具有乳化作用，使脂类易于消化吸收。

（3）甾体激素：甾体激素主要指性激素和肾上腺皮质激素。

性激素是性腺（睾丸、卵巢、黄体）所分泌的甾体激素，它们对生育功能及第二性征（如声音、体型）有着决定性的作用。性激素分为雄性激素和雌性激素。重要的雄性激素有睾酮、雄酮和雄烯二酮。雌性激素主要有由成熟的卵泡产生的雌激素（如雌二醇）和由卵泡排卵后形成的黄体所产生的孕激素（如黄体酮）。

肾上腺皮质激素包括：糖代谢皮质激素（如皮质酮、可的松、氢化可的松）和盐代谢皮质激素（如 11-脱氧皮质酮、17α-羟基-11-脱氧皮质酮）。

（四）萜类化合物

萜类化合物分子中的碳原子数大都是 5 的整数倍。它们可以看成是由数个异戊二烯单元连接而成的。一些萜类化合物及其异戊二烯单元的划分如表 16-1 所示。

$$CH_2{=}\underset{\displaystyle CH_3}{\underset{|}{C}}{-}CH{=}CH_2$$

异戊二烯

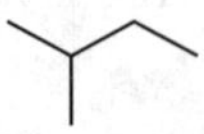

异戊二烯碳架

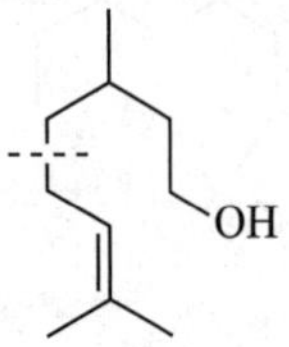

香茅醇

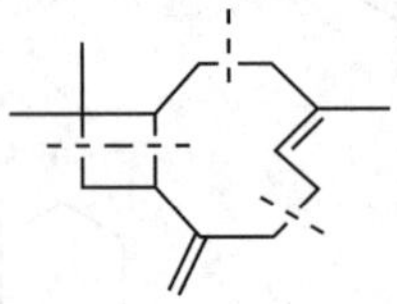

石竹烯

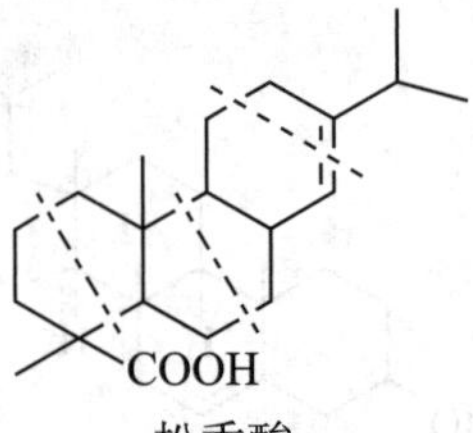

松香酸

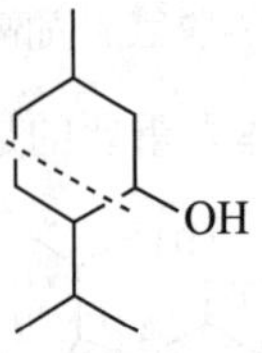

薄荷醇

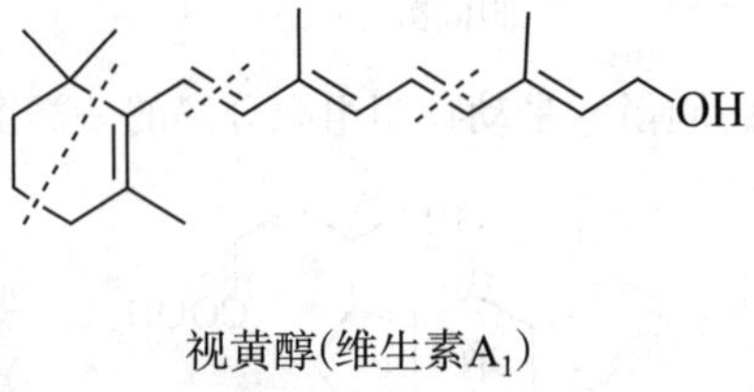

视黄醇（维生素A_1）

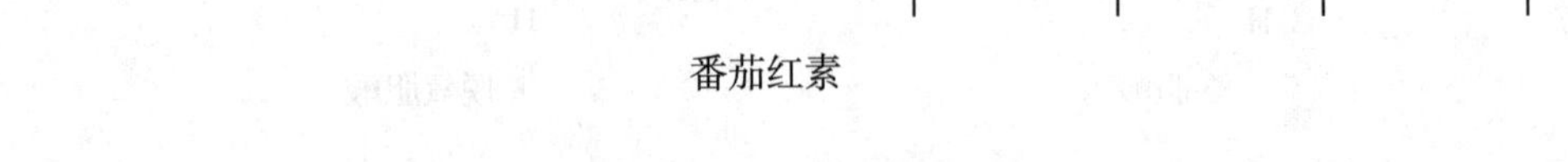

番茄红素

表 16-1　萜类化合物所含异戊二烯单元的数目与对应的分类

类别	单萜 monoterpene	倍半萜 sesquiterpene	二萜 diterpene	三萜 triterpene	四萜 tetraterpene
含异戊二烯单元数	2	3	4	6	8
含碳原子数	10	15	20	30	40

萜类化合物按碳架结构还可分为链萜和环萜。由于萜类化合物绝大多数都是烷烃、烯烃或其含氧衍生物，其极性低，难溶于水，易溶于有机溶剂。低级萜类化合物如单萜、倍半萜具有较低的沸点和较好的挥发性，是挥发油的主要成分；二萜以上多为树脂、皂苷或色素的主要成分。月桂烯、芳樟醇、橙花醇、香叶醇、薄荷醇、樟脑、胡萝卜素是常见的几种重要的萜类化合物。

月桂烯存在于精油中，属链状单萜，分为 α-月桂烯和 β-月桂烯。月桂烯是香料产业中最重要的化学原料之一，月桂烯与盐酸作用，再经碱水解等处理可得到重要的香料芳樟醇、橙花醇和香叶醇。

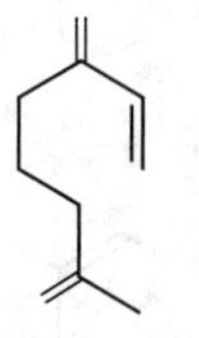
α-月桂烯

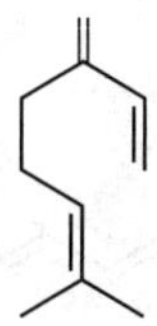
β-月桂烯

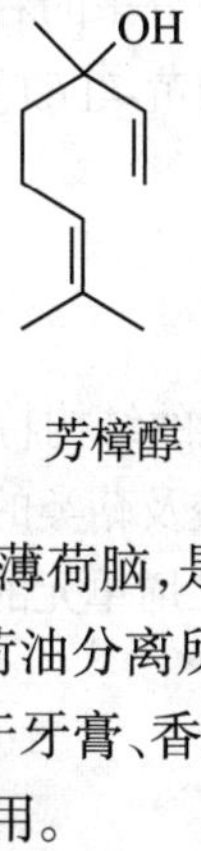
OH
芳樟醇

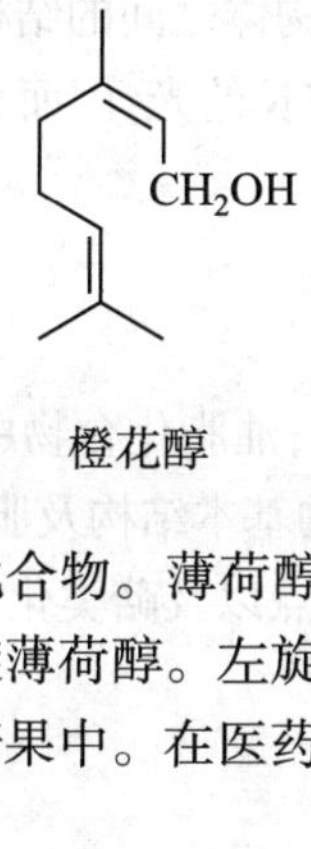
CH2OH
橙花醇

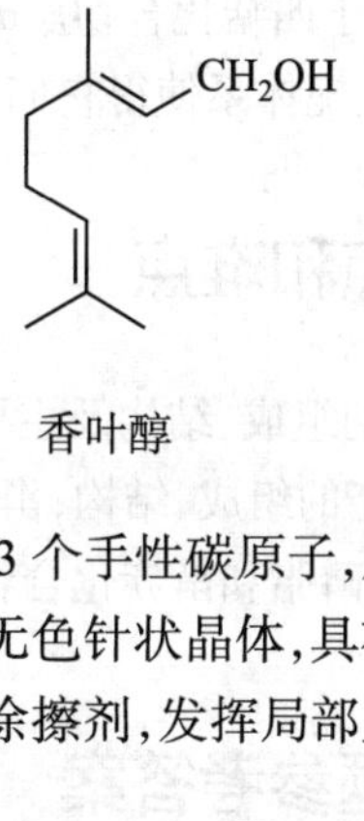
CH2OH
香叶醇

薄荷醇又称薄荷脑，是单环单萜化合物。薄荷醇分子中有 3 个手性碳原子，应有 8 个对映异构体，由天然薄荷油分离所得的是左旋薄荷醇。左旋薄荷醇为无色针状晶体，具有薄荷香气和清凉效果，广泛用于牙膏、香水、饮料和糖果中。在医药上可制成涂擦剂，发挥局部止痒、止痛、清凉及轻微局麻等作用。

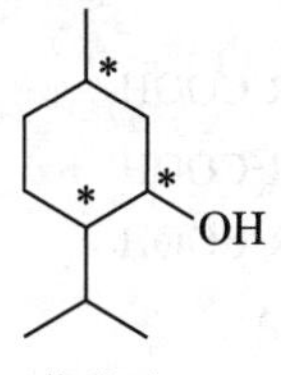
*
*
*
OH
薄荷醇

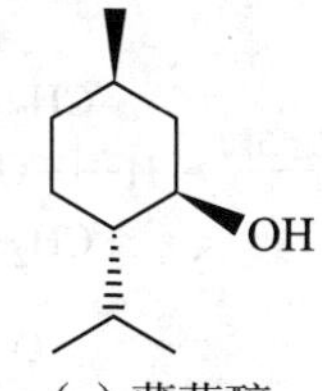
OH
(–)-薄荷醇

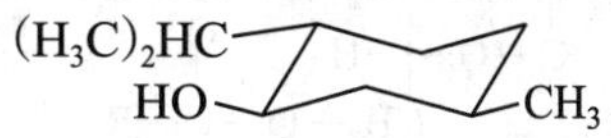
(H3C)2HC
HO
CH3

樟脑是存在于樟树中的二环单萜化合物，为白色或无色晶体，易升华。樟脑有强烈的樟木气味和辛辣的味道，具有强心、兴奋中枢神经和止痒等医药用途，也是很好的防蛀剂。樟脑是桥环化合物，其分子中有两个手性碳原子，但由于桥环限制了桥头碳原子的构型，樟脑实际上只存在一对对映体。天然樟脑为右旋体。

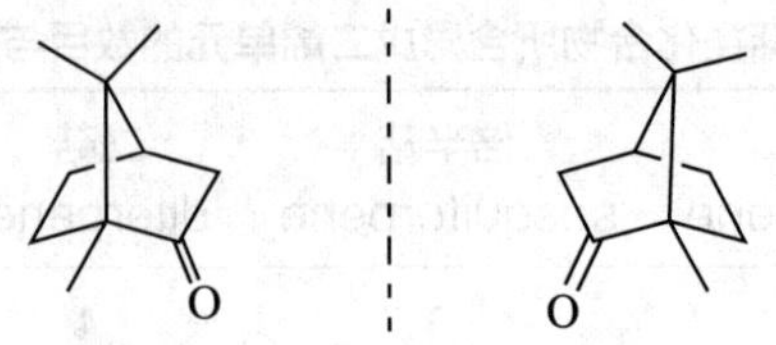

(+)-樟脑　　　　(−)-樟脑

胡萝卜素最早是从胡萝卜中提取得到的一种红色结晶物质。后来分析发现,胡萝卜素中含有α、β和γ-胡萝卜素三个组分,其中β-异构体含量最多,γ-异构体最少。

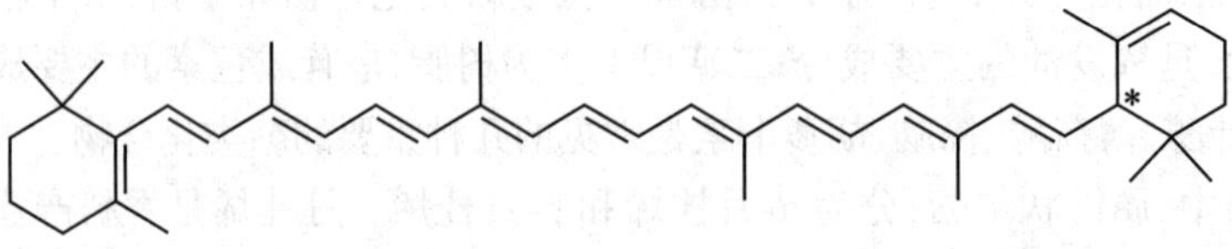

α-胡萝卜素

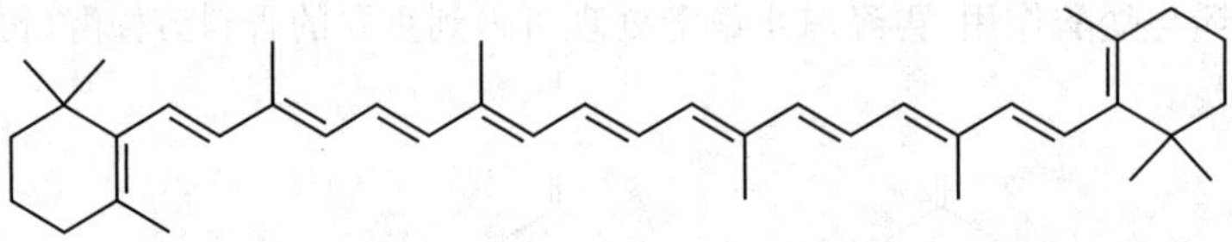

β-胡萝卜素

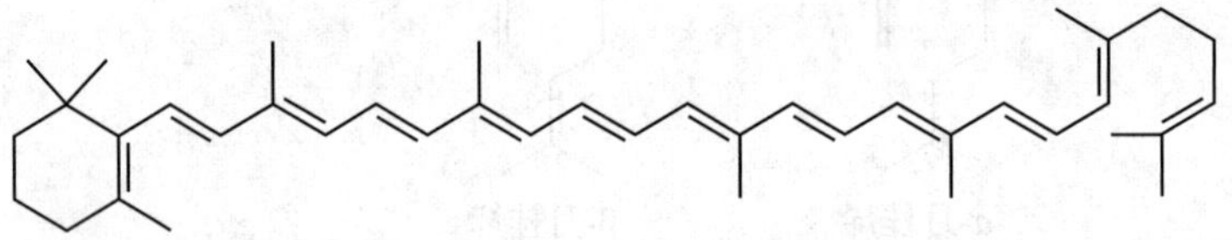

γ-胡萝卜素

胡萝卜素属于四萜化合物。α、β和γ-异构体之间的结构差别仅在于分子的右端部分。这些分子中,大的π-π共轭体系使得它们能吸收长波长的光,因而表现出鲜艳的黄-红颜色。

三、重点和难点

重点:油脂的组成、结构及主要化学性质;油脂化合物中高级脂肪酸的结构特点和命名中的三种编码体系;磷脂的组成、结构;甾族化合物的基本结构及胆固醇、胆甾酸及萜类的结构特点。

难点:油脂、磷脂和甾族化合物的结构特点以及萜类化合物中异戊二烯单元的划分。

四、习题参考答案

16-1 
酸或脂肪酶

16-2　磷脂酰丝氨酸的结构式: 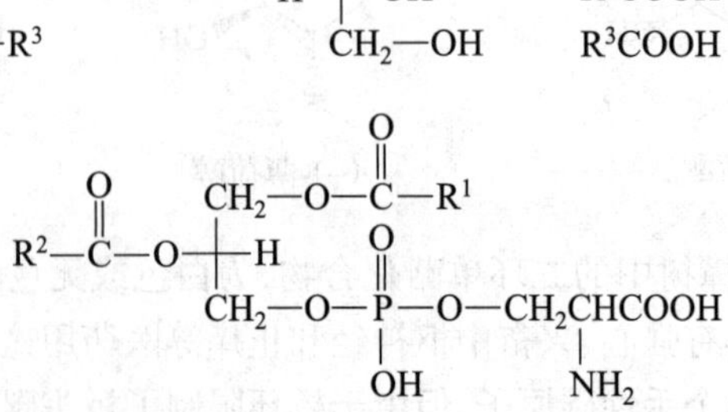

16-3　分子内部既有亲水性基团,又有疏水端。例如:卵磷脂、鞘磷脂和胆汁酸盐等。

16-4 （1）$CH_3(CH_2)_4(CH{=}CHCH_2)(CH_2)_6COOH$

（2）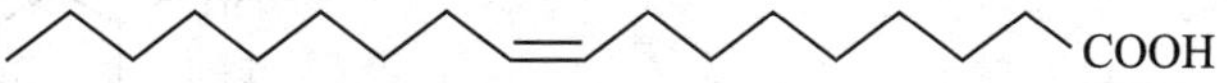

（3）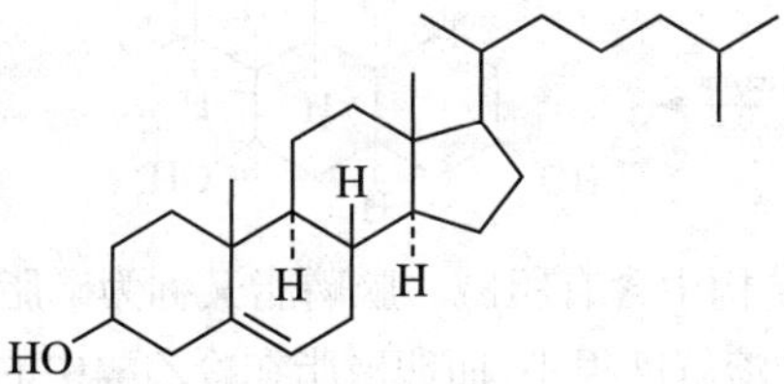

（4）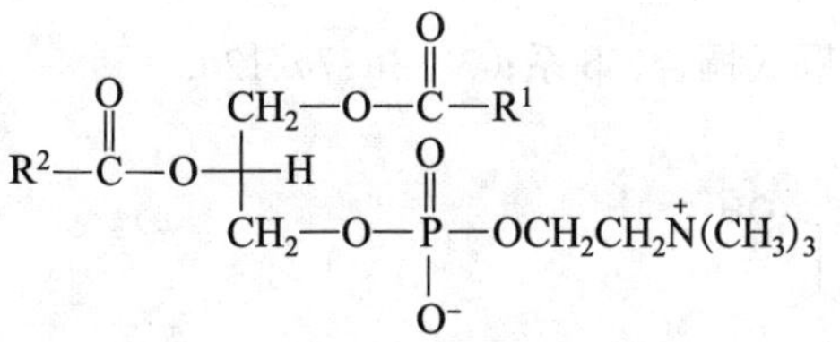

16-5 （1）牛磺胆酸;（2）脑磷脂。

16-6 天然油脂中的脂肪酸一般都是含偶数碳原子的直链饱和脂肪酸和非共轭的不饱和脂肪酸。绝大多数脂肪酸含 12~18 个碳原子。而且不饱和脂肪酸中的双键多是顺式构型。

16-7 α-亚麻酸（9,12,15-十八碳三烯酸）与 γ-亚麻酸（6,9,12-十八碳三烯酸）在结构上的相同点是:二者都是十八碳三烯酸,在 $\omega^{6,9}$ 位上都有碳碳双键。二者的区别在于 α-亚麻酸属于 ω-3 族多烯脂肪酸,而 γ-亚麻酸属于 ω-6 族多烯脂肪酸。由于不同族的脂肪酸不能在体内相互转化,所以 α-亚麻酸和 γ-亚麻酸在人体内不能相互转化。

16-8 必需脂肪酸是指人体不能合成或合成不足,必须从食物中摄取的高级脂肪酸。常见的有亚油酸、α-亚麻酸、花生四烯酸等。

16-9

（1）皂化是油脂在碱催化下水解成高级脂肪酸和甘油的反应。1g 油脂完全皂化时所需氢氧化钾的毫克数称为皂化值。

（2）油脂的酸败是指油脂中不饱和脂肪酸被空气中的氧缓慢氧化,生成小分子醛、羧酸等物质的过程。中和 1g 油脂中的游离脂肪酸所需氢氧化钾的毫克数称为油脂的酸值。

（3）油脂的硬化是指在催化剂存在下,使油脂中的不饱和键氢化为饱和键的过程。100g 油脂中不饱和键所能吸收碘的克数称为油脂的碘值。

16-10

（1）

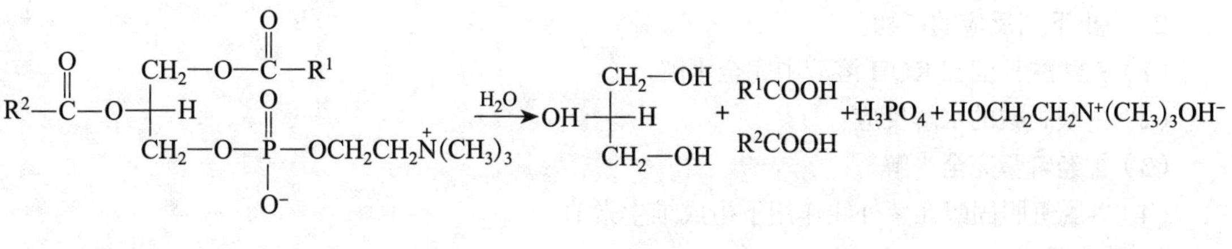

（2）

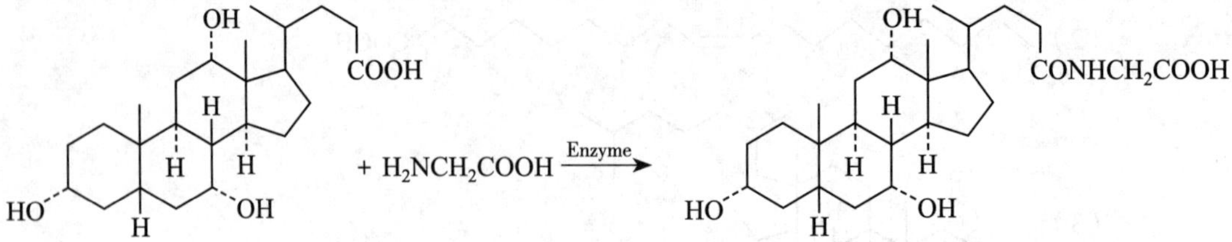
OH
COOH
H
H
H
HO
H
OH
+ H2NCH2COOH
Enzyme
CONHCH2COOH

16-11　卵磷脂又称为磷脂酰胆碱，分子结构中含有胆碱。脑磷脂又称为磷脂酰胆胺，分子结构中含有胆胺（乙醇胺）。脑磷脂在冷乙醇中的溶解度很小，而卵磷脂在冷乙醇中的溶解度较大，利用此溶解性差异可将二者分离。

16-12　（1）环戊烷并氢化菲；（2）顺式稠合，5β 系；（3）3α、7α、12α。

16-13

（1）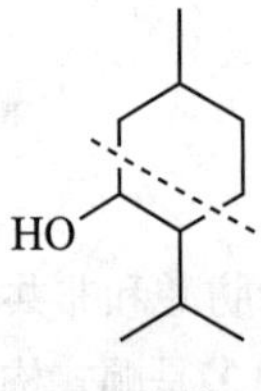
HO

单萜

（2）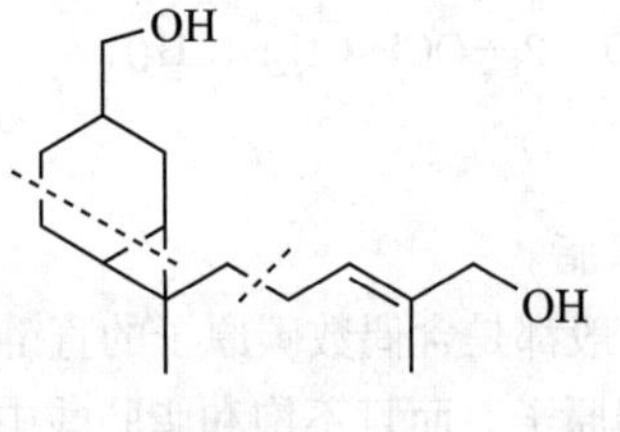
OH
OH

倍半萜

（3）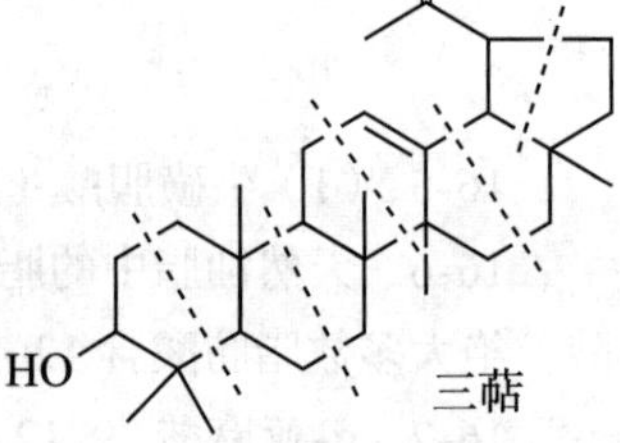
HO

三萜

16-14　A 的结构式：3，7-二甲基-6-辛烯醛（香茅醛）

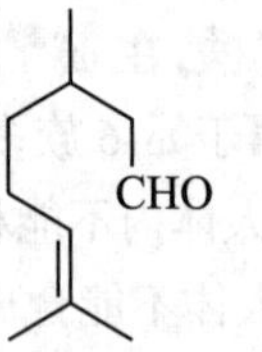
CHO

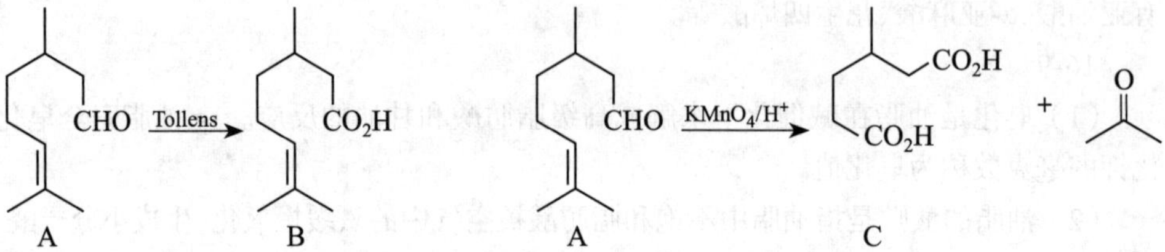
CHO
Tollens
CO2H
A
B
CHO
KMnO4/H+
CO2H
CO2H
+
O
A
C

五、复习题

1. 写出下列化合物的结构式。

（1）$18:3\omega^{6,9,12}$　　（2）叁-*O*-十八烷酰基甘油或甘油叁十八烷酸酯

（3）胆酸　　（4）α-卵磷脂

2. 写出下列反应的产物。

（1）三油酰甘油在 KOH 溶液中完全水解

（2）牛磺胆酸的水解反应

（3）神经磷脂完全水解

（4）7-脱氢胆固醇在紫外线作用下生成维生素 D_3

3. 单选题

（1）属于两性脂类化合物的是（　　）

A. 三软脂酰甘油　　B. 二十四烷酸　　C. 磷脂酰胆碱　　D. 鞘氨醇

（2）分离磷脂酰乙醇胺和磷脂酰胆碱所采用的溶剂是（　　）

A. 乙醚　　B. 冷乙醇　　C. 热乙醇　　D. 冷氯仿

（3）甾体化合物的基本骨架是（　　）

A. 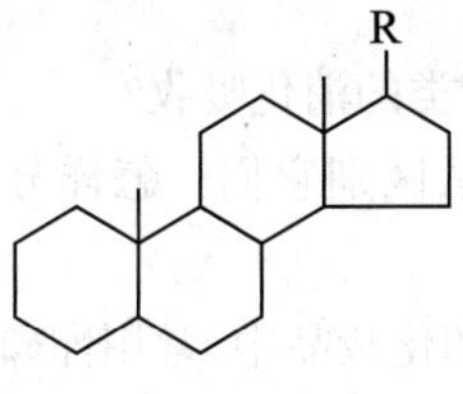

B. 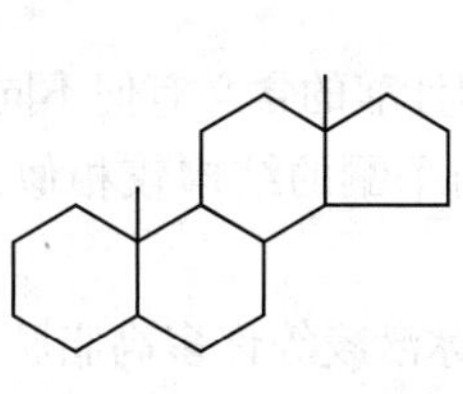

C. 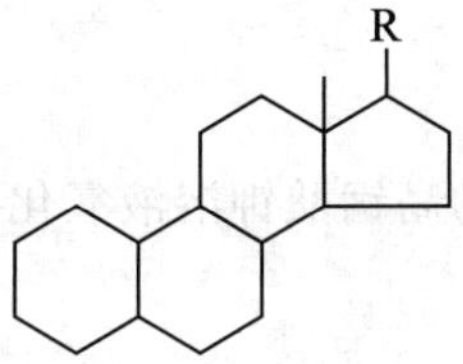

D. 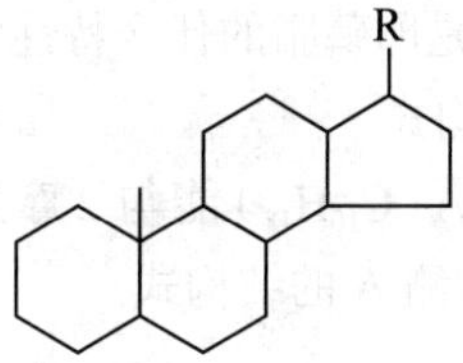

（4）下列脂肪酸中为必需脂肪酸的是（　　）

A. $CH_3(CH_2)_{14}COOH$

B. $CH_3(CH_2)_7CH{=}CH(CH_2)_7COOH$

C. $CH_3(CH_2)_{22}COOH$

D. $CH_3(CH_2)_4CH{=}CHCH_2CH{=}CHCH_2CH{=}CH(CH_2)_4COOH$

（5）油脂没有恒定的熔点的原因是（　　）

A. 油脂是混甘油酯　　B. 油脂是单甘油酯

C. 油脂是混甘油酯的混合物　　D. 油脂易酸败

（6）**不属于**天然不饱和脂肪酸特点的是（　　）

A. 非共轭的　　B. 反式的　　C. 偶数碳　　D. 顺式的

（7）脱氧胆酸结构中 C_3-OH 和 C_{12}-OH 各属于的构型是（　　）

A. 3α,12α　　B. 3α,12β　　C. 3β,12α　　D. 3β,12β

（8）**不属于**甾体化合物的是（　　）

A. 鞘氨醇　　B. 雌二醇　　C. 胆固醇　　D. 胆酸

（9）单萜的代表式是（　　）

A. C_5H_8　　B. $(C_5H_8)_2$　　C. $(C_5H_8)_4$　　D. $(C_5H_8)_6$

4. 多选题

（1）皂化值的大小可以判断的是（　　）

A. 油脂的平均相对分子质量　　B. 油脂的不饱和度

C. 油脂的稳定性　　D. 一定量的油脂完全皂化所需碱的量

（2）类脂化合物的共同特征是（　　）

A. 都含有酯的结构　　B. 不溶于水，易溶于有机溶剂

C. 都含有高级脂肪酸　　D. 都是生物组织的组成成分

（3）磷脂酰胆碱完全水解的产物有（　　）

A. 甘油　　B. 脂肪酸　　C. 磷酸　　D. 胆碱

（4）植物油和脂肪的主要区别是（　　）

A. 组成脂肪的三酰甘油中,含饱和脂肪酸多

B. 脂肪中不含不饱和脂肪酸

C. 脂肪是白色的,植物油是黄色的

D. 在室温下植物油多为液体

5. 问答题

(1) 胆甾酸与胆汁酸的含义有何不同?为什么胆盐可帮助脂类的消化吸收?

(2) β-雌二醇与睾酮的结构较相似,如何用简单的化学方法区别它们?怎样分离它们的混合物?

(3) 在巧克力、冰激凌等许多高脂肪含量的食品,以及医药和化妆品中,常用卵磷脂来防止油和水分层,这根据的是卵磷脂的什么特性?

6. 推测分子结构式

有一萜化合物A($C_{10}H_{18}$)能与2摩尔Br_2反应,A用酸性的高锰酸钾溶液氧化得到丙酮和2-甲基戊二酸。请推测A的结构式。

六、复习题参考答案

1. (1) $CH_3CH_2CH_2CH_2CH_2CH{=}CHCH_2CH{=}CHCH_2CH{=}CHCH_2CH_2CH_2CH_2COOH$

(2) 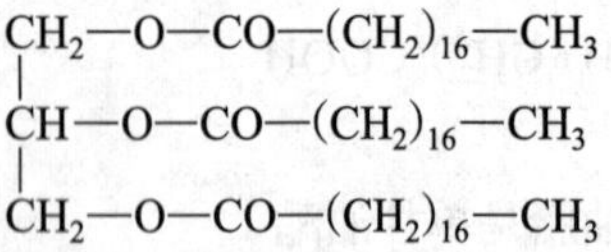
$$\begin{array}{l} CH_2{-}O{-}CO{-}(CH_2)_{16}{-}CH_3 \\ CH{-}O{-}CO{-}(CH_2)_{16}{-}CH_3 \\ CH_2{-}O{-}CO{-}(CH_2)_{16}{-}CH_3 \end{array}$$

(3) 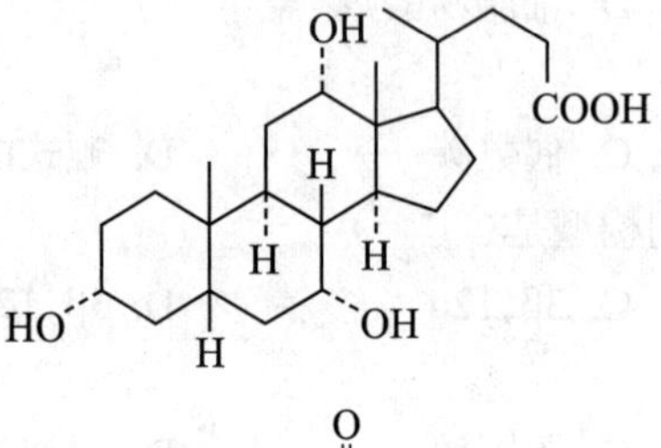

(4) 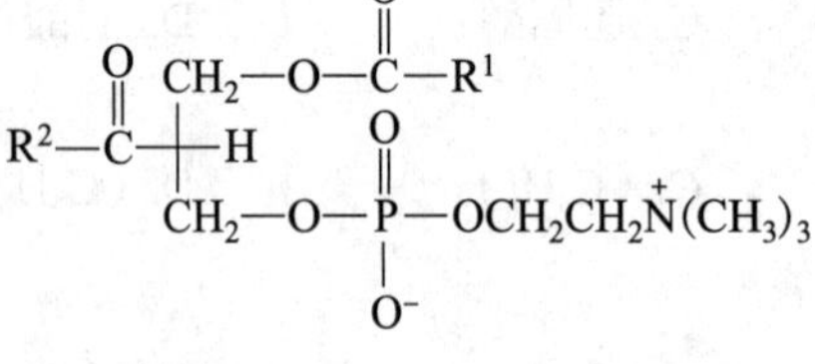

2. (1) 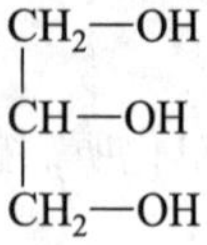 + $3CH_3(CH_2)_7CH{=}CH(CH_2)_7COOK$

(2) 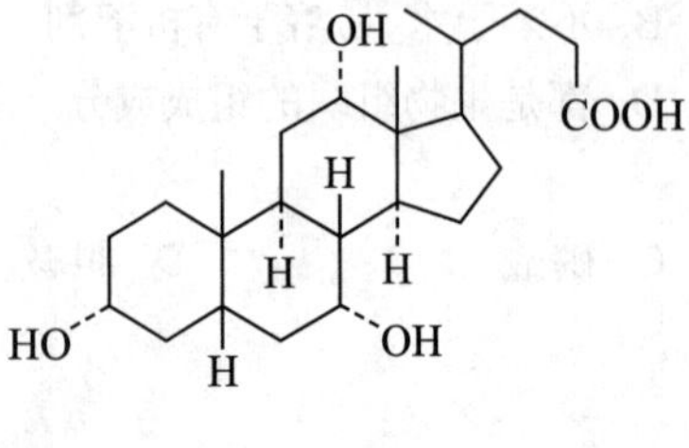 + $H_3N^+CH_2CH_2SO_3^-$

（3）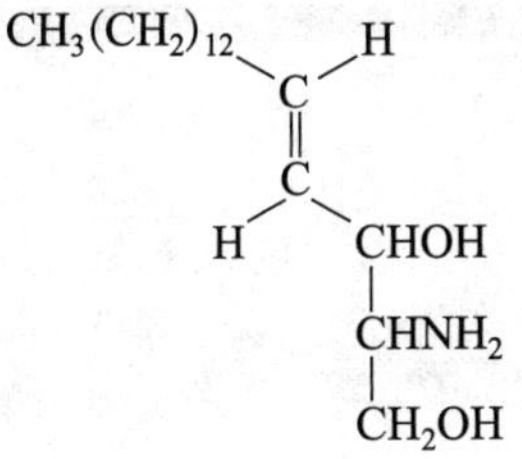
CH3(CH2)12
H
C
C
H
CHOH
CHNH2
CH2OH
$+ RCOOH + H_3PO_4 + HOCH_2CH_2N^+(CH_3)_3$

（4）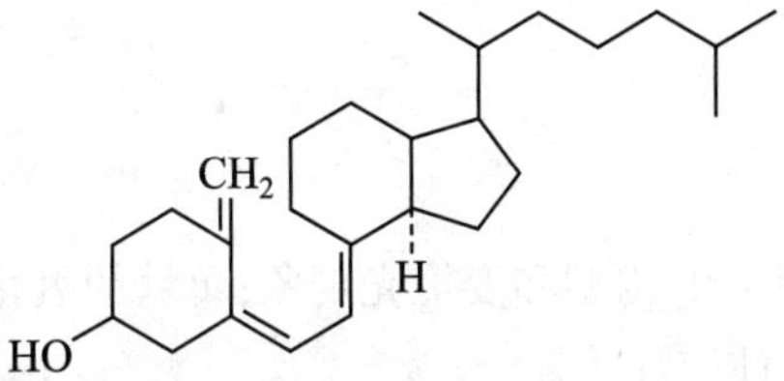
CH2
H
HO

3.（1）C （2）B （3）A （4）D （5）C （6）B （7）A （8）A （9）B

4.（1）AD （2）BD （3）ABCD （4）AD

5.（1）胆甾酸是动物的胆组织分泌的一类 5β-系甾族化合物，其分子结构中含有羧基。而胆汁酸是结合胆甾酸，它是在胆汁中，胆甾酸的羧基与甘氨酸或牛磺酸中的氨基结合形成的具有酰胺结构的衍生物。

胆汁酸盐（简称胆盐）分子内部既有亲水性的羟基和羧基（或磺酸基），又有疏水性的甾环，因而具有乳化作用，能够使脂肪及胆固醇酯等疏水的脂质乳化呈细小微粒状态，增加消化酶对脂质的接触面积，使脂类易于消化吸收。

（2）比较β-雌二醇和睾酮的结构可以看出，二者结构上的差异只在 A 环上，β-雌二醇的 A 环为取代的苯酚，而睾酮的 A 环则是取代的环己烯酮。因此可以利用它们的这一结构上的差异进行两者的鉴别和分离。主要方法有：①β-雌二醇可与三氯化铁发生显色反应，可以溶于氢氧化钠水溶液，睾酮则不发生相应的化学反应；②睾酮含有酮羰基，可与 2,4-二硝基苯肼形成腙，而 β-雌二醇则不发生此反应。

利用 β-雌二醇中酚羟基的弱酸性，可以将混合物溶于与水不互溶的溶剂中，用氢氧化钠水溶液萃取，在有机相得到睾酮，水相酸化后得到 β-雌二醇，从而实现二者的分离。

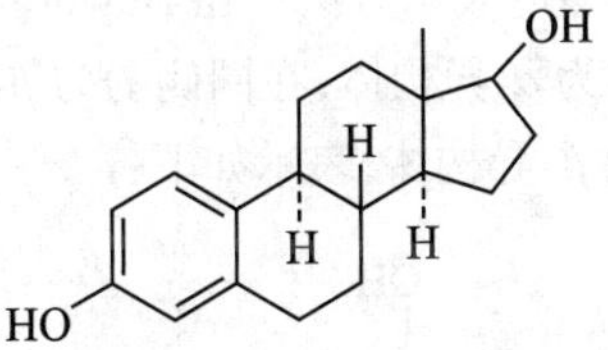
OH
H
H
H
HO
β-雌二醇

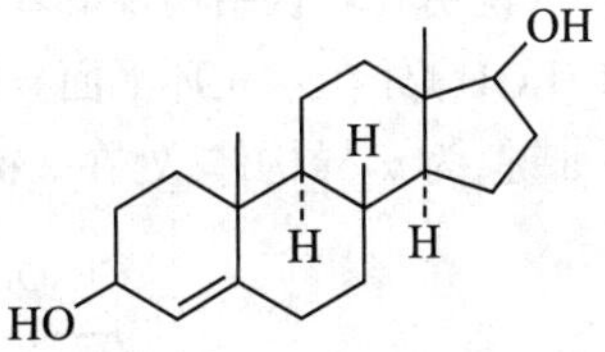
OH
H
H
H
HO
睾酮

（3）卵磷脂可以形成内盐，在其结构中，脂肪酸的长碳链是疏水基团，而偶极离子是亲水基团，因而具有乳化作用。

6. 推测 A 的结构式为 

（卞　伟）

第十七章　糖

一、基本要求

掌握：糖的定义、分类；单糖的开链结构、环状结构、构型和变旋光现象；单糖的氧化反应、成酯反应、成脎反应、成苷反应、分子内脱水反应等化学性质。

熟悉：糖的物理性质；常见二糖及多糖的结构。

了解：糖的来源及重要的生物功能。

二、总结

糖是指多羟基醛、多羟基酮以及能水解成多羟基醛或酮的化合物。根据糖分子能否水解和水解产物的数目可将糖分为单糖、双糖、寡糖和多糖。

（一）单糖

1. 单糖的结构　葡萄糖和果糖是代表性的单糖。单糖的结构常用开链式及环状式表示。单糖开链式常用 Fischer 投影式表示，环状结构常用 Haworth 式和构象式表示。糖的构型常采用 *D*、*L* 标记，其构型是以甘油醛为标准，即离羰基最远的手性碳原子上的羟基在 Fischer 投影式的右侧为 *D*-构型，在左侧为 *L*-构型。

单糖由开链式转变成环状结构时，可形成 α 和 β 两种端基异构体，正是由于在溶液中单糖的开链式结构和环状结构之间可以形成一个互变平衡体系，所以单糖有变旋光现象。α 和 β 两种异构体，可用 Haworth 式和构象式表示。

以 *D*-葡萄糖为例，说明其环状结构及端基异构体的表示方法。在 Haworth 式中半缩醛羟基与 C_5 上的羟甲基（$-CH_2OH$）处在六元环平面异侧的为 α-异构体，在同侧的为 β-异构体。在构象式中，半缩醛羟基处在 a 键，为 α-异构体，处在 e 键，为 β-异构体，表示如下：

α-异构体

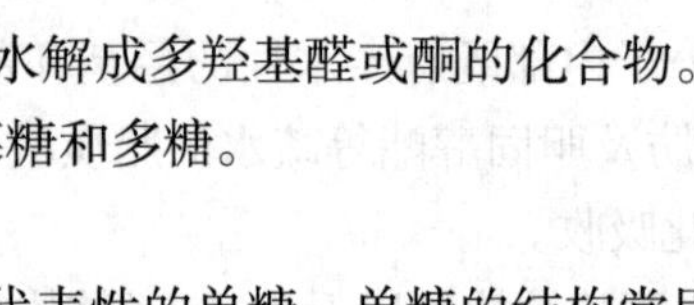

β-异构体

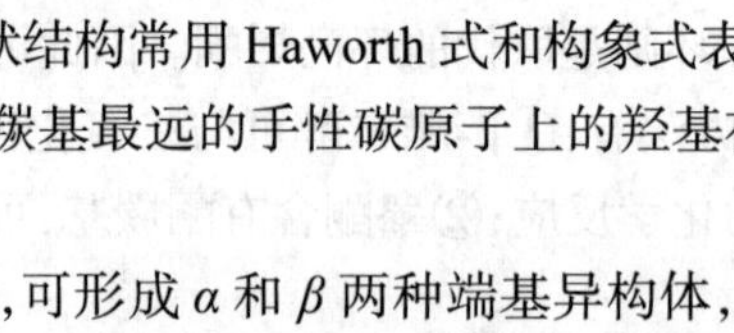

2. 单糖的化学性质　单糖分子中含有羰基和羟基，具有羰基和羟基的化学性质。

（1）成酯作用：单糖的环状结构中所有的羟基都可酯化。例如，葡萄糖在氯化锌存在下，与乙酐（Ac_2O）作用生成五乙酸酯。五乙酸酯已无半缩醛羟基，因此也无还原性。

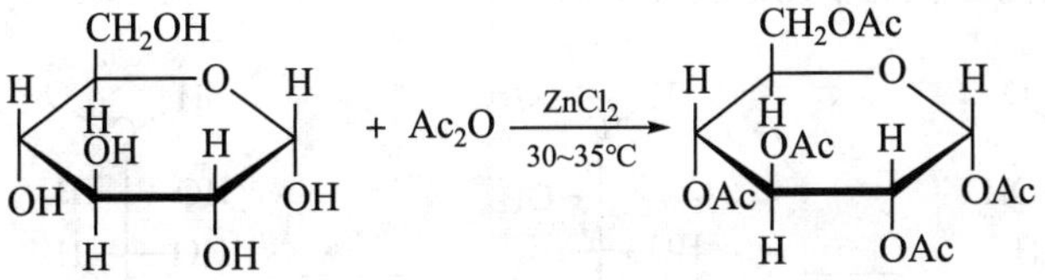

1, 2, 3, 4, 6-五-*O*-乙酰基-*α*-*D*-吡喃葡萄糖

（2）成苷反应：环状糖分子内含有一个半缩醛羟基，当它在干燥 HCl 存在下与非糖体的醇羟基脱水缩合生成缩醛，所形成的化合物称为糖苷。糖苷是比较稳定的化合物，在水中不能转化为开链结构，因此糖苷没有变旋光现象，也不易被氧化，是非还原糖。糖苷对碱稳定，但在酸或酶的作用下生成原来的糖和非糖体（醇）部分。

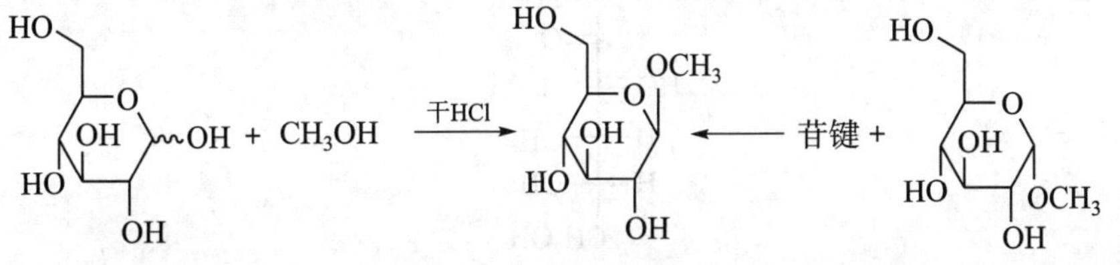

D-吡喃葡萄糖　　甲基*β*-*D*-吡喃葡萄糖苷　　甲基*α*-*D*-吡喃葡萄糖苷

（3）成脎反应：单糖与过量的苯肼一起加热作用，会生成难溶于水的黄色结晶物质，叫作糖脎（osazone）。糖脎的生成可分三个阶段进行。单糖先与苯肼作用生成苯腙，然后苯腙中原来与羰基相邻碳（醛糖的 C_2，酮糖的 C_1）上的羟基，被苯肼氧化为新的羰基，新的羰基再与苯肼作用生成二苯腙，即糖脎。

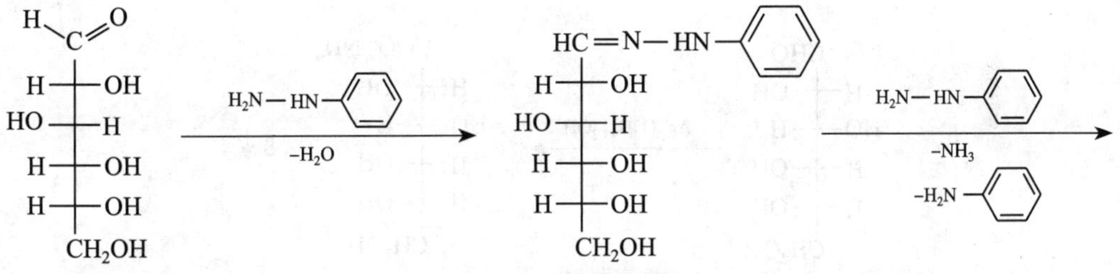

D-葡萄糖　　*D*-葡萄糖苯腙

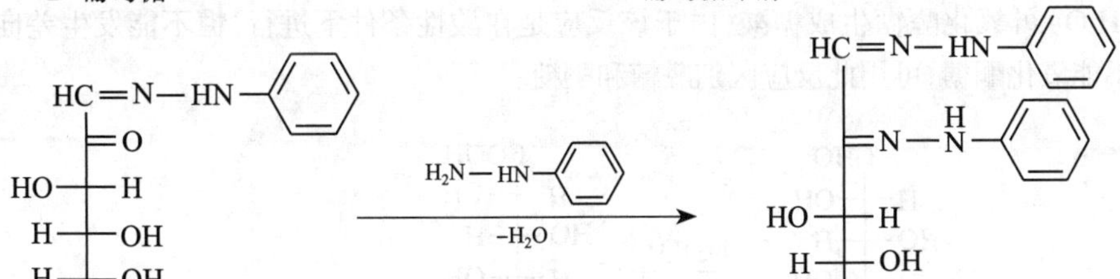

D-葡萄糖脎

D-葡萄糖、*D*-甘露糖和 *D*-果糖所生成的糖脎都一样。

（4）糖的差向异构：用碱［如 $Ba(OH)_2$］的水溶液处理 *D*-葡萄糖，可得到 *D*-葡萄糖、*D*-甘露糖和 *D*-果糖的混合物。*D*-葡萄糖和 *D*-甘露糖分子中有三个手性碳构型完全相同，只有一个手性碳不同，这种仅有一个手性碳构型不同的非对映异构体，称为差向异构体（epimer）。异构化过程是通过单糖和烯二醇结构之间建立的平衡而转化的。

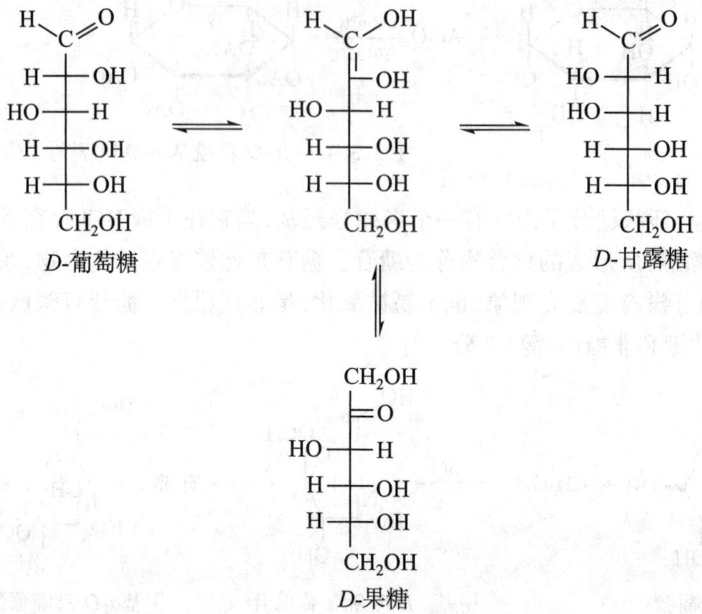

D-葡萄糖
D-甘露糖
D-果糖

（5）氧化反应：单糖容易被碱性弱氧化剂如 Tollens 试剂（银氨络离子）、Fehling 试剂（硫酸铜、氢氧化钠和酒石酸钾钠混合液）、Benedict 试剂（硫酸铜、碳酸钠和柠檬酸钠混合液）氧化，分别生成银镜或砖红色氧化亚铜沉淀。酮糖在碱性溶液中能通过异构化作用转变为醛糖，所以也容易被上述弱氧化剂所氧化。凡能被这些弱氧化剂氧化的糖称还原性糖。

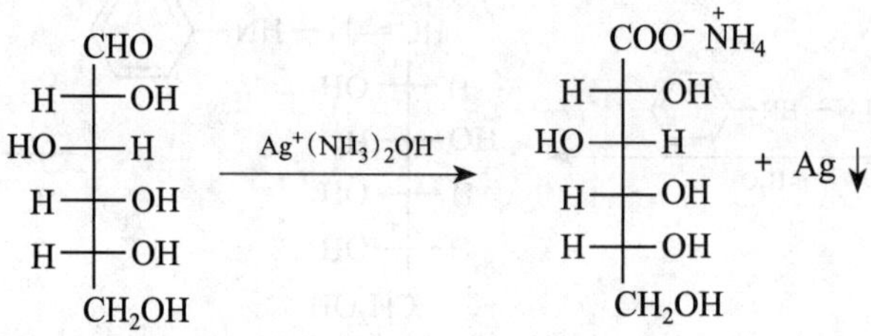

溴水（Br_2/H_2O）可氧化醛糖生成糖酸，由于该反应是在酸性条件下进行，糖不能发生差向异构，因此，溴水不能氧化酮糖，可用此反应区别醛糖和酮糖。

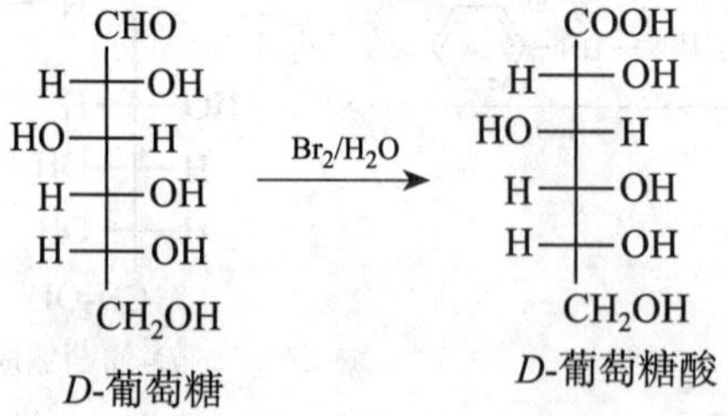

D-葡萄糖
D-葡萄糖酸

稀硝酸的氧化性比溴水强，能将糖的醛基（$-CHO$）和端基伯醇羟基（$-CH_2OH$）氧化成羧基，生成二元羧酸，称为糖二酸。

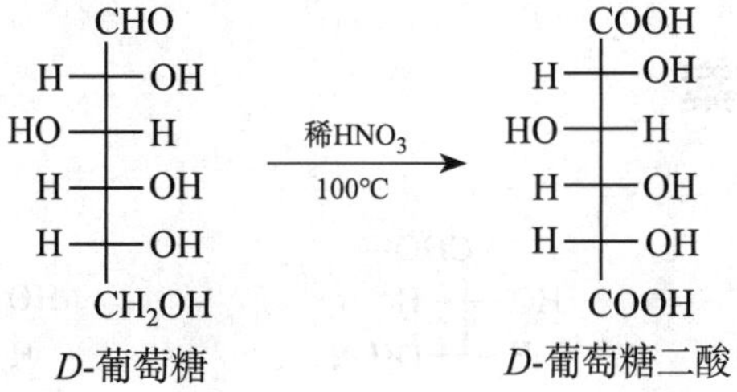
CHO
H
OH
HO
H
H
OH
H
OH
CH2OH
D-葡萄糖
稀HNO3
100℃
COOH
H
OH
HO
H
H
OH
H
OH
COOH
D-葡萄糖二酸

(6) 在酸性条件下的脱水反应：糖是多羟基醛（酮），单糖和无机酸（12% HCl）一起加热，脱水生成糠醛或其衍生物。例如戊醛糖生成呋喃甲醛（糠醛）。

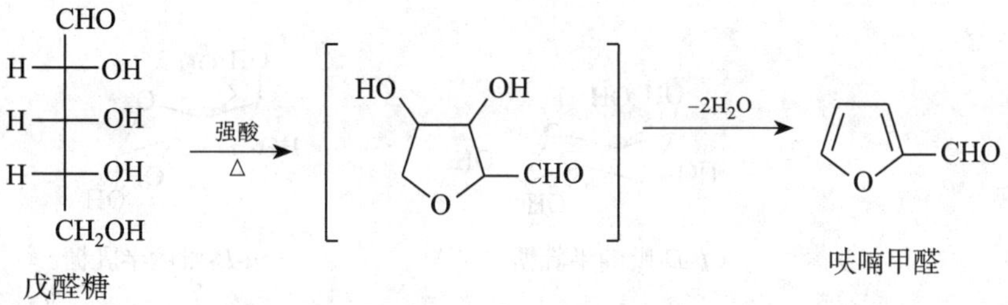
CHO
H
OH
H
OH
H
OH
CH2OH
戊醛糖
强酸
△
HO
OH
CHO
O
-2H2O
CHO
O
呋喃甲醛

（二）双糖

双糖是由两个单糖通过苷键相连而成的化合物，根据其氧化还原性质分为两种类型：

1. 还原性双糖　由一分子单糖的半缩醛羟基与另一分子单糖的醇羟基之间脱去一分子水，形成的双糖分子中仍保留一个半缩醛羟基。所形成的双糖具有变旋光现象，能与 Tollens 试剂、Fehling 试剂发生反应，故称还原性双糖。重要的还原性双糖有麦芽糖、纤维二糖和乳糖。

2. 非还原性双糖　由两分子单糖的半缩醛羟基之间脱去一分子水连接而成。由于所形成的分子中没有半缩醛羟基，故没有还原性和变旋光现象，称为非还原性双糖。蔗糖是重要的非还原性双糖。它是由 *α-D-*吡喃葡萄糖 C_1 半缩醛羟基和 *β-D-*呋喃果糖 C_2 的半缩酮羟基脱水而成。

（三）多糖

多糖是自然界分布最广的糖类。淀粉、纤维素和糖原的基本组成单位都是 *D-*葡萄糖。淀粉由多个 *α-D-*葡萄糖通过 *α-*1,4-苷键所连接（直链淀粉），若由 *α-*1,4-苷键和 *α-*1,6-苷键结合，则形成支链淀粉或糖原，但糖原的分支程度更高。淀粉遇碘显蓝色。纤维素是由多个 *β-D-*葡萄糖通过 *β-*1,4-苷键连接而成。多糖具有重要的生理功能。

三、重点和难点

重点：单糖的结构和化学性质。单糖开链结构及表示方法（Fischer 投影式）、环状结构及表示方法（Haworth 式、构象式）；基本概念（变旋光现象、端基异构体、差向异构体、还原糖、非还原糖）；化学性质（氧化反应、成苷反应、成酯反应、成脎反应、分子内脱水反应）。双糖结构及性质。

难点：单糖的变旋光现象、环状结构的形成过程及 Haworth 式、构象式的表示方法、差向异构化。

四、习题参考答案

17-1

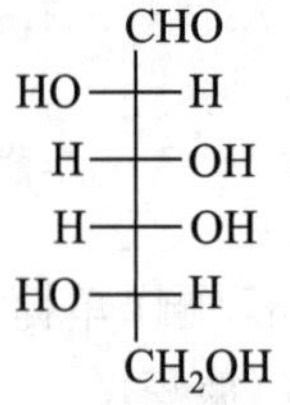

L-半乳糖

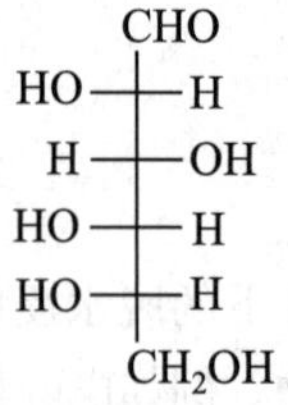

L-葡萄糖

17-2

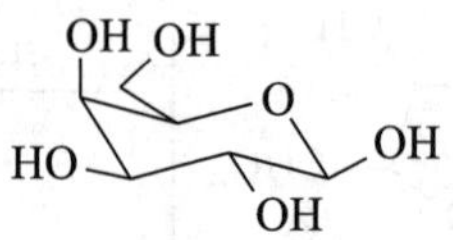

β-*D*-吡喃半乳糖

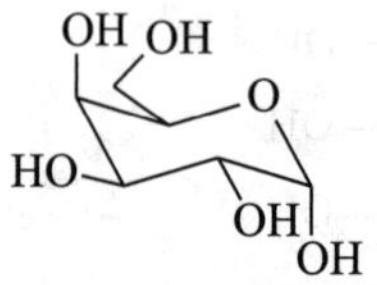

α-*D*-吡喃半乳糖

在水溶液中 *β*-*D*-吡喃半乳糖更稳定，因为其吡喃六元环上取代基处于 e 键的个数要多于 *α*-*D*-吡喃半乳糖。

17-3　由于糖苷在酸性水溶液中不稳定，水解成原来的糖，糖有变旋光现象，所以糖苷在酸性水溶液中有变旋光现象。

17-4　不能，因为醛糖和酮糖都能被弱碱性的 Tollens、Benedict 和 Fehling 试剂氧化。

17-5　（1）*D*-葡萄糖；（2）*β*-*D*-呋喃果糖；（3）*α*-*D*-2-脱氧呋喃核糖；（4）*β*-*D*-吡喃半乳糖；（5）苄基 *β*-*D*-吡喃甘露糖苷。

17-6

（1）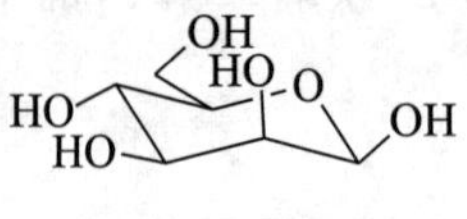

（2）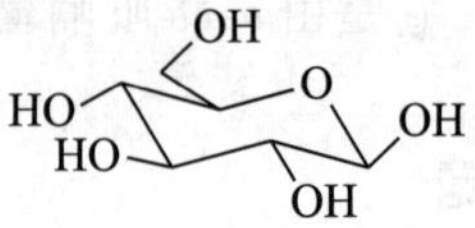

（3）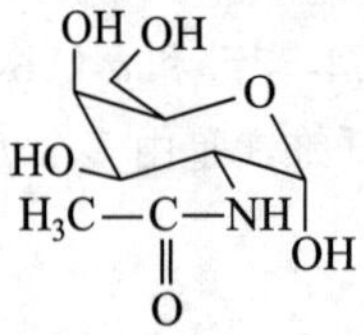

17-7　（1）*D*-葡萄糖和 *D*-甘露糖的差别仅 C_2 位的构型不同，像这种有多个手性碳的非对映异构体，彼此间只有一个手性碳原子的构型不同，而其余都相同，称为差向异构体。

（2）连有半缩醛羟基的手性碳构型相反，其他相对应的手性碳的构型均相同的糖互为端基异构体。

（3）糖在水溶液中的比旋光度发生自动变化，最后达到恒定值的现象称为变旋光现象。

（4）凡是能被弱氧化剂（Tollens，Benediet 和 Fehling 试剂）氧化的糖称为还原糖，如葡萄糖、麦芽糖。不能被弱氧化剂氧化的糖称为非还原糖，如蔗糖。

（5）广义地指，糖的半缩醛羟基与其他化合物发生分子间脱水反应所形成的键，称为苷键。

17-8 （1）分别与 Tollens 试剂作用，产生 Ag ↓为麦芽糖。

（2）分别与 Br_2/H_2O 作用，溴的红棕色退去的为 *D*-葡萄糖。

（3）分别与 Tollens 试剂作用，产生 Ag ↓为 *D*-葡萄糖。

（4）分别加入 I_2，能使 I_2 显蓝色为淀粉。

（5）分别加入 I_2，淀粉遇 I_2 显蓝色，纤维素则不能。

17-9

（1）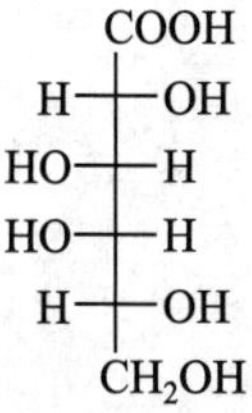　（2）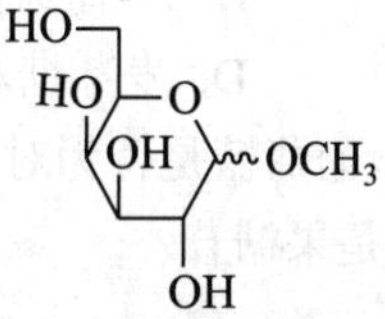　（3）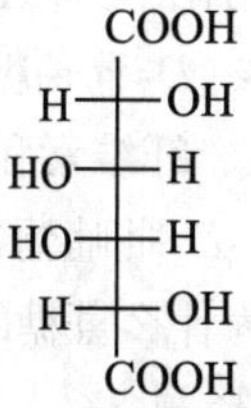

17-10 *D*-甘露糖在碱性溶液能发生互变异构，形成烯二醇，然后转化成 *D*-葡萄糖和 *D*-果糖。

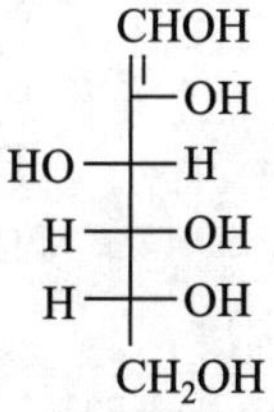

烯二醇

17-11 有还原性的糖为：（1）*D*-阿拉伯糖　（2）*D*-甘露糖。

17-12 （1）*D*-核糖　（2）*D*-阿拉伯糖　（3）*L*-核糖　（4）*D*-木糖

（1）与（3）互为对映体；（1）与（2），（1）与（4）互为差向异构体

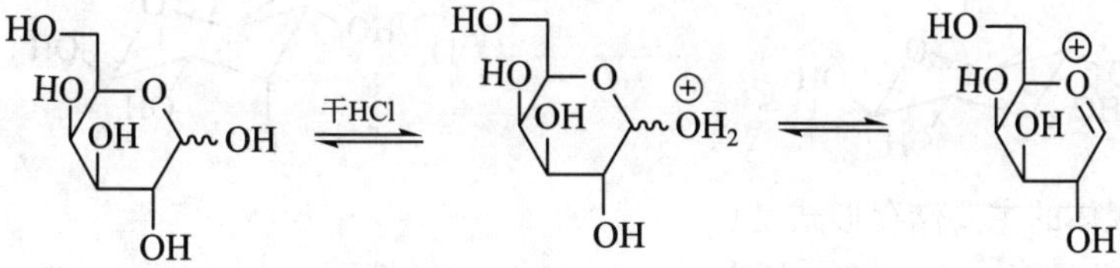

17-13

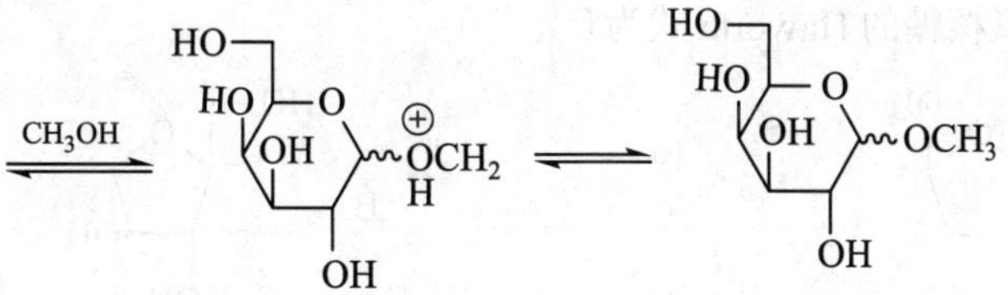

17-14 6-*O*-（*α*-*D*-吡喃葡萄糖基）-*β*-*D*-吡喃葡萄糖

五、复习题

1. 写出下列化合物的 Haworth 式。

（1）*β*-*D*-呋喃核糖　　（2）*α*-*D*-呋喃果糖

（3）*β*-*D*-吡喃葡萄糖　　（4）*β*-*D*-麦芽糖

（5）蔗糖　　（6）甲基 *β*-*D*-甘露糖苷

2. 问答题

（1）用反应式表示甘露糖有变旋光现象的过程。

（2）写出 *D*-(+)-葡萄糖与下列试剂反应的主要产物。

A. Br_2/H_2O　　B. HNO_3

C. CH_3OH，干 HCl　　D. Fehling 试剂

（3）用化学方法区别下列各对化合物。

A. *D*-葡萄糖和 *D*-葡萄糖苷　　B. *D*-葡萄糖和 *D*-果糖

C. 纤维素和淀粉　　D. 麦芽糖和蔗糖

（4）*α*-*D*-吡喃葡萄糖和 *β*-*D*-吡喃葡萄糖是否为对映体？

（5）为什么蔗糖既是葡萄糖苷又是果糖苷？

3. 选择题

（1）葡萄糖属于（　　）

A. 戊醛糖　　B. 戊酮糖　　C. 己酮糖　　D. 己醛糖

（2）自然界存在的葡萄糖是（　　）

A. *D*-构型　　B. *L*-构型

C. *D*-构型和 *L*-构型　　D. 绝大多数是 *D*-构型

（3）下列糖中最稳定的构象式是（　　）

A. 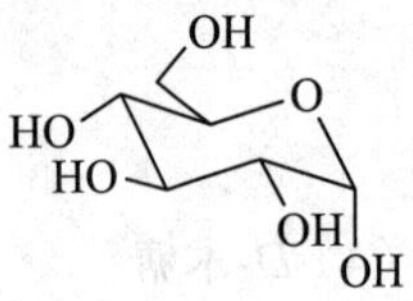
OH
HO
HO
O
OH
OH

B. 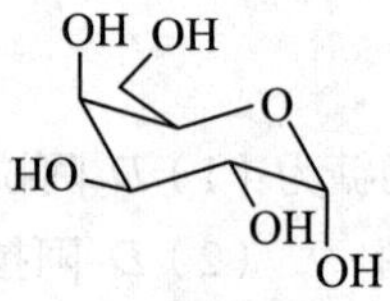
OH OH
HO
O
OH
OH

C. 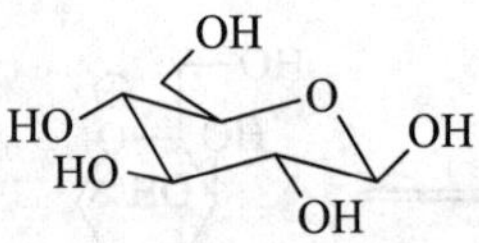
OH
HO
HO
O
OH
OH

D. 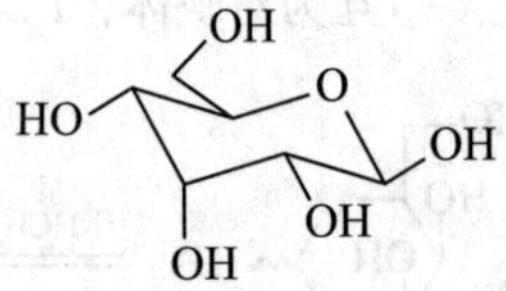
OH
HO
O
OH
OH
OH

（4）糖在人体的主要储存形式是（　　）

A. 葡萄糖　　B. 蔗糖　　C. 糖原　　D. 麦芽糖

（5）*β*-*D*-2-脱氧核糖的 Haworth 式为（　　）

A. 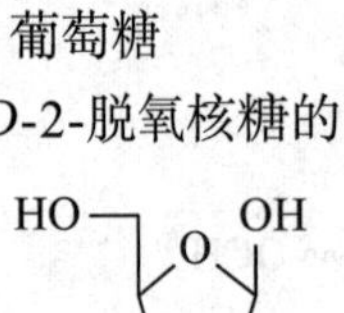
HO
OH
O
OH

B. 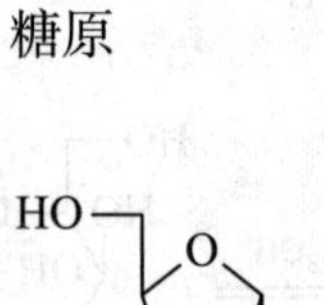
HO
O
OH
OH

C. 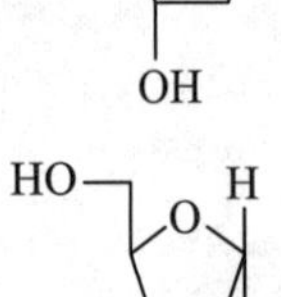
HO
H
O
OH OH

D. 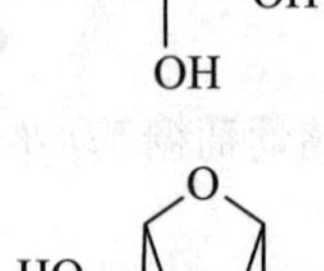
O
HO
OH
OH

（6）淀粉的基本组成单位为 *D*-葡萄糖，它在直链淀粉中的主要连接方式为（　　）

A. *α*-1,6-苷键　　B. *α*-1,4-苷键

C. *β*-1,6-苷键　　D. *β*-1,4-苷键

（7）下列糖与 HNO_3 反应后，产生内消旋体的是（　　）

A. 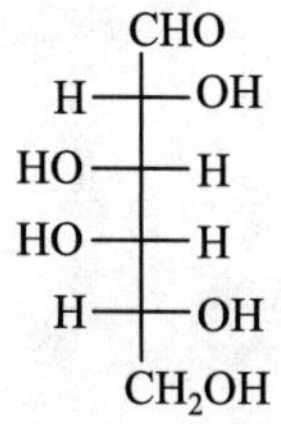
B. 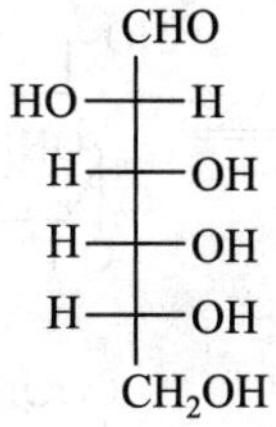
C. 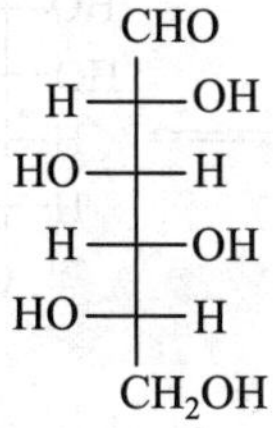
D. 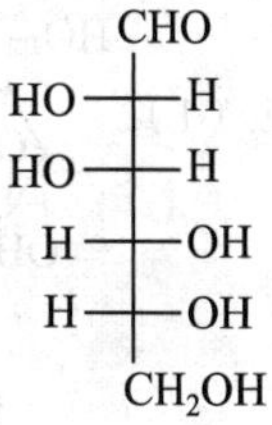

（8）互为差向异构体的两种单糖，一定互为（　　）

A. 端基异构体　　B. 互变异构体　　C. 对映体　　D. 非对映体

（9）*D*-吡喃葡萄糖与 1 摩尔无水乙醇和干燥 HCl 反应得到的产物属于（　　）

A. 醚　　B. 酯　　C. 缩醛　　D. 半缩醛

（10）下列叙述正确的是（　　）

A. 糖类又称碳水化合物，都符合 $C_m(H_2O)_n$ 通式

B. 葡萄糖和果糖具有相同分子式

C. *α*-*D*-葡萄糖和 *β*-*D*-葡萄糖溶于水后，比旋光度都会增大

D. 葡萄糖分子中含有醛基，在干燥 HCl 下，与 1mol 甲醇生成半缩醛，与 2mol 甲醇生成缩醛

4. 杨树中存在一种苷类化合物，称为水杨苷，它不与 $FeCl_3$ 发生显色反应，当用苦杏仁酶水解时得到 *D*-(+)-葡萄糖和水杨醇（邻羟基苯甲醇），写出水杨苷的结构式。

5. 是非题（在每小题后面正确的打“√”错误的打“×”）

（1）变旋光现象是由于糖在溶液中发生水解而产生一种现象。（　　）

（2）糖苷通常由糖的半缩醛羟基和任一具有羟基的配体化合物脱水而生成。（　　）

（3）由于 *β*-*D*-葡萄糖的构象式为优势构象，所以在葡萄糖水溶液中，其含量大于 *α*-*D*-葡萄糖。（　　）

（4）葡萄糖、果糖和甘露糖三者既为同分异构体，又互为差向异构体。（　　）

（5）甲基 *β*-*D*-吡喃葡萄糖苷在酸性水溶液中会产生变旋光现象。（　　）

六、复习题参考答案

1.（1）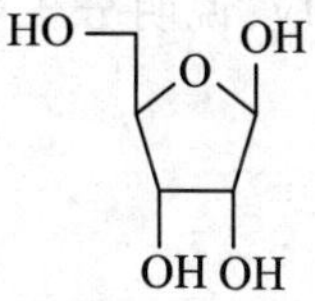

（2）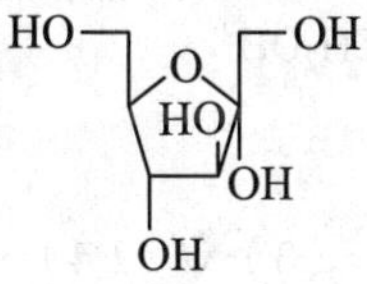

（3）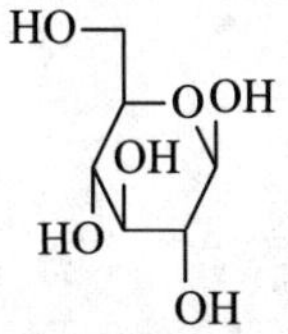

（4）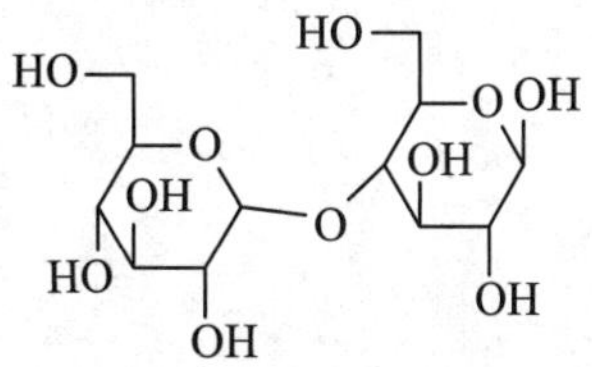

（5）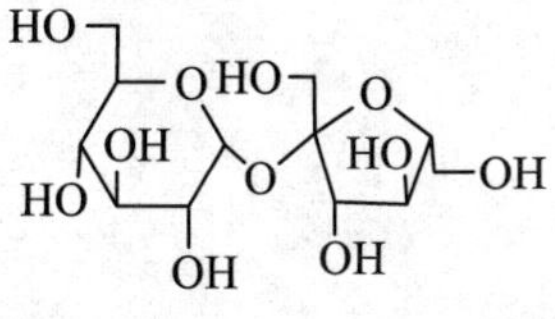

（6）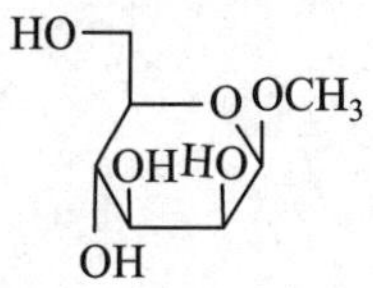

2.（1）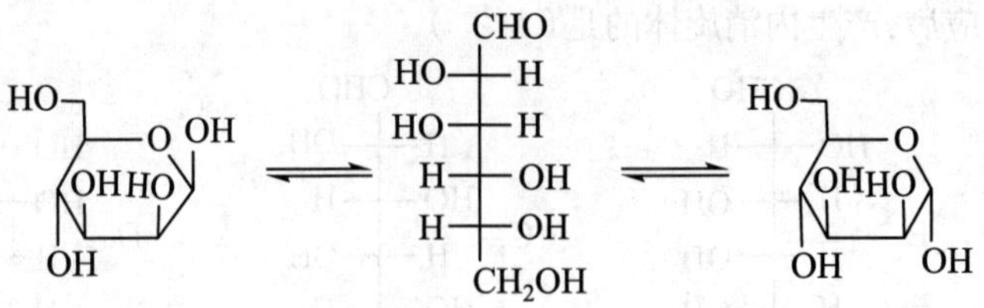

（2）A. 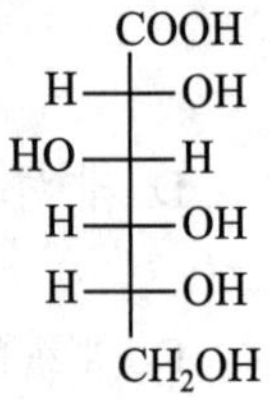　B. 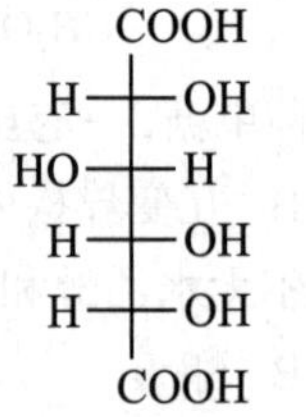

C. 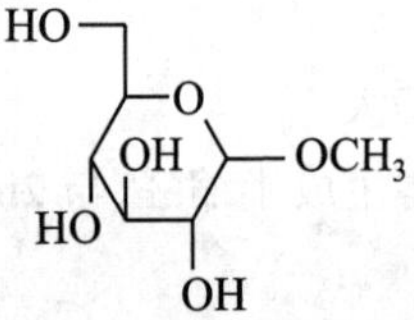　D. 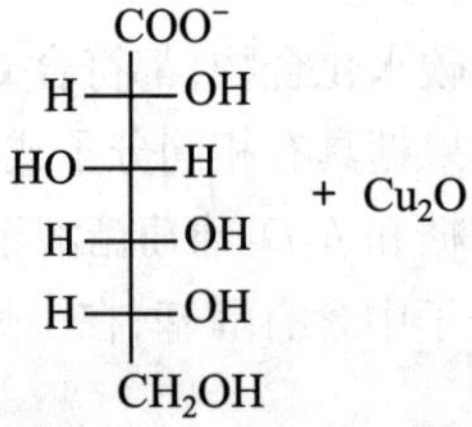

（3）A. $\left.\begin{array}{l}D\text{-葡萄糖}\\D\text{-葡萄糖苷}\end{array}\right\}\xrightarrow{\text{Tollens 试剂}}\begin{array}{l}\text{Ag}\downarrow\\(-)\end{array}$　B. $\left.\begin{array}{l}D\text{-葡萄糖}\\D\text{-果糖}\end{array}\right\}\xrightarrow{Br_2/H_2O}\begin{array}{l}\text{红棕色消失}\downarrow\\(-)\end{array}$

C. $\left.\begin{array}{l}\text{纤维素}\\\text{淀粉}\end{array}\right\}\xrightarrow{I_2}\begin{array}{l}(-)\\\text{显蓝色}\end{array}$　D. $\left.\begin{array}{l}\text{麦芽糖}\\\text{蔗糖}\end{array}\right\}\xrightarrow{\text{Tollens 试剂}}\begin{array}{l}\text{Ag}\downarrow\\(-)\end{array}$

（4）不是对映体，而是差向异构体。

（5）蔗糖是由葡萄糖的半缩醛羟基和果糖的半缩酮羟基脱水而形成的双糖，所以它既是葡萄糖苷，也是果糖苷。

3.（1）D （2）A （3）C （4）C （5）A （6）B （7）A （8）D （9）C （10）B

4. 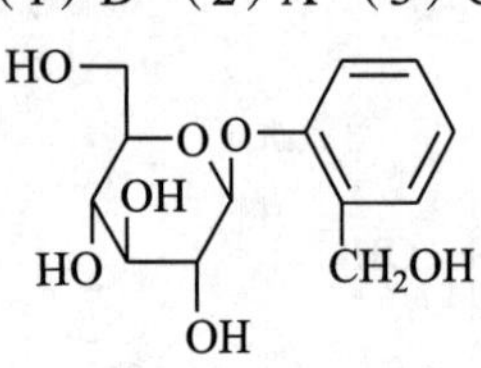（苦杏仁酶只水解β-苷键，不与$FeCl_3$反应，说明分子中无酚羟基存在。）

5.（1）× （2）√ （3）√ （4）× （5）√

（张定林）

第十八章　氨基酸、肽和蛋白质

一、基本要求

掌握:氨基酸的结构、分类、命名及化学性质;
熟悉:肽的结构和命名、蛋白质的一级结构;
了解:肽结构的测定方法和蛋白质的空间结构。

二、总结

自然界中存在的氨基酸有数百种,但是存在于蛋白质内的氨基酸主要有二十种,它们都属于α-氨基酸。其结构差异之处在侧链 R 基团。除甘氨酸外,所有氨基酸分子中的α-碳原子均为手性碳,有旋光性。生物体内具有旋光性的氨基酸都是 *L*-构型。

氨基酸的结构通式和偶极离子式:

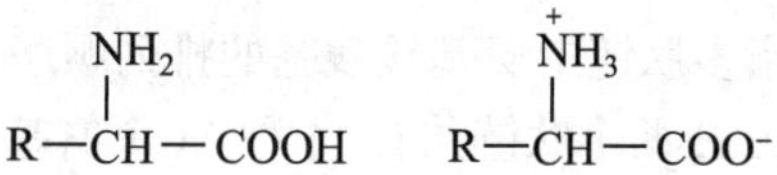

偶极离子

若用 *R*、*S* 标记法,其α-碳原子除半胱氨酸为 *R* 构型外,其余常见的皆为 *S* 构型。

氨基酸可分为中性、酸性和碱性氨基酸。需要注意的是,"中性"、"酸性"或者"碱性"并非指氨基酸溶液的 pH。在中性氨基酸中因其酸性解离大于碱性解离,故其水溶液并不是中性,大多呈微酸性。

在二十种氨基酸中有 8 种在人体内不能合成,必须由食物提供,称为人体必需氨基酸。

氨基酸分子中同时存在碱性基团氨基和酸性基团羧基,具有胺和羧酸的典型反应,如酯化、脱羧以及与亚硝酸的作用等。α-氨基酸与水合茚三酮在乙醇或丙酮溶液中共热生成蓝紫色的化合物罗曼紫。常用茚三酮方法鉴别氨基酸。

氨基酸主要以两性离子存在,具有两性解离和等电点的特性。在水溶液中,氨基酸以阳离子、阴离子和偶极离子三种形式存在,它们之间形成动态平衡。

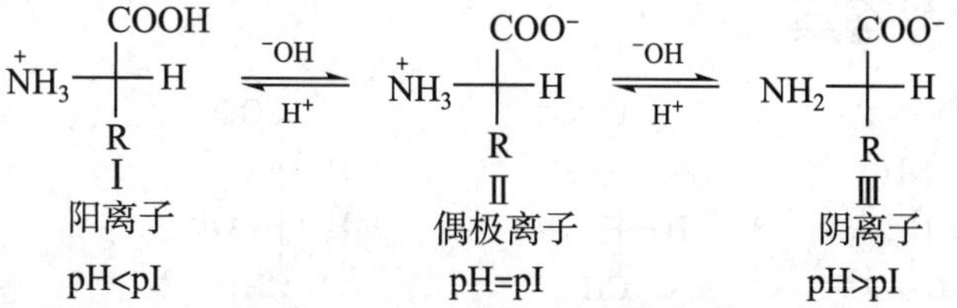
Ⅰ
阳离子
pH<pI
Ⅱ
偶极离子
pH=pI
Ⅲ
阴离子
pH>pI

当某一种氨基酸以偶极离子形式存在时,所带的正负电荷相当,呈电中性,在电场中不泳动。此时,氨基酸溶液的 pH 称为该氨基酸的等电点(pI)。

当氨基酸溶液的 pH<pI 时(如加入酸),氨基酸主要以阳离子形式(Ⅰ)存在,在电场中向负极

移动。反之，当溶液的 pH>pI 时（如加入碱），氨基酸主要以阴离子形式（Ⅲ）存在，在电场中向正极移动。利用此性质可采用电泳方法将其分离。

肽是氨基酸之间通过酰胺键相连而成的多聚体。肽分子中的酰胺键又称为肽键。两分子氨基酸形成的肽称为二肽；多个氨基酸由多个肽键结合起来形成的肽称为多肽。多肽既可以是线性的，也可是环状的，也可以通过二硫键和氢键连接。在肽链分子的两端仍存在着游离的$-\overset{+}{N}H_3$，称为氨基末端或 N-端，而另一端则保留着游离的$-COO^-$，称为羧基末端或 C-端。肽也以两性离子的形式存在。

肽的命名通常从 N-端开始，以 C-端的氨基酸为母体，其他氨基酸残基依次称某氨酰，置于母体名称之前。肽的氨基酸序列可以用三字母或一字码表述。

由于组成多肽的氨基酸大多不同，当它们的排列顺序不同，形成的多肽也各异。因此，多肽有大量的同分异构体存在。

肽键与相邻两个 α-碳原子所组成的基团（$-C\alpha-CO-NH-C\alpha-$）位于同一平面内，称为肽键平面。肽键具有局部双键性质，不能自由旋转。肽键平面上与 C—N 键相连的 O 与 H 及两个 Cα 原子之间一般呈较稳定的反式构型。

多肽结构的测定常采用氨基酸分析仪测定其组成和含量，结合末端残基分析法和部分水解法推测肽分子中氨基酸残基的排列顺序。近年来，波谱技术广泛应用于氨基酸、小肽和一些蛋白质等的结构研究。

生物体内存在某些重要的活性肽，如脑啡肽、谷胱甘肽、催产素和一些非蛋白质来源的多肽。虽然它们的含量较少，却起着重要的生理作用。

任何一种蛋白质分子在天然状态下均具有独特而稳定的构象。常将蛋白质结构分为一级、二级、三级和四级结构进行研究。

蛋白质分子的一级结构是指多肽链中氨基酸残基的排列顺序，肽键是一级结构中连接氨基酸残基的主要化学键。胰岛素的 A、B 两个肽链共有 16 种 51 个氨基酸。

二级结构是指具有一级结构的肽链按一定的方式盘绕、折叠而成的空间构象，维系二级结构稳定的主要键是氢键，蛋白质的二级结构主要有 α-螺旋、β-折叠。

蛋白质具有高分子的胶体性质，也具有两性解离和等电点的性质，受物理因素和化学因素的影响，可发生沉淀和变性，导致蛋白质丧失生物活性。在一定条件下，变性的蛋白质可复性。蛋白质变性和复性的研究，对了解蛋白质分子的折叠机制具有重要的意义。

三、重点和难点

重点：氨基酸的结构和化学性质，多肽的结构和命名，蛋白质的一级结构。

难点：氨基酸化学性质中两性解离与等电点，多肽结构中的肽键平面。

四、习题参考答案

18-1

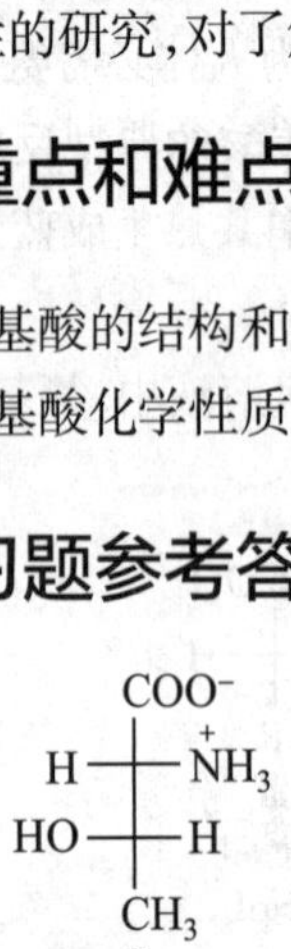

Ⅰ

*D*型（2*R*, 3*S*）

D-(+)-Threonine

D-苏氨酸

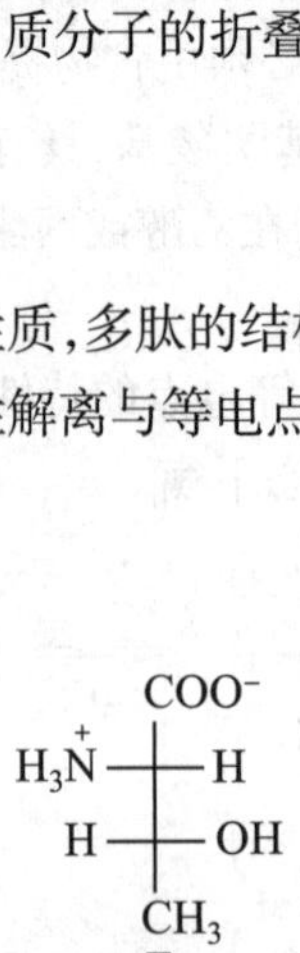

Ⅱ

*L*型（2*S*, 3*R*）

L-(−)-Threonine

L-苏氨酸

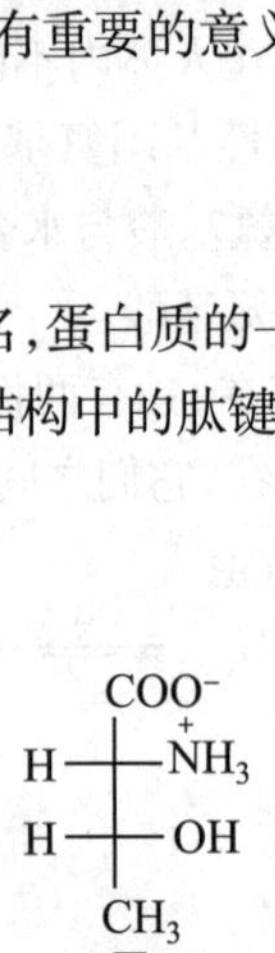

Ⅲ

*D*型（2*R*, 3*R*）

D-(−)-Allothreonine

D-别苏氨酸

Ⅳ

*L*型（2*S*, 3*S*）

L-(+)-Allothreonine

L-别苏氨酸

Ⅱ式为蛋白质中存在的(2*S*,3*R*)-构型。

18-2　Val 和 Glu 均带有负电荷，向正极泳动，但 Glu 所带负电荷较多，泳动速度较 Val 快。His 主要以偶极离子存在，不带电荷，在电场中不泳动。

pH=7.59 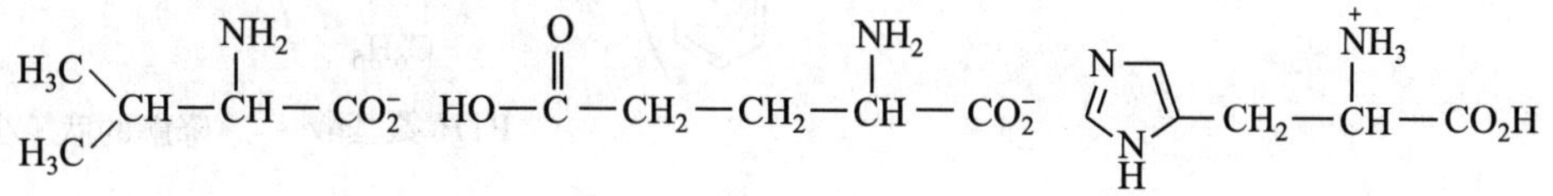

Val　　Glu　　His

18-3

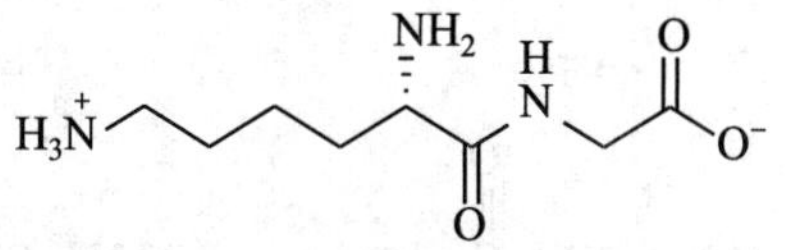

Lys-Gly

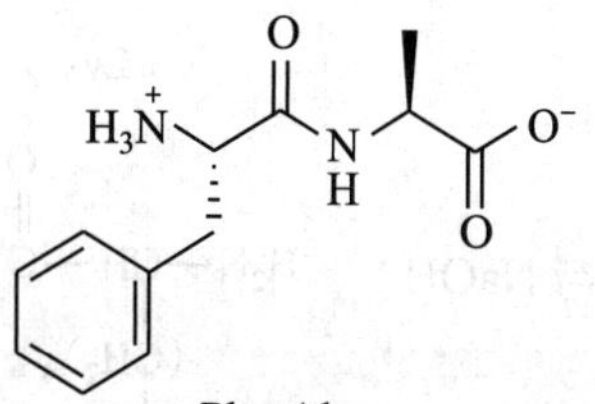

Phe-Ala

18-4　在 pH=4.9 时，血清白蛋白不泳动，卵清蛋白向正极泳动，脲酶向负极泳动。

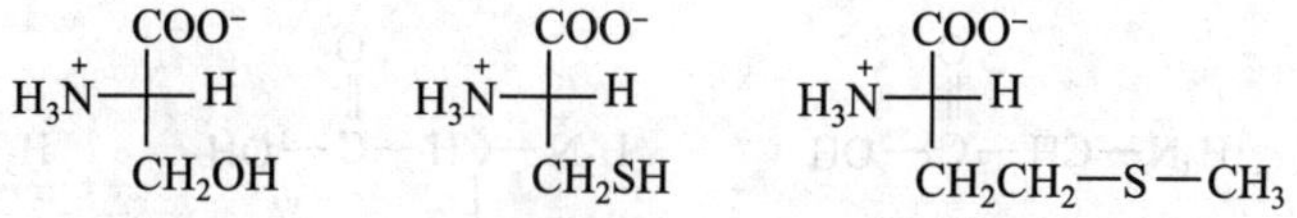

L-Ser　　*L*-Cys　　*L*-Met

S-Ser　　*R*-Cys　　*S*-Met

18-5

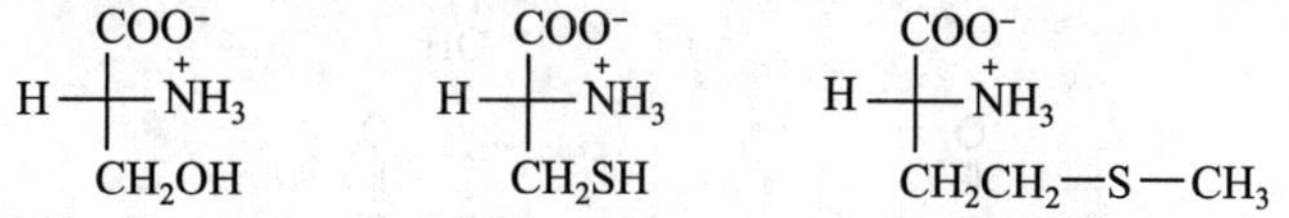

D-Ser　　*D*-Cys　　*D*-Met

R-Ser　　*S*-Cys　　*R*-Met

18-6

(1) 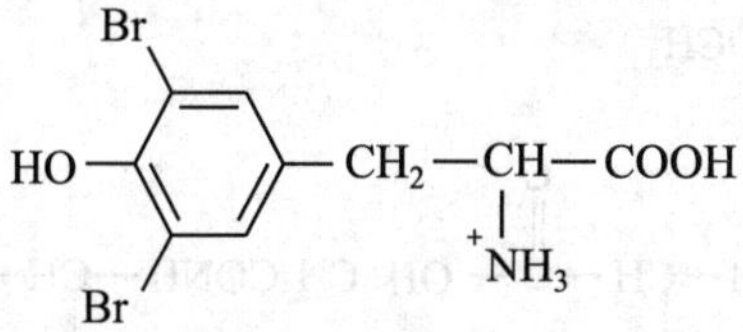

(2) 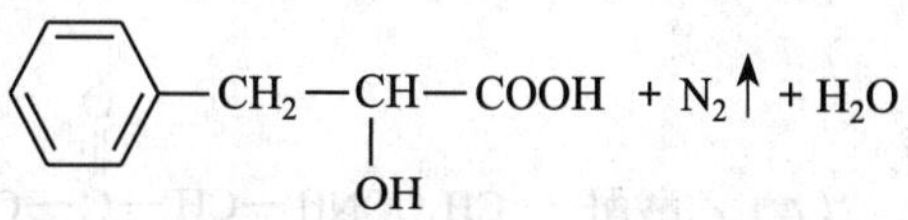

(3) 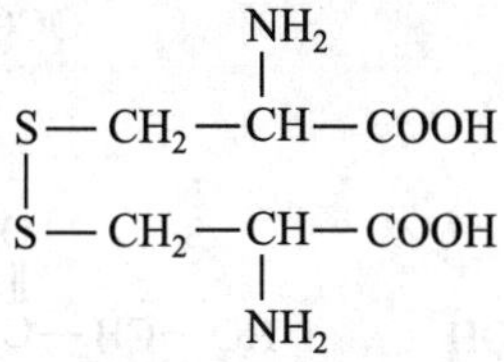

(4) 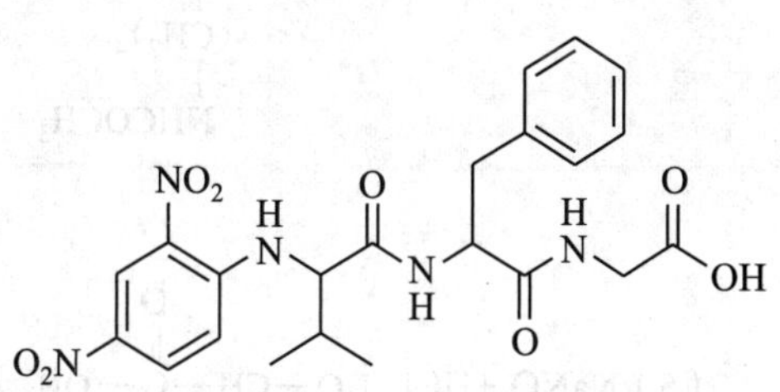

(5) 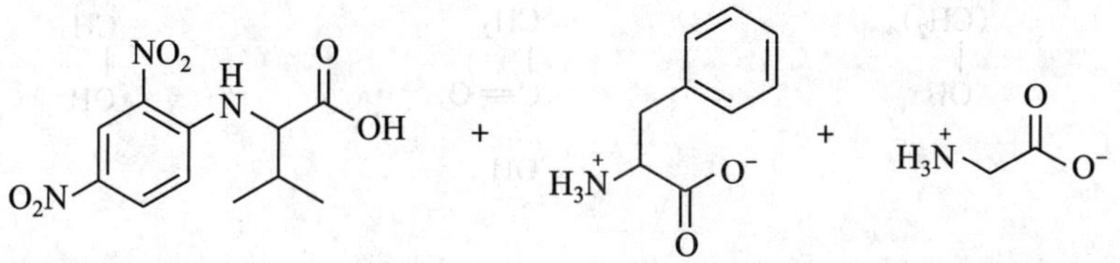

（6）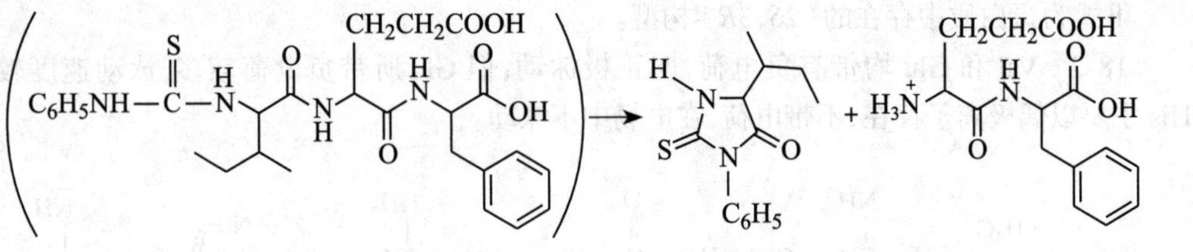

PTH-氨基酸　　降解的肽（少一个残基）

18-7

Lys　　Asp　　Ser

（1）与 NaOH 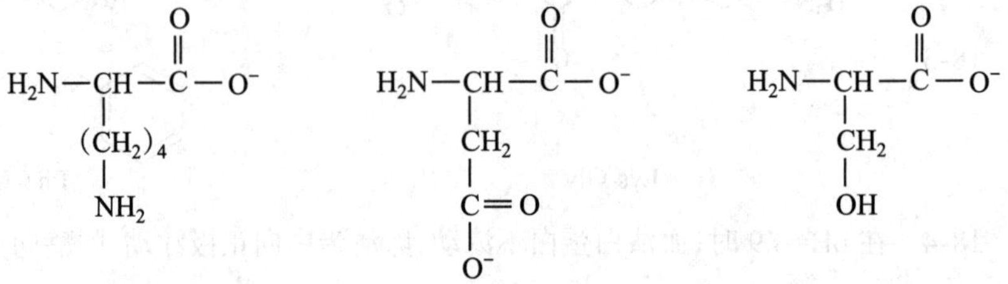

（2）与 HCl 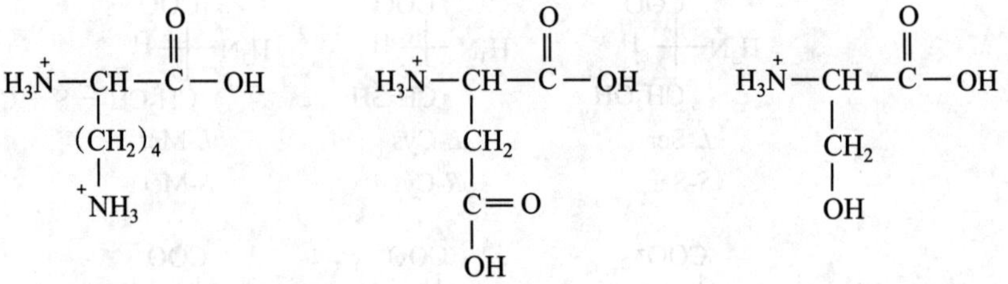

（3）CH_3OH/H^+ 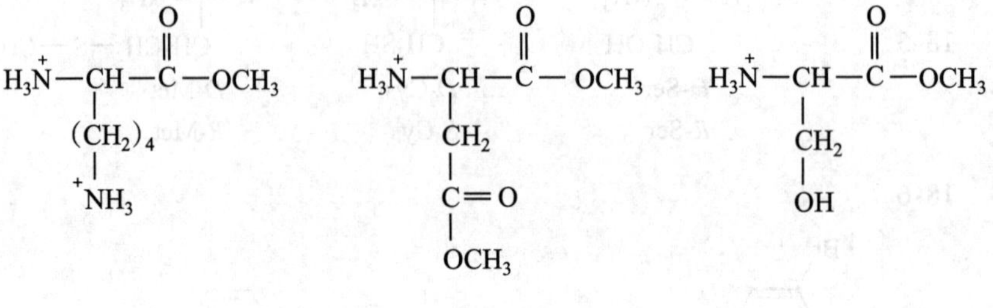

（4）乙酸酐 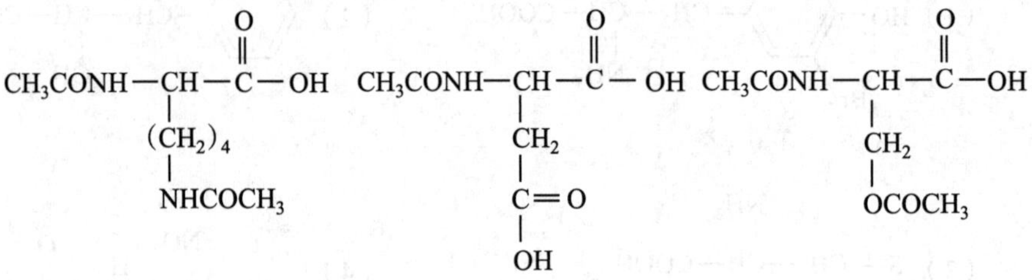

（5）$NaNO_2$+HCl 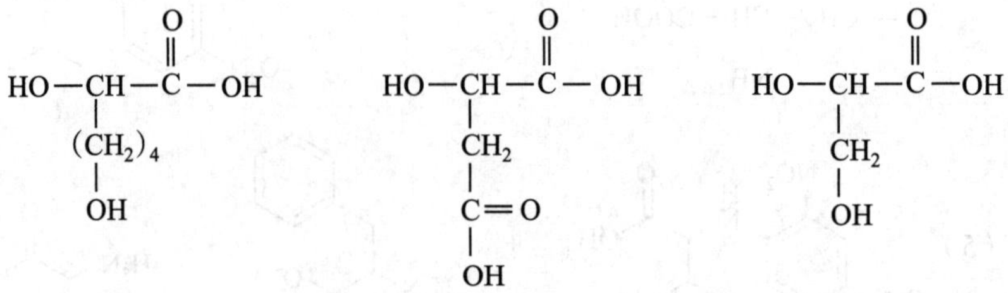

18-8

L-谷氨酸脱羧酶

18-9

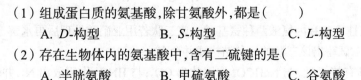

（1）甘氨酸呈弱酸性，谷氨酸呈酸性，赖氨酸呈碱性。

（2）甘氨酸带负电荷，谷氨酸带负电荷，赖氨酸带正电荷。

（3）甘氨酸加入少量酸，谷氨酸加入少量酸，赖氨酸加入少量碱。在等电点（pH = pI）时的结构式：

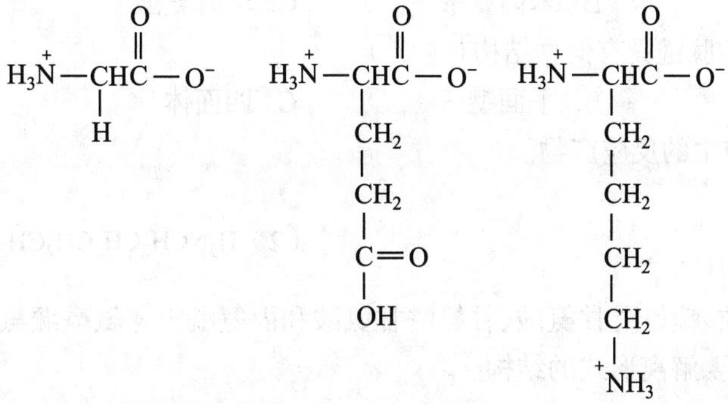

18-10　由 Val，Tyr 和 Gly 可能形成的三肽有 6 种：

Val-Tyr-Gly 缬氨酰酪氨酰甘氨酸

Val-Gly-Tyr 缬氨酰甘氨酰酪氨酸

Tyr-Gly-Val 酪氨酰甘氨酰缬氨酸

Tyr-Val-Gly 酪氨酰缬氨酰甘氨酸

Gly-Val-Tyr 甘氨酰缬氨酰酪氨酸

Gly-Tyr-Val 甘氨酰酪氨酰缬氨酸

18-11　pH=7.3：带少量负电荷；pH=5.3：带少量正电荷。

18-12　A 的名称：苯丙氨酰甘氨酰丙氨酸；三字母缩写结构：Phe-Gly-Ala。

五、复习题

1. 选择题

（1）组成蛋白质的氨基酸，除甘氨酸外，都是（　　）

A. *D*-构型　B. *S*-构型　C. *L*-构型　D. *R*-构型

（2）存在生物体内的氨基酸中，含有二硫键的是（　　）

A. 半胱氨酸　B. 甲硫氨酸　C. 谷氨酸　D. 胱氨酸

（3）蛋白质分子中氨基酸的主要连接方式是（　　）

A. 二硫键　B. 氢键　C. 肽键　D. 疏水键

（4）维系蛋白质二级结构稳定的主要作用力是（　　）

A. 疏水键　B. 氢键　C. 盐键　D. 二硫键

（5）与茚三酮反应<u>不产生</u>罗曼紫的是（　　）

A. 谷氨酸　B. 二肽　C. 脯氨酸　D. 苯丙氨酸

（6）将点样端置于负极，在 pH~7.59 的缓冲液中通以直流电，在正极可能得到的是（　）

A. 丝氨酸（pI=5.68）　　B. 精氨酸（pI=10.76）

C. 组氨酸（pI=7.59）　　D. 赖氨酸（pI=9.74）

（7）谷氨酸的 pI=3.22，其水溶液呈（　　）

A. 强碱性　　B. 碱性　　C. 中性　　D. 酸性

（8）立体构型为 *R*-型的氨基酸是（　　）

A. 半胱氨酸　　B. 赖氨酸　　C. 酪氨酸　　D. 丙氨酸

（9）与 HNO_2 作用不放出 N_2 的氨基酸是（　）

A. 亮氨酸　　B. 苯丙氨酸　　C. 半胱氨酸　　D. 脯氨酸

（10）多肽链中的肽键具有何种结构（　　）

A. 直线型　　B. 平面型　　C. 四面体　　D. α-螺旋

2. 写出下列反应中的反应产物。

（1）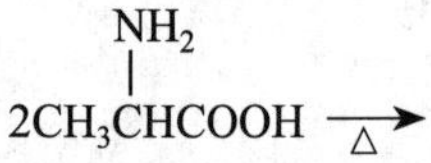

（2）$H_2NCH_2CH_2CH_2CH_2COOH \xrightarrow{\triangle}$

3. 写出异亮氨酸、赖氨酰甘氨酸、甘氨酰甘氨酸和丙氨酰天冬氨酰缬氨酸在 pH 为 2、7 和 12 的水溶液中呈现的主要解离形式的结构。

4. 阿斯巴甜（aspartame，APM）是人工合成的甜味素（比蔗糖甜 200 倍），它是二肽酯 Asp-Phe-OCH_3。

（1）阿斯巴甜可能存在几种立体异构体？

（2）若以自然界中存在的氨基酸作为原料合成，写出该异构体的结构。

5. 有一五肽含有 2 个 Gly、1 个 Ala、1 个 Phe 和 1 个 Val，当与 HNO_2 反应时不产生 N_2，水解后的产物为 Ala-Gly 和 Gly-Ala。写出其两种可能的结构式。

6. 新鲜菠萝中含有水解蛋白质的酶，它具有破坏凝胶的作用，故不能制作果冻甜点心。为何罐头中的菠萝却可加入果冻制作甜点心？

7. 有一个七肽 His-Trp-Glu-Arg-Ile-Phe-Tyr，试在下列结构式中按其一级结构顺序填上残基侧链的结构（在生理状态）。

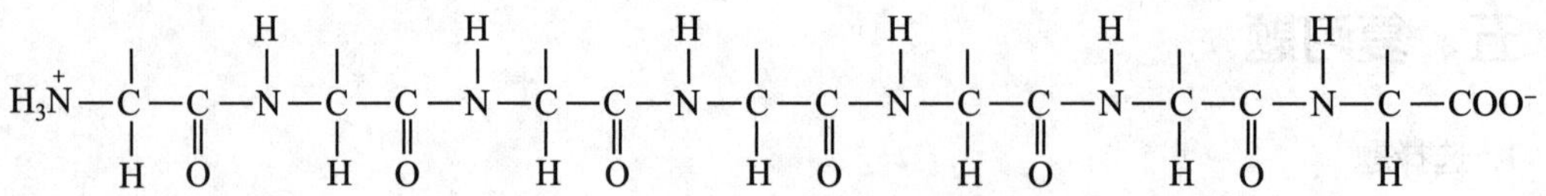

8. 某三肽完全水解时生成甘氨酸和丙氨酸两种氨基酸。该三肽若用亚硝酸处理后再水解，则得到乳酸及甘氨酸两种化合物。试写出该三肽的一种结构式并命名。

9. 化合物 A（$C_5H_9NO_4$）具有旋光性，与 $NaHCO_3$ 作用放出 CO_2；与 HNO_2 作用放出 N_2，并转化为化合物 B（$C_5H_8O_5$），B 也具有旋光性。将 B 氧化得到 C（$C_5H_6O_5$），C 无旋光性，但可与 2,4-二硝基苯肼作用生成黄色沉淀。C 经加热可放出 CO_2，并生成化合物 D（$C_4H_6O_3$），D 能发生银镜反应，其氧化产物为 E（$C_4H_6O_4$）。1mol 的 E 在常温下与足量的 $NaHCO_3$ 反应可生成 2mol 的 CO_2。试写出 A、B、C、D、E 的结构式。

10. 化合物 A，分子式为 $C_4H_7NO_4$，具有旋光性，与 HNO_2 作用后生成产物 B 和 N_2。B 也具旋光性，且可在脱氢氧化后生成产物 C，C 具有互变异构体 D。B 在发生脱水反应后生成产物 E，E 具有顺反异构体 F。试写出 A、B、C、D、E 和 F 的结构式。

六、复习题参考答案

1.（1）C （2）D （3）C （4）B （5）C （6）A （7）D （8）A （9）D （10）B

2.（1）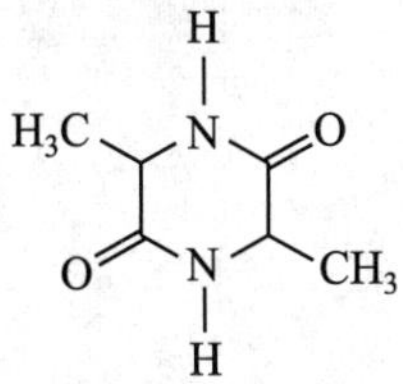　（2）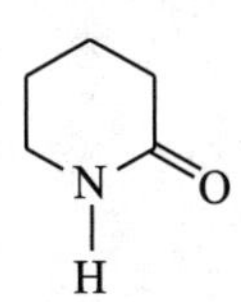

3. 在 pH=2 时，结构式分别为：

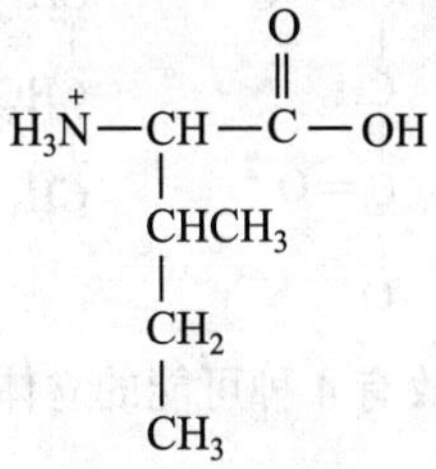

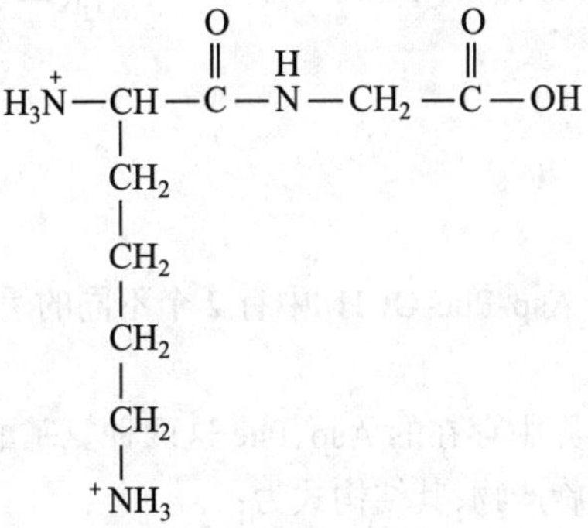

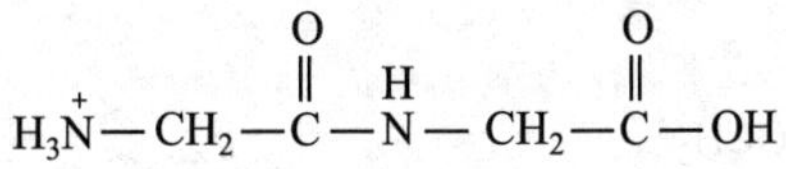

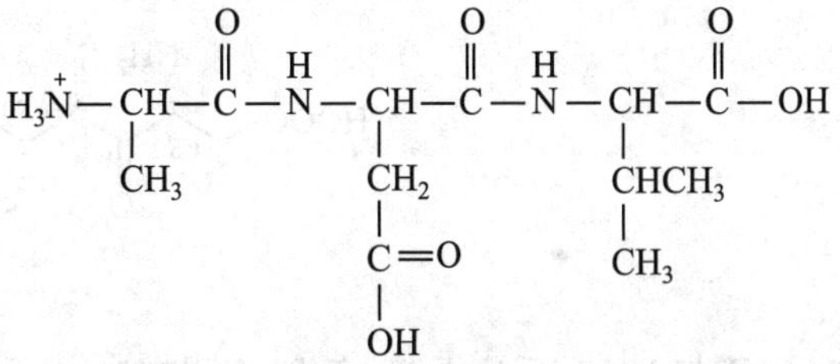

在 pH=7 时，结构式分别为：

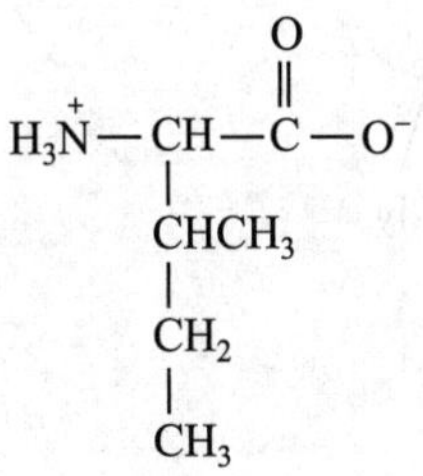

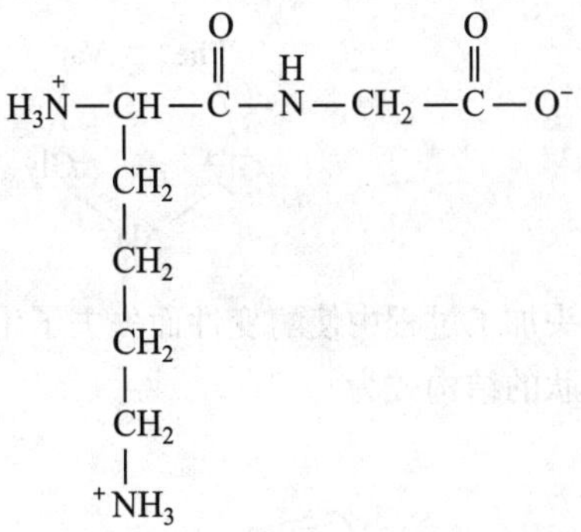

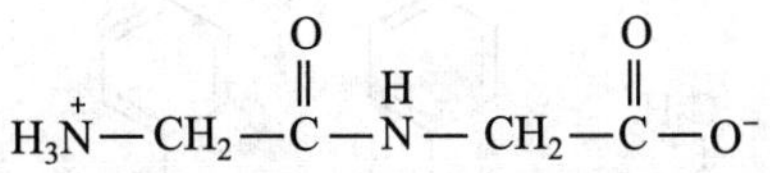

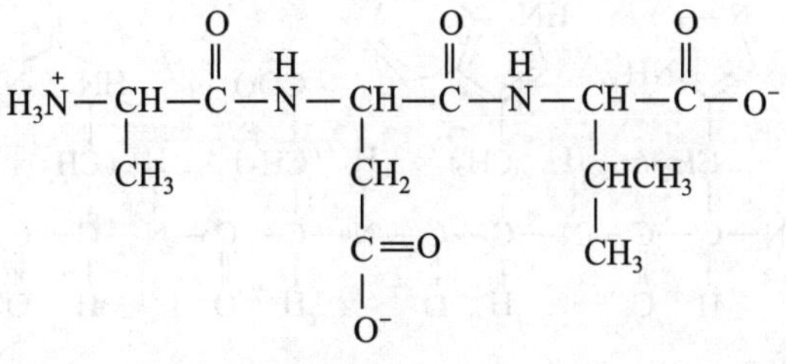

在 pH=12 时，结构式分别为：

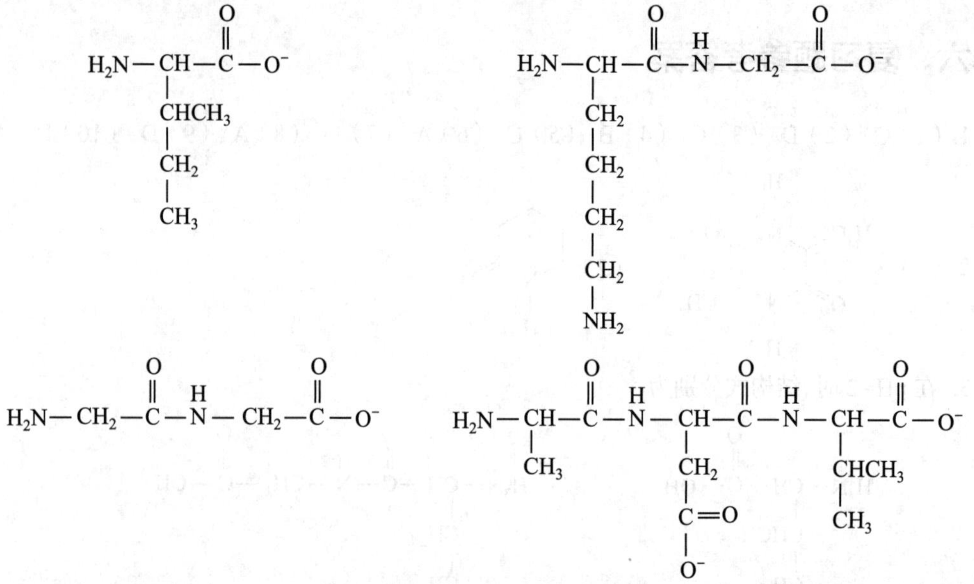

4.（1）二肽酯 Asp-Phe-OCH_3 中有 2 个不同的手性碳原子，故有 4 种可能的立体异构体：*S*/*S*、*R*/*R*、*S*/*R* 和 *R*/*S*。

（2）由于自然界中存在的 Asp、Phe 这两种氨基酸均为 *S*-构型，故结合的异构体为（*S*,*S*）。在合成过程中无外消旋产物，其结构式为：

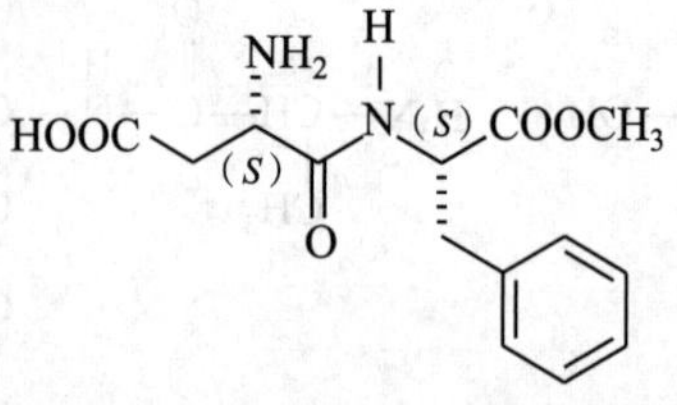

5. 由于与 HNO_2 反应无 N_2 产生，表明在 N-端无游离—$^+NH_3$，故为一环状肽。它具有部分序列为 Gly-Ala-Gly，余下部分为 Phe 和 Val，故有两种可能的结构式：

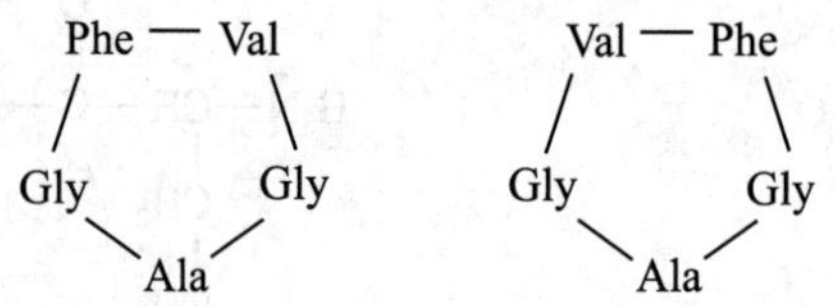

6. 在罐头加工过程中使酶变性而失去了生物活性。

7. 该七肽的结构式为

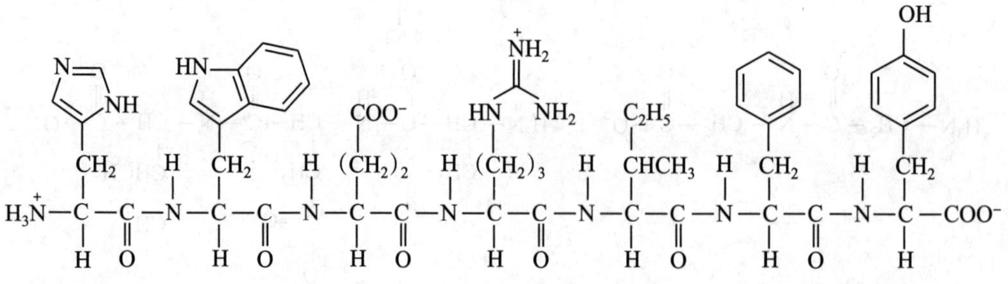

8. 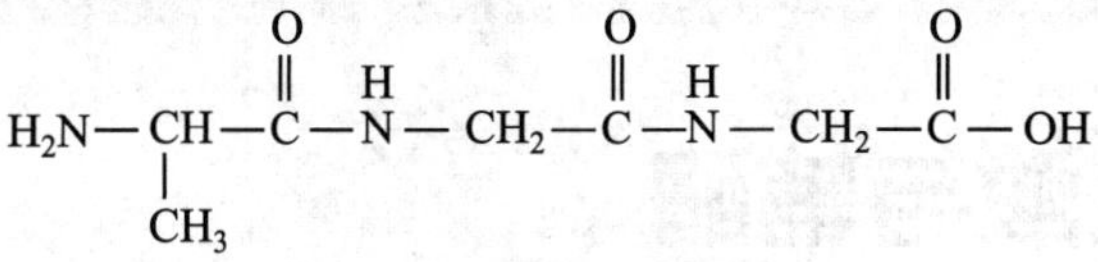

丙氨酰甘氨酰甘氨酸

9.

A. 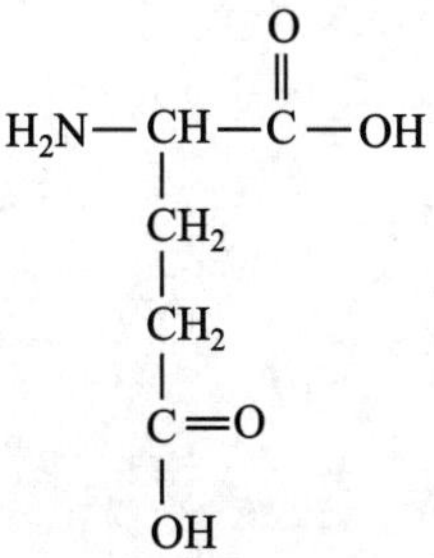

B. 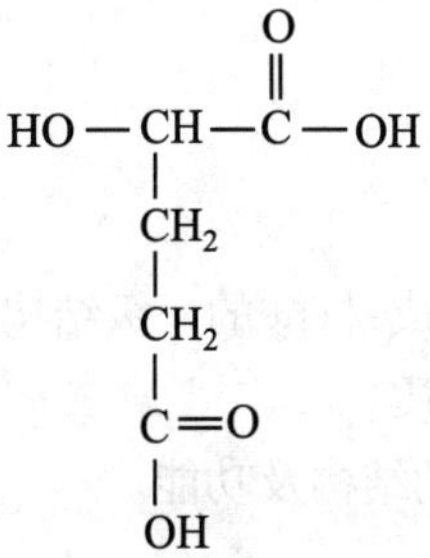

C. 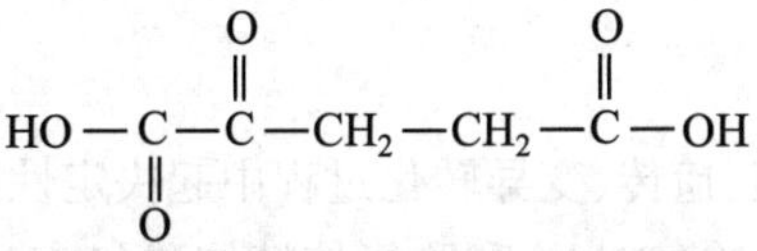

D. 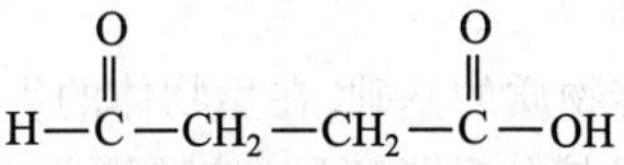

E. 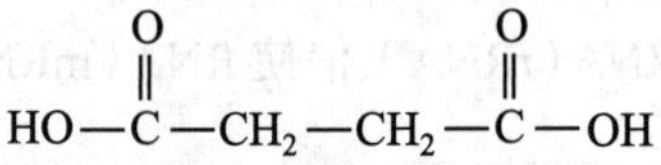

10.

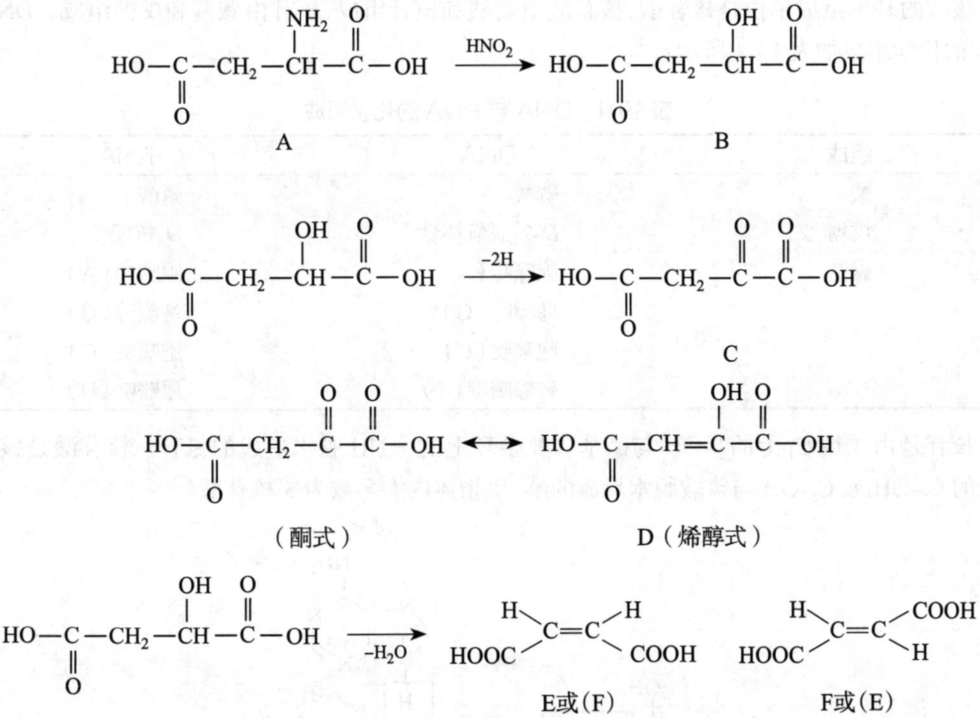
HNO2
A
B
-2H
C
（酮式）
D（烯醇式）
$-H_2O$
E或（F）
F或（E）

（汪　宁）

第十九章　核酸与辅酶

一、基本要求

掌握：核酸的化学组成；核酸的一级结构；DNA 双螺旋结构。

熟悉：核酸的理化性质。

了解：NAD^+等辅酶的结构及功能。

二、总结

核酸是遗传物质的基础，在生物体的生长、繁殖、遗传、变异转化过程中起决定性的作用。根据分子中所含戊糖的种类不同，核酸可分为核糖核酸（RNA）和脱氧核糖核酸（DNA）。RNA 根据在蛋白质合成过程中所起的作用不同可分为核糖体 RNA（rRNA）、信使 RNA（mRNA）和转运 RNA（tRNA）。

（一）核酸的化学组成

核酸的基本组成单位是核苷酸，核苷酸由磷酸和核苷组成，核苷由碱基和戊糖组成。DNA 和 RNA 的化学组成如表 19-1 所示：

表 19-1　DNA 与 RNA 的化学组成

组成	DNA	RNA
酸	磷酸	磷酸
戊糖	*D*-2-脱氧核糖	*D*-核糖
碱基	腺嘌呤（A）	腺嘌呤（A）
	鸟嘌呤（G）	鸟嘌呤（G）
	胞嘧啶（C）	胞嘧啶（C）
	胸腺嘧啶（T）	尿嘧啶（U）

核苷是由戊糖 C_1 上的 β-OH 与碱基含氮杂环上的－NH 脱水形成的氮苷。核苷酸是核苷中戊糖的 C_5-OH 或 C_3-OH 与磷酸脱水形成的酯，生物体内大多数为 5′核苷酸。

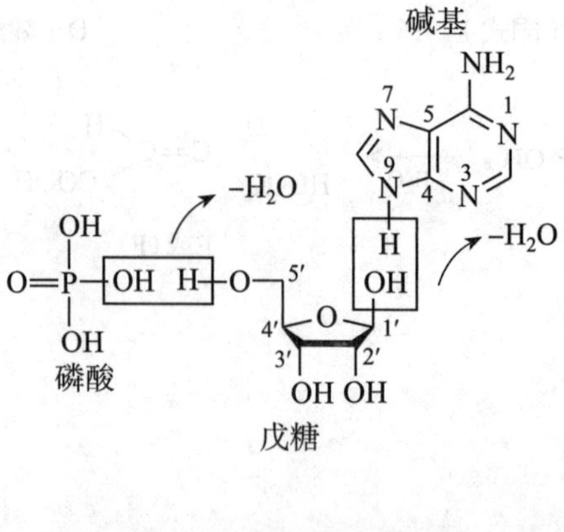
碱基
NH2
7
5
1
N
N
9
4
3
N
N
-H2O
OH
H
-H2O
O=P-OH H-O-5′
OH
OH
O
4′
1′
3′
2′
磷酸
OH OH
戊糖

核酸的一级结构是指核酸分子中各核苷酸排列的顺序。由于核苷酸间的差别主要是碱基差异，因此也称为碱基序列，横排书写时通常从 5′-端写至 3′-端。

(二) DNA 和 RNA 的二级结构

DNA 的二级结构主要为右手双螺旋结构，其特点是：

1. 两条链上的脱氧戊糖基和磷酸基位于双螺旋的外侧，而碱基朝向内侧；

2. 一条链的碱基与另一条链的碱基通过氢键结合成对，碱基对的平面与螺结构的中心轴垂直。碱基配对规律是：A═T、G≡C。

碱基对间的氢键和碱基间的 π-π 堆积作用是维系 DNA 二级结构稳定的主要因素。

大多数天然 RNA 以单链形式存在，在某些区域形成自身回折。在回折区内，碱基彼此配对（A═U、G≡C）。配对的 RNA 链形成双螺旋结构，不能配对的碱基则形成突环。

(三) 核酸的理化性质

核酸为白色固体，微溶于水，不溶于乙醇、氯仿等有机溶剂；具有旋光性；在 260nm 处有吸收。核酸为两性化合物，通常显酸性。

(四) 辅酶

与酶结合成复合酶的有机小分子称为辅酶。NAD^+、$NADP^+$、FAD 是脱氢酶的辅酶，参与氧化、脱氢-氢化反应。NAD^+和 $NADP^+$的反应中心是烟酰胺部分的吡啶环，FAD 的反应中心是维生素 B_2 部分的异咯嗪环。辅酶 A 是酰基转移酶的辅酶，在脂类、糖类和蛋白质代谢中起传递酰基的作用。

三、重点和难点

重点：核酸的化学组成；核酸的一级结构；DNA 双螺旋结构的主要特点。

难点：对 DNA 双螺旋结构的空间构型概念的建立。

四、习题参考答案

19-1

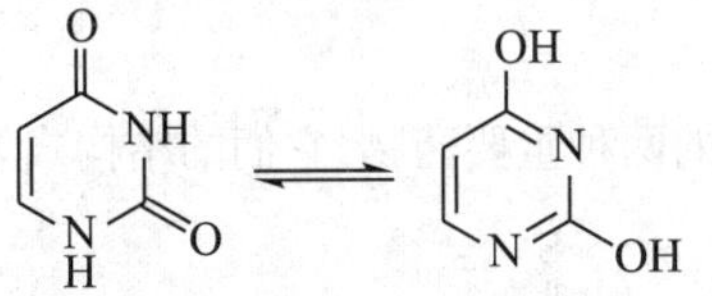

尿嘧啶

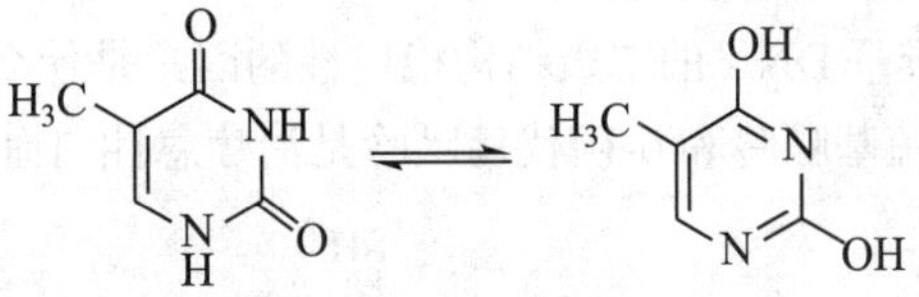

胸腺嘧啶

19-2

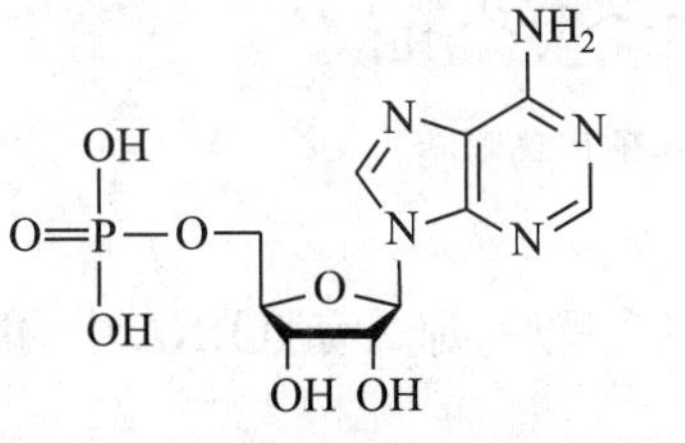

腺苷酸

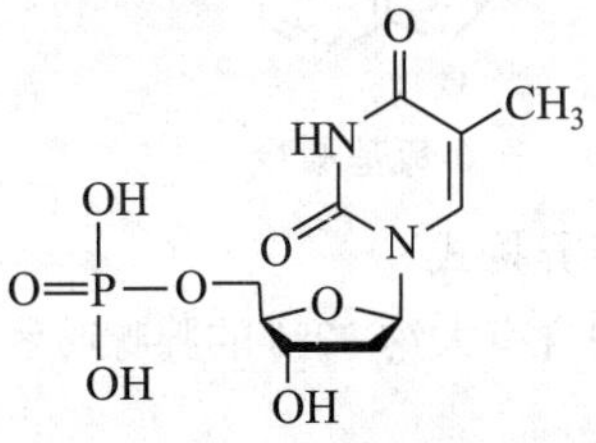

脱氧胸苷酸

19-3　(5′)AACGCGTTCAGCCAGCTGA(3′)

19-4　NAD^+和 $NADP^+$各有 2 个苷键和 1 个酐键，NAD^+有 2 个酯键，$NADP^+$有 3 个酯键。

19-5　1 个苷键，1 个酐键，2 个酯键。

19-6 （1）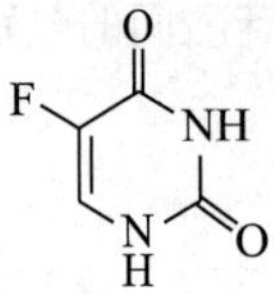 （2）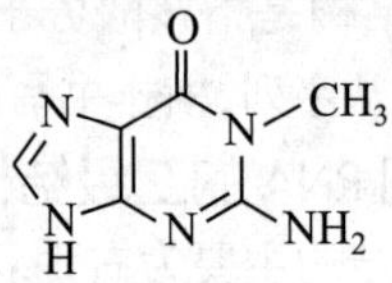

（3）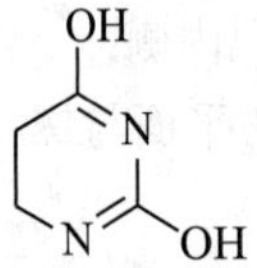 （4）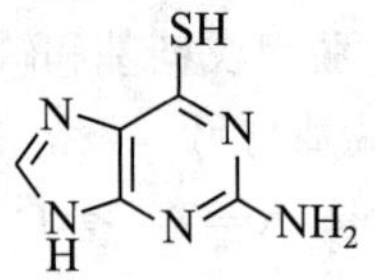

19-7　可能还含有腺嘌呤约 30%，鸟嘌呤约 20%。

19-8　（5′）TGCCTAA（3′）

19-9 （1）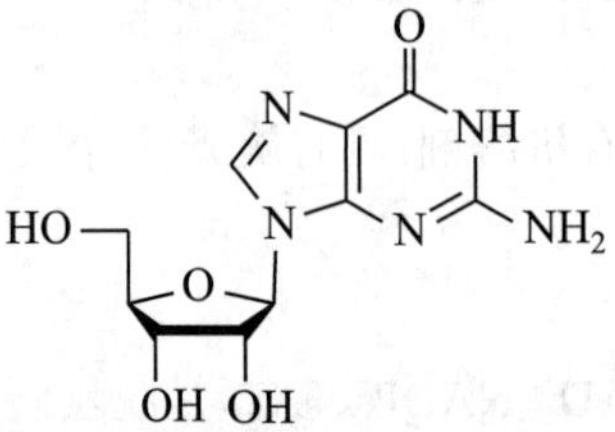 （2）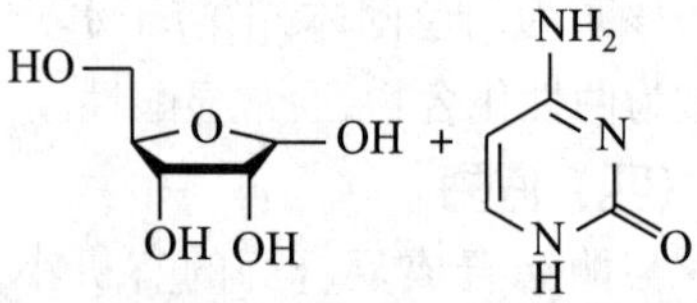

19-10　在复合酶中非蛋白部分称为辅酶。辅酶在酶促反应中，直接与底物发生作用，起到传递电子、氢或基团的作用。NAD^+一般参与生物体内的脱氢反应，起到接受 H^-的作用。FAD 是黄素腺嘌呤二核苷酸，它在酶促反应中作为氢的传递体参与氢化-脱氢反应。

五、复习题

1. 简要回答下列问题：

（1）DNA 和 RNA 在化学组成上的差异是什么？

（2）核酸的一级结构是指什么？

（3）书写核酸一级结构的顺序规则是什么？

（4）碱基配对指的是什么？

（5）维系 DNA 的二级结构稳定性的因素是什么？

2. 6-巯基嘌呤和 6-硫代鸟嘌呤是治疗急性白血病的两种重要药物，它们的结构式如下：

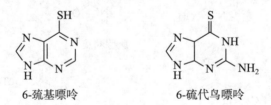

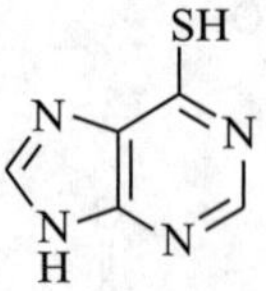

6-巯基嘌呤

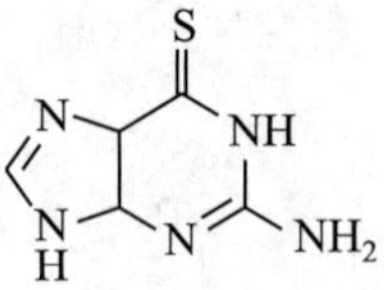

6-硫代鸟嘌呤

请写出它们的互变异构式。

3. 海胆的 DNA 中含有大约 32% 的腺嘌呤和 18% 的鸟嘌呤，那么海胆 DNA 中胸腺嘧啶和胞嘧啶的含量各是多少？

4. 某种 DNA 衍生物的碱基序列为 A-G-C-C，若将它用下列方法水解会得到什么产物？

（1）碱性溶液水解　　（2）先碱性溶液水解，再酸性溶液水解

5. 画出由下列化合物组成的核苷的结构式：

（1）*β-D*-核糖和腺嘌呤　　（2）*β-D*-脱氧核糖和胞嘧啶

6. 简述 DNA 双螺旋结构模型的主要特点。

7. 含有氨基的核苷酸衍生物在酸性条件下可被质子化，从而发生消除反应。试完成腺苷酸基琥珀酸（Adenylosuccinate）在酸性条件下的消除反应。此反应在生物体内是由腺苷酸基琥珀酸裂解酶（adenylosuccinate lyase，ADSL）催化完成，该反应是嘌呤核苷酸循环的一部分。腺苷酸基琥珀酸裂解酶由 ADSL 基因编码，该酶缺失（腺苷酸基琥珀酸裂解酶缺陷症）会出现严重的发育不良、运动迟缓、目光呆滞、癫痫、自闭等症状。

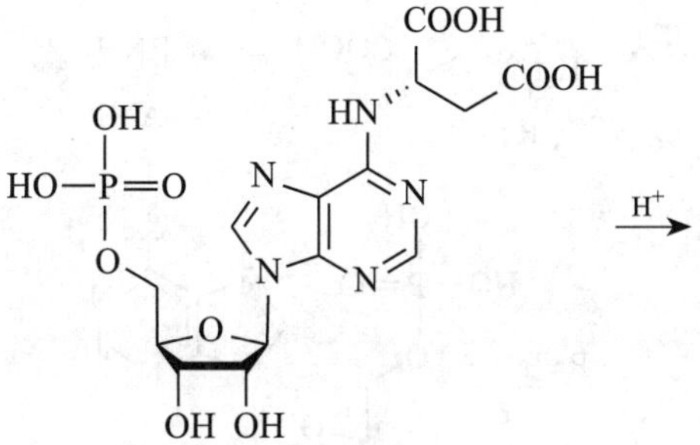

Adenylosuccinate

六、复习题参考答案

1.（1）DNA 与 RNA 中的戊糖不同，DNA 中是脱氧核糖，RNA 中是核糖；嘧啶碱基不同，DNA 中是胞嘧啶和胸腺嘧啶，RNA 中是胞嘧啶和尿嘧啶。

（2）核酸分子中核苷酸的排列顺序。

（3）从 5′ 端到 3′ 端。

（4）在 DNA 双螺旋结构中一条链上的碱基通过氢键与另一条链上的碱基连接，其中腺嘌呤（A）与胸腺嘧啶（T）形成 2 根氢键，鸟嘌呤（G）与胞嘧啶（C）形成 3 根氢键，即 A=T、G≡C 配对。

（5）双螺旋结构中的氢键和碱基间的堆积力是维系 DNA 结构稳定的主要因素。

2.

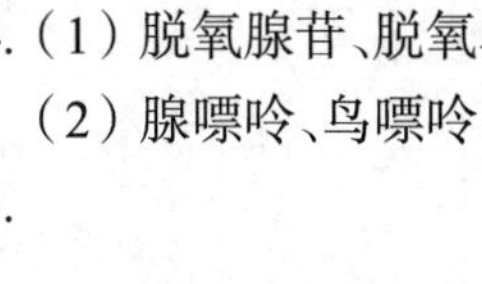

6-巯基嘌呤

6-硫代鸟嘌呤

3. 胸腺嘧啶约 32%，胞嘧啶约 18%。

4.（1）脱氧腺苷、脱氧鸟苷、脱氧胞苷和磷酸盐。

（2）腺嘌呤、鸟嘌呤、胞嘧啶、脱氧核糖和磷酸。

5.

（1）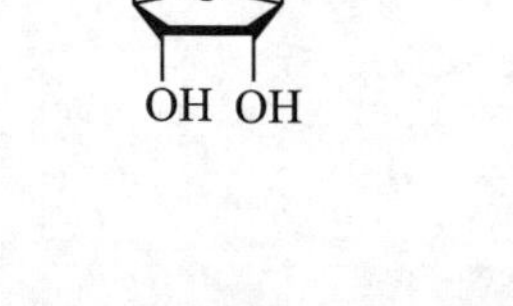

（2）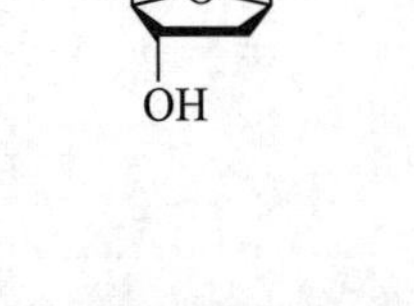

6. DNA 双螺旋结构模型的主要特点是:① 主链由两条反平行的多核苷酸链组成,呈右手双螺旋;②两条主链的碱基对之间形成氢键,其互补规律是 A-T,G-C;③双螺旋结构中,横向稳定性靠碱基对之间形成的氢键,而纵向稳定性靠碱基间的堆积作用,这是维系 DNA 二级结构稳定的主要因素;④双螺旋的直径为 2.0nm,螺距为 3.4nm,每个螺旋圈可容纳 10 个碱基对。

7.

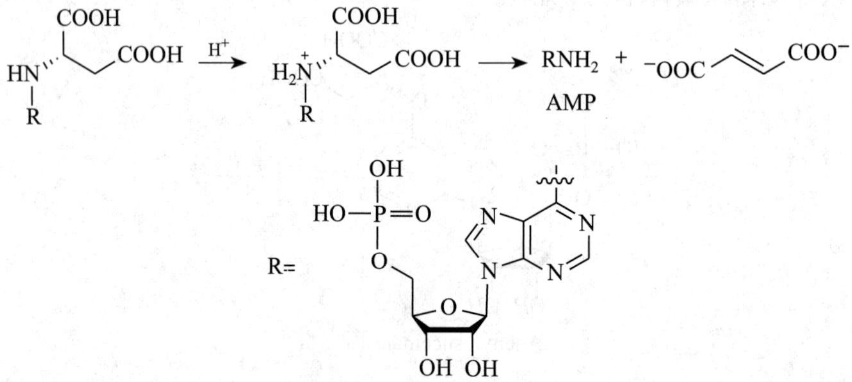
COOH
HN
COOH
R
H+
COOH
H2N
COOH
R
RNH2
AMP
+
−OOC
COO−
OH
HO
P
O
O
R=
N
N
N
N
O
OH
OH

（杨若林）

阶段测试题(一)

一、命名或写出结构

1. 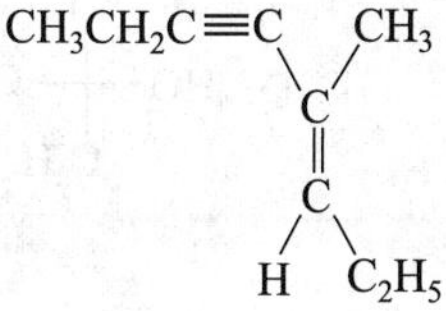

2. 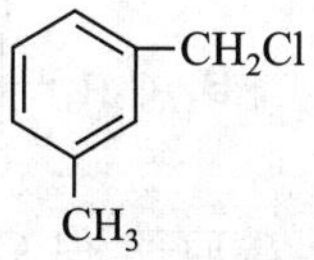

3. 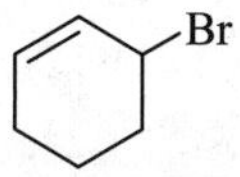

4. 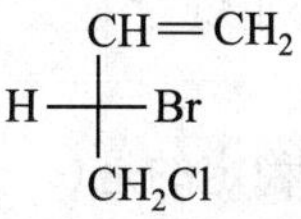

5. 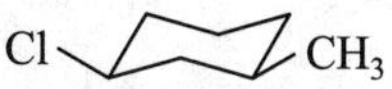

6. 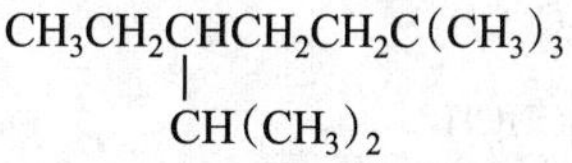

7. 顺-3-氯-环己醇(优势构象)

8. 9,10-二氯-1,4-二甲基蒽

9. 反-4-氯戊-2-烯

10. (*Z*)-2-溴-3-甲基庚-2-烯-4-炔

二、选择题

(一) 单选题

1. 由苯合成3-硝基-4-氯苯磺酸,可采用(　　)

A. 硝化、氯代、磺化　B. 硝化、磺化、氯代　C. 氯代、硝化、磺化　D. 氯代、磺化、硝化

2. 下列化合物有旋光异构体的是(　　)

A. 3-氯戊烷　B. 1-氯戊烷

C. 顺-1,4-二氯环己烷　D. 2-氯戊烷

3. 下列化合物中既存在顺反异构,又存在对映异构的是(　　)

A. 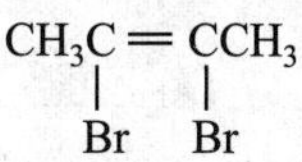　B. 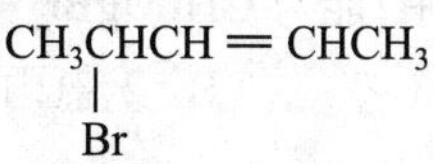

C. 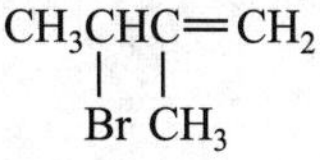　D. 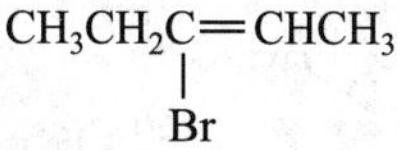

4. 下列化合物中,最易与NaOH水溶液发生反应的是(　　)

A. 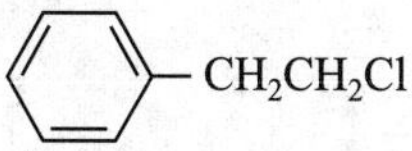　B. 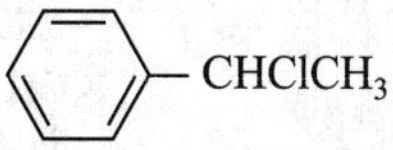

C. 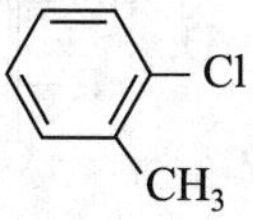　D. 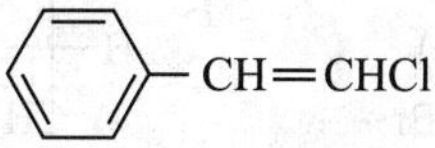

5. 下列化合物发生亲电取代反应速度最快的是（　　）

A. 氯苯　　B. 间-二甲苯　　C. 苄基氯　　D. 对氯甲苯

6. 在室温下，下列化合物与硝酸银醇溶液发生反应有沉淀的是（　　）

A. 　B. 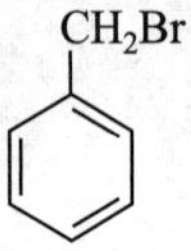　C. 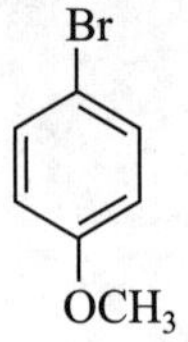　D. 

7. 下列化合物中构型为 S 的是（　　）

A. 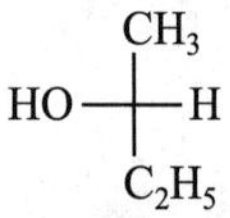　B. 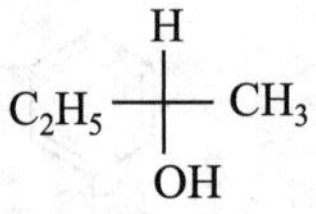　C. 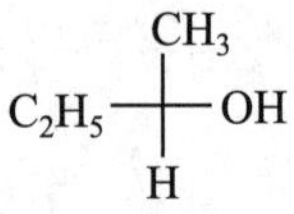　D. 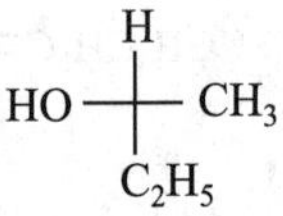

8. 下列化合物中有手性碳原子，但无旋光性的是（　　）

A. 反-1,2-二甲基环丁烷　　B. 顺-1,2-二甲基环丁烷

C. 1,2-二氯丁烷　　D. 1,3-二氯丁烷

9. 下列碳正离子中，最稳定的是（　　）

A. $C_6H_5\overset{+}{C}(CH_3)_2$　　B. $(CH_3)_3\overset{+}{C}$

C. $C_6H_5\overset{+}{C}HCH_3$　　D. $C_6H_5\overset{+}{C}H_2$

10. 卤原子所在的碳为手性碳的卤代烃发生 S_N1 反应时，以下叙述哪一种是正确的（　　）

A. 构型发生反转，R 构型变为 S 构型　　B. 构型发生反转，S 构型变为 R 构型

C. 构型反转　　D. 手性碳构型发生外消旋化

11. 甲苯与溴在光照条件下可发生的反应属于（　　）

A. 亲电加成　　B. 亲核加成

C. 亲电取代　　D. 自由基取代

12. 化合物 CH_2=CHCH=CHBr 中不存在的电子效应有（　　）

A. p-π 共轭　　B. σ-π 共轭　　C. π-π 共轭　　D. 共轭效应

13. 下列碳原子的杂化状态仅为 sp^2 的化合物是（　　）

A. 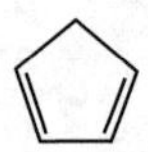　B. 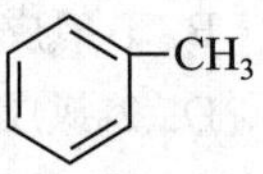　C. 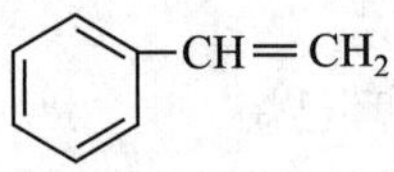　D. 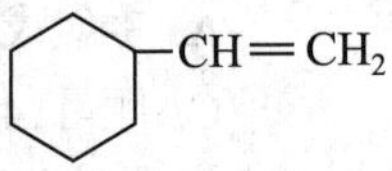

14. 下列化合物中，能与 CH_3MgBr 发生反应的是（　　）

A. 1-氯丙烯　　B. 2-氯丙烯　　C. 3-氯丙烯　　D. 乙醚

15. 化合物 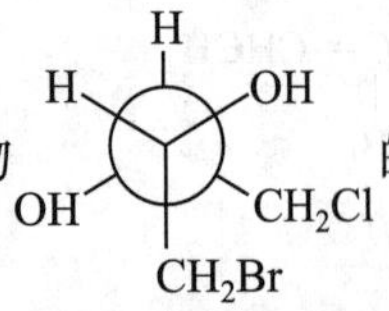 的 Fischer 投影式是（　　）

A. 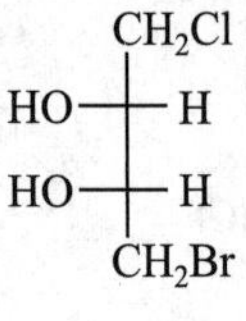　B. 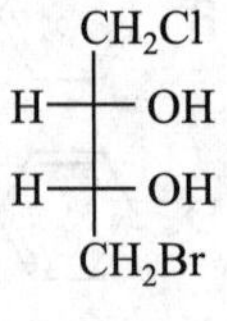　C. 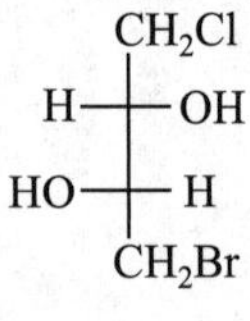　D. 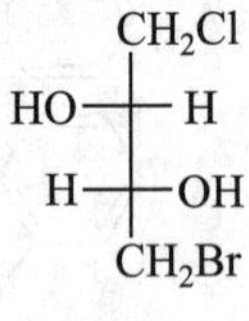

16. 下列化合物中，经 $KMnO_4/H^+$溶液氧化生成 2-甲基丙二酸的是（　　）

A. 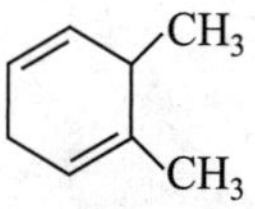　B. 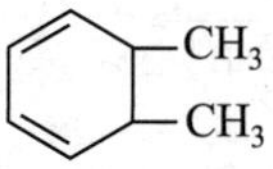　C. 　D. 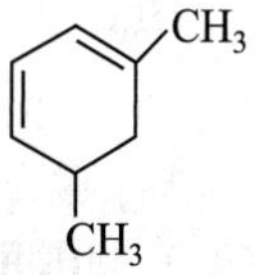

17. 结构 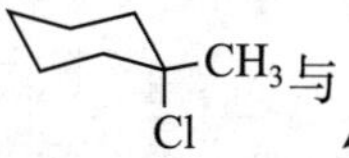 与 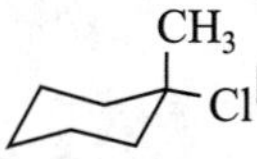 的关系为（　　）

A. 顺反异构　B. 对映异构　C. 位置异构　D. 构象异构

（二）多选题

18. 卤代烃与甲醇的反应中，中间体有碳正离子出现时属于（　　）

A. S_N1 反应　B. 亲电取代反应　C. 亲核取代反应　D. 亲电加成反应

19. 以下叙述正确的是（　　）

A. 甲醇的沸点大于乙烷的沸点　B. 甲醇的沸点小于乙烷的沸点

C. 甲醇的沸点等于乙烷的沸点　D. 甲醇的沸点大于一氯甲烷的沸点

20. 下列化合物中具有芳香性的是（　　）

A. 　B. 　C. 　D. 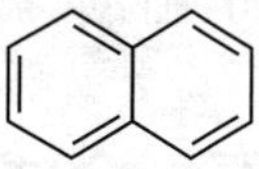

三、完成下列反应式

1. 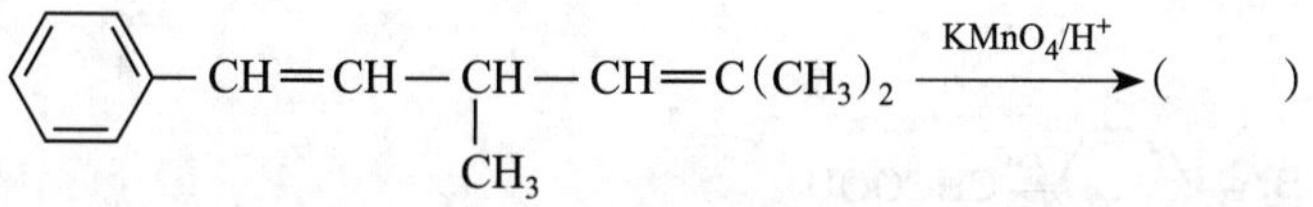

2. $(CH_3)_2C{=}CH_2 \xrightarrow[ROOR]{HBr}$ (　　) $\xrightarrow[\text{无水乙醚}]{Mg}$ (　　) $\xrightarrow[\text{无水乙醚}]{CO_2}$ (　　) $\xrightarrow{H_3O^+}$ (　　)

3. 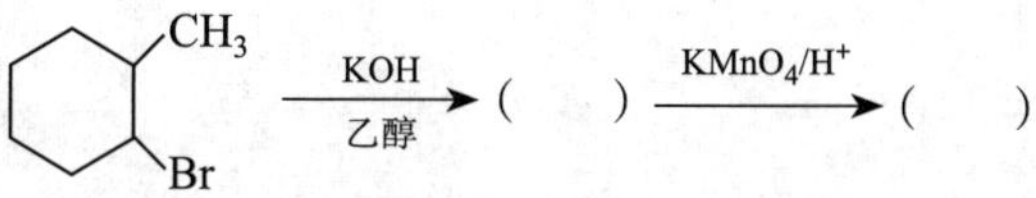

4. 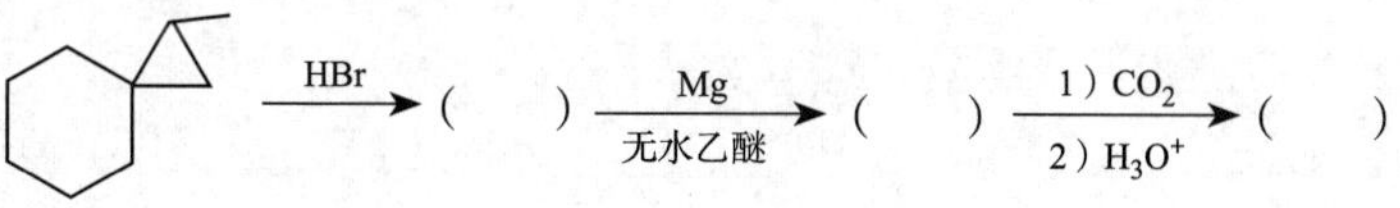

5. 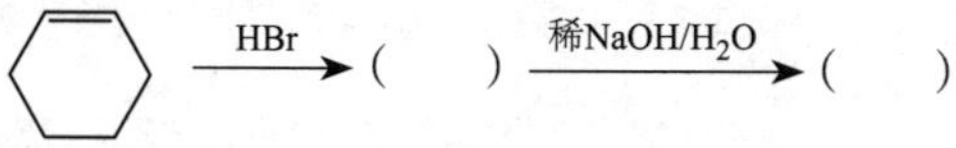

6. $CH_3CH{=}CHCH{=}CH_2 + HCl \longrightarrow$ (　　)

7. 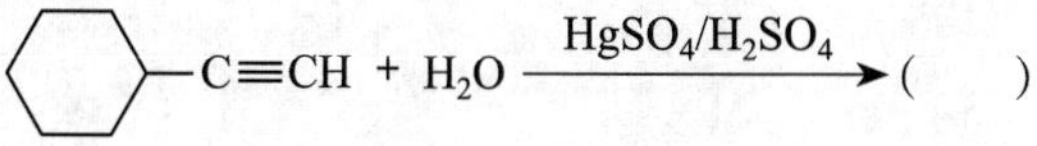

8. 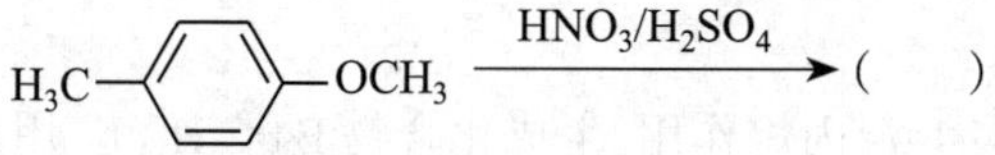

9. $H_3CC\equiv CH \xrightarrow[2)\ C_2H_5Br]{1)\ NaNH_2} (\quad) \xrightarrow[\text{Lindlar催化剂}]{H_2} (\quad)$

10. $(H_3C)_2\underset{\underset{Br}{|}}{C}-CH(CH_3)_2 \xrightarrow[\text{乙醇},\ \triangle]{NaOH} (\quad) \xrightarrow[2)\ Zn/H^+]{1)\ O_3} (\quad)$

四、判断题

1. 苯分子中的碳原子为四面体结构。 ( )
2. 不论邻对位定位基,还是间位定位基,随着定位基效应的增强,反应的活性增强。 ( )
3. 芳香族化合物易发生亲电加成反应。 ( )
4. 由于氯是邻对位定位基,所以它可以使苯环致活。 ( )
5. 含有极性共价键的化合物一定是极性分子。 ( )
6. 分子构造式相同的化合物是同一化合物。 ( )
7. 含手性碳原子的化合物都具有旋光性。 ( )
8. 在制备格氏试剂时,对无水条件要求得很严格。 ( )
9. 叔丁基溴在稀碱性条件下水解的历程是 S_N1 反应。 ( )
10. 伯、仲、叔碳正离子和伯、仲、叔碳自由基的稳定性顺序是一致的。 ( )

五、合成题

1. 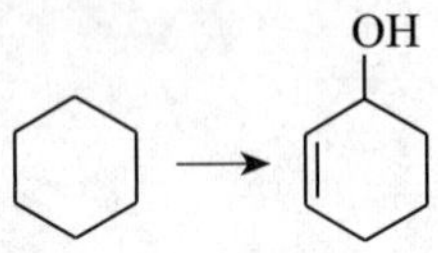

2. 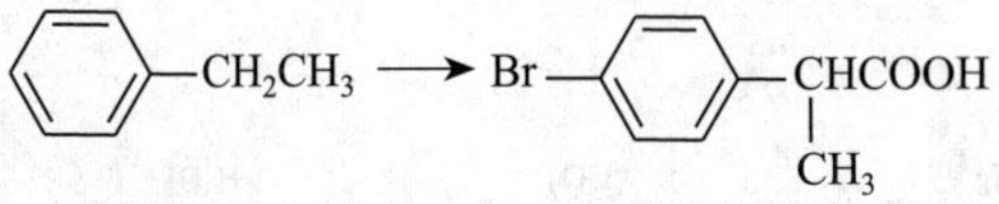

六、鉴别题

1. 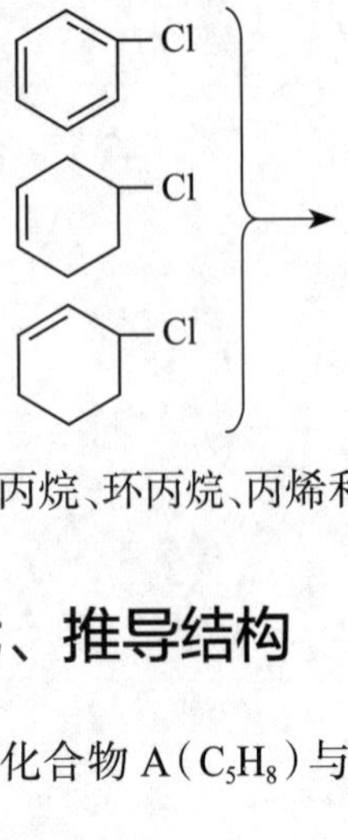

2. 丙烷、环丙烷、丙烯和丙炔

七、推导结构

1. 化合物 A(C_5H_8)与氨基钠作用后再与 1-溴丙烷作用,生成化合物 B(C_8H_{14})。用 $KMnO_4$

氧化 B 得到两种互为同分异构体的酸 C 和 D（$C_4H_8O_2$）。A 在 $HgSO_4$ 存在下与稀 H_2SO_4 作用可得到酮 E。试写出化合物 A、B、C、D 和 E 的结构式。

2. 化合物 A（$C_6H_{10}Cl_2$）无支链，与 $KMnO_4$ 和 Br_2 均无反应。A 为顺式异构，并且其优势构象是同类异构体中最稳定的。A 与稀 NaOH 水溶液共热生成化合物 B（$C_6H_{12}O_2$），试写出化合物 A、B 的结构式。

参考答案

一、命名或写出结构

1. （*E*）-4-甲基辛-3-烯-5-炔
2. 3-甲基苄基氯（间甲基苄基氯）
3. 3-溴环己烯
4. （*S*）-3-溴-4-氯丁-1-烯
5. 顺-1-氯-3-甲基环己烷
6. 5-乙基-2，2，6-三甲基庚烷

7. 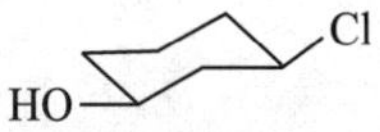
Cl
HO

8. 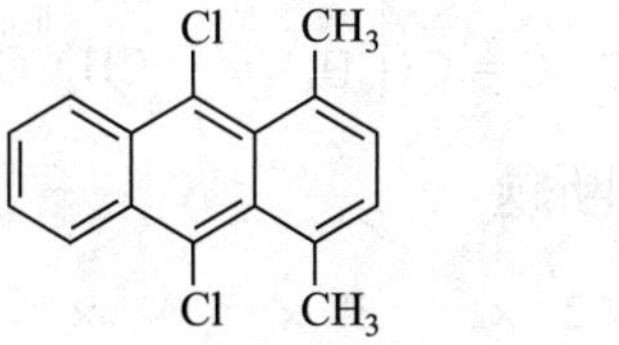
Cl
CH3
Cl
CH3

9. 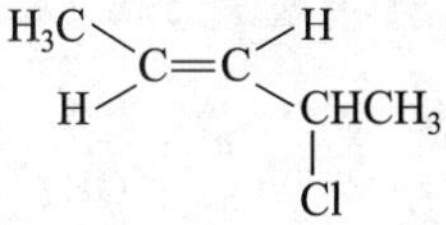
H3C
H
C=C
H
CHCH3
Cl

10. 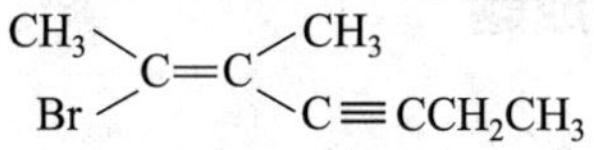
CH3
Br
C=C
CH3
C≡CCH2CH3

二、选择题

1. D　2. D　3. B　4. B　5. B　6. B　7. D　8. B　9. A　10. D
11. D　12. B　13. C　14. C　15. D　16. C　17. D　18. AC　19. AD　20. BD

三、完成下列反应式

1. 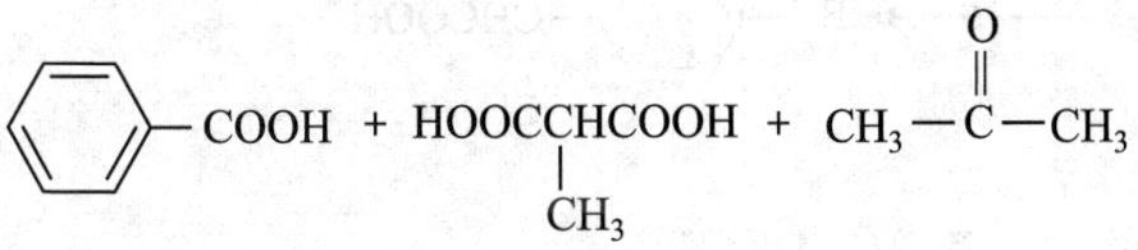
COOH
+ HOOCCHCOOH
CH3
+ CH3—C—CH3
O

2. $(CH_3)_2CHCH_2Br$　$(CH_3)_2CHCH_2MgBr$　$(CH_3)_2CHCH_2\overset{O}{\overset{\|}{C}}OMgBr$　$(CH_3)_2CHCH_2COOH$

3. 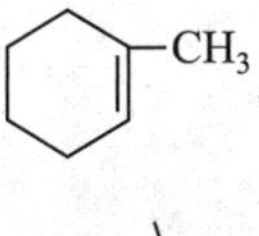
CH3
$HOOC(CH_2)_4\overset{O}{\overset{\|}{C}}CH_3$

4. 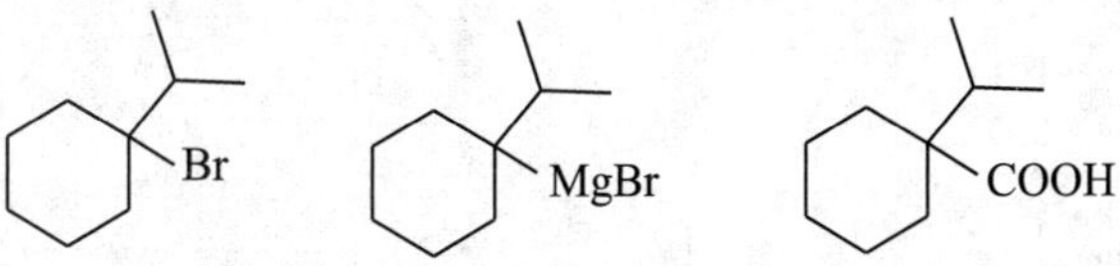
Br
MgBr
COOH

5. 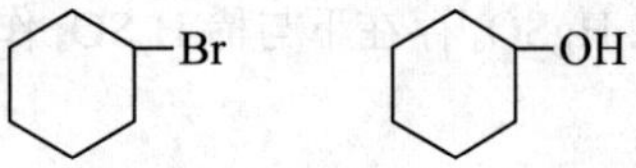
Br
OH

6. $CH_3CH=CHCHCH_3$（Cl）＋ $CH_3CH_2CHCH=CH_2$（Cl）＋ $CH_3CH_2CH=CHCH_2Cl$

7. 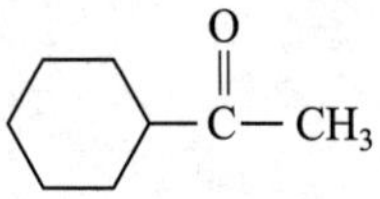
O
C
CH3

8. 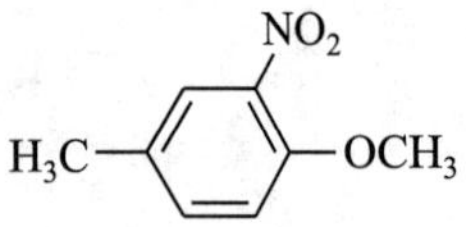
NO2
H3C
OCH3

9. $H_3CC\equiv CCH_2CH_3$　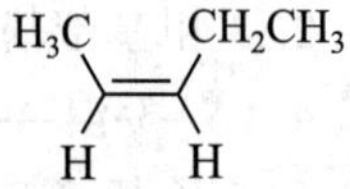
H3C
CH2CH3
H
H

10. $(H_3C)_2C=C(CH_3)_2$　$CH_3\overset{\overset{O}{\|}}{C}CH_3$

四、判断题

1. ×　2. ×　3. ×　4. ×　5. ×　6. ×　7. ×　8. √　9. √　10. √

五、合成题

1. 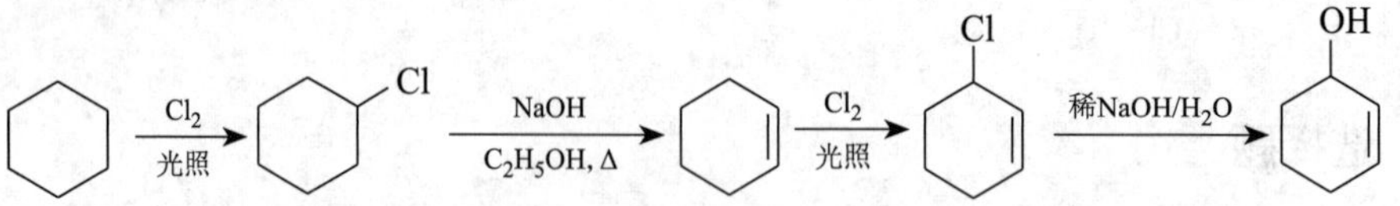
Cl2
光照
Cl
NaOH
C2H5OH, Δ
Cl2
光照
Cl
稀NaOH/H2O
OH

2. 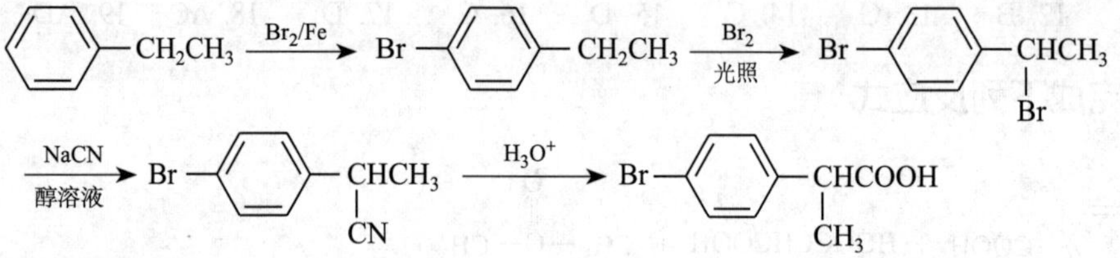
CH2CH3
Br2/Fe
Br
CH2CH3
Br2
光照
Br
CHCH3
Br
NaCN
醇溶液
Br
CHCH3
CN
H3O+
Br
CHCOOH
CH3

六、鉴别题

1. 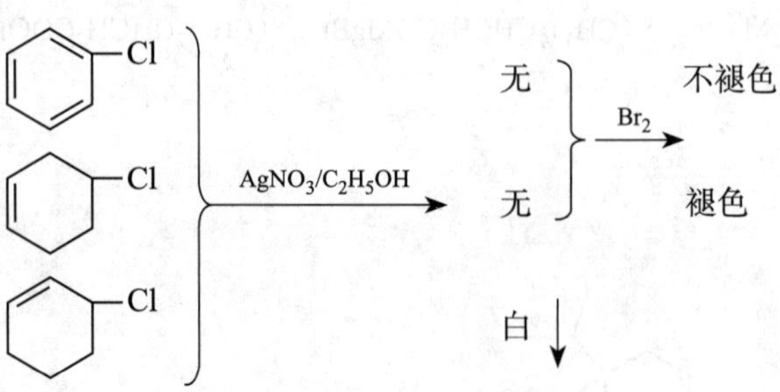
Cl
Cl
Cl
AgNO3/C2H5OH
无
无
白↓
Br2
不褪色
褪色

2. 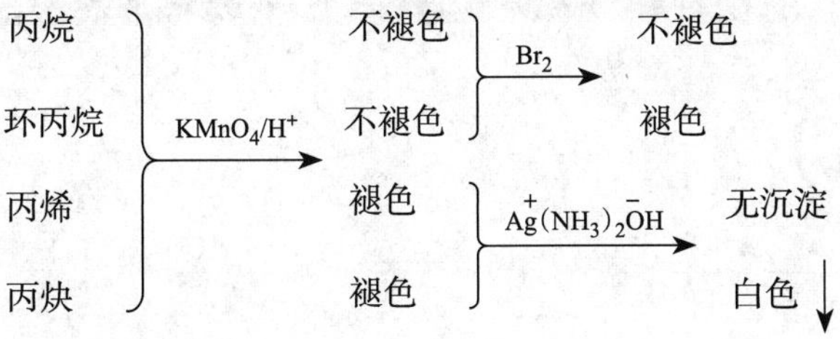
丙烷
环丙烷
丙烯
丙炔
KMnO4/H+
不褪色
不褪色
褪色
褪色
Br2
不褪色
褪色
Ag(NH3)2OH
无沉淀
白色

七、推导结构

1. A. 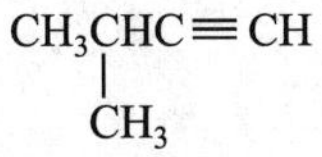

B. 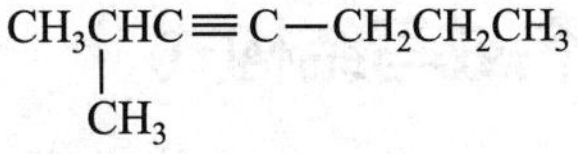

C. 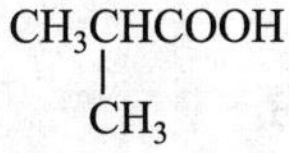

D. $CH_3CH_3CH_2COOH$

E. 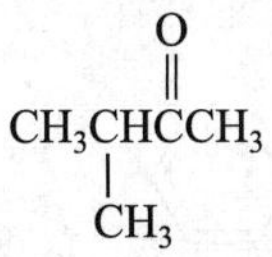

2. A. 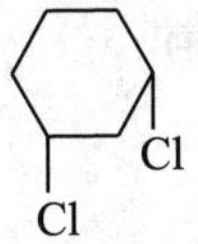

B. 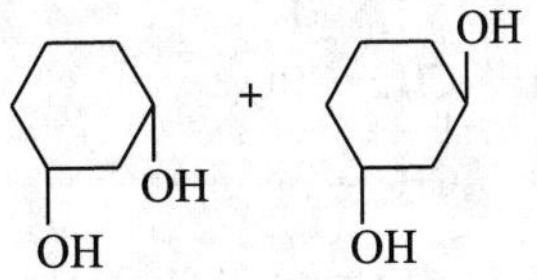

（罗美明）

阶段测试题(二)

一、命名或写结构式

1. 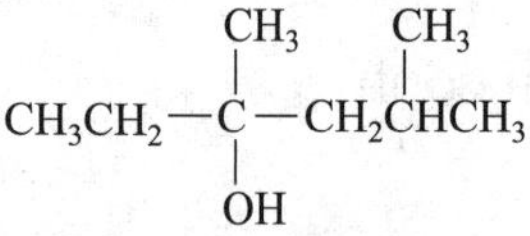

2. 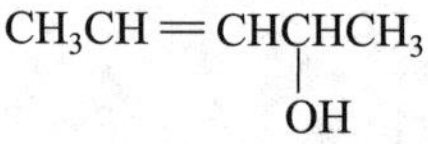

3. 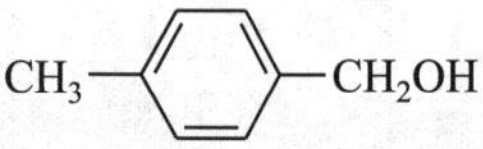

4. 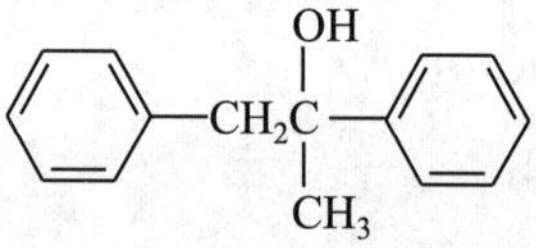

5. 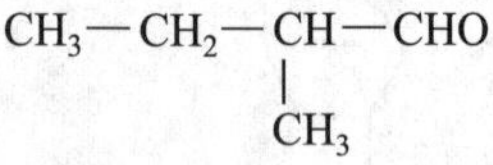

6. 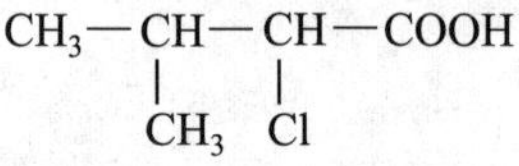

7. 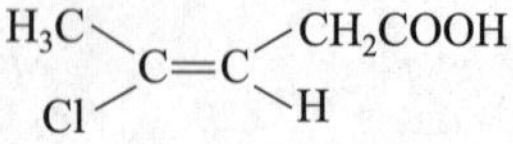

8. 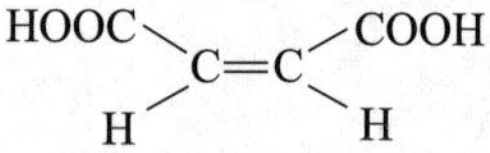

9. 乳酸

10. β-丁酮酸

二、单选题

1. 能溶于 NaOH 溶液,其溶液通入 CO_2 后又析出沉淀的化合物是(　　)
   A. 苯甲酸　　B. 甲酸　　C. 苯酚　　D. 水杨酸
2. 在丙酮中含有少量乙醛,可用来鉴别乙醛存在的试剂是(　　)
   A. 2,4-二硝基苯肼　　B. I_2+NaOH
   C. 亚硫酸氢钠饱和溶液　　D. 银氨溶液
3. 下列化合物中,<u>不能</u>发生碘仿反应,但能与 Fehling 试剂反应生成砖红色沉淀的是(　　)
   A. 乙醛　　B. 甲醛　　C. 丙酮　　D. 丙-2-醇
4. 戊二酸受热反应生成的主产物是(　　)
   A. 丁酸　　B. 丙烷　　C. 环丁烷　　D. 戊二酸酐
5. 下列化合物中酸性最弱的是(　　)
   A. CH_3CO_2H　　B. 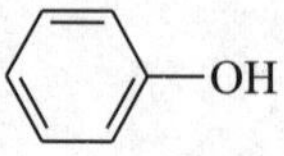　　C. 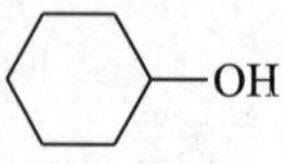　　D. $HOCH_2CO_2H$
6. 下列化合物中,<u>不能</u>被斐林试剂氧化的是(　　)
   A. 丙醛　　B. 苯甲醛　　C. 甲醛　　D. 葡萄糖

7. 醛酮的羰基与 HCN 反应生成氰醇,其反应机制是(　　)

A. 亲电加成　　B. 亲核加成　　C. 亲电取代　　D. 亲核取代

8. 下列物质中,能与 $Cu(OH)_2$ 反应生成深蓝色溶液的是(　　)

A. 乙二醇　　B. 丙-1,3-二醇　　C. 乙醇　　D. 苯甲醇

9. 下列化合物中在解剖室里常用作防腐剂的是(　　)

A. 乙酰水杨酸　　B. 乙醚

C. 45% 甲醛　　D. 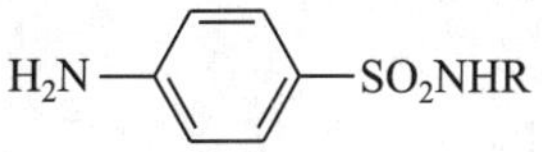
H2N
SO2NHR

10. 己二酸加热生成的主产物为(　　)

A. 烷烃　　B. 酸酐　　C. 环酮　　D. 内酯

11~14 题从如下 4 个化合物进行选择:

A. CH_3CH_2OH　　B. $CH_3CH_2OCH_2CH_3$

C. 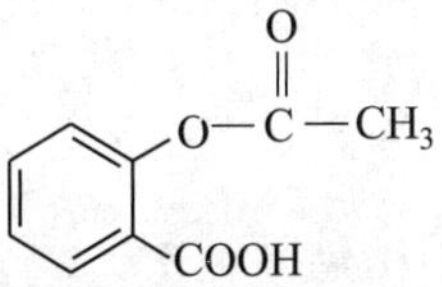
O
O
C
CH3
COOH

D. $[HOCH_2CH_2N^+(CH_3)_3]^-OH$

11. 具有麻醉作用的是(　　)

12. 交警部门发现酒驾使用检测仪检测(　　)

13. 体内参与脂肪代谢,有抗脂肪肝的功能的是(　　)

14. 临床上常用解热镇痛药的是(　　)

15. 下列化合物<u>不发生</u>亲核加成的是(　　)

A. $CH_2=CH_2$　　B. CH_3CHO　　C. CH_3COCH_3　　D. $PhCOCH_3$

三、鉴别题

1. 环己烷、环己醇、苯酚、苯甲酸
2. 苯甲醛、苯乙酮、苯甲酸、苯甲醚
3. 甲醛、乙醛、丙酮、苯甲醛

四、推断题

1. 物质 A、B、C 的分子式为 C_8H_8O,用斐林试剂和 $I_2/NaOH$ 进行测试,其反应现象如下:

	斐林试剂	$I_2/NaOH$
A	(+)	(-)
B	(-)	(+)
C	(-)	(-)

请写出 A、B、C 的结构式。

2. 物质 A、B、C 的分子式为 C_3H_8O,A 氧化生成羧酸,B 可起碘仿反应。C 很稳定,但可溶于

浓强酸中。请写出 A、B、C 的结构式以及反应式。

3. 物质 A、B、C 的分子式为 $C_3H_6O_2$，A 能与 $NaHCO_3$ 溶液反应放出 CO_2，B、C 为中性化合物，在加热条件下，B、C 与 NaOH 在水溶液中能发生水解，B 的产物之一能发生碘仿反应，C 的产物不能发生碘仿反应，请写出 A、B、C 的结构式。

五、完成反应式

1. $\begin{array}{c} CH_2-OH \\ | \\ CH-OH \\ | \\ CH_2-OH \end{array}$ + $Cu(OH)_2$ ⟶ ( ) 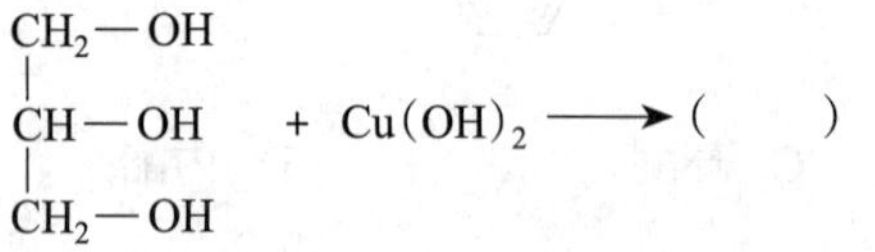

2. $H_3C-\underset{\underset{OH}{|}}{\overset{\overset{CH_3}{|}}{C}}-CH_2CH_3 \xrightarrow[\triangle]{H^+}$ ( ) 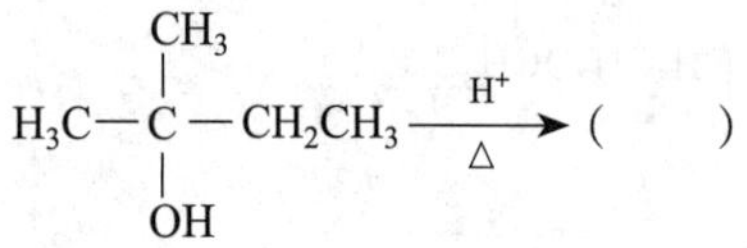

3. + $3Br_2$ ⟶ ( ) 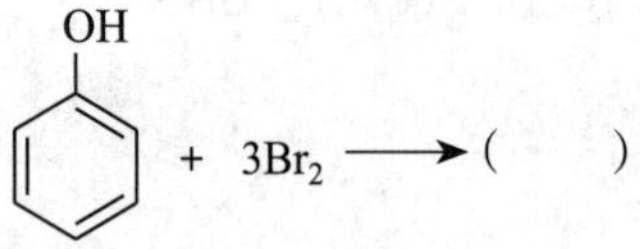

4. $\xrightarrow{KMnO_4/H^+}$ ( ) 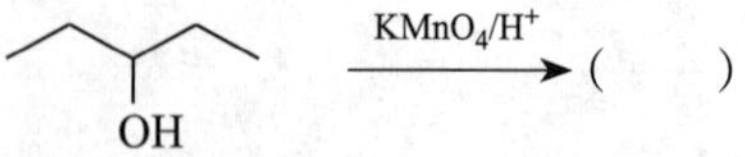

5. —CH_2CH_2OH $\xrightarrow{KMnO_4/H^+}$ ( ) 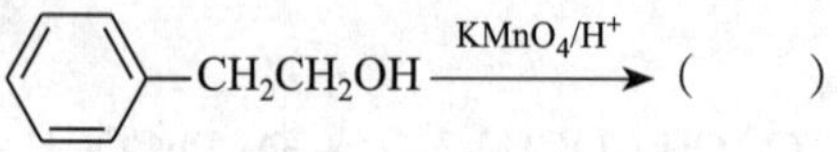

6. + Br_2 ⟶ ( ) 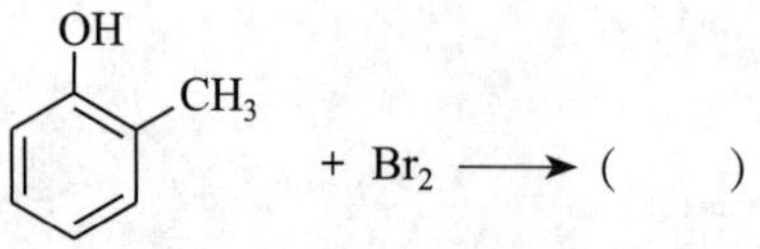

7. OH + HNO_2 ⟶ ( ) 

8. + $NaHSO_3$ ⟶ ( ) 

9. CH_3CHO + CH_3CHO $\xrightarrow{稀NaOH}$ ( )

10. CH_3CH_2CHO + $2CH_3CH_2OH$ $\xrightarrow{干HCl}$ ( )

11. $C_6H_5COCH_3$ $\xrightarrow[(2)\ H_2O]{(1)LiAlH_4/无水乙醚}$ ( )

12. $CH_2=CHCH_2COCH_3$ $\xrightarrow[(2)\ H_2O]{(1)LiAlH_4/无水乙醚}$ ( )

13. CH_3CH_2CHO + H_2NHN——NO_2 ⟶ ( ) 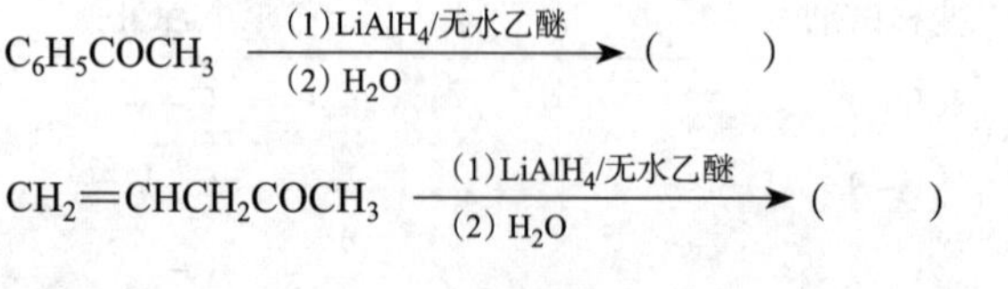

14. 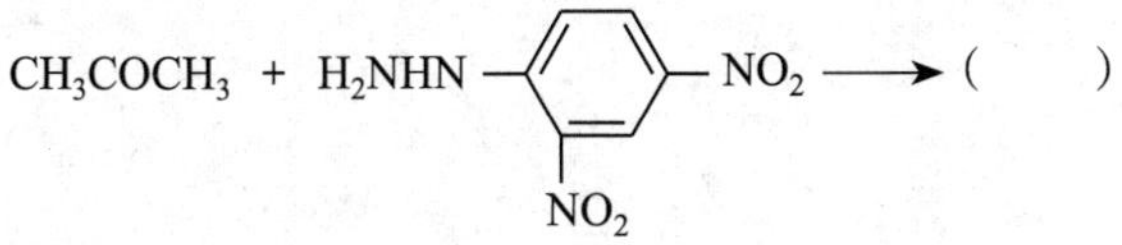

15. 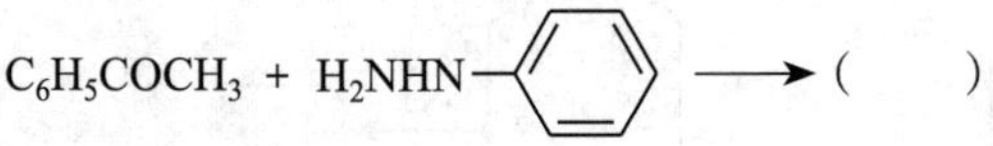

16. $C_2H_5COCH_3 + NaOH + I_2 \longrightarrow$ (　　)

17. 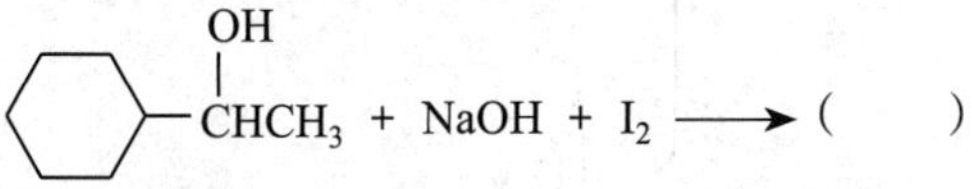

18. $CH_3COOH + CH_3CH_2OH \xrightarrow{H^+}$ (　　)

19. $\begin{matrix} CH_2COOH \\ | \\ CH_2COOH \end{matrix} \xrightarrow{\triangle}$ (　　)

20. $\begin{matrix} COOH \\ | \\ COOH \end{matrix} \xrightarrow{\triangle}$ (　　)

21. $\begin{matrix} Cl \\ | \\ CHCH_2COOH \\ | \\ CHCH_2COOH \\ | \\ CH_3 \end{matrix} \xrightarrow{\triangle}$ (　　)

22. 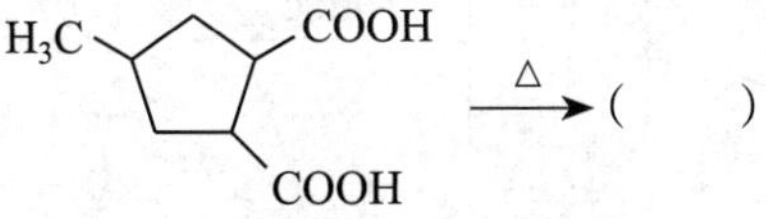

参考答案

一、命名或写结构式

1. 3,5-二甲基己-3-醇
2. 戊-3-烯-2-醇
3. 对甲基苯甲醇
4. 1,2-二苯基丙-2-醇
5. 2-甲基丁醛
6. 2-氯-3-甲基丁酸
7. (E)-4-氯戊-3-烯酸
8. 顺-丁烯二酸
9. $\begin{matrix} CH_3CHCOOH \\ | \\ OH \end{matrix}$
10. $\begin{matrix} O \\ \| \\ CH_3CCH_2COOH \end{matrix}$

二、单选题

1. C　2. D　3. B　4. D　5. C　6. B　7. B　8. A　9. C　10. C
11. B　12. A　13. D　14. C　15. A

三、鉴别题

1.

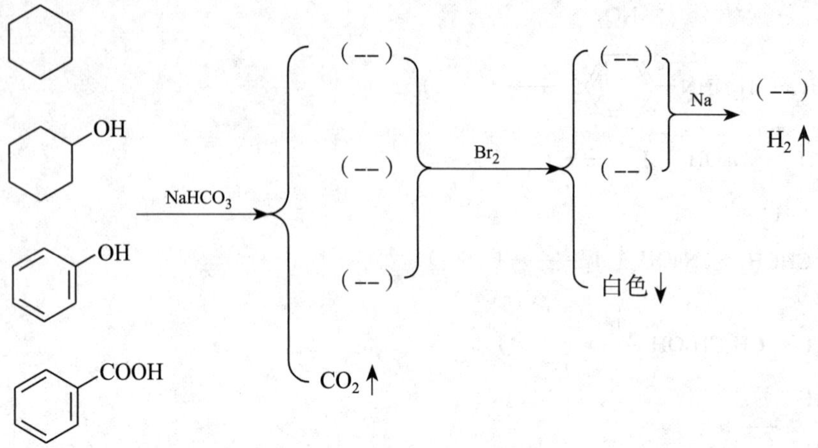

OH
OH
COOH
$NaHCO_3$
(——)
(——)
(——)
CO_2↑
Br_2
(——)
(——)
白色↓
Na
(——)
H_2↑

2.

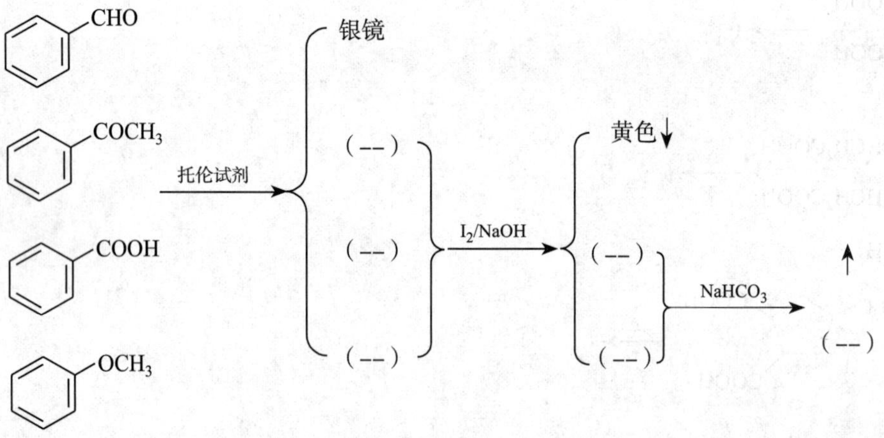

CHO
$COCH_3$
COOH
OCH_3
托伦试剂
银镜
(——)
(——)
(——)
I_2/NaOH
黄色↓
(——)
(——)
$NaHCO_3$
↑
(——)

3.

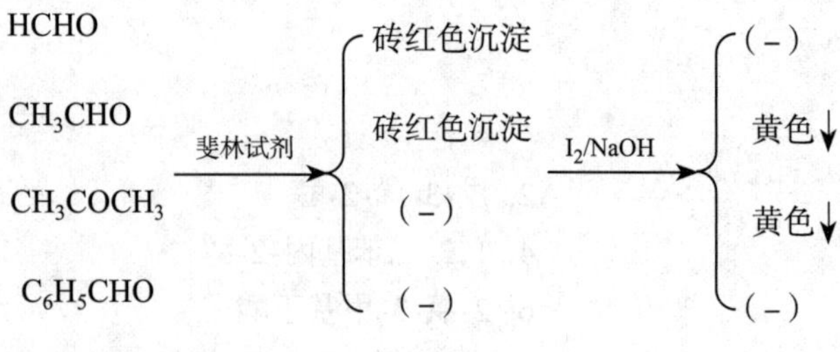

HCHO
CH_3CHO
CH_3COCH_3
C_6H_5CHO
斐林试剂
砖红色沉淀
砖红色沉淀
(–)
(–)
I_2/NaOH
(–)
黄色↓
黄色↓
(–)

四、推断题

1. A. 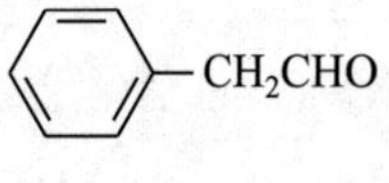
CH_2CHO

B. 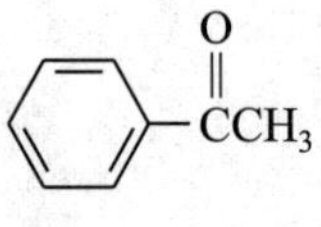

O
CCH_3

C. 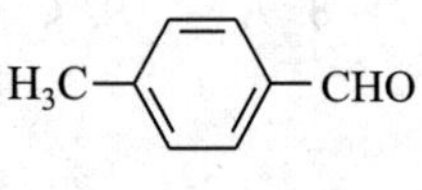

H_3C
CHO

或 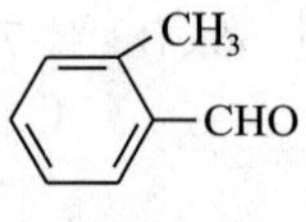

CH_3
CHO

或 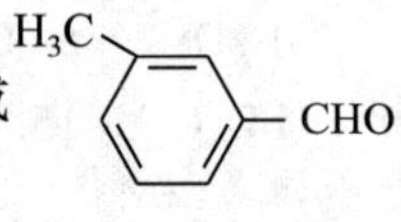

H_3C
CHO

2. A. $CH_3CH_2CH_2OH$　B. 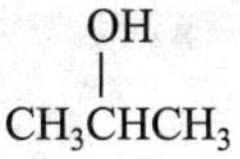　C. $CH_3—O—C_2H_5$

3. A. CH_3CH_2COOH　B. 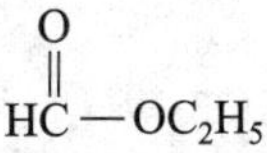　C. 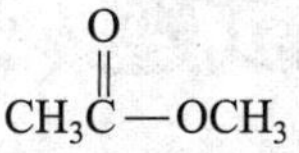

五、完成反应式

1. 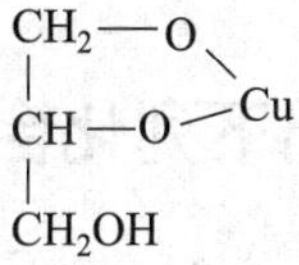　2. 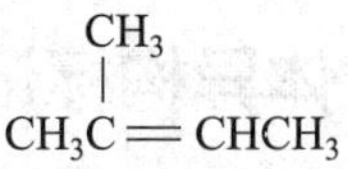　3. 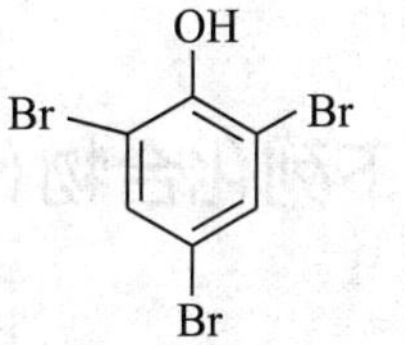

4. 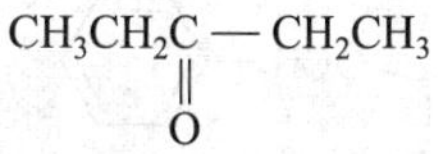　5. 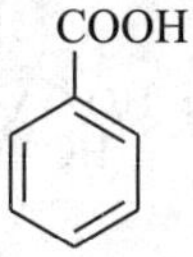　6. 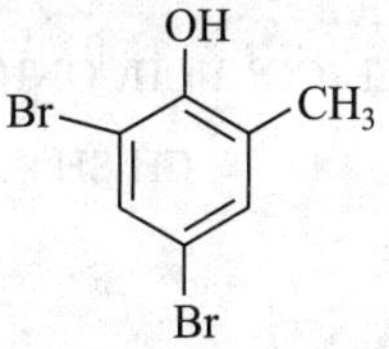

7. 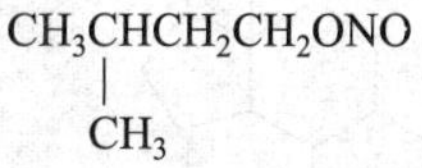　8. 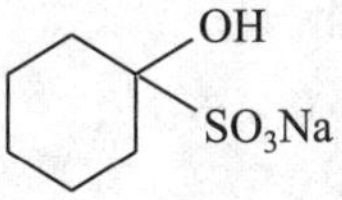　9. 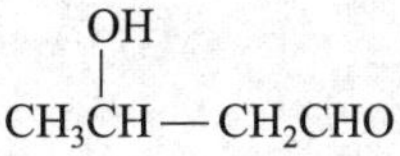

10. 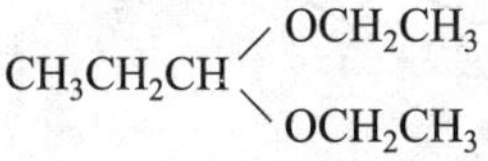　11. $C_6H_5CHOHCH_3$

12. 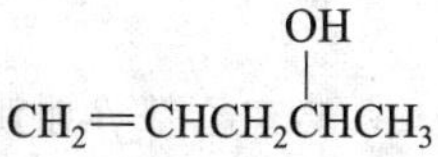　13. 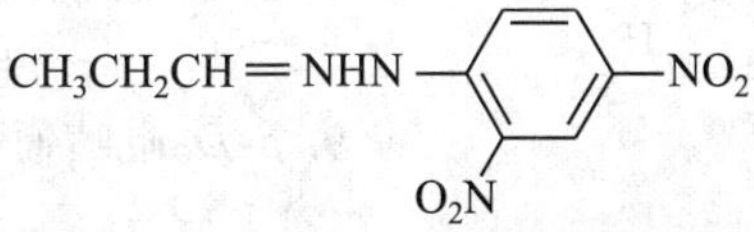

14. 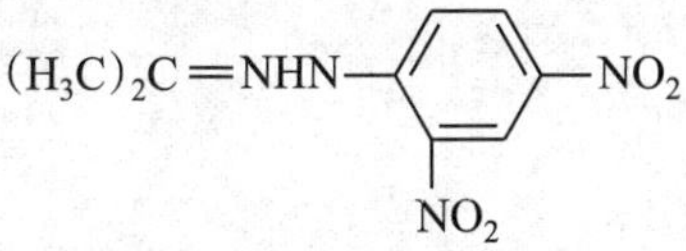　15. 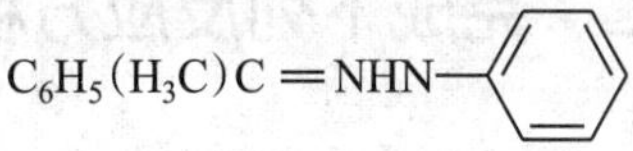

16. $CHI_3\downarrow + CH_3CH_2COONa$　17. $CHI_3\downarrow$ + 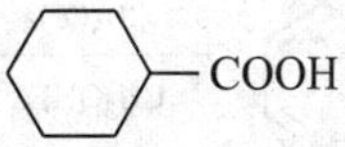

18. $CH_3COOC_2H_5 + H_2O$　19. 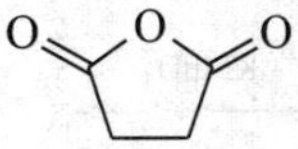 + H_2O

20. $HCOOH + CO_2\uparrow$　21. 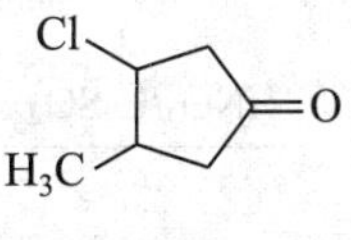 $+ CO_2\uparrow + H_2O$

22. 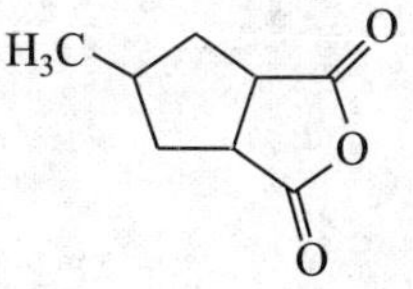

（历廷有）

阶段测试题（三）

一、命名下列化合物（包括立体异构标记法）或写出下列化合物的结构式

1. 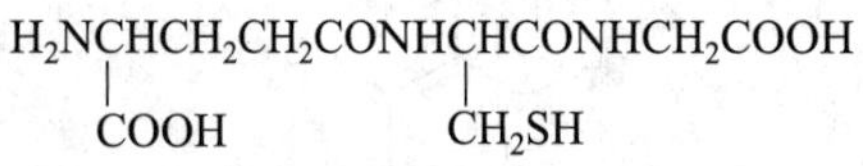

2. 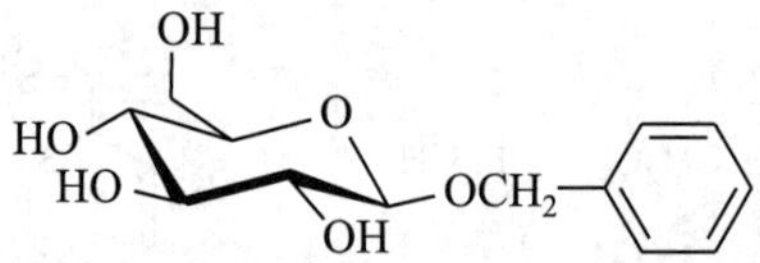

3. 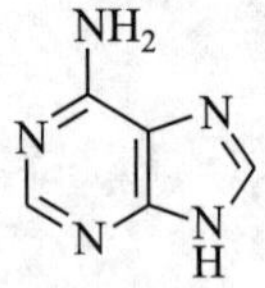

4. 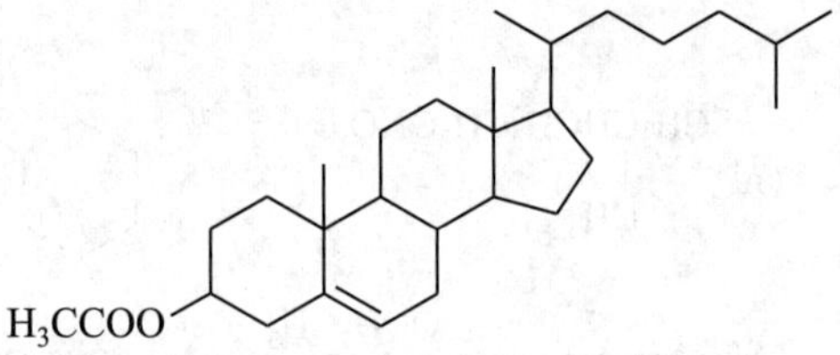

5. 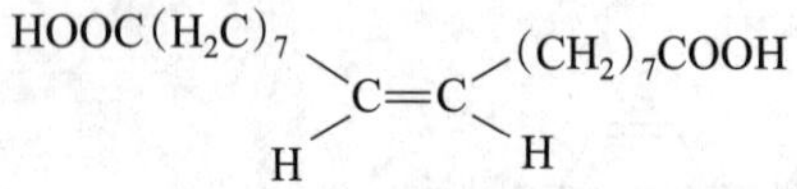

6. *S*-半胱氨酸

7. 偶氮苯

8. 尿苷酸

9. *β*-*D*-吡喃葡萄糖

10. *N*,*N*-二乙基-*β*-吡啶甲酰胺

二、完成下列反应方程式

1. 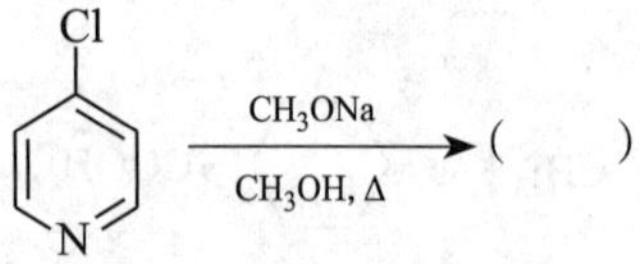

2. 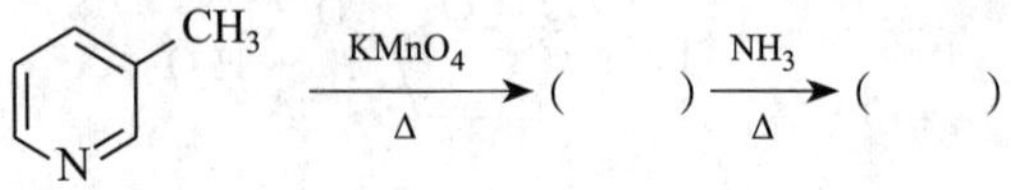

3. 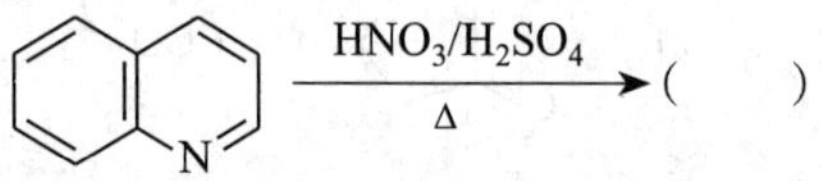

4. 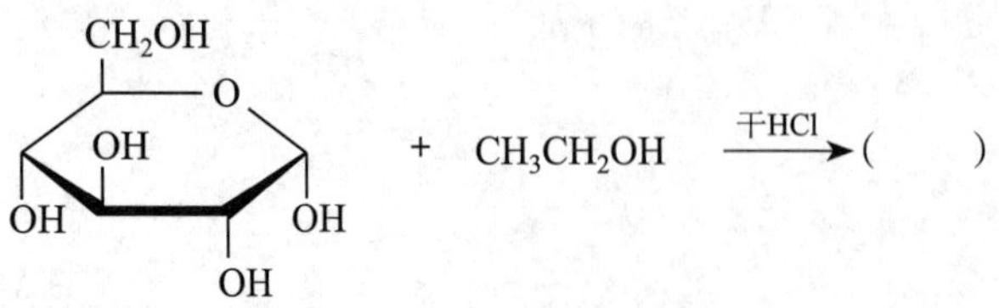

5. 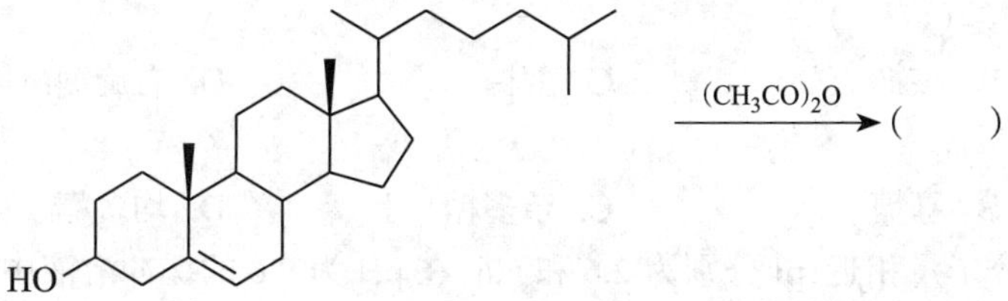
HO
$(CH_3CO)_2O$
( )

6. 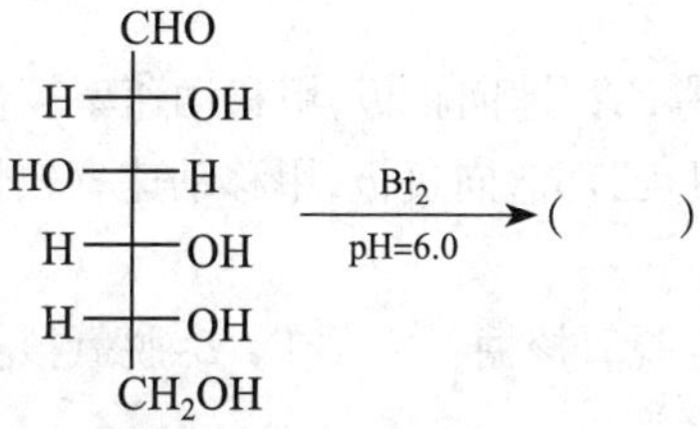
CHO
H OH
HO H
H OH
H OH
CH_2OH
Br_2
pH=6.0
( )

7. 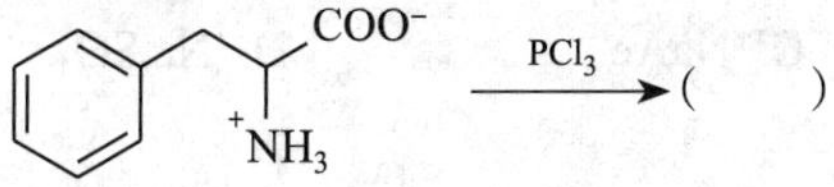
COO^-
$^+NH_3$
PCl_3
( )

8. 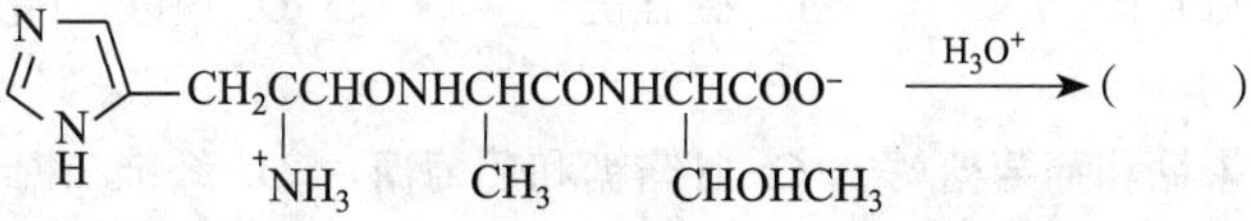
N
N
H
$CH_2CCHONHCHCONHCHCOO^-$
$^+NH_3$
CH_3
$CHOHCH_3$
H_3O^+
( )

9. 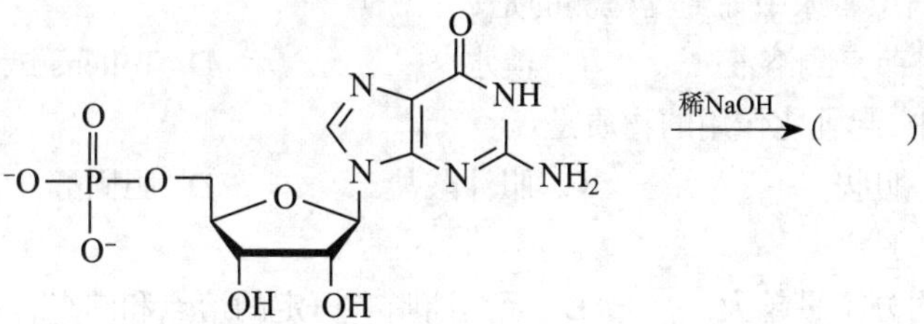
O
$^-O-P-O$
O^-
O
N
NH
N
N
NH_2
OH OH
稀NaOH
( )

10. 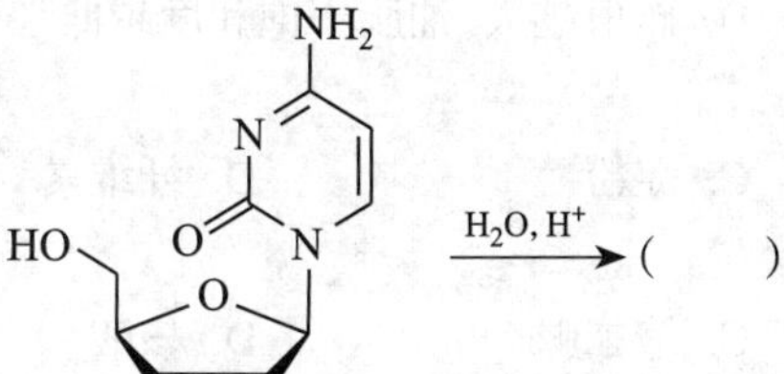
NH_2
N
O
N
HO
O
OH OH
H_2O, H^+
( )

三、选择题

(一) 单选题

1. 某杂环化合物的结构为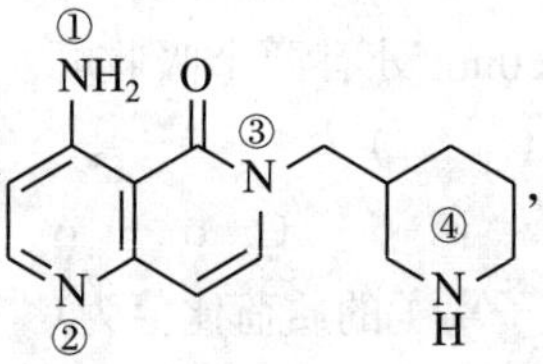,分子中4个N原子的碱性由强到弱的顺序是( )

①
NH_2
O
③
N
④
N
H
N
②

A. ④>②>①>③　　B. ④>①>②>③
C. ④>③>①>②　　D. ①>③>④>②

2. 有变旋光现象的化合物是(　　)

A. 核苷　B. 核糖　C. 蔗糖　D. 右旋糖酐

3. 糖原属于(　　)

A. 单糖　B. 寡糖　C. 杂多糖　D. 均多糖

4. 蛋白质甲与乙的相对分子量相近,pI 分别为 2.6 和 6.6,在 pH 为 7.6 的缓冲溶液中电泳时(　　)

A. 甲、乙都泳向正极,移动速率相同　B. 甲、乙都泳向正极,甲移动速率较快

C. 甲、乙都泳向正极,乙移动速率较快　D. 甲、乙都泳向负极,甲移动速率较快

5. DNA 中含有的糖是(　)

A. *D*-核糖　B. *L*-核糖　C. *D*-脱氧核糖　D. *L*-脱氧核糖

6. 考虑到盐析能力等强弱因素,最常用的盐析剂是(　　)

A. NaCl　B. $(NH_4)_2SO_4$　C. NaAc　D. Na_2SO_4

7. 核酸中碱基与戊糖相连的键是(　　)

A. 氧苷键　B. 氮苷键　C. 碳苷键　D. 磷酸二酯键

8. 麦芽糖的水解产物是(　　)

A. 葡萄糖　B. 果糖和葡萄糖　C. 甘露糖和葡萄糖　D. 纤维二糖

9. 下列试剂中,常用于糖尿病患者尿中葡萄糖检测的是(　　)

A. Benedict 试剂　B. 茚三酮溶液　C. 溴水　D. Tollens 试剂

10. 在体内脂肪的消化过程中,起乳化作用的物质是(　　)

A. 胆碱　B. 胆胺　C. 胆汁酸盐　D. 胆固醇

11. 下列叙述正确的是(　　)

A. 皂化值越大,油脂平均分子量越大　B. 天然油脂有恒定的熔点和沸点

C. 酸值越大,油脂酸败越严重　D. 碘值越大,油脂不饱和度越低

12. 具有还原作用的化合物是(　　)

A. 乳糖　B. 甲基葡萄糖苷　C. 淀粉　D. 纤维素

13. <u>不能</u>发生缩二脲反应的是(　　)

A. 蛋白质　B. 谷胱甘肽　C. 缩二脲　D. 核酸

14. 某蛋白质的等电点为 9.2,将其溶于纯水中,所得水溶液的 pH 是(　　)

A. 小于 7　B. 大于 7　C. 小于 9　D. 小于 9 而大于 7

15. 紫外光谱的频率范围一般在(　　)

A. 200~400nm　B. 200~-400cm^{-1}　C. 600~-4 000nm　D. 600~-4 000cm^{-1}

16. 顺-1,2-二甲基环丙烷 ^{1}H-NMR 谱的共振信号为(　　)

A. 2 组　B. 4 组　C. 3 组　D. 1 组

17. 丙烯醛的紫外光谱在 218nm 和 320nm 处有两个吸收峰。其中 218nm 处吸收强度较大,此吸收峰是由以下何种能级跃迁引起的?(　　)

A. $n \rightarrow \pi^*$　B. $\pi \rightarrow \pi^*$　C. $\sigma \rightarrow \sigma^*$　D. $n \rightarrow \sigma^*$

18. 含奇数个氮原子有机化合物,其分子离子的质荷比值为(　　)

A. 偶数　B. 奇数　C. 不一定　D. 决定于电子数

19. 二溴乙烷质谱的分子离子峰 M 与 M+2、M+4 的相对强度为(　　)

A. 1∶1∶1　B. 2∶1∶1　C. 1∶2∶1　D. 1∶1∶2

(二) 多选题

20. 烟碱是香烟的有毒成分，又称尼古丁，其结构为 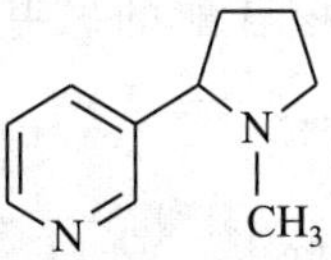 ，下列叙述正确的是(　　)

A. 游离烟碱在水中溶解度较小，可用水蒸气蒸馏的方法提取。

B. 烟碱被高锰酸钾氧化生成 β-吡啶甲酸。

C. 烟碱中的吡啶环具有芳香性，常温下可与溴发生亲电取代反应。

D. 烟碱中的两个氮原子的碱性，是吡啶环上的氮原子碱性最强。

21. 组成蛋白质的 20 种氨基酸都是 α-氨基酸，下列叙述正确的是(　　)

A. 天然氨基酸均为 *L*-构型(除甘氨酸外)，按 *R*/*S* 命名，均应为 *S*-构型。

B. 氨基酸是以两性离子形式存在，因此氨基酸晶体分解温度较高。

C. 氨基酸以两性离子存在时溶液的 pH 称为等电点。

D. 中性氨基酸的纯水溶液的 pH 为 7。

22. 核酸碱基的杂环母核是(　　)

A. 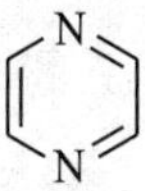　B. 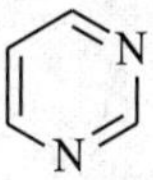　C. 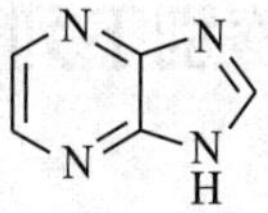　D. 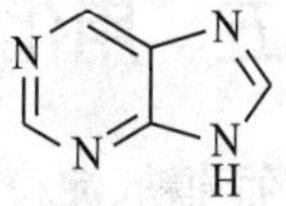

23. 组成食用油脂的脂肪酸的共同特点是(　　)

A. 分子中的双键不形成共轭体系　B. 碳碳双键为顺式

C. 碳原子数为偶数的直键　D. 碳原子数为奇数的直键

24. 脑磷脂在酸性条件下水解，产物除磷酸外还有(　　)

A. 甘油　B. 胆胺　C. 胆碱　D. 高级脂肪酸

25. 蛋白质在水溶液中的稳定因素有(　　)

A. 本身带电荷　B. 分子外面的水化膜

C. 分子中有自由氨基　D. 分子中有自由羧基

四、填空题

1. 丙氨酸(pI =6.02)溶于纯水中，其 pH 所在范围为______。

2. 当将含有缬氨酸(pI＝5.97)、谷氨酸(pI＝3.22)和赖氨酸(pI＝9.74)在 pH＝6.0 的缓冲溶液置于电场中时，谷氨酸带____电荷，向____极移动，赖氨酸带____电荷，向____极移动，缬氨酸____电荷，不产生移动。

3. 氨基酸纸色谱实验中的显色剂为______。

4. 卵磷脂组成成分有甘油、高级脂肪酸、磷酸和胆碱，它们通过______和______彼此结合而成，在生理 pH 下，卵磷脂主要以______形式存在。

5. 维系蛋白质空间结构的作用力主要有______。

6. 核酸用稀酸或稀碱进行水解，首先发生部分水解生成______，进一步再水解成核苷和______，核苷再水解生成____________和碱基；组成 DNA 的碱基是__________________；组成 RNA 的碱基是______________。

7. DNA 的二级结构中，主链是由脱氧核糖和磷酸基通过________连接而成。碱基配对原则为________,维持碱基配对的键是________。

8. 一段 DNA 分子中核苷酸的碱基序列为 TTAGGCA,与这段 DNA 链互补的碱基顺序是________。

9. 牛磺胆酸分子中:

A/B 环按________式稠合,

属 5__构型,3__,7__,12__胆甾烷系。

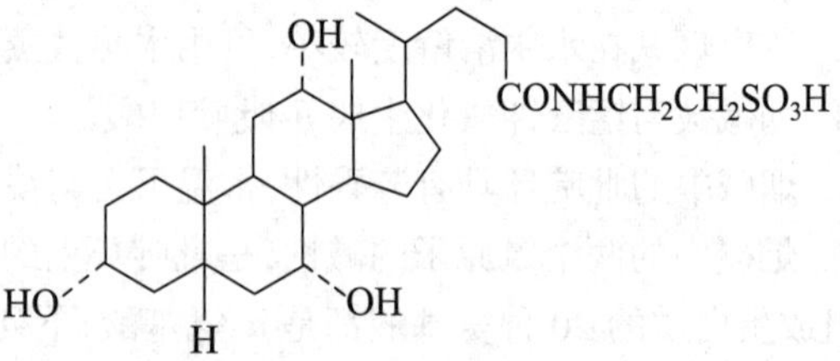
OH
CONHCH₂CH₂SO₃H
HO
H
OH

10. 根据组胺分子结构,比较分子中三个氮原子的碱性由强到弱的

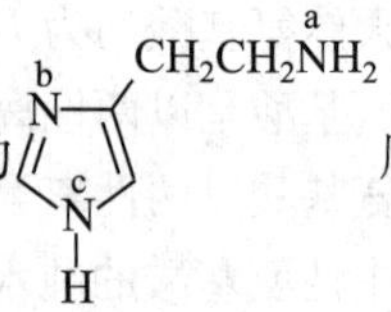
a
CH₂CH₂NH₂
b
N
c
N
H

顺序______。

五、用化学方法鉴别下列各组化合物

葡萄糖、淀粉、蔗糖

六、推导结构

1. 分子式为 $C_4H_8O_2$ 的化合物 A,能在酸或碱液催化下反应生成 B 和 C,C 能与金属钠反应放出 H_2,也能发生碘仿反应。A 在 IR 光谱 1 735cm^{-1}、1 300~1 050cm^{-1} 出现强的特征吸收峰,在 ^{1}H-NMR 中的 δ 值分别为 1.2(*t*,3H)、2.1(*s*,3H)、4.1(*q*,2H),试推测 A、B、C 的结构式。

2. 化合物 A 和 B 是构造异构体,其分子式都是 $C_9H_{10}O$。A 不起碘仿反应,B 能起碘仿反应。光谱数据为:A 的红外光谱图上在 1 690cm^{-1} 处有强吸收峰;^{1}H-NMR, δ(ppm):1.2(*t*,3H),3.0(*q*,2H),7.7(*m*,5H)。B 的红外光谱图上在 1 705cm^{-1} 处有强吸收峰;^{1}H-NMR,δ(ppm):2.0(*s*,3H),3.5(*s*,2H),7.1(*m*,5H)。试推测化合物 A 和 B 的构造式。

3. 一种含有氰基的天然糖苷 A($C_{20}H_{27}O_{11}N$),能被 *β*-糖苷酶完全水解,对 *α*-糖苷酶无作用。A 经硫酸二甲酯处理后,在浓盐酸溶液中加热得到 2,3,4-三-*O*-甲基-*D*-吡喃葡萄糖和等量的 2,3,4,6-四-*O*-甲基-*D*-吡喃葡萄糖以及化合物 B($C_8H_8O_3$)。B 不能使溴水褪色,溶于 $NaHCO_3$ 溶液中放出气体,B 加热得 C($C_{16}H_{12}O_4$)。试推定 A、B、C 的结构式。

参考答案

一、命名下列化合物(包括立体异构标记法)或写出下列化合物的结构式

1. *γ*-谷胱甘肽

2. *β*-*D*-苄基吡喃葡萄糖苷

3. 腺嘌呤

4. 乙酰胆固醇

5. *cis*-油酸

6. 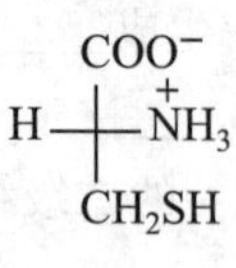
COO⁻
H
NH₃
CH₂SH

7. 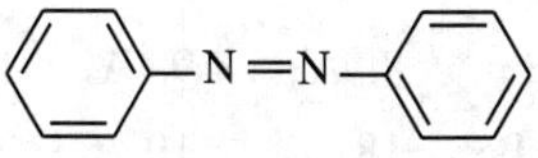

8. 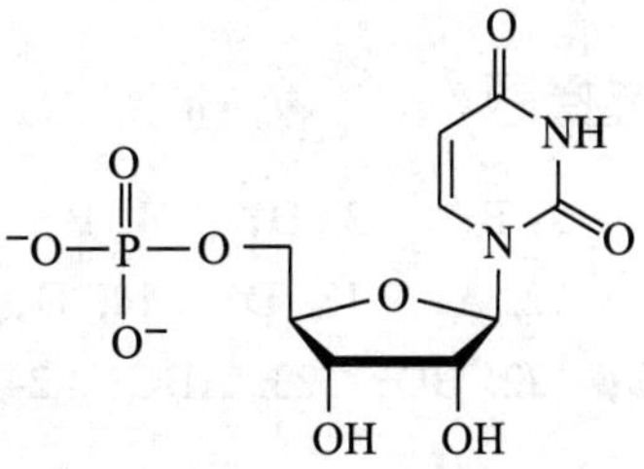

9. 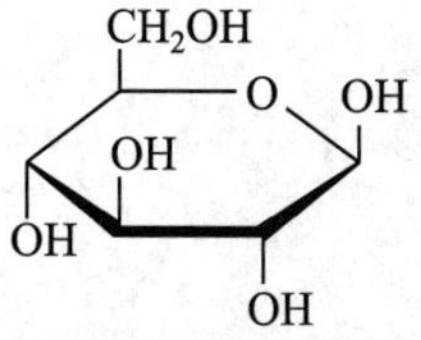

10. 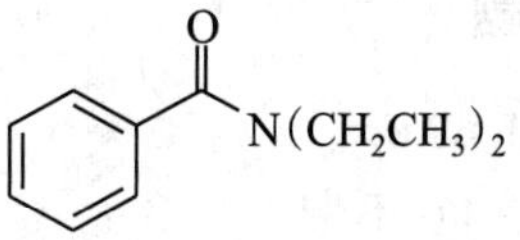

二、完成下列反应方程式

1. 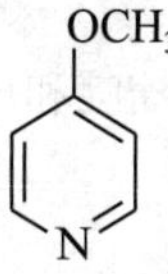

2. 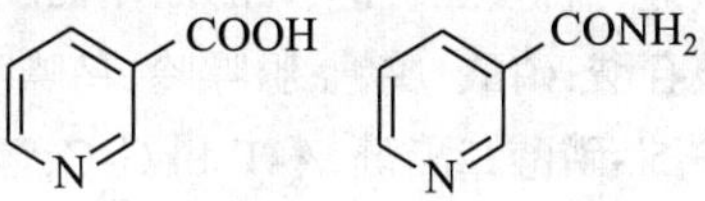

3. 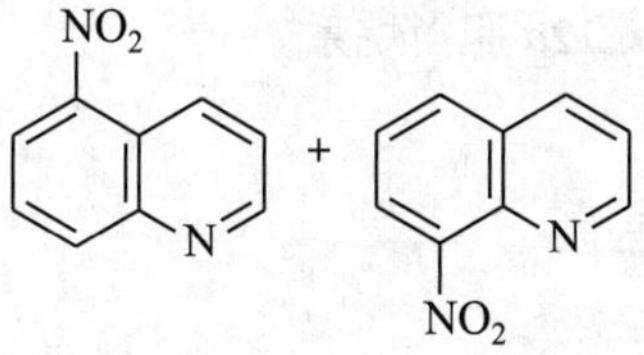

4. 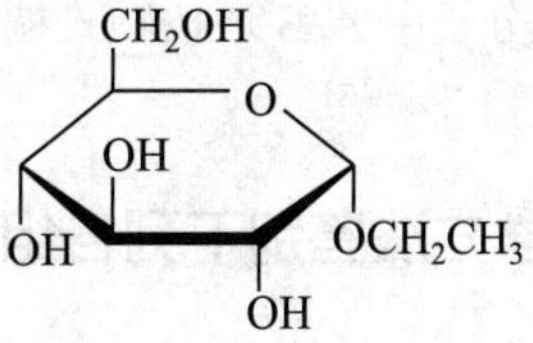

5. 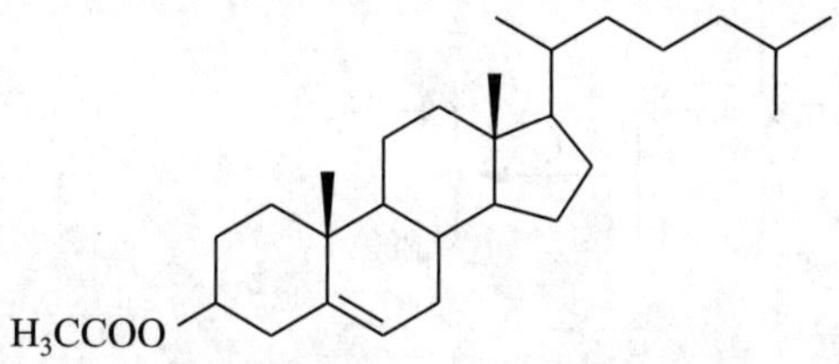

6. 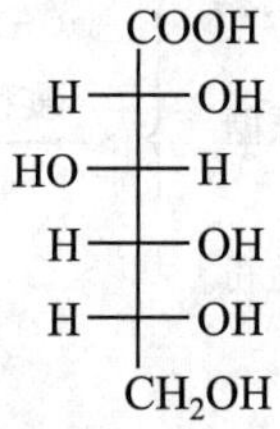

7. 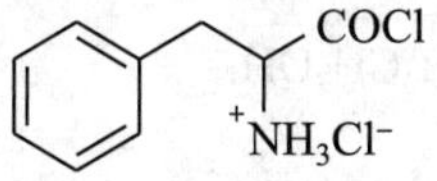

8. 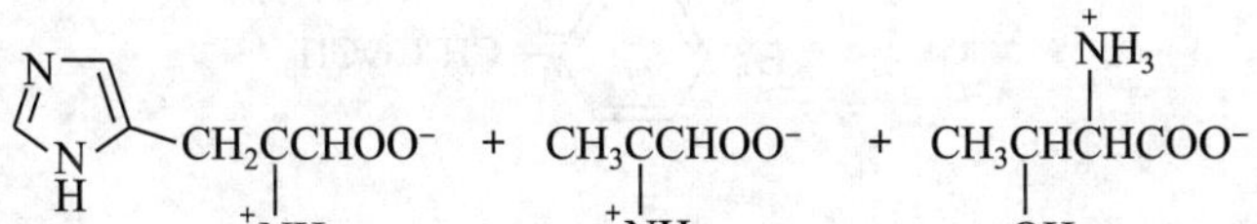

9. 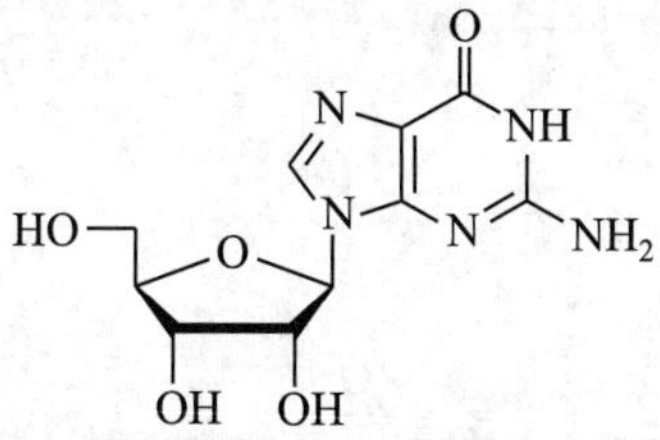 + Na_3PO_4

10. 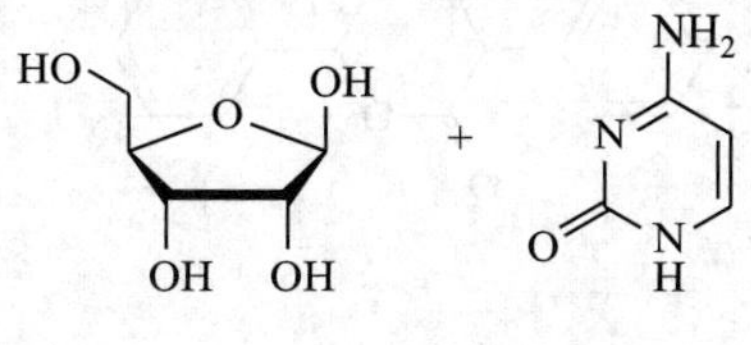

三、选择题

1. A； 2. B； 3. D； 4. B； 5. C； 6. B； 7. B； 8. A； 9. A； 10. C；
11. C； 12. A； 13. D； 14. D； 15. A； 16. B； 17. B； 18. B； 19. C；20. AB；
21. BC； 22. BD； 23. ABC； 24. ABD； 25. AB

四、填空题

1. 6.02 < pH < 7.0
2. 负,正,正,负,不带
3. 水合茚三酮溶液
4. 酯键,磷酸二酯键,偶极离子
5. 氢键、盐键、二硫键、van der Waals 力
6. 核苷酸;磷酸;戊糖;腺嘌呤、鸟嘌呤、胞嘧啶和胸腺嘧啶;腺嘌呤、鸟嘌呤、胞嘧啶和尿嘧啶
7. 3′,5′-磷酸二酯键,A-T 和 G-C,氢键
8. AATCCGT
9. 牛磺胆酸分子中 A/B 环按顺式稠合,属 5β 构型,3α,7α,12α 胆甾烷系。
10. a>b>c

五、用化学方法鉴别下列各组化合物

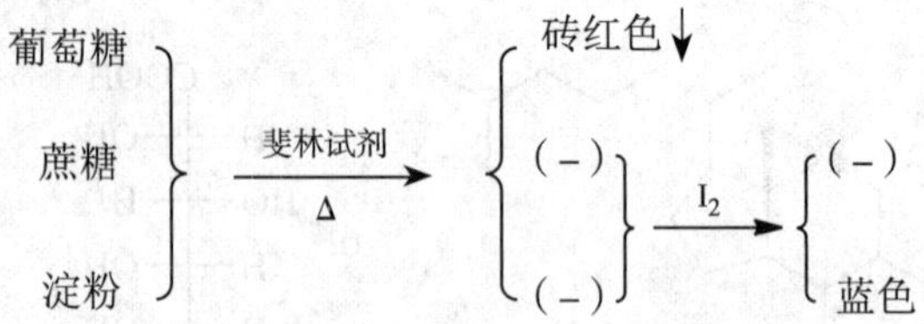
葡萄糖
蔗糖
淀粉
斐林试剂
Δ
砖红色↓
(-)
(-)
I_2
(-)
蓝色

六、推导结构

1. A. $CH_3COOCH_2CH_3$ B. CH_3COOH C. CH_3CH_2OH

2. A. 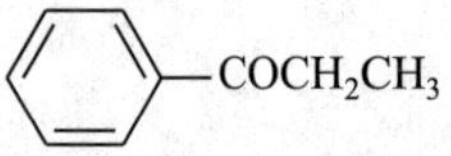
COCH2CH3
B. 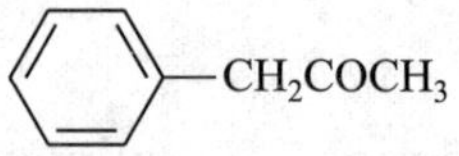
CH2COCH3

3. A. 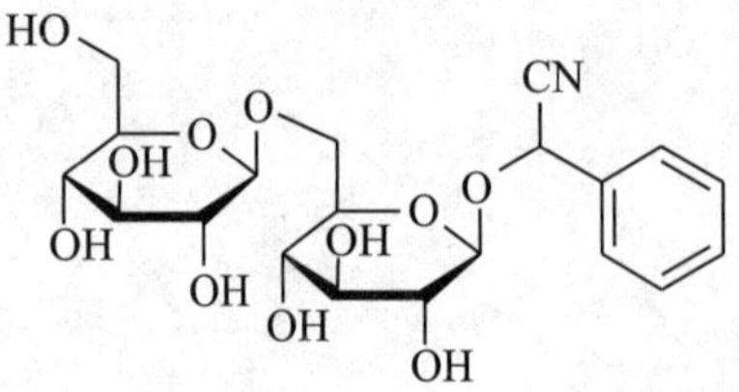
HO
O
OH
OH
OH
O
CN
O
OH
OH
OH

B. 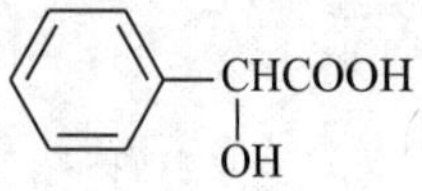
CHCOOH
OH
C. 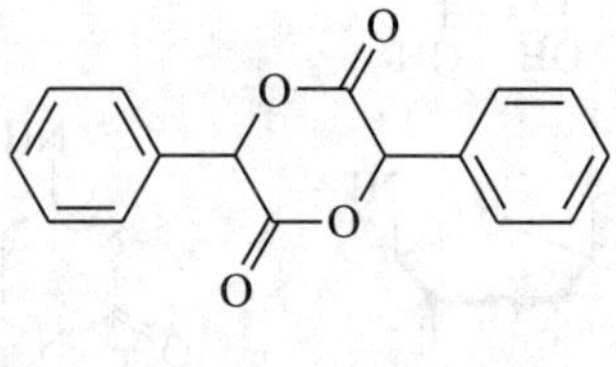
O
O
O
O

(李发胜)

综合测试题(一)

一、用系统命名法命名下列有机化合物(10 分)

1. 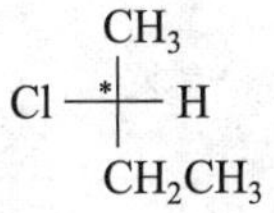

2. 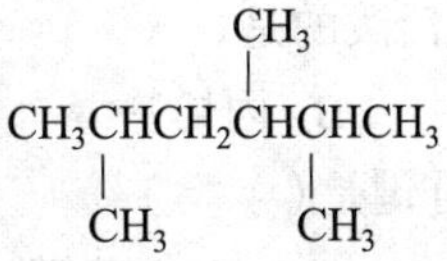

3. 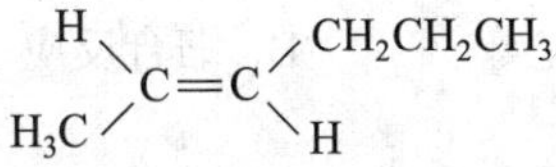

4. 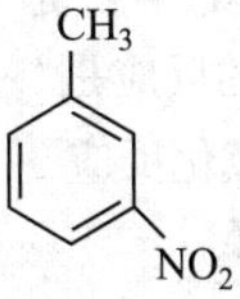

5. 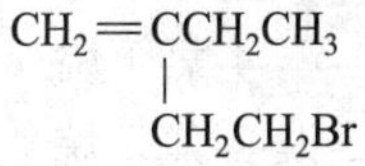

6. 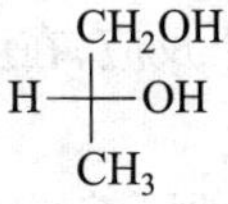

7. 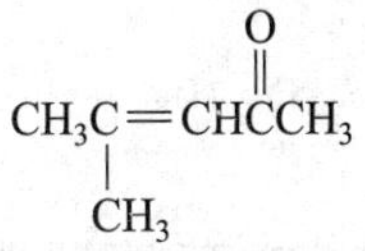

8. 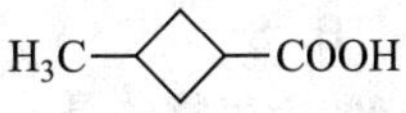

9. $CH_3NHCH(CH_2CH_3)_2$

10. 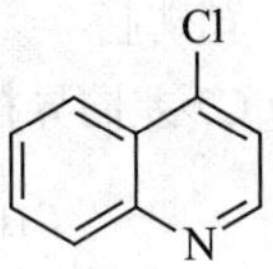

二、选择题(20 分)

1. 甲酸的酸性大于乙酸的酸性的主要原因是乙酸分子中存在着(　　)
   A. $-I$ 效应　B. $+I$ 效应　C. p-π 共轭效应　D. π-π 共轭效应
2. 下列化合物具有芳香性的是(　　)
   A. 环丙烯　B. 环丙烯负离子　C. 四氢呋喃　D. 环庚三烯正离子
3. 叔丁基溴的碱性水解反应主要按(　　)反应机制进行
   A. S_N1　B. S_N2　C. E1　D. E2
4. *α*-*D*-吡喃葡萄糖和 *β*-*D*-吡喃葡萄糖是(　　)
   A. 一对对映体　B. 外消旋体　C. 顺反异构体　D. 端基异构体
5. Markovnikov 规则用于(　　)
   A. 氧化还原反应

B. 不对称试剂与不对称烯烃的加成反应

C. 芳香烃的取代反应

D. 卤代烃的消除反应

6. 下列化合物在临床上可用作重金属解毒剂的是(　　)

A. 甘油　　B. 乙二醇　　C. 二巯丙醇　　D. 乙硫醇

7. β-羟基戊酸加热易生成(　　)

A. α,β-不饱和酸　　B. 酸酐　　C. 交酯　　D. 内酯

8. 己醛糖的开链结构应有(　　)个旋光异构体

A. 8　　B. 4　　C. 32　　D. 16

9. 下列化合物中溴最活泼的是(　　)

A. 溴乙烯　　B. 丙烯基溴　　C. 烯丙基溴　　D. 溴苯

10. 麦芽糖分子中的苷键是(　　)

A. β-1,4-苷键　　B. α-1,4-苷键　　C. α-1,6-苷键　　D. α-1,3-苷键

11. 由胱氨酸转变为半胱氨酸的反应是(　　)

A. 还原反应　　B. 氧化反应　　C. 水解反应　　D. 缩合反应

12. 鉴别 α-氨基酸时常用下列(　　)

A. 土伦试剂　　B. 斐林试剂　　C. 班氏试剂　　D. 水合茚三酮试剂

13. 丁-1-烯与溴在氯化钠存在下反应,在反应混合物中主要有(　　)

A. 1,2-二溴丁烷　　B. 1,4-二溴丁烷和 1-溴-4-氯丁烷

C. 1,2-二溴丁烷和 1-溴-2-氯丁烷　　D. 1,2-二溴丁烷和 2-溴-1-氯丁烷

14. 2-氯-5-甲基己-3-烯的立体异构体的数目是(　　)

A. 6　　B. 8　　C. 4　　D. 10

15. 下列化合物属于磷脂酸衍生物的是(　　)

A. α-卵磷脂　　B. 鞘磷脂　　C. 神经酰胺　　D. 葡糖脑苷脂

16. 下列 4 个己醛糖中,互为 C2 差向异构体的是(　　)

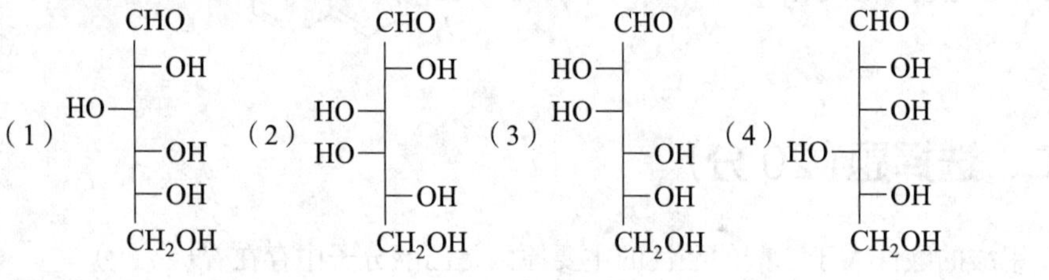
(1)
CHO
OH
HO
OH
OH
CH_2OH
(2)
CHO
OH
HO
HO
OH
CH_2OH
(3)
CHO
HO
HO
OH
OH
CH_2OH
(4)
CHO
OH
OH
HO
OH
CH_2OH

A.(1)与(2)　　B.(1)与(3)　　C.(2)与(3)　　D.(2)与(4)

17. 下列化合物属于甾体激素的是(　　)

A. 己烯雌酚　　B. 胆固醇　　C. 雌二醇　　D. 维生素 D_3

18. 下列化合物在发生水解反应时速率最快的是(　　)

A. 乙酸乙酯　　B. 乙酸甲酯　　C. 乙酸异丙酯　　D. 乙酸丙酯

19. 下列化合物分子中同时含有 p-π 共轭和 σ-π 超共轭效应的是(　　)

A. 丙烯　　B. 丙烯基氯　　C. 烯丙基氯　　D. 氯乙烯

20. 下列化合物<u>不发生</u>酮式-烯醇式互变的是(　　)

A. 1-苯基丙酮　　B. α-酮戊二酸　　C. 草酸乙酯　　D. 乙酰乙酸乙酯

三、填空题（15 分）

1. 过氧化物效应指的是不对称烯烃与________，在过氧化物存在下________的加成现象。
2. 水溶性胺的碱性强弱主要是________、________和________等多种因素共同影响的结果。
3. 能发生缩二脲反应的化合物分子中必须含有________结构。
4. 能与________，________或________三种试剂反应的糖称为还原糖。
5. 嘌呤是由________和________稠合而成的化合物。
6. 构成蛋白质的 α-氨基酸，除________外，均为 *S*-构型。
7. 谷氨酸（pI=3.22）在 pH=5.8 的条件下，带________电荷，在电场中向________极移动。
8. 核酸根据分子中所含的________不同，可分为 DNA 和 RNA。

四、问答题（18 分）

1. 苯甲酸与苯哪一个更易发生硝化反应？为什么？
2. 氯乙酸与乙酸哪一个的酸性强？为什么？
3. 葡萄糖与 *α-D*-甲基葡萄糖苷哪一个有变旋光现象？为什么？
4. 二乙胺与三乙胺哪一个不能发生酰化反应？为什么？
5. 丁-2-炔和丁-2-烯哪一个无顺反异构现象？为什么？
6. 醚与异构体的醇哪一个沸点高？为什么？

五、完成下列反应式，写出主要产物（20 分）

1. 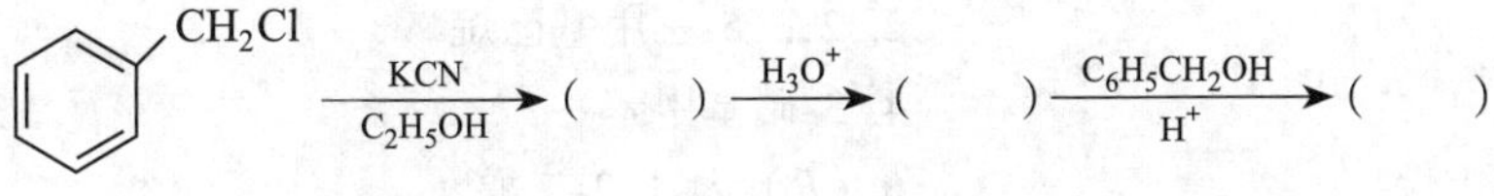
CH₂Cl
KCN
C₂H₅OH
( )
H₃O⁺
( )
C₆H₅CH₂OH
H⁺
( )

2. $CH_3CH_2CH_2Br \xrightarrow[\text{无水乙醚}]{Mg}$ (　　) $\xrightarrow[\text{① 无水乙醚 ② } H_3O^+]{CH_3COCH_3}$ (　　) $\xrightarrow[\triangle]{H_2SO_4}$ (　　)

3. 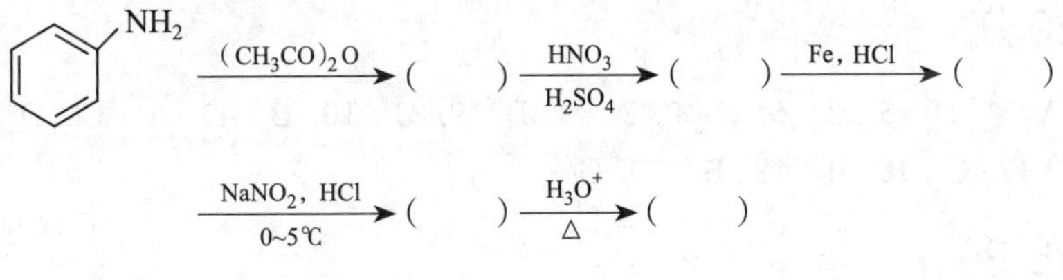
NH₂
(CH₃CO)₂O
( )
HNO₃
H₂SO₄
( )
Fe, HCl
( )
NaNO₂, HCl
0~5℃
( )
H₃O⁺
△
( )

4. $CH_3CH_2CH_2Br \xrightarrow{NaOH}$ (　　) $\xrightarrow[C_5H_5N]{CrO_3}$ (　　) $\xrightarrow[4\sim5℃]{\text{稀 }OH^-}$ (　　)

$\xrightarrow[\triangle]{}$ (　　) $\xrightarrow{NaBH_4}$ (　　)

5. 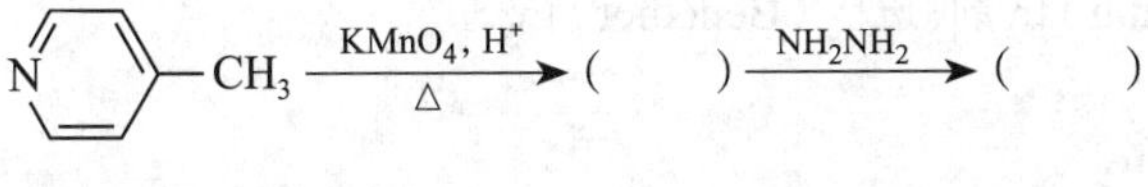
N
CH₃
KMnO₄, H⁺
△
( )
NH₂NH₂
( )

6. 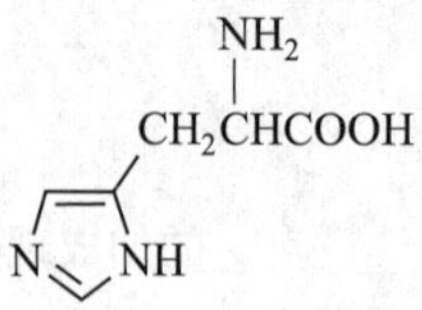 $\xrightarrow{\text{脱羧酶}}$ (　　)

7. 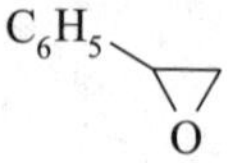 $\xrightarrow{HBr}$ (　　)

六、推导结构(17分)

1. 化合物 A($C_9H_{10}O_2$),能溶于 NaOH 溶液,易与溴水、羟氨反应,和 Tollens 试剂不作用,经 $LiBH_4$ 还原则产生化合物 B($C_9H_{12}O_2$)。A 和 B 均起碘仿反应。将 A 与 Zn(Hg)/HCl 作用得化合物 C($C_9H_{12}O$)。将 C 与 NaOH 反应,再与 CH_3I 煮沸得化合物 D($C_{10}H_{14}O$)。D 用高锰酸钾处理得对-甲氧基苯甲酸。试写出化合物 A、B、C、D 的结构。

2. 化合物 A($C_8H_8O_2$)与碳酸氢钠反应有气体放出,在光照下与溴反应得到一对对映体 B 和 C($C_8H_7BrO_2$);B 的构型为 *R* 型,B、C 与 NaCN 反应得到分子式为 $C_9H_7NO_2$ 的一对对映体 D 和 E;D 和 E 在酸性水溶液中加热均得到 2-苯基丙二酸。试写出 A、B、C、D、E 的结构。

参考答案

一、用系统命名法命名下列有机化合物(10分)

1. (*R*)-2-氯丁烷
2. 2,3,5-三甲基己烷
3. 反己-2-烯
4. 3-硝基甲苯
5. 1-溴-3-甲亚基戊烷
6. (*R*)-丙-1,2-二醇
7. 4-甲基戊-3-烯-2-酮
8. 3-甲基环丁烷甲酸
9. *N*-甲基戊烷-3-胺
10. 4-氯喹啉

二、选择题(20分)

1. B　2. D　3. A　4. D　5. B　6. C　7. A　8. D　9. C　10. B　11. A　12. D　13. C　14. C　15. A　16. B　17. C　18. B　19. B　20. C

三、填空题(15分)

1. HBr;反马尔科夫尼科夫规律
2. 电子效应;溶剂化效应;空间效应
3. 两个或两个以上肽键
4. 土伦(Tollens)试剂;斐林(Fehling)试剂;班氏(Benedict)试剂
5. 嘧啶;咪唑
6. 半胱氨酸

7. 负;正

8. 戊糖

四、问答题(18分)

1. 苯更易发生硝化反应;因为苯甲酸分子中含有钝化苯环的间位定位基—COOH,使苯环难发生硝化反应。

2. 氯乙酸的酸性强;因为在氯乙酸分子中 α-碳原子连有氯原子,可产生 $-I$ 效应,导致羧基更易电离,酸性增强。

3. 葡萄糖有变旋光现象;由于葡萄糖分子中存在着半缩醛羟基,*α-D*-葡萄糖和 *β-D*-葡萄糖可通过开链结构呈动态平衡,而产生变旋光现象。*α-D*-甲基葡萄糖苷由于分子中无半缩醛羟基,不能通过互变异构转变成开链结构,故不产生变旋光现象。

4. 三乙胺不能发生酰化反应;因为在三乙胺分子中,N 上无氢原子,不能发生酰化反应。

5. 丁-2-炔无顺反异构现象;因为与叁键相连的碳是 *sp* 杂化,呈直线型,无顺反异构现象。

6. 醇异构体的沸点高;因为醚分子中氧原子上无氢原子,分子间不能形成氢键,其沸点比异构体醇的低。

五、完成下列反应式,写出主要产物(20分)

1. 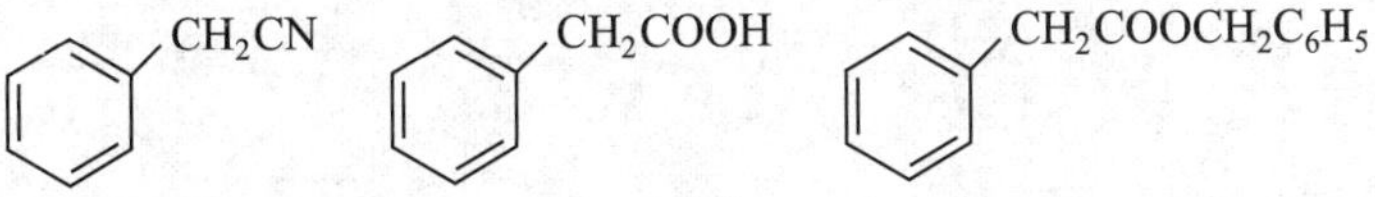

2. $CH_3CH_2CH_2MgBr$　$CH_3CH_2CH_2C(OH)(CH_3)CH_3$　$CH_3CH_2CH{=}C(CH_3)CH_3$

3. 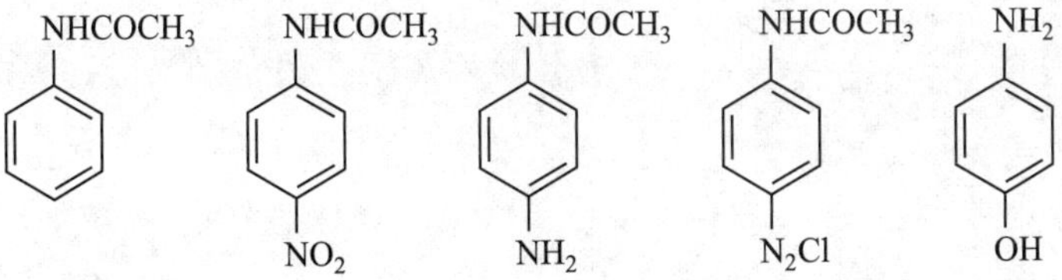

4. $CH_3CH_2CH_2OH$　CH_3CH_2CHO　$CH_3CH_2CH(OH)CH(CH_3)CHO$

$CH_3CH_2CH{=}C(CH_3)CHO$　$CH_3CH_2CH{=}C(CH_3)CH_2OH$

5. 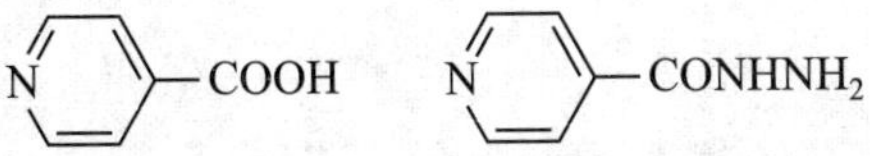

6. 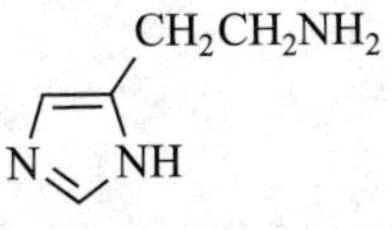

7. $C_6H_5CHCH_2OH$
　　　　|
　　　Br

六、推导结构(17分)

1.

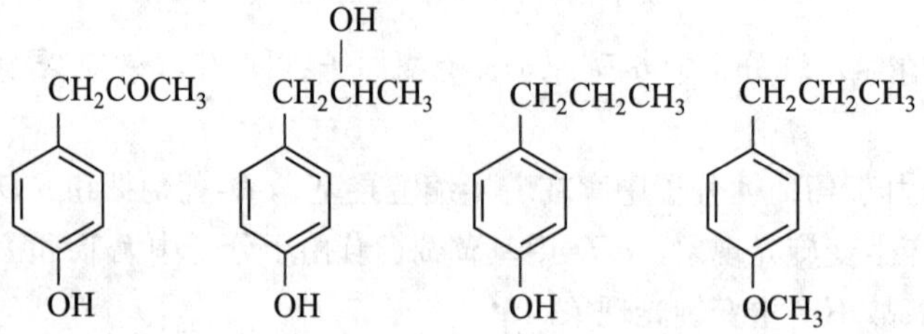

A　B　C　D

2.

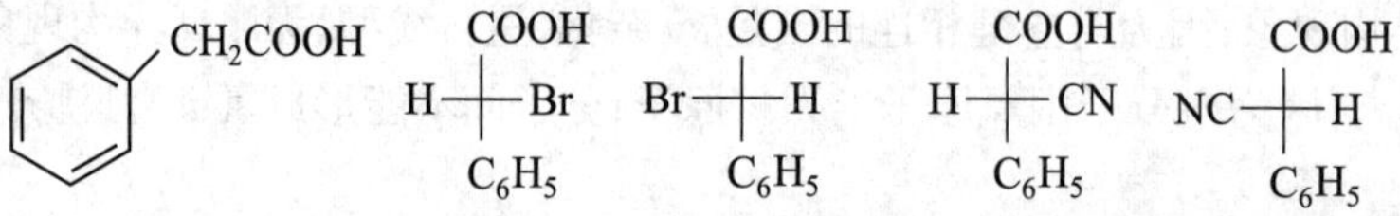

A　B　C　D　E

(吴运军)

综合测试题(二)

一、根据结构式命名或按名称写出结构式(10分)

1. $CH_3CH=CH\underset{C_2H_5}{\underset{|}{CH}}C\equiv CH$

2. $CH_3\underset{CH_3}{\underset{|}{CH}}CH=CHCHO$

3. 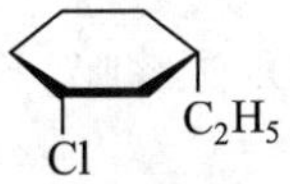

4. 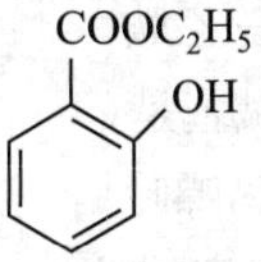

5. 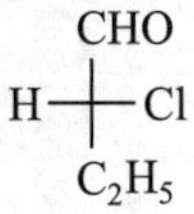

6. 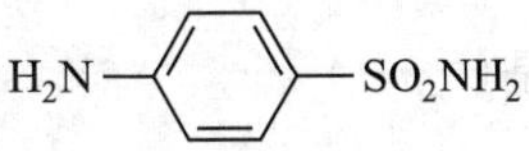

7. 2,4-二溴丁烷的稳定构象(绕 C_2-C_3 键轴旋转的 Newman 式)
8. 反-1,4-二甲基环己烷
9. 胆固醇
10. *β-D*-甲基吡喃葡萄糖苷(构象式)

二、完成下列反应式(30分)

1. 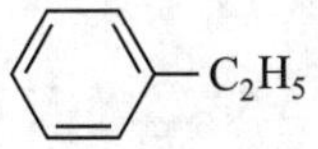 $\xrightarrow[\text{浓}H_2SO_4,\triangle]{\text{浓}HNO_3}$ (　　) $\xrightarrow[H^+,\triangle]{KMnO_4}$ (　　)(邻位产物)

2. 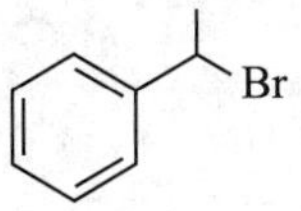 $\xrightarrow[EtOH]{NaOH}$ (　　) $\xrightarrow[Zn]{O_3}$ (　　)

3. 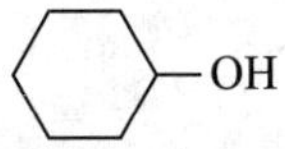 $\xrightarrow[H^+]{KMnO_4}$ (　　) $\xrightarrow[2)\ H_3O^+]{1)\ CH_3MgBr}$ (　　)

4. 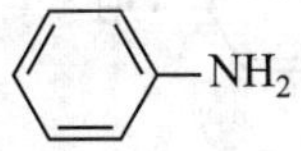 $\xrightarrow{\text{对甲苯磺酰氯}}$ (　　)

5. $CH_3CH_2CH_2CHO \xrightarrow{^-OH}$ (　　) $\xrightarrow[H^+]{KMnO_4}$ (　　)

6. 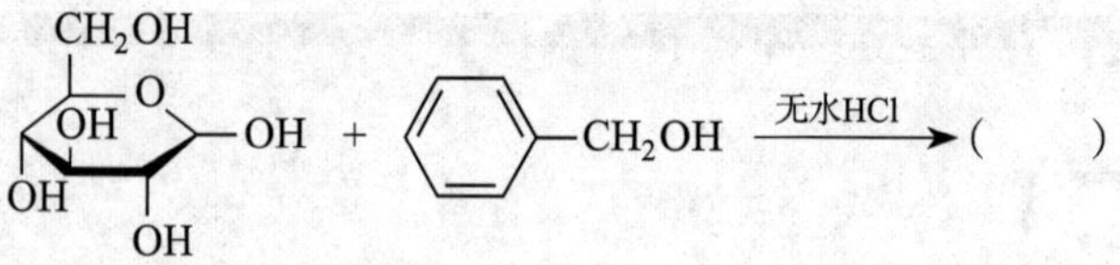

7. 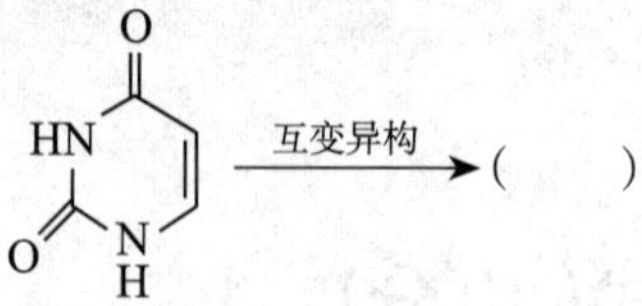

三、选择题(30分)

1. 下列化合物中碱性最强的化合物是(　　)

A. 乙胺　　B. 三乙胺　　C. 二乙胺　　D. 乙酰胺

2. 在DNA分子中,不存在的碱基是(　　)

A. 腺嘌呤　　B. 鸟嘌呤　　C. 胞嘧啶　　D. 尿嘧啶

3. 在稀碱中下列化合物中最稳定的是(　　)

A. 丙醛　　B. 苄醛

C. *β*-*D*-葡萄糖　　D. *β*-*D*-苄基葡萄糖苷

4. 最稳定的构象是(　　)

A. 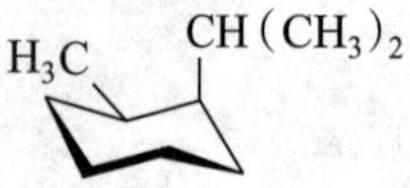

B. 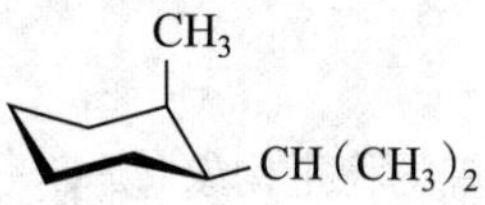

C. 

D. 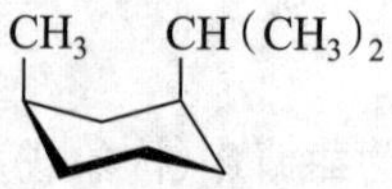

5. 由伯醇制备醛的理想试剂是(　　)

A. $K_2Cr_2O_7/H^+$　　B. 浓 HNO_3　　C. $KMnO_4/H^+$　　D. CrO_3/吡啶

6. 下列碳正离子中最稳定的是(　　)

A. 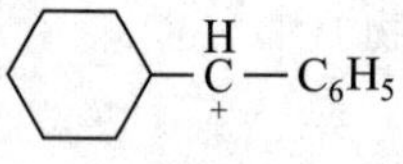

B. 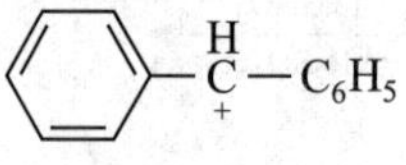

C. 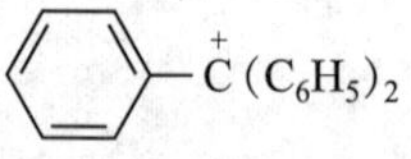

D. 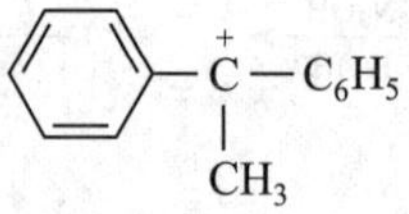

7. 下列化合物酸性由强至弱排列顺序为(　　)

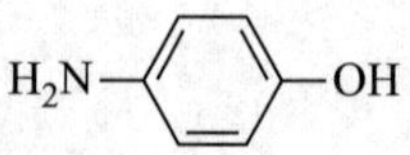
①

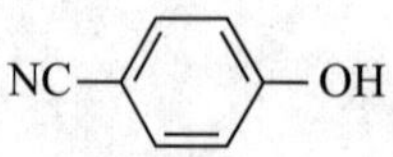
②

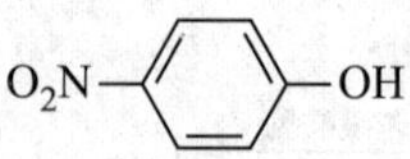
③

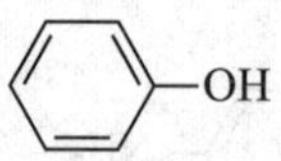
④

A. ①>②>③>④　　B. ③>②>①>④

C. ②>③>④>①　　D. ③>②>④>①

8. 下列自由基中最稳定的是( )

A. $(CH_3)_2CHCH_2\dot{C}H_2$　　B. $(CH_3)_2CH\dot{C}HCH_3$

C. $(CH_3)_2\dot{C}CH_2CH_3$　　D. $H_2\dot{C}-CH(CH_3)-CH_2CH_3$

9. <u>不能</u>与丁酮反应的试剂是( )

A. $LiAlH_4$　　B. $HCN/^{-}OH$　　C. $NaOH/I_2$　　D. 冷的 $KMnO_4$

10. 在丙酮中含有少量的乙醛,可用来鉴别其存在的试剂是( )

A. 2,4-二硝基苯肼　　B. $HCN/^{-}OH$

C. $I_2/NaOH$　　D. Fehling 试剂

11. 下列化合物最容易发生脱水反应的是( )

A. $H_2C=CHCH_2OH$

B. 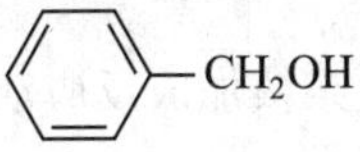

C. CH_3CH_2OH

D. $H_3C-C(CH_3)_2-OH$

12. *D*-甘露糖是 *D*-葡萄糖的( )

A. 对映异构体　　B. 氧化产物　　C. 差向异构体　　D. 还原产物

13. 茚三酮用于鉴别下列哪个化合物( )

A. 水杨酸　　B. 丙氨酸　　C. 丙三醇　　D. 葡萄糖苷

14. 与酸性重铬酸钾溶液反应后可生成一元羧酸的是( )

A. 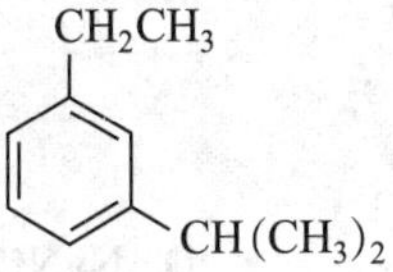

B. 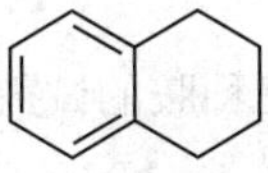

C. 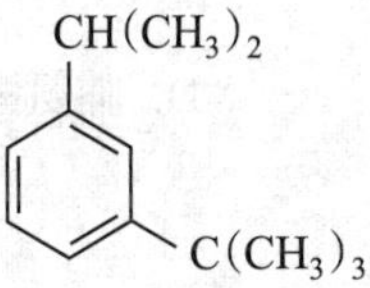

D. 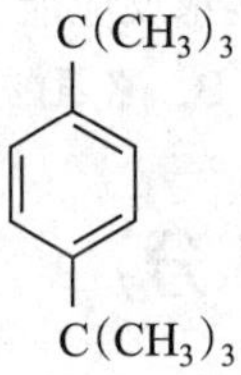

15. 乙醛合成丁-2-烯醛的反应属于( )

A. 亲核加成反应　　B. 缩醛反应　　C. 醇醛缩合反应　　D. 碘仿反应

16. 下列化合物中酸性最强的是( )

A. 苯酚　　B. 乙二酸　　C. 丙酸　　D. 丙二酸

17. 醇醛缩合需要的反应条件是( )

A. 浓 H_2SO_4　　B. 浓 NaOH　　C. 稀 H_2SO_4　　D. 稀 NaOH

18. 鉴别 C_6H_5Br, $C_6H_5CH_2Br$, $C_6H_5CH_2CH_2CH_2Br$,可采用的试剂是( )

A. $AgNO_3/C_2H_5OH$　　B. Br_2/H_2O

C. $KMnO_4/H^+$　　D. ①O_3/②Zn,H_2O

19. 下列化合物中,氮原子上孤电子对位于 sp^2 杂化轨道的是( )

A. 乙腈　B. 乙酰胺　C. 吡咯　D. 吡啶

20. 淀粉中链接葡萄糖的化学键是( )

A. 肽键　B. 氢键　C. 离子键　D. 苷键

21. 胆碱是含氮化合物,从结构上看属于( )

A. 叔胺　B. 季铵碱　C. 伯胺　D. 仲胺

22. 属于半缩醛的化合物是( )

A. $CH_3CH(OCH_3)CH_2CHO$　B. $(CH_3O)_2CHCHO$

C. $CH_3CH_2CH(OCH_3)OH$　D. $CH_3OCH_2CH_2OCH_3$

23. 难被酸性高锰酸钾溶液氧化的是( )

A. C_6H_5CHO　B. $C_6H_5CH_2OH$

C. $C_6H_5OCH_3$　D. $C_6H_5CH{=}CH_2$

24. 下列化合物发生亲核加成反应活性最大的是( )

A. PhCOPh　B. CH_3COCH_3　C. CH_3CH_2CHO　D. HCHO

25. Clemmenson 反应属于( )

A. 亲电加成反应　B. 缩醛反应　C. 还原反应　D. 碘仿反应

26. 不能与羰基化合物发生亲核加成反应的试剂是( )

A. HBr　B. NH_2OH　C. HCN　D. C_2H_5OH

27. 紫外光谱的频率范围( )

A. 200~400nm　B. 200~400cm^{-1}

C. 600~4 000cm^{-1}　D. 600~4 000nm

28. 用于检测化合物中是否含两个或两个以上独立酰胺键的反应是( )

A. 重氮化反应　B. 季铵化反应

C. 缩二脲反应　D. 偶氮反应

29. 用于鉴别伯、仲、叔三种胺的试剂是( )

A. HNO_3　B. $NaHCO_3$　C. NaOH　D. $NaNO_2$+HCl

30. 下列化合物中,能与溴水反应能生成白色沉淀的是( )

A. 甘氨酸　B. 酪氨酸　C. 谷氨酸　D. 脯氨酸

四、推导结构(15 分)

1. 一芳香族化合物 A,分子式为 C_7H_8O,与钠不发生反应,与 HI 反应生成两个化合物 B 和 C,B 能与溴水生成白色沉淀,C 能与硝酸银的醇溶液作用生成黄色沉淀,写出 A、B、C 的结构式。

2. *D*-丁醛糖 A 和 B 被溴水氧化后分别生成具有旋光活性的化合物 C 和 D,进一步用硝酸氧化后,C 生成有光学活性的化合物 E,D 生成无光学活性的化合物 F,分别写出 A、B、C、D、E 和 F 的 Fischer 投影式。

3. 局部麻醉药普鲁卡因($C_{13}H_{20}O_2N_2$)用碱水解后,生成对氨基苯甲酸和另一简单化合物;普鲁卡因的波谱数据为:IR 在 1 700cm^{-1} 附近有强吸收峰;核磁共振氢谱为:1.05(6H,*t*),2.6(4H,*q*),2.75(2H,*t*),4.2(2H,*s*),4.35(2H,*t*),6.5-7.8(4H,*m*),将化合物与重水振摇后,4.2 处的单峰消失。推断普鲁卡因的结构式,并判断各峰的归属。

五、合成题(15 分)

1. 由丙-1-醇和 1-溴丙烷合成己-3-酮。
2. 以苯酚为原料合成 *N*-(4-羟基苯基)乙酰胺。

参考答案

一、根据结构式命名或按名称写出结构式(10 分)

1. 3-乙基己-4-烯-1-炔
2. 4-甲基戊-2-烯醛
3. 顺-1-氯-3-乙基环己烷
4. 2-羟基苯甲酸乙酯
5. (*R*)-2-氯丁醛
6. 4-氨基苯磺酰胺

7. 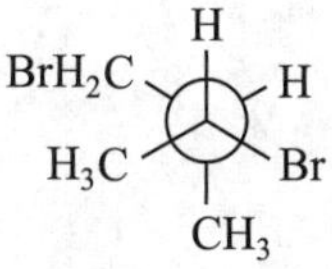
H
BrH2C
H
H3C
Br
CH3

8. 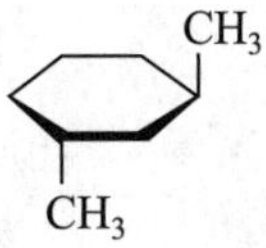
CH3
CH3

9. 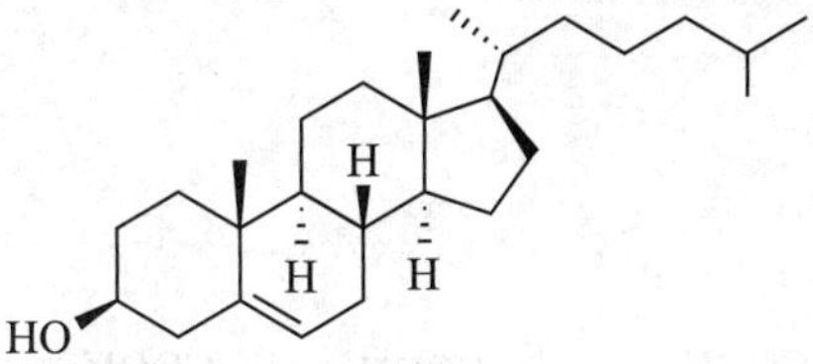
H
H
H
HO

10. 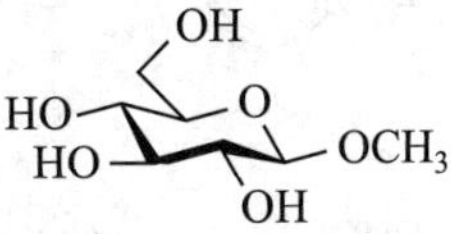
OH
HO
O
HO
OCH3
OH

二、完成下列反应式(30 分)

1. 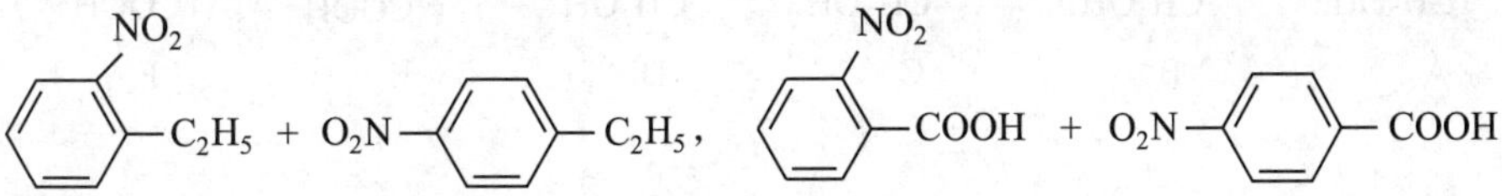
NO2
C2H5
+
O2N
C2H5,
NO2
COOH
+
O2N
COOH

2. 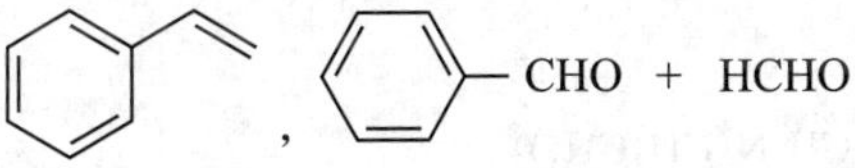
,
CHO + HCHO

3. 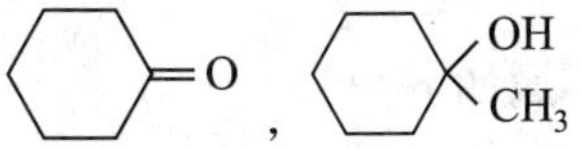
O
,
OH
CH3

4. 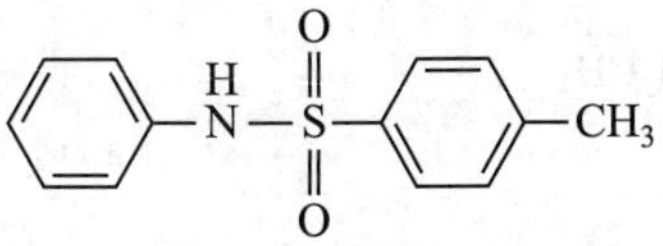
O
H
N
S
O
CH3

5. $CH_3CH_2CH_2CH=C(CHO)-CH_2CH_3$, $CH_3CH_2CH_2COOH+CH_3CH_2COCOOH$

6. 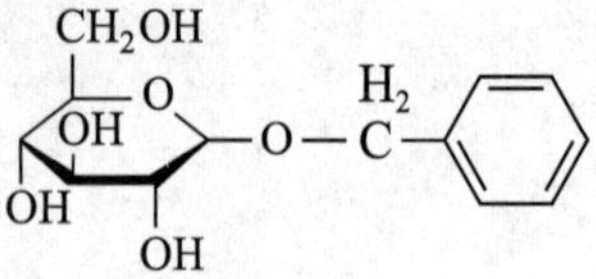

7. 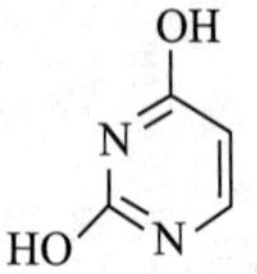

三、选择题(30 分)

1. B 2. D 3. D 4. C 5. D 6. C 7. D 8. C 9. D 10. D 11. D 12. C 13. B 14. C 15. C 16. B 17. D 18. A 19. D 20. D 21. B 22. C 23. C 24. D 25. C 26. A 27. A 28. C 29. D 30. B

四、推导结构(15 分)

1. A. 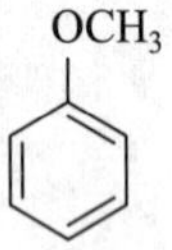 B. 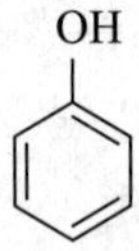 C. CH_3I

2. 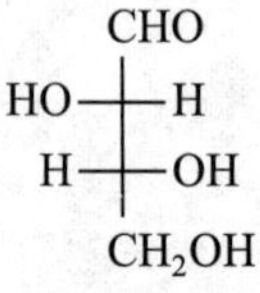 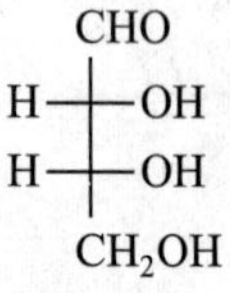 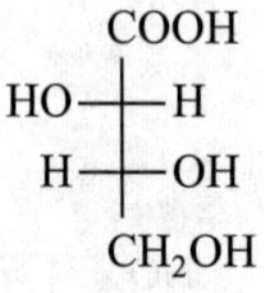 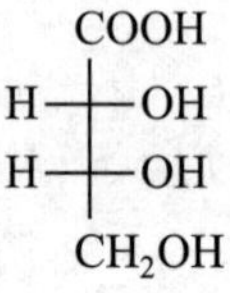 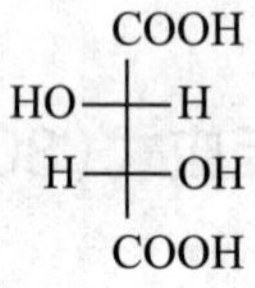 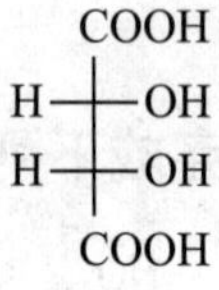

A B C D E F

3. 普鲁卡因的结构为:

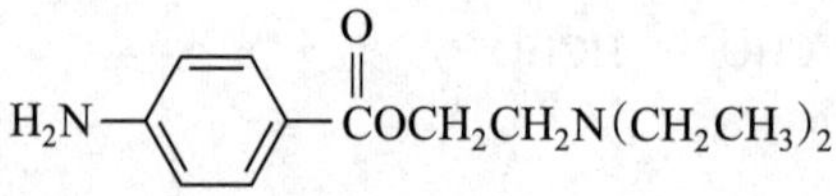

普鲁卡因分子中有 6 类不同环境的氢,如下图所示,各氢的归属如下:

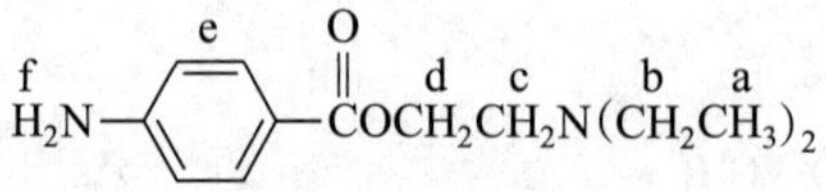

a-H:1.05(6H,*t*),b-H:2.6(4H,*q*),
c-H:2.75(2H,*t*),d-H:4.35(2H,*t*),
e-H:6.5-7.8(4H,*m*),f-H:4.2(2H,*s*)。

五、合成题(15 分)

1. 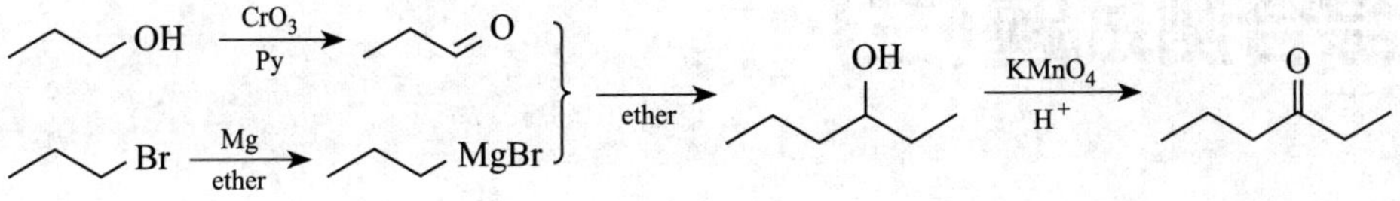

2. 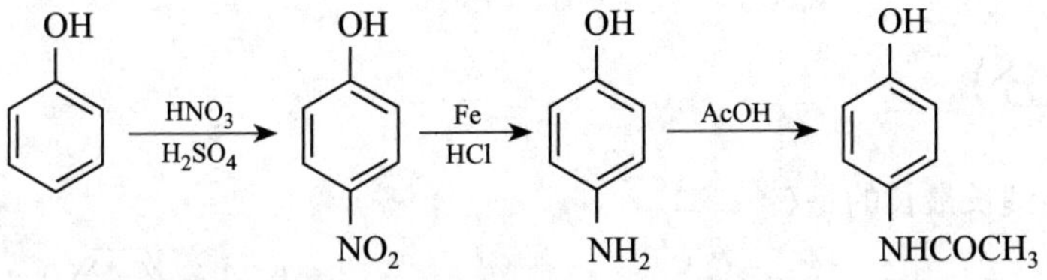

(张静夏)

综合测试题(三)

一、单选题(50分)

1. 以下化合物中的碳碳键长最长的是(　　)

A. H_3C-CH_3　　B. $H_2C=CH_2$　　C. $HC\equiv CH$　　D. 

2. 以下元素中电负性最强的是(　　)

A. C　　B. H　　C. O　　D. F

3. 以下化合物中沸点最低的是(　　)

A. 正戊烷　　B. 2-甲基丁烷

C. 2,2-二甲基丙烷　　D. 正己烷

4. 2-甲基丁烷在光照下进行溴代反应的主要一溴代产物是(　　)

A. 1-溴-2-甲基丁烷　　B. 2-溴-2-甲基丁烷

C. 3-溴-2-甲基丁烷　　D. 1-溴-3-甲基丁烷

5. 下列碳正离子中最稳定的是(　　)

A. 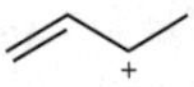　　B. 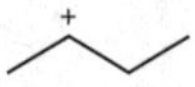　　C. 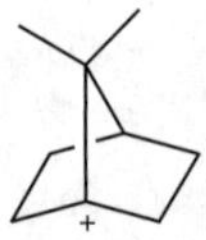　　D. 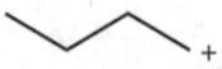

6. 环戊烯与溴水反应的主要产物是(　　)

A. 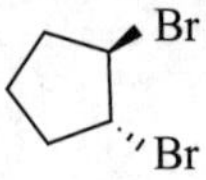
Br
Br

B. 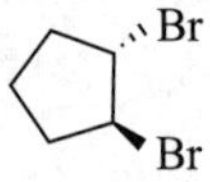
Br
Br

C. (±) 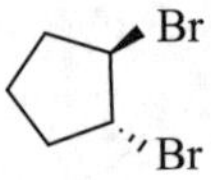
Br
Br

D. (±) 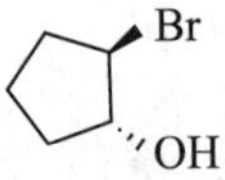
Br
OH

7. 如需表明化合物1-甲基环十二碳-1,3-二烯(如图)中两根碳碳双键的构型,应该在上述名称前加上(　　)

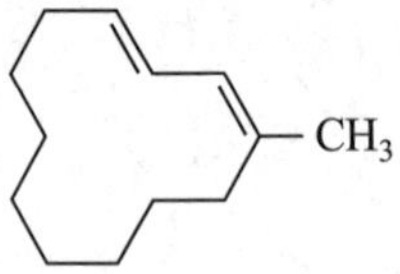
CH3

A. 1*E*,3*Z*　　B. 1*Z*,3*Z*　　C. 1*E*,3*E*　　D. 1*Z*,3*E*

8. 化合物 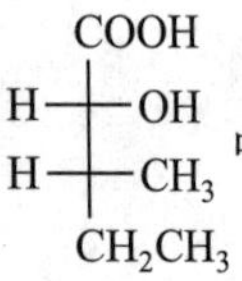 中手性碳的构型是(　　)
COOH
H　OH
H　CH3
CH2CH3

A. 2*R*,3*R*　　B. 2*S*,3*S*　　C. 2*R*,3*S*　　D. 2*S*,3*R*

9. 某化合物虽含有手性碳,但能与它的镜像重合,该化合物为(　　)

A. 内消旋体　　B. 外消旋体　　C. 对映体　　D. 非对映体

10. 下列卤代烃中最容易发生 S_N2 反应的是(　　)

A. 氯丙烷　　B. 1-氯-2-甲基丙烷

C. 2-氯丙烷　　D. 2-氯-2-甲基丙烷

11. 下列反应中,哪一个涉及碳正离子中间体?(　　)

A. 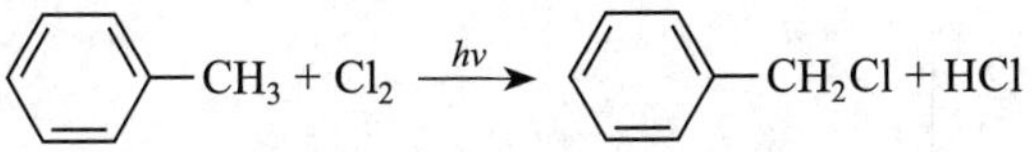

B. 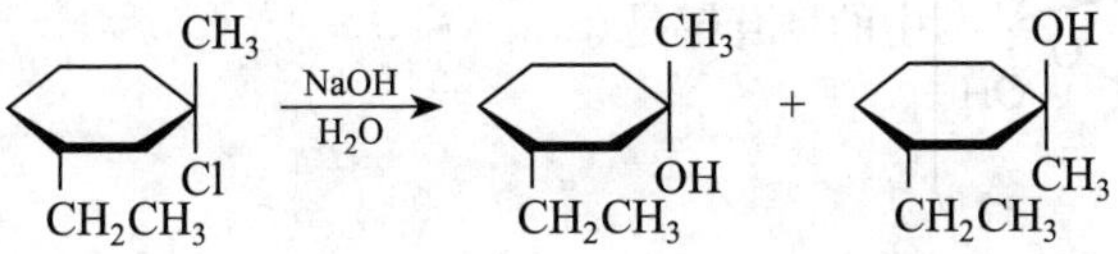

C. 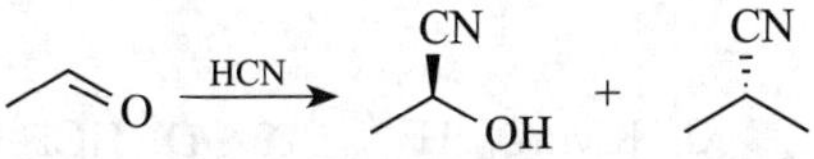

D. 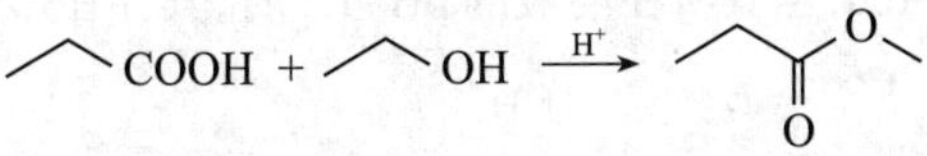

12.  与新制的 MnO_2 反应的主要产物是(　　)

A. 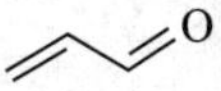　　B. 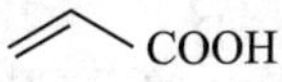　　C. HOOC—COOH　　D. 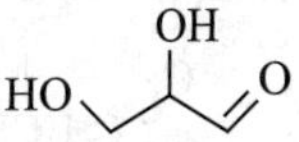

13. 欲鉴别苯丙酮与苯乙酮可选用的试剂是(　　)

A. Tollens 试剂　　B. I_2/NaOH

C. 2,4-二硝基苯肼　　D. Fehling 试剂

14. 下列化合物中酸性最强的是(　　)

A. 乙酸　　B. 甲酸　　C. 2-氟乙酸　　D. α-羟基乙酸

15. 下列化合物发生水解反应时反应速度最快的是(　　)

A. 醋酐　　B. 乙酰氯

C. 乙酸乙酯　　D. *N*-甲基乙酰胺

16. 化合物 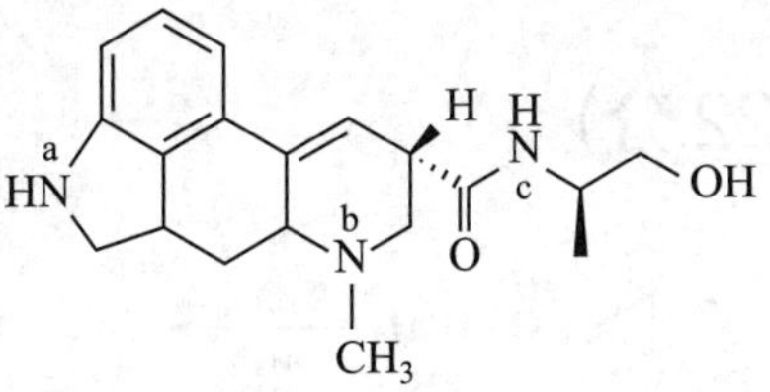 中碱性最强的 N 原子是(　　)

A. a　　B. b　　C. c　　D. 都一样

17. 下列化合物的 UV 谱在 λ>200nm 没有强吸收的是(　　)

A. 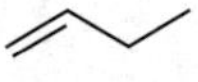　　B. 　　C. 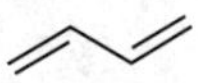　　D. 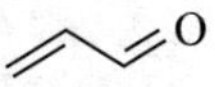

18. 某化合物的 IR 谱中在 2 200cm^{-1} 处有弱吸收峰,说明该化合物的结构中有(　　)

A. 羟基　　B. 羰基　　C. 双键　　D. 叁键

19. 某中性化合物A,分子式为C_3H_7NO,^1HNMR(δ):2.15(3H,*t*),2.25(2H,*q*),6.40(2H,*s*)。该化合物的结构可能为(　　)

A. 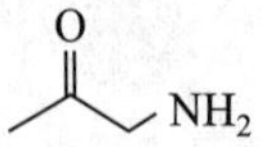　　B. 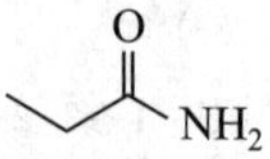　　C. 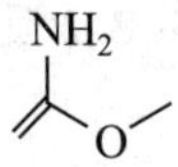　　D. 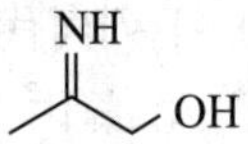

20. 以下具有变旋光现象,并能使溴水褪色的是(　　)

A. 葡萄糖　　B. 果糖　　C. 蔗糖　　D. 淀粉

21. 槐糖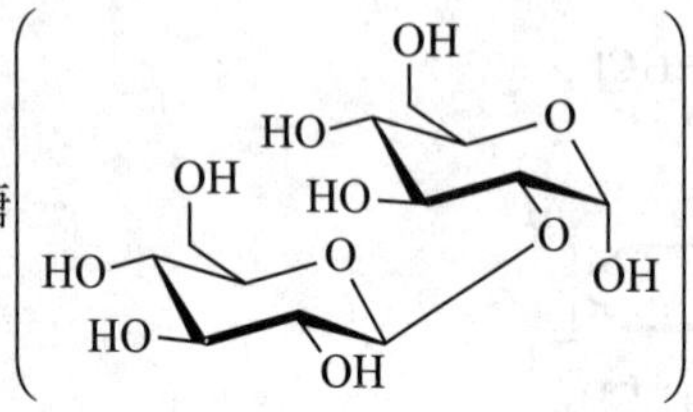中的糖苷键是(　　)

A. α-1,2′　　B. β-1,2′　　C. α-1,5′　　D. β-1,5′

22. 以下哪个是皂化反应的条件?(　　)

A. KOH(aq.)　　B. $NaBH_4$,H_2O　　C. $KMnO_4$,H^+　　D. HCl(aq.)

23. 丙氨酸($CH_3CH(NH_2)COOH$)的pI=6.0,当其所在溶液的pH=1.5时,其存在形式为(　　)

A. $CH_3\overset{NH_2}{\overset{|}{C}}HCOOH$　　B. $CH_3\overset{\overset{+}{N}H_3}{\overset{|}{C}}HCOO^-$

C. $CH_3\overset{\overset{+}{N}H_3}{\overset{|}{C}}HCOOH$　　D. $CH_3\overset{NH_2}{\overset{|}{C}}HCOO^-$

24. 下列说法中<u>错误</u>的是(　　)

A. 蛋白质水解的最终产物是α-氨基酸　　B. 淀粉水解的最终产物是葡萄糖

C. 盐析是使蛋白质变性　　D. 蛋白质变性是副键被破坏

25. 以下哪个是组成DNA的糖?(　　)

A. 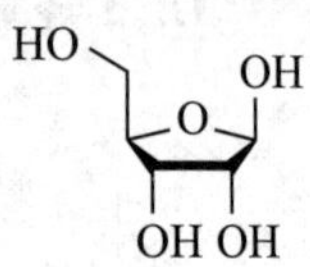　　B. 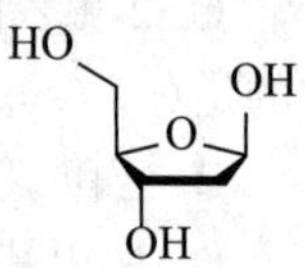　　C. 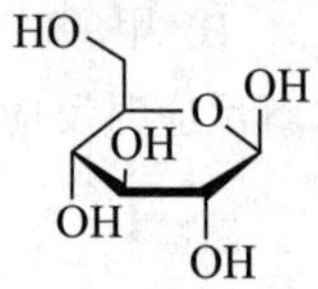　　D. 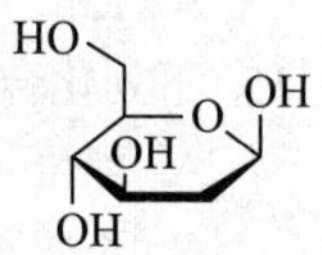

二、写出下列反应的主产物(22分)

1. 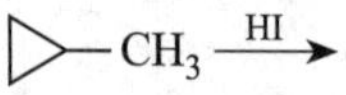

2. 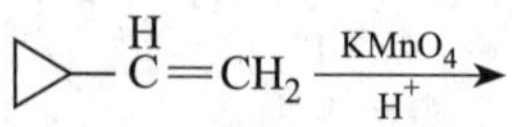

3. 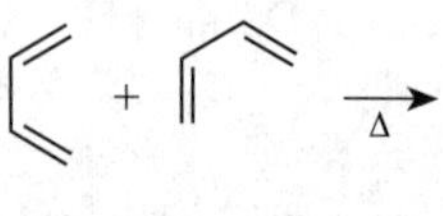

4. 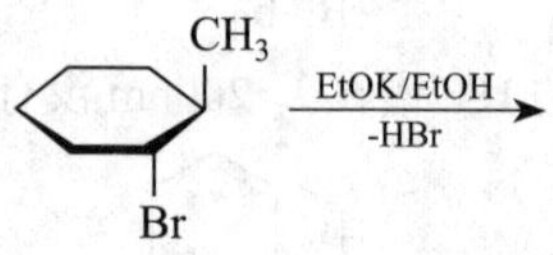

5. 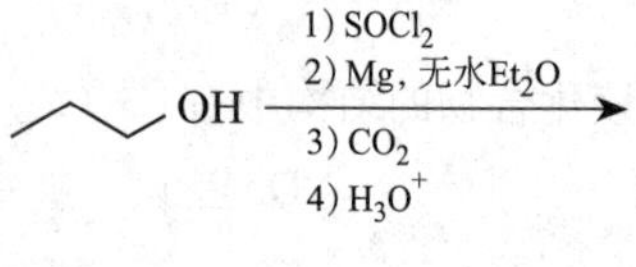

6. 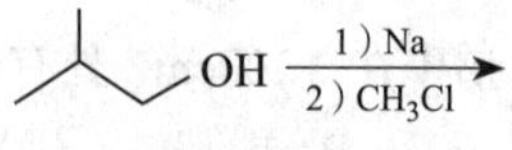

7. 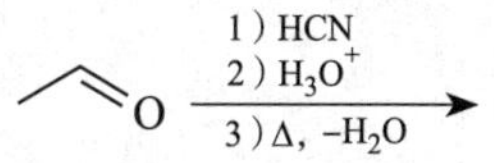

8. 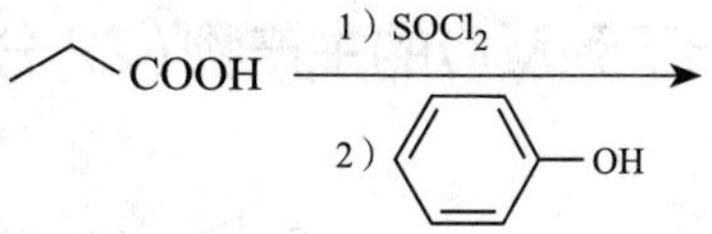

9. 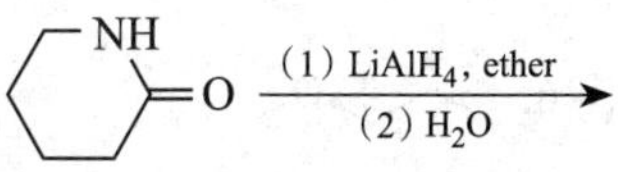

10. 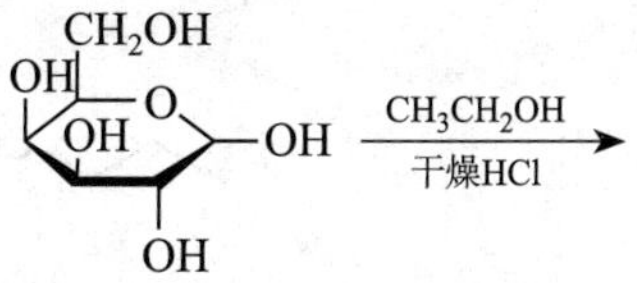

11. 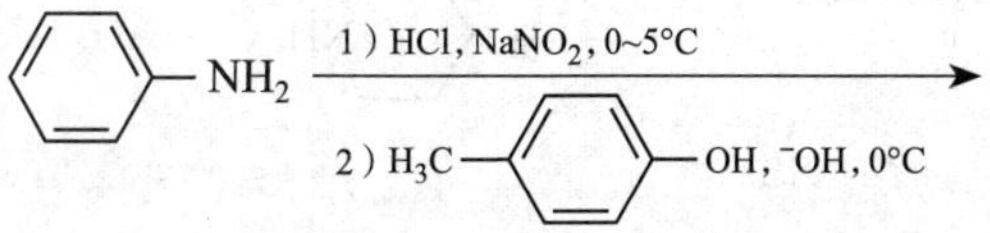

三、制备题(12 分)

1. 用丙烯及其他合适的试剂为原料制备 2-甲基丙酰胺(6 分);
2. 用苄溴及其他合适的试剂为原料制备 1,2-二苯乙烯(6 分)。

四、简答题(16 分)

1. 画出正戊烷沿 C_2-C_3 旋转的优势构象的 Newman 投影式(3 分);
2. 画出 *trans*-1-ethyl-3-methylcyclohexane 的优势构象(3 分);
3. 写出 *L*-鼠李糖 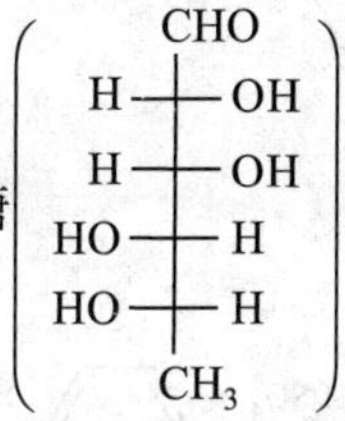 的 *β*-吡喃型的 Haworth 式(4 分);

4. 化合物 A($C_5H_6O_3$)IR 谱的特征吸收峰为 1 755cm^{-1}、1 820cm^{-1};其 ^{1}HNMR 谱的 δ 值为 2.0(2H,*qui*)、2.8(4H,*t*)。A 用 CH_3ONa/CH_3OH 处理,再酸化得 B,B 的 IR 谱的特征吸收峰为 1 740cm^{-1}、1 710cm^{-1}、2 500~3 000cm^{-1};其 ^{1}HNMR 谱的 δ 值为 3.8(3H,*s*),13(1H,*s*),另外还有 6 个质子的吸收峰。B 与 $SOCl_2$ 反应得到 C,C 的 IR 谱的特征吸收峰为 1 735cm^{-1}、1 785cm^{-1};C 用 H_2/Pd-$BaSO_4$ 催化还原得到 D;D 的 IR 谱的特征吸收峰为 1 725cm^{-1}、1 740cm^{-1}。试推测 A、B、C、D 的结构(6 分)。

参考答案

一、单选题(50 分)

1. A 2. D 3. C 4. B 5. A 6. D 7. D 8. A 9. A 10. A 11. B 12. A 13. B 14. C 15. B 16. B 17. A 18. D 19. B 20. A 21. B 22. A 23. C 24. C 25. B

二、写出下列反应的主产物(22 分)

1. 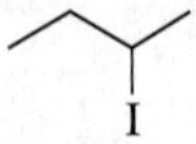

2. 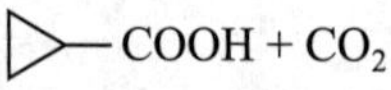

3. 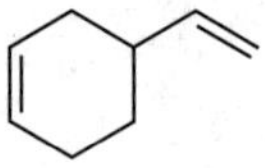

4. 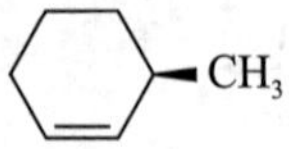

5. 

6. 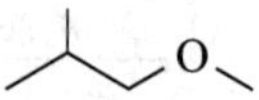

7. 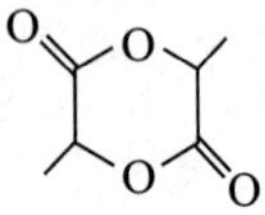

8. 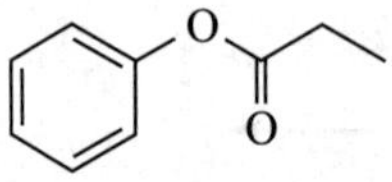

9. 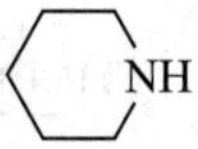

10. 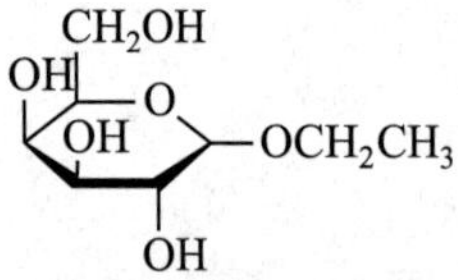

11. 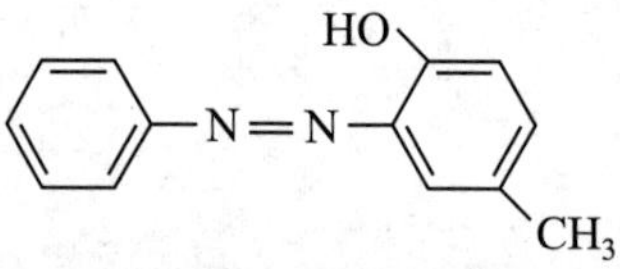

三、制备题(12 分)

1. 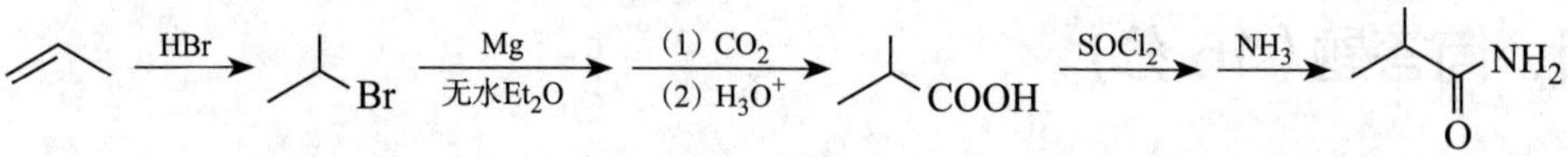

2. 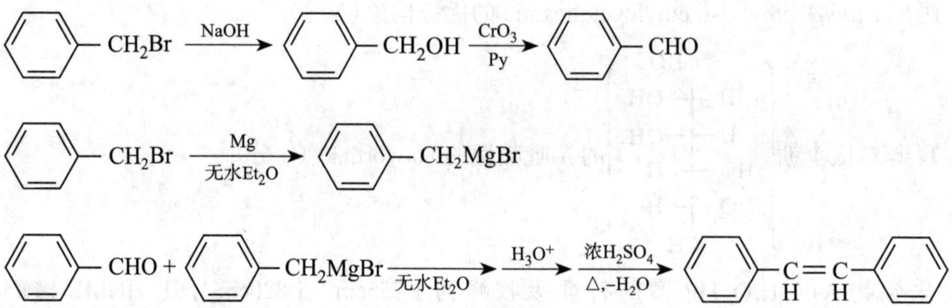

四、简答题(16 分)

1. 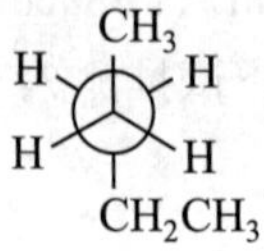

2. 

3. 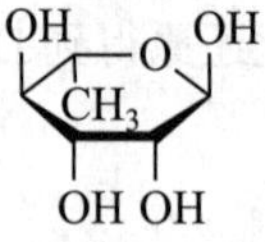

4. 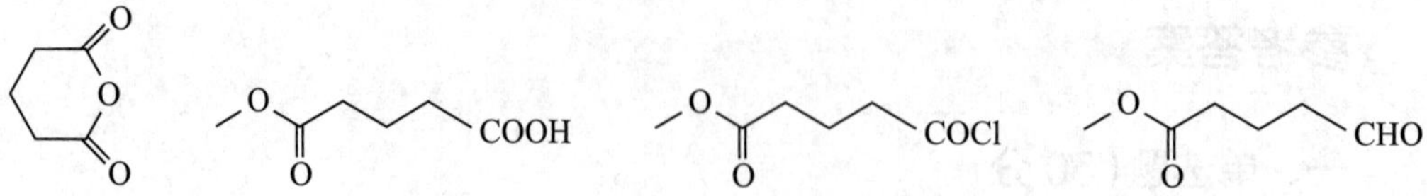

A B C D

(杨若林)

综合测试题（四）

一、根据结构式命名或按名称写出结构式（10 分）

1. 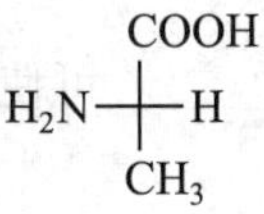
COOH
H2N
H
CH3

2. 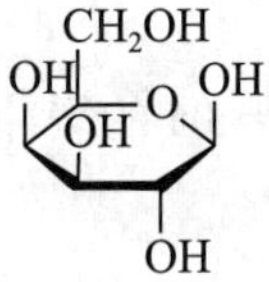
CH2OH
OH
O
OH
OH
OH

3. 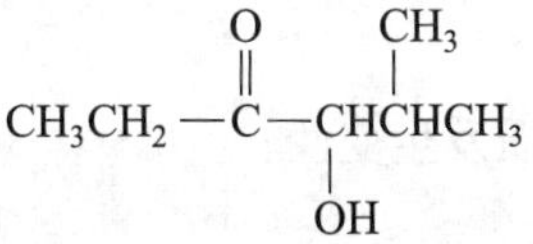
O
CH3
CH3CH2—C—CHCHCH3
OH

4. 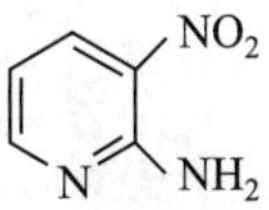
NO2
N
NH2

5. C_6H_5COCl

6. 乙酰苯胺

7. (*S*)-2-羟基丙酸

8. 反-1,4-二甲基环己烷(优势构象式)

9. (*E*)-3,4-二甲基庚-3-烯酸

10. 己-4-内酯

二、完成下列反应式，写出主要产物（24 分）

1. 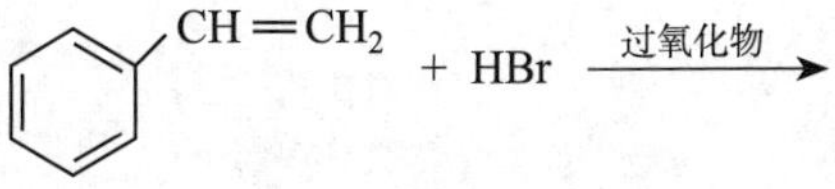
CH=CH2
+ HBr
过氧化物

2. 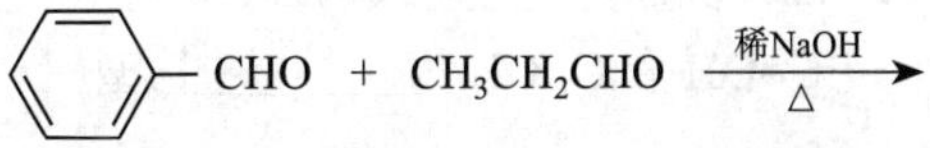
CHO
+ CH3CH2CHO
稀NaOH
△

3. 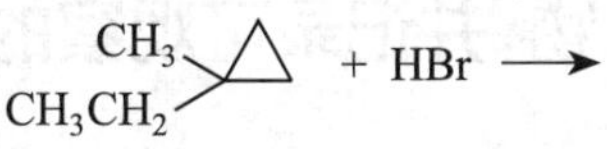
CH3
CH3CH2
+ HBr

4. 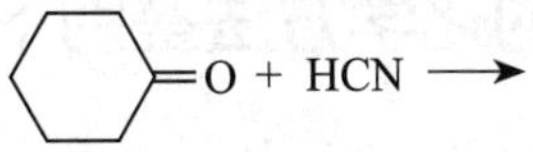
O
+ HCN

5. 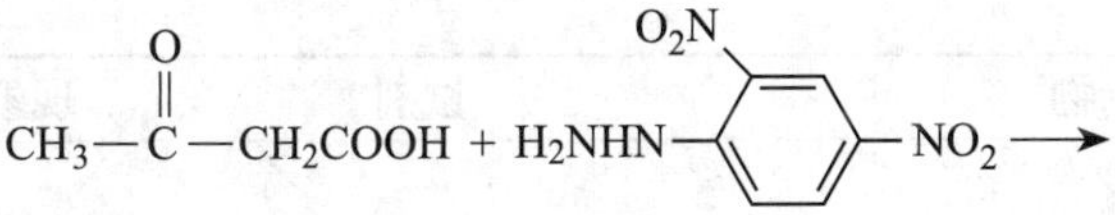
O
CH3—C—CH2COOH + H2NHN
O2N
NO2

6. 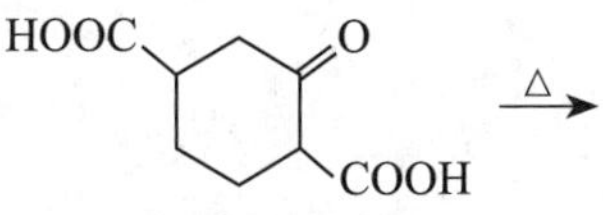
HOOC
O
COOH
△

7. 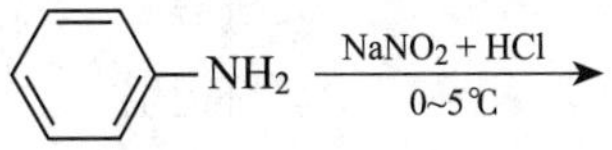
NH2
NaNO2 + HCl
0~5℃

8. 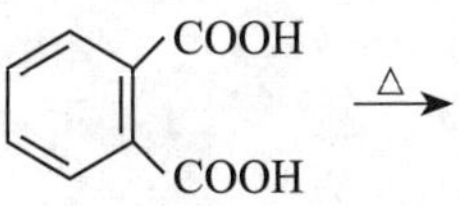
COOH
COOH
△

9. 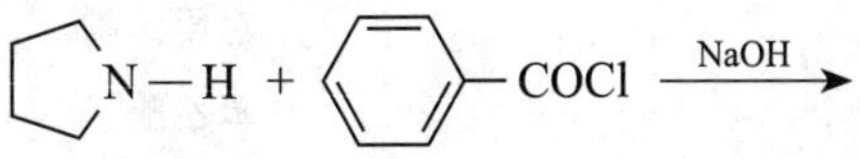
N—H
+
COCl
NaOH

10. 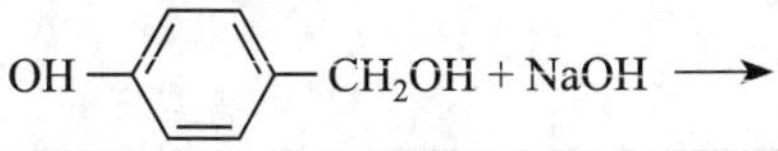
OH
CH2OH + NaOH

11. 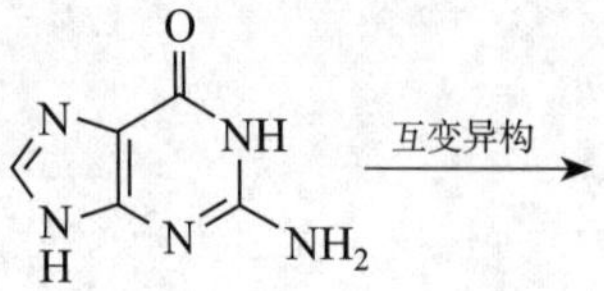
O
N
NH
N
H
N
NH$_2$
互变异构

12. 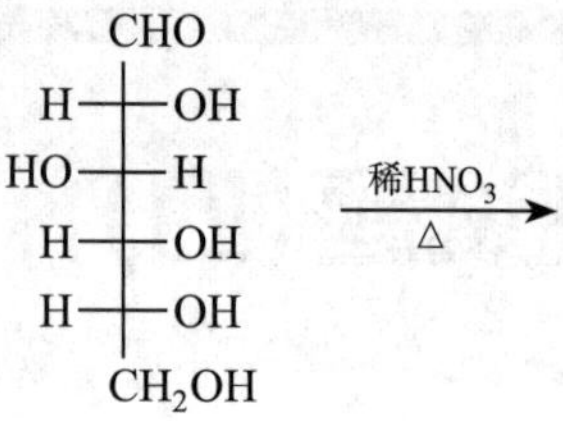
CHO
H
OH
HO
H
H
OH
H
OH
CH$_2$OH
稀HNO$_3$
△

三、填空题(16 分)

1. 甲苯在光照下的氯代反应机制是________反应,它可分为三个阶段,即________、________和________。

2. 血清蛋白(pI=4.64)在 pH=5.05 的缓冲溶液中带________电荷,加入________可使其处于等电状态。

3. 葡萄糖水溶液中含有________、________和________三种平衡混合物,其中含量最多的是________。

4. 蛋白质的一级结构是指________,当________被破坏,蛋白质发生变性。

5. 鹅脱氧胆酸的结构式如下

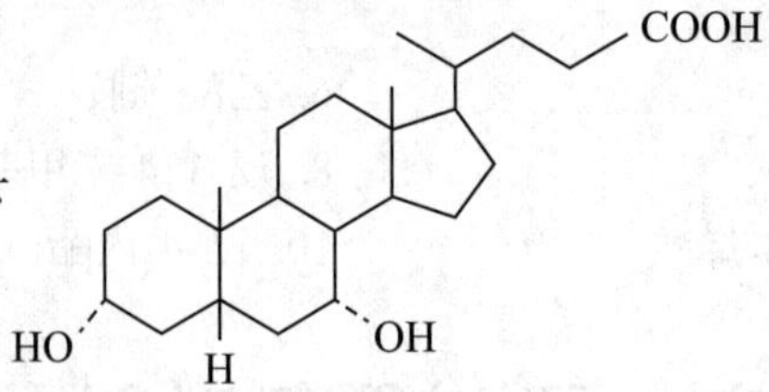
COOH
HO
H
OH

(1)其基本骨架名称为________。

(2)A/B 环以________式稠合,属于________系。

(3)C_3-OH 和 C_7-OH 为________构型。

四、用简便的化学方法鉴别下列各组化合物,并记录可观察的现象(10 分)

题号	化合物	试剂	现象
1	水杨酸		
	乙酰水杨酸		
2	丙烷		
	环丙烷		
3	苯甲醇		
	对甲苯酚		
4	苯乙酮		
	苯甲醛		
5	戊-2-酮		
	戊-3-酮		

五、推断题(8分)

某化合物A的分子式为C_8H_{14},能使溴水褪色,A与臭氧作用再经水解得到化合物B($C_8H_{14}O_2$),B与I_2/NaOH反应后再酸化得到化合物C($C_6H_{10}O_4$)和两分子CHI_3。C加热后得到化合物D(C_5H_8O)、1分子CO_2和1分子H_2O。D与2,4-二硝基苯肼作用得到黄色结晶。试推断A、B、C、D的结构。

六、单选题(22分)

1. 下列化合物存在顺反异构的是(　　)
   A. $CH_3CH{=}C(CH_3)_2$　　B. $Br_2C{=}CHCH_3$
   C. $(CH_3)_2C{=}CH_2$　　D. $CH_3CH{=}CBrCH_3$
2. 碳原子 sp^3 杂化的四个轨道空间构型是(　　)
   A. 锥形　　B. 直线形　　C. 平面三角形　　D. 正四面体形
3. 在正丁烷C_2-C_3旋转的构象中,最稳定的构象是(　　)
   A. 对位交叉式　　B. 部分重叠式　　C. 邻位交叉式　　D. 全重叠式
4. 下列异构现象属于构造异构的是(　　)
   A. 对映异构　　B. 构象异构　　C. 位置异构　　D. 顺反异构
5. 下列化合物烯醇式含量最高的是(　　)
   A. CH_3CH_2CHO　　B. $CH_3COCH_2CH_3$
   C. $C_6H_5COCH_2COCH_3$　　D. $CH_3COCH_2CO_2CH_3$
6. 下列化合物酸性最强的是(　　)
   A. 苯酚　　B. 对甲基苯酚　　C. 对硝基苯酚　　D. 苄醇
7. 天冬氨酸(pI=2.77)溶于水后,在电场中(　　)
   A. 向负极移动　　B. 向正极移动　　C. 不移动　　D. 易沉淀
8. 甲基α-葡萄糖苷能发生(　　)
   A. 变旋光现象　　B. 酯化反应　　C. 还原反应　　D. 银镜反应
9. 下列酯碱性水解反应速率最慢的是(　　)
   A. CH_3COOCH_3　　B. $CH_3COOC_2H_5$
   C. $CH_3COOCH(CH_3)_2$　　D. $CH_3COOC(CH_3)_3$
10. 丙二酸加热生成的主产物为(　　)
    A. 丙烷　　B. 乙酸　　C. 环戊酮　　D. 己内酯
11. 下列化合物中能够形成分子内氢键的是(　　)
    A. 对羟基苯甲酸　　B. 间羟基苯甲酸
    C. 邻羟基苯甲酸　　D. 对硝基苯甲酸
12. 维系蛋白质分子一级结构的化学键是(　　)
    A. 离子键　　B. 氢键　　C. 二硫键　　D. 肽键
13. 下列有机酸中,加热能生成烯酸的是(　　)
    A. 3-羟基丁酸　　B. 2-羟基丙酸　　C. 邻苯二甲酸　　D. 乙酰乙酸

14. 下列物质中酸性最强的是(　　)

A. 乙酸　　B. 丙酸　　C. 草酸　　D. 苯酚

15. 在酸催化下,下列羧酸与甲醇酯化的相对速度最快的是(　　)

A. 乙酸　　B. 丙酸　　C. 丁酸　　D. 苯甲酸

16. 油脂酸值越大,说明(　　)

A. 油脂的不饱和程度大　　B. 油脂的平均相对分子质量大

C. 油脂中游离脂肪酸含量高　　D. 油脂的熔点高

17. 下列糖化合物属于非还原糖的是(　　)

A. 葡萄糖　　B. 蔗糖　　C. 果糖　　D. 麦芽糖

18. 成环碳原子共平面的环烷烃分子是(　　)

A. 环丙烷　　B. 环丁烷　　C. 环戊烷　　D. 环己烷

19. 碱性最强的化合物是(　　)

A. 甲胺　　B. 二甲胺　　C. 乙酰胺　　D. 胆碱

20. 吡啶的亲电取代反应得到的主要产物是进入(　　)位的产物。

A. α 位　　B. β 位　　C. γ 位　　D. δ 位

21. 根据 Hückle 规则,判断下列化合物中具有芳香性的是(　　)

A. 　　B. 　　C. 　　D. 

22. 下列化合物中为非极性分子的是(　　)

A. CH_3OCH_3　　B. CH_3COCH_3

C. CCl_4　　D. CH_2Cl_2

七、多选题(10 分)

1. 下列化合物含有手性碳的是(　　)

A. $CH_3CHOHCH_2CH_3$　　B. $CH_3COCH_2CH_2OH$

C. CH_3COCH_3　　D. $CH_3CH_2CHCH_3$ (CH 上连 CH_2OH)

2. S_N1 反应的特征是(　　)

A. 生成碳正离子中间体

B. 立体化学发生构型翻转

C. 反应速率只受卤代烷浓度的影响

D. 若连接卤素的碳原子为手性碳原子,则发生外消旋化

3. 下列化合物中能发生碘仿反应的是(　　)

A. 乙醇　　B. 乙醛　　C. 丙酮　　D. 丙醛

4. 下列二元羧酸经加热之后,能生成酸酐的是(　　)

A. 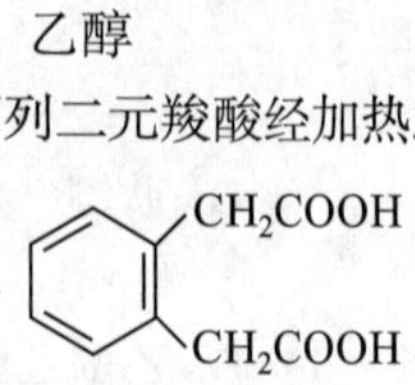　　B. CH_2COOH | CH_2COOH　　C. 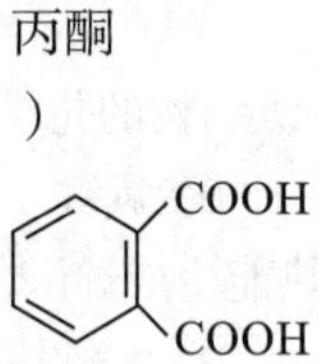　　D. COOH | COOH

5. 下列关于σ键和π键的说法正确的是(　　)

A. σ键比π键更牢固,不易断裂　　B. σ键不能单独存在,只能与π键共存

C. 烯烃中碳碳双键是由2个π键组成　　D. π键不能单独存在,只能与σ键共存

参考答案

一、根据结构式命名或按名称写出结构式(10分)

1. (*S*)-2-氨基丙酸(或*L*-丙氨酸)
2. *β*-*D*-吡喃半乳糖
3. 4-羟基-5-甲基己-3-酮
4. 2-氨基-3-硝基吡啶
5. 苯甲酰氯
6. 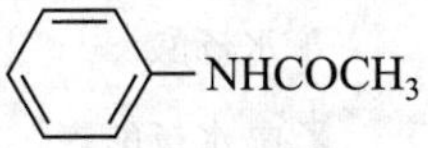
7. 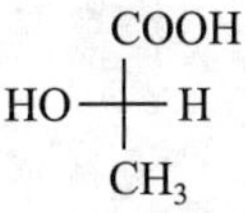
8. 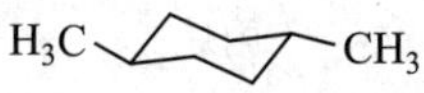
9. 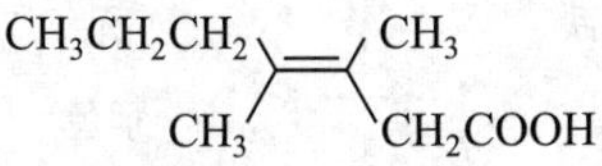
10. 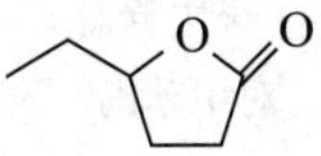

二、完成下列反应式,写出主要产物(24分)

1. 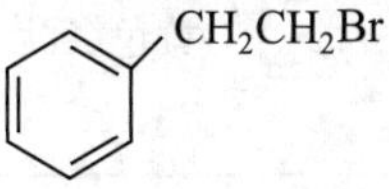
2. 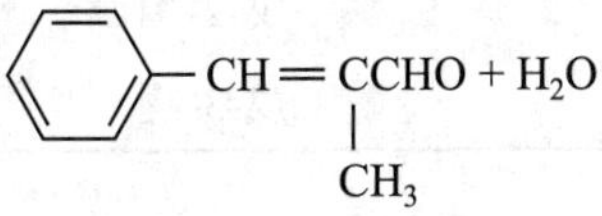
3. 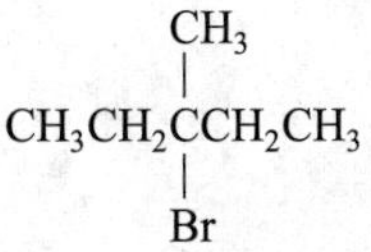
4. 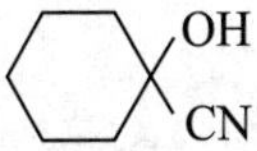
5. 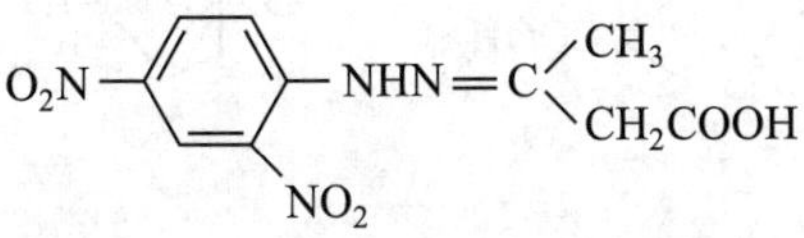
6. 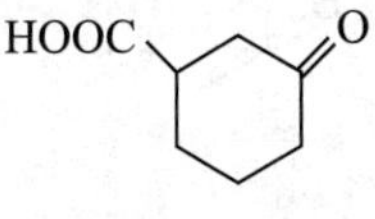
7. 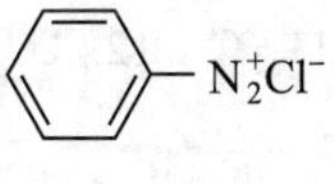
8. 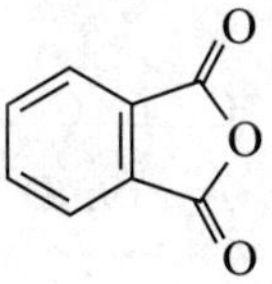
9. 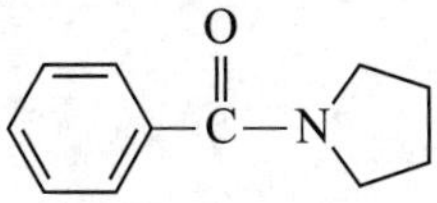
10. 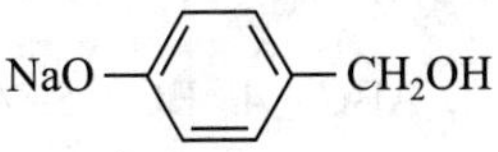
11. 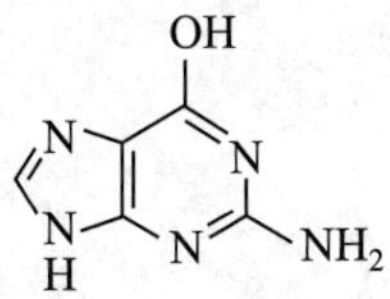
12. 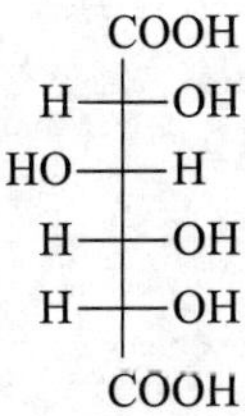

三、填空题(16分)

1. 自由基链,链引发,链增长,链终止
2. 负,酸
3. *α*-*D*-吡喃葡萄糖,*β*-*D*-吡喃葡萄糖,开链 *D*-葡萄糖,*β*-*D*-吡喃葡萄糖
4. 多肽链中氨基酸残基排列的顺序,次级键
5. (1)环戊烷并多氢菲 (2)顺,5β (3)*α*-构型

四、用简便的化学方法鉴别下列各组化合物,并记录可观察的现象(10分)

题号	化合物	试剂	现象
1	水杨酸	三氯化铁	紫色
	乙酰水杨酸		无
2	丙烷	溴水	无
	环丙烷		褪色
3	苯甲醇	三氯化铁	无
	对甲苯酚		紫色
4	苯乙酮	I_2/NaOH	黄色沉淀
	苯甲醛		无
5	戊-2-酮	I_2/NaOH	黄色沉淀
	戊-3-酮		无

五、推断题(8分)

A. 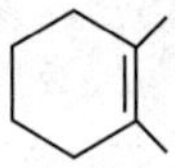

B. 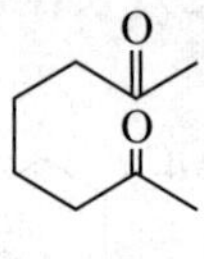
O
O
O

C. 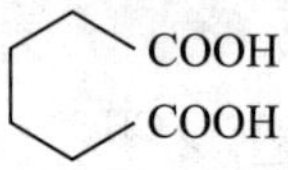
COOH
COOH

D. 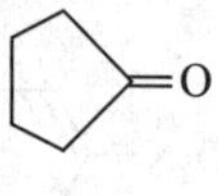
O

六、单选题(22分)

1. D 2. D 3. A 4. C 5. C 6. C 7. B 8. B 9. D 10. B 11. C 12. D 13. A 14. C 15. A 16. C 17. B 18. A 19. D 20. B 21. A 22. C

七、多选题(10分)

1. AD 2. ACD 3. ABC 4. BC 5. AD

(林友文)

综合测试题（五）

一、根据结构式命名或按名称写出结构式（10 分）

1. 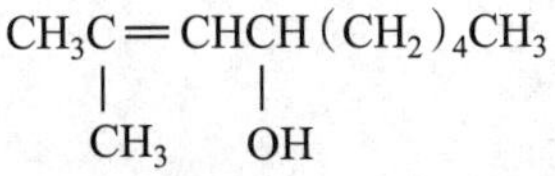

2. $C_6H_5CON(CH_3)_2$

3. 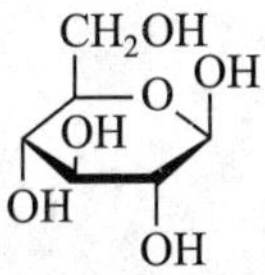

4. 

5. 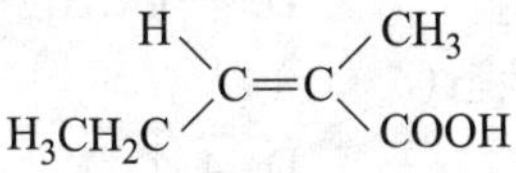

6. （*E*）-3，4-二甲基庚-3-烯

7. （*R*）-仲丁基甲基醚（Fischer 投影式）

8. 2-氨基-3-硝基吡啶

9. 反-1，4-二甲基环己烷（最稳定的构象式）

10. 己-δ-内酰胺

二、完成下列反应式，写出主要产物（30 分）

1. $C_6H_5CH_2CH_3 + Br_2 \xrightarrow{\text{光照}}$（　　）

2. 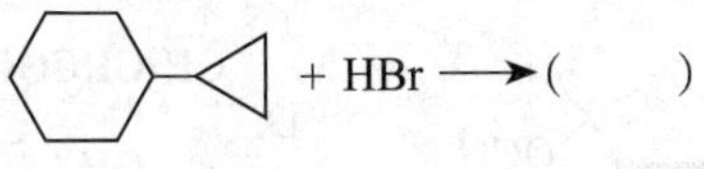

3. 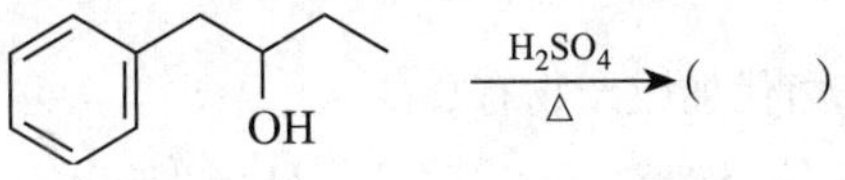

4. 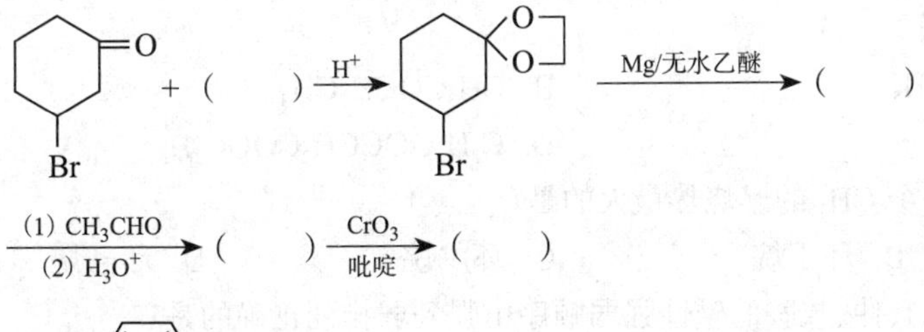

5. 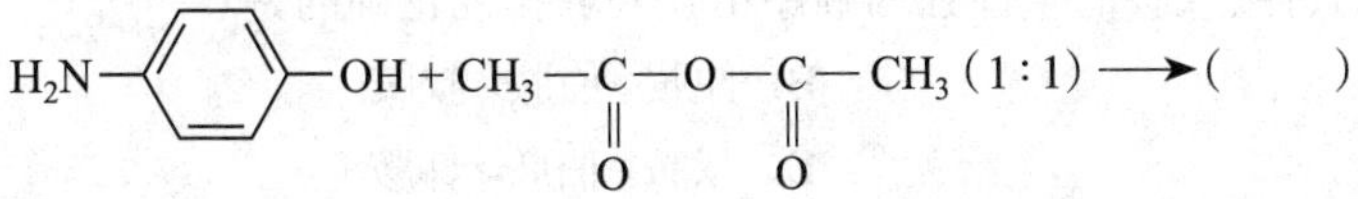

6. 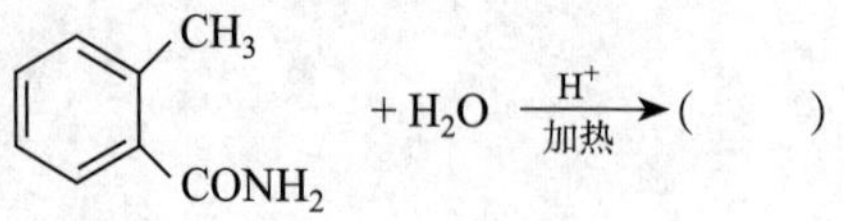

7. 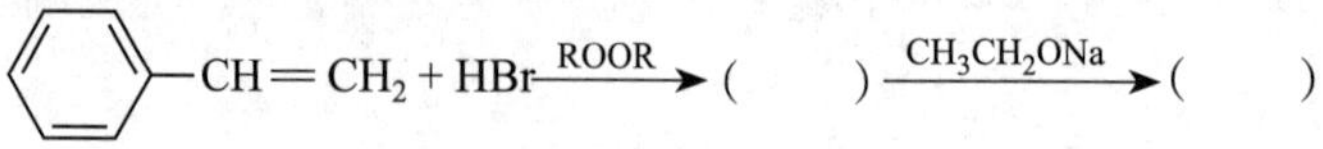

8. $CH_3CH{=}CH_2 \xrightarrow[\text{②NaCN}]{\text{①}Br_2}$ (　　) $\xrightarrow[\triangle]{H_3O^+}$ (　　) $\xrightarrow[\triangle]{}$ (　　)

9. 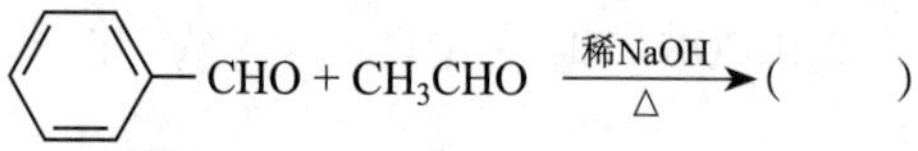

三、单选题(20分)

1. 属于烃基的是(　　)
   A. C_6H_5CO-　　B. $-CH_2COOH$　　C. $-CH{=}CH_2$　　D. $-OCH_3$
2. 当丁烷从最稳定构象旋转 240° 时,其间经过几次最高能量状态(　　)
   A. 1 次　　B. 2 次　　C. 3 次　　D. 4 次
3. 在苄基碳正离子中,带正电荷的碳原子杂化类型是(　　)
   A. *sp* 杂化　　B. sp^2 杂化　　C. sp^3 杂化　　D. sp^4 杂化
4. 下列共价键伸缩振动所产生的吸收峰的波数最大的是(　　)
   A. C—O　　B. C—C　　C. C—N　　D. N—H
5. 酯的碱性水解历程属于(　　)
   A. 亲核加成-消除　　B. 亲电加成-消除　　C. 亲电取代　　D. 自由基取代
6. 构象异构属于(　　)
   A. 构型异构　　B. 互变异构　　C. 构造异构　　D. 立体异构
7. 不能发生银镜反应的是(　　)
   A. 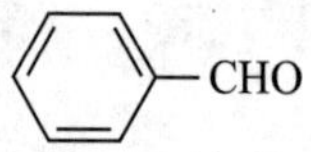　　B. 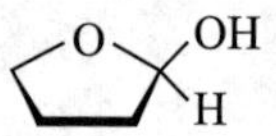　　C. 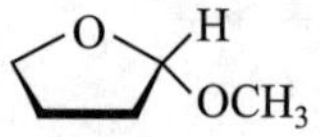　　D. 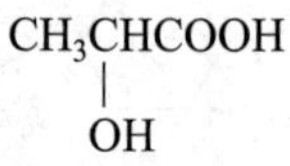
8. 溴与乙烯在氯化钠水溶液中反应,可得到的二卤代加成产物有(　　)
   A. 1 种　　B. 2 种　　C. 3 种　　D. 4 种
9. 烯醇式含量最高的是(　　)
   A. $CH_3COCH_2COOC_2H_5$　　B. $CH_3COCH_2CH_3$
   C. $CH_3COCH_2COCH_3$　　D. $C_2H_5OOCCH_2COOC_2H_5$
10. 下列环烷烃分子中每个 CH_2 的燃烧热最大的是(　　)
    A. 环丙烷　　B. 环丁烷　　C. 环戊烷　　D. 环己烷
11. 仅从电子效应考虑,伯、仲、叔胺的碱性强弱顺序由强到弱排列正确的是(　　)
    A. 伯胺>仲胺>叔胺　　B. 仲胺>伯胺>叔胺
    C. 叔胺>仲胺>伯胺　　D. 叔胺>伯胺>仲胺

12. 既存在对映异构,又存在顺反异构的是(　　)

A. 丁-2,3-二醇　　B. 丁-2-烯　　C. 2-羟基丙酸　　D. 戊-3-烯-2-醇

13. 不能与氯化重氮苯发生偶联反应的是(　　)

A. 苯甲酸　　B. 苯酚　　C. 萘-*α*-胺　　D. *N*,*N*-二甲基苯胺

14. 不与乙酰乙酸乙酯作用的是(　　)

A. $FeCl_3$ 溶液　　B. $I_2/NaOH$　　C. H_2N-OH　　D. $[Ag(NH_3)_2]^+$

15. 分离甲苯与苯甲酸的混合物通常采用的方法是(　　)

A. 混合物与苯混合并振荡,再用分液漏斗分离

B. 混合物与水一起振荡,再用分液漏斗分离

C. 混合物与盐酸一起振荡,再用分液漏斗分离

D. 混合物与氢氧化钠溶液一起振荡,再用分液漏斗分离

16. 精氨酸在蒸馏水中带正电荷,它的等电点可能是(　　)

A. 2.28　　B. 5.78　　C. 7.00　　D. 10.76

17. α、β 等希腊字母用于有机化学中的不同地方有不同含义,不正确的用法是(　　)

A. 用于碳原子的编号　　B. 表示椅式环己烷的两类 C—H 键

C. 表示苷键的构型　　D. 表示天然甾体化合物的构型

18. 被称为 "Haworth 式" 的是(　　)

A. 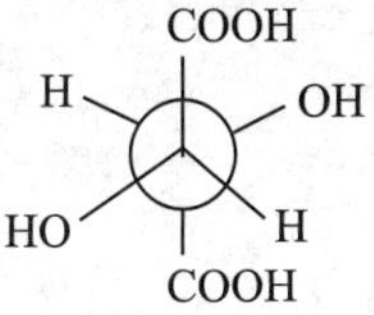
COOH
H
OH
HO
H
COOH

B. 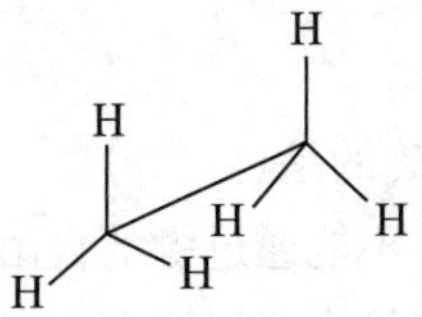
H
H
H
H
H
H

C. 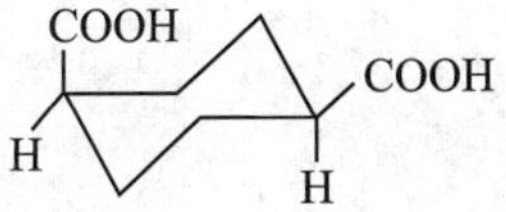
COOH
H
COOH
H

D. 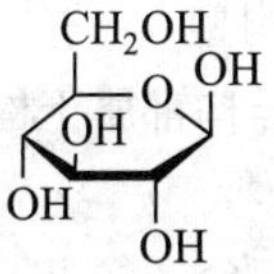
CH2OH
O
OH
OH
OH
OH

19. 乙醇沸点(78.3℃)比相对分子质量相同的甲醚沸点(–23.4℃)高得多,原因是(　　)

A. 乙醇与水能形成氢键,甲醚不能

B. 乙醇能形成分子间氢键,甲醚不能

C. 甲醚能形成分子间氢键,乙醇不能

D. 甲醚能与水形成氢键,乙醇不能

20. 对二甲苯在质子核磁共振谱中出现的信号组数为(　　)

A. 4　　B. 5　　C. 2　　D. 6

四、多选题(10 分)

1. 所有碳原子处于同一平面的分子是(　　)

A. $CH_3CH=CHCH_2CH_3$　　B. $CH_2=CHC\equiv CH$

C. $CH_2=CH-CH_2CH_3$　　D. 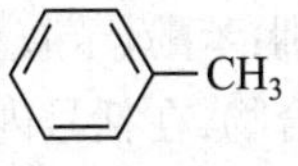
CH3

2. 化合物 CH_2=CHCH=CHCH$_3$ 分子中存在(　　)

A. π-π 共轭效应　　B. *p*-π 共轭效应

C. σ-π 超共轭效应　　D. σ-*p* 超共轭效应

3. *D*-葡萄糖和 *D*-半乳糖的关系是(　　)

A. 对映体　　B. 非对映体

C. 异头物　　D. 差向异构体

4. 属于 S_N2 历程的说法是(　　)

A. 产物的构型完全转变

B. 增加氢氧化钠浓度,卤代烷水解速度加快

C. 反应不分阶段一步完成

D. 反应速度叔卤代烷明显大于伯卤代烷

5. 关于油脂中高级脂肪酸的描述,正确的是(　　)

A. 常为 14~20 个偶数碳原子的长链一元脂肪酸

B. 天然存在的不饱和脂肪酸中双键大多为反式构型

C. 大多数含有一个、两个或三个双键,但不存在共轭体系

D. 人体自身不能合成,只能从食物中获得的高级脂肪酸称为必需脂肪酸

6. 发生缩二脲反应的是(　　)

A. 缩二脲　　B. 蛋白质

C. 谷胱甘肽　　D. 丙氨酸

7. 下列说法中正确的是(　　)

A. 顺反异构体不能通过键的自由旋转而相互转化

B. 对映异构体的构型与旋光方向无直接关系

C. 顺式构型就是 *Z*-构型

D. 对映异构和顺反异构都属于构型异构

8. 下列排序正确的是(　　)

A. 碱性由强到弱:吡咯>乙酰胺>苯胺>二乙胺

B. 沸点由高到低:正丁醇>异丁醇>叔丁醇

C. 酰化反应活性由小到大:酰卤<酸酐<酯<酰胺

D. 酸性由强到弱:4-硝基苯甲酸>3-硝基苯甲酸>苯甲酸>4-甲基苯甲酸

9. 化合物 C_6H_5-CH_3 中存在的价电子跃迁类型有(　　)

A. π→π*　　B. n→π*

C. σ→σ*　　D. n→σ*

10. 下列各对物质中,属于同系物的是(　　)

A. C_2H_2 与 C_6H_6　　B. 甲醚和乙醚

C. 间二甲苯和均三甲苯　　D. 乙酸和乙酸乙酯

五、有机物的鉴别或分离(10 分)

1. 用简便化学方法鉴别:苯酚、苄胺、*N*-甲基苯胺和 *N*,*N*-二甲基苯胺。

2. 分离下列多组分混合物,在括号内填入相应的物质。

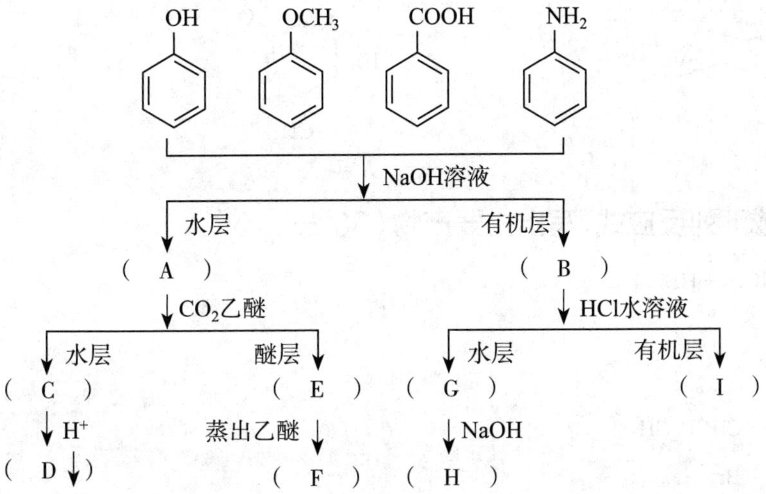
OH
OCH3
COOH
NH2
NaOH溶液
水层
有机层
(A)
(B)
CO2乙醚
HCl水溶液
水层
醚层
水层
有机层
(C)
(E)
(G)
(I)
H+
蒸出乙醚
NaOH
(D↓)
(F)
(H)

六、推导结构(10分)

1. 化合物A在酸性水溶液中加热,生成化合物B($C_5H_{10}O_3$),B与$NaHCO_3$作用放出无色气体,与CrO_3作用生成C($C_5H_8O_3$),B在室温条件下不稳定,易失水又生成A。试写出A、B、C可能的结构式。

2. 化合物A($C_5H_{11}O_2N$)具有(*S*)-构型,有弱碱性,用稀碱处理A得到B和C。B也为(*S*)-构型,它既能与酸成盐,也能与碱成盐,并与HNO_2反应放出N_2。C与金属钠作用时产生可燃性气体,也能发生碘仿反应。试写出A、B、C的结构式,并写出有关的反应式。

七、问答题(10分)

1. 内消旋体和外消旋体之间的区别是什么?
2. 解释羟基取代苯甲酸的酸性强弱顺序:邻-羟基苯甲酸>间-羟基苯甲酸>对-羟基苯甲酸。

参考答案

一、根据结构式命名或按名称写出结构式(10分)

1. 2-甲基壬-2-烯-4-醇
2. *N*,*N*-二甲基苯甲酰胺
3. *β*-*D*-吡喃葡萄糖
4. 3-乙基环戊醇
5. (*Z*)-2-甲基-戊-2-烯酸
6. 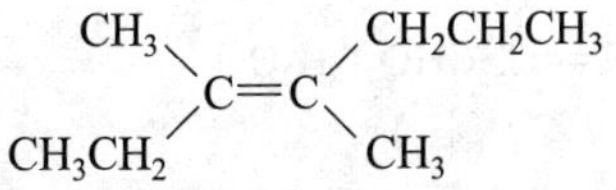
CH3
CH2CH2CH3
C=C
CH3CH2
CH3
7. 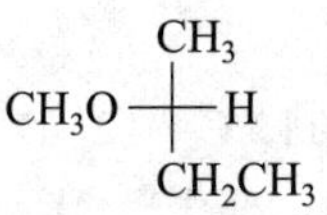
CH3
CH3O
H
CH2CH3
8. 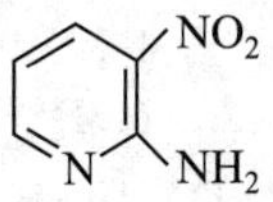
NO2
N
NH2

9. 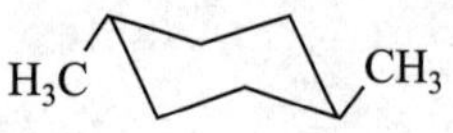

10. 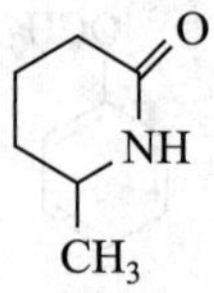

二、完成下列反应式，写出主要产物（30 分）

1. 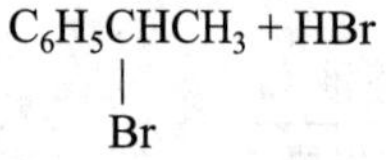

2. 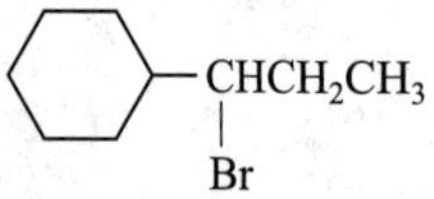

3. 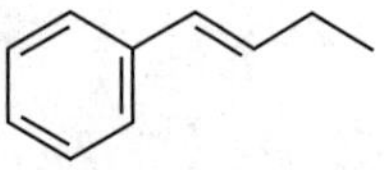 + H_2O

4. 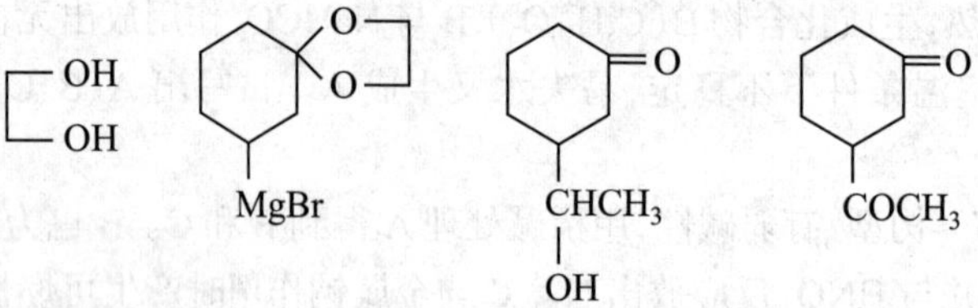

5. 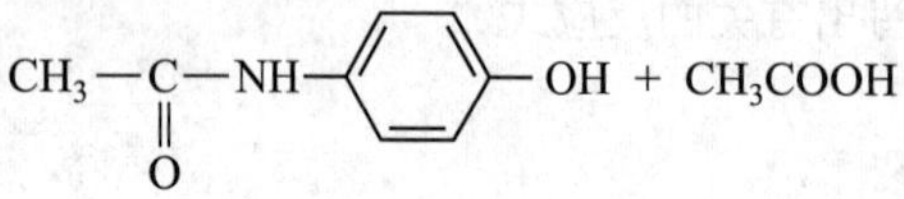

6. 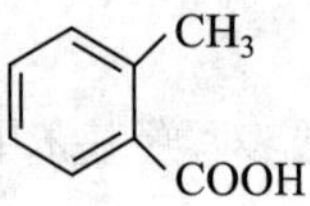

7. 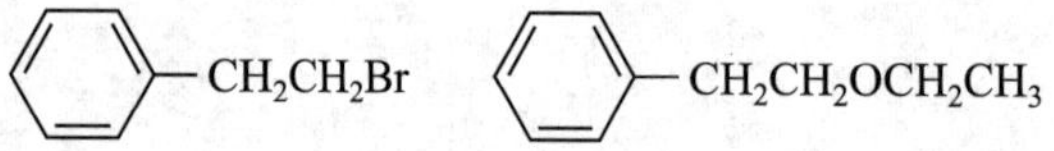

8. 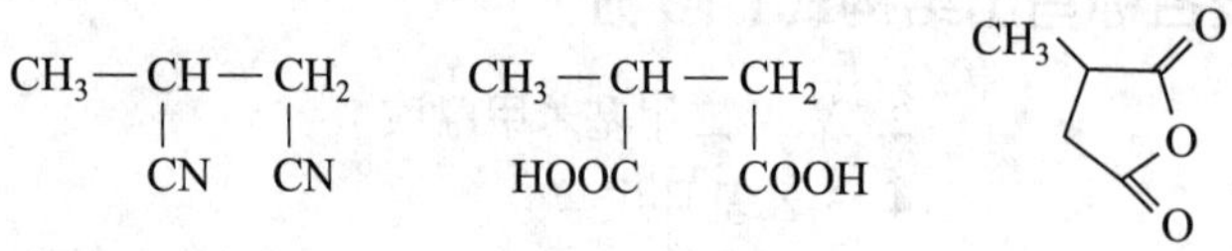

9. 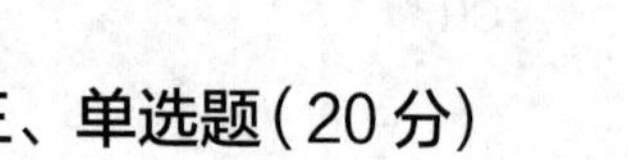

三、单选题（20 分）

1. C　2. A　3. B　4. D　5. A　6. D　7. C　8. B　9. C　10. A　11. C　12. D　13. A　14. D　15. D　16. D　17. B　18. D　19. B　20. C

四、多选题（10分）

1. BD　2. AC　3. BD　4. ABC　5. ACD　6. ABC　7. ABD　8. BD　9. AC　10. BC

五、有机物的鉴别或分离（10分）

1. 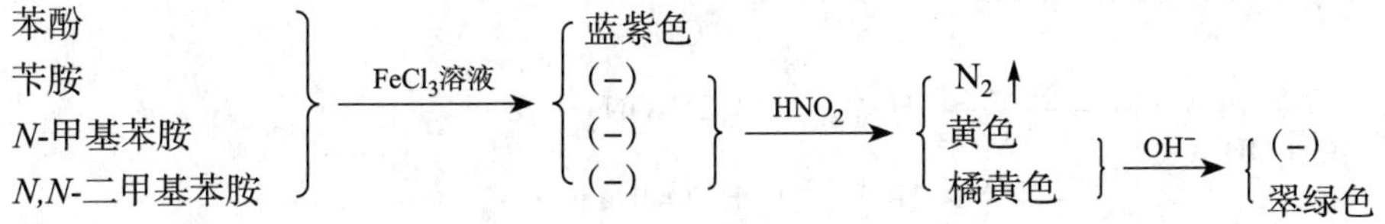
苯酚
苄胺
N-甲基苯胺
N,N-二甲基苯胺
$FeCl_3$溶液
蓝紫色
(−)
(−)
(−)
HNO_2
N_2↑
黄色
橘黄色
OH^-
(−)
翠绿色

2. A. 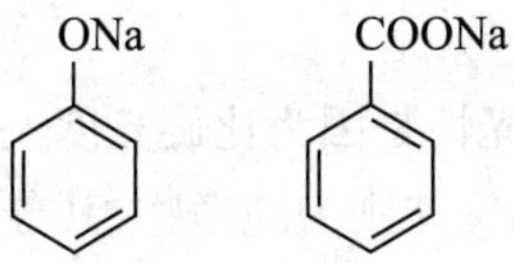
ONa
COONa
B. 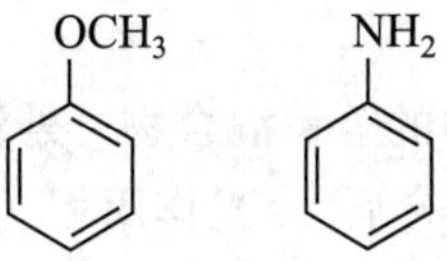
OCH_3
NH_2

C. 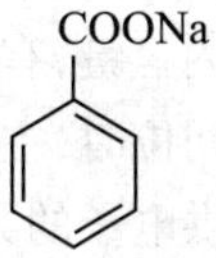
COONa
D. 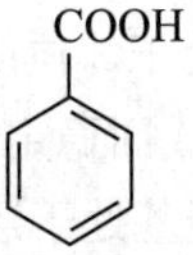
COOH

E. 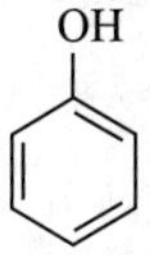
OH
/乙醚
F. 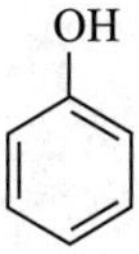
OH

G. 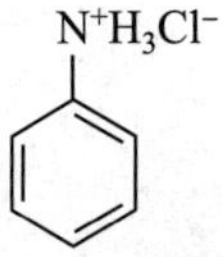
$N^+H_3Cl^-$
H. 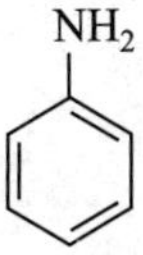
NH_2
I. 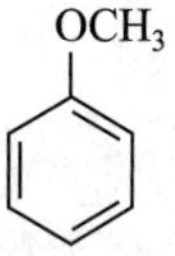
OCH_3

六、推导结构（10分）

1. A. 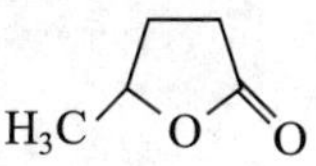
H_3C
O
O
B. $CH_3CH(OH)CH_2CH_2COOH$　C. $CH_3C(=O)CH_2CH_2COOH$

2. A. 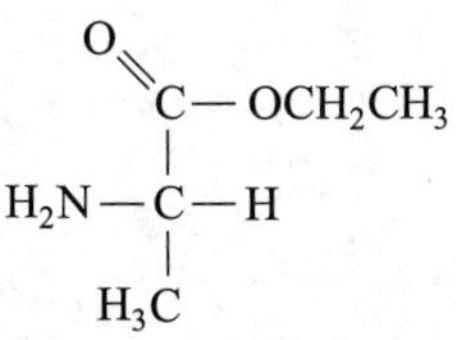
O
C—OCH_2CH_3
H_2N—C—H
H_3C
B. 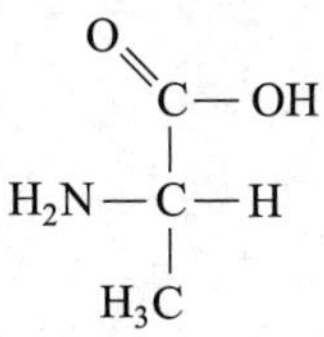
O
C—OH
H_2N—C—H
H_3C
C. CH_3CH_2OH

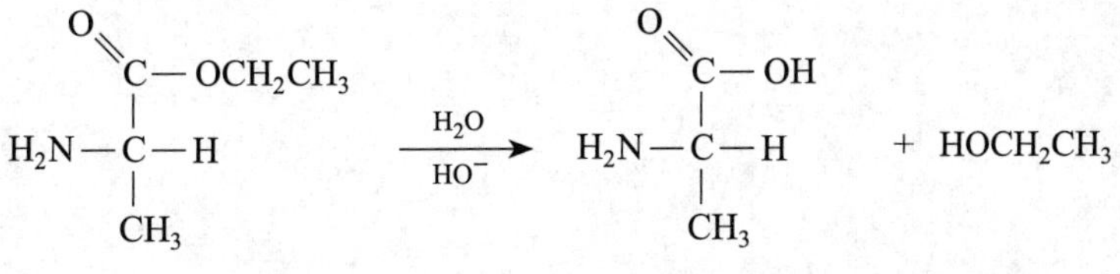
O
C—OCH_2CH_3
H_2N—C—H
CH_3
H_2O
HO^-
O
C—OH
H_2N—C—H
CH_3
+ $HOCH_2CH_3$

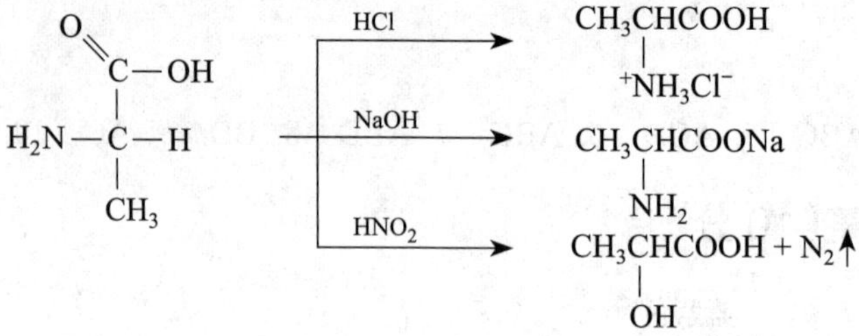

HCl
NaOH
HNO₂
CH₃CHCOOH
⁺NH₃Cl⁻
CH₃CHCOONa
NH₂
CH₃CHCOOH + N₂↑
OH

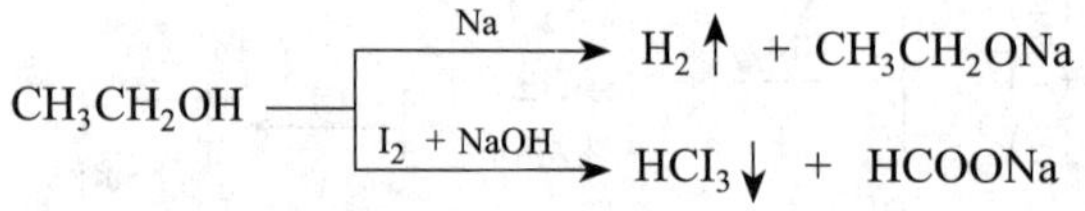

CH₃CH₂OH
Na
H₂↑ + CH₃CH₂ONa
I₂ + NaOH
HCI₃↓ + HCOONa

七、问答题（10分）

1. 外消旋体为一对对映体的等量混合物。外消旋体无旋光性是因为比旋光度大小相等方向相反的左旋体和右旋体等量混合后，旋光作用相互抵消。内消旋体则为纯净物，其分子内虽然存在两个或多个手性中心，但分子具有对称面，因而是非手性分子，无旋光性。

2. 邻-羟基苯甲酸的酸性最强，因为处于邻位的羟基能与羧基形成分子内氢键，有利于羧基氢的离解，离解后的羧基负离子因氢键的形成而稳定性增加；羟基处于羧基的间位时，主要表现为吸电子的诱导效应，使羧基酸性有所增强；羟基处于羧基的对位则主要表现为供电子的共轭效应，使羧基的酸性减弱。

（徐　红）

综合测试题(六)

一、根据结构式命名或按照名称写出相应结构式(10分)

1. 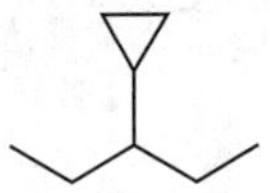

2. 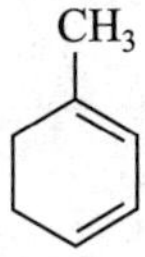
CH3

3. 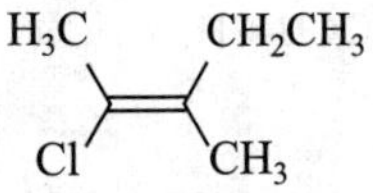
H3C
CH2CH3
Cl
CH3

4. 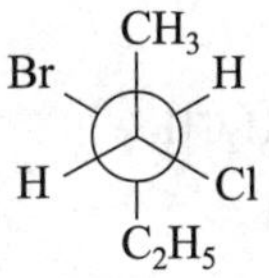
CH3
Br
H
H
Cl
C2H5

5. 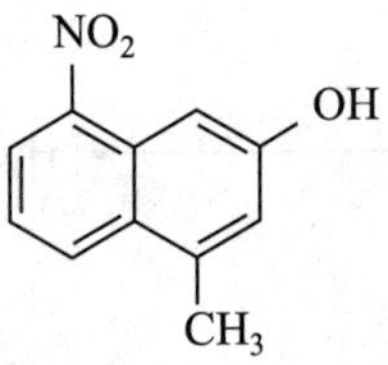
NO2
OH
CH3

6. 2-乙基-3-甲基环氧乙烷

7. 1-苯基丙-2-烯-1-醇

8. 5-溴呋喃-2-甲酸

9. 反-1-异丙基-3-甲基环己烷的椅式构象

10. 5-氟尿嘧啶

二、完成下列反应式,写出主要产物或补充必要的试剂和条件(40分)

1. 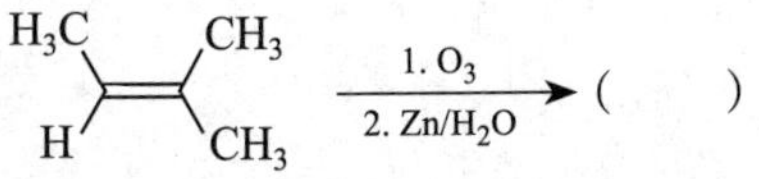
H3C
CH3
H
CH3
1. O3
2. Zn/H2O
(　　)

2. 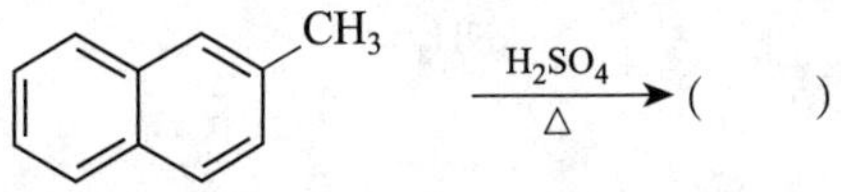
CH3
H2SO4
△
(　　)

3. $CH_2CH_3C \equiv CH$ + H_2O $\xrightarrow[H_2SO_4]{Hg^{2+}}$ (　　)

4. 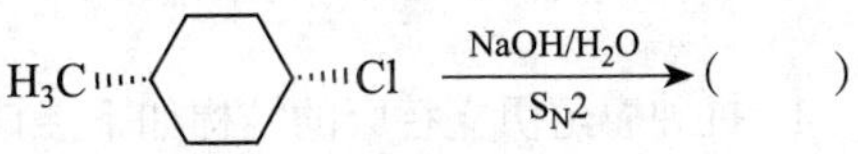
H3C
Cl
NaOH/H2O
SN2
(　　)

5. $(CH_3)_2CHONa$ + C_2H_5Br $\longrightarrow$ (　　)

6. 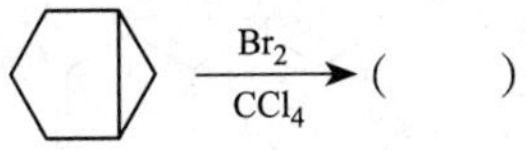
Br2
CCl4
(　　)

7. 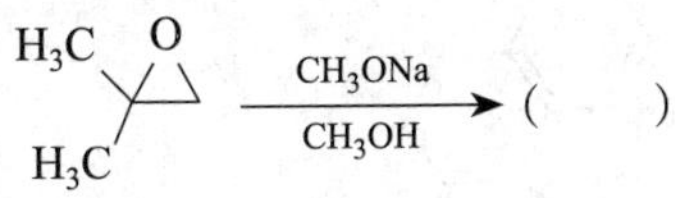
H3C
O
H3C
CH3ONa
CH3OH
(　　)

8. 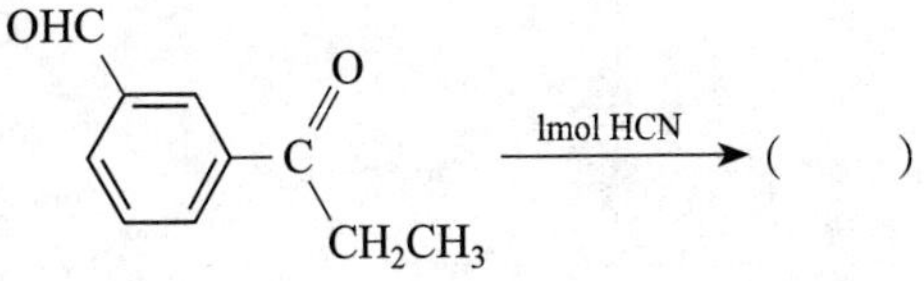
OHC
O
C
CH2CH3
lmol HCN
(　　)

9. 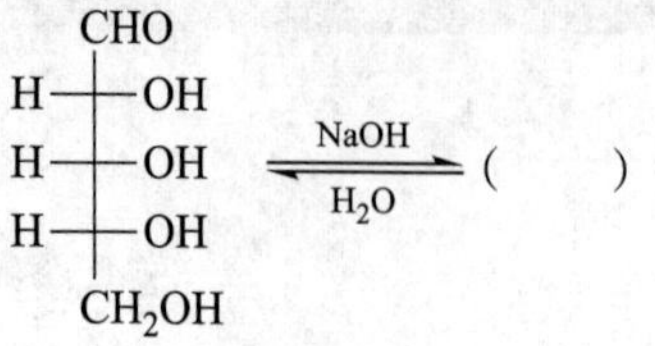

10. 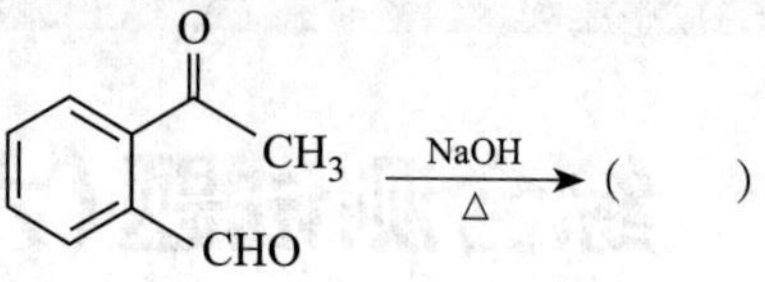

11. 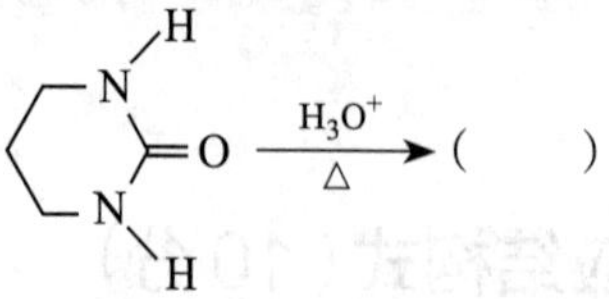

12. 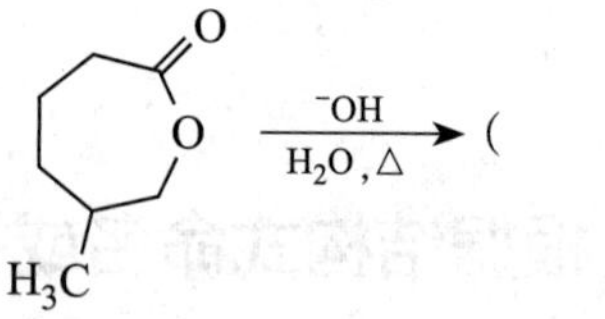

13. 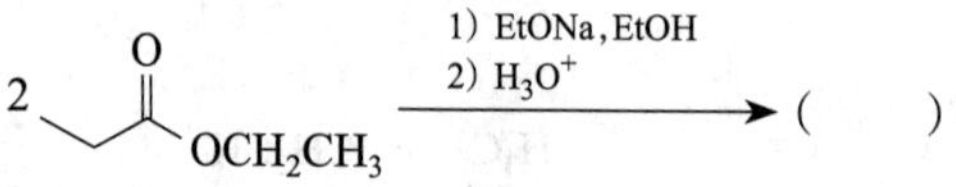

14. 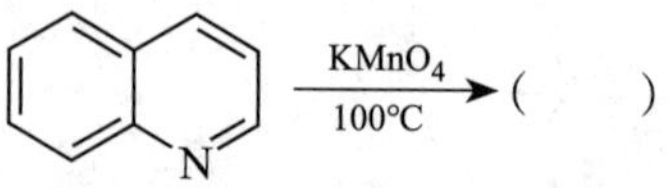

15. $C_6H_5-CH=CHCH_2CHO \xrightarrow{(\qquad)} C_6H_5-CH=CHCH_2COOH$ (　　)

16. 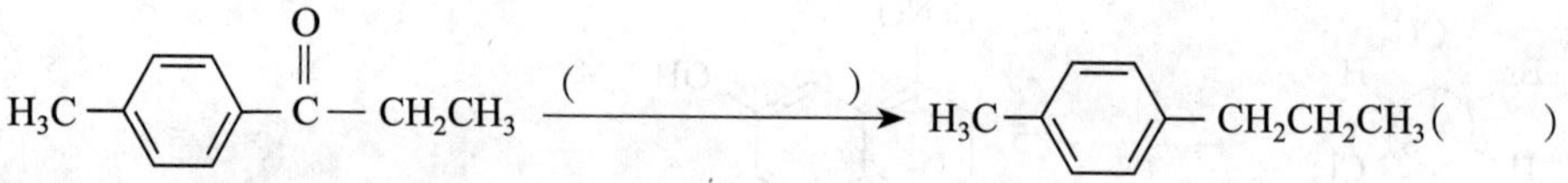

17. $HOCH_2CH_2CH_2CHO \xrightarrow[\text{干燥 HCl}]{CH_3OH}$ (　　)

18. 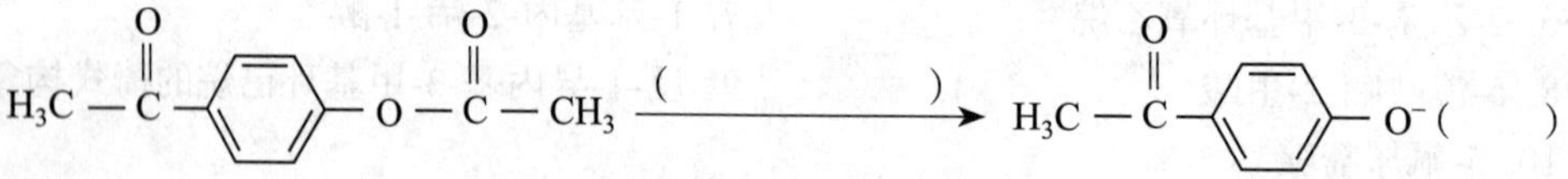

19. 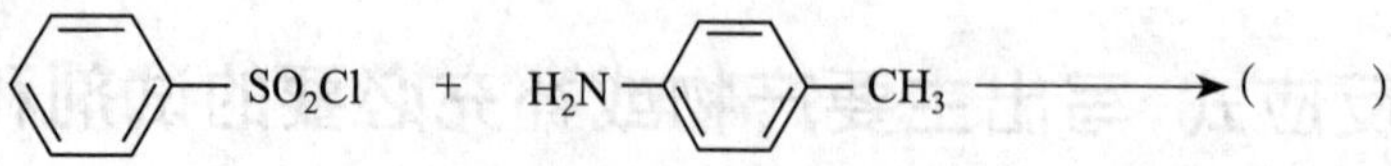

20. $HSCH_2-CH(NH_2)COOH \xrightarrow{H_2O_2}$ (　　)

三、选择题(10 分)

1. 抗肿瘤药伊立替康的结构如下。该化合物<u>不含有</u>的杂环母核为(　　)

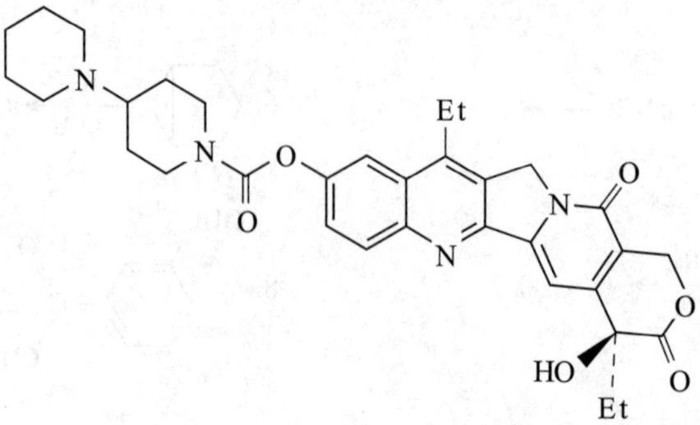

A. 吡咯　　B. 喹啉　　C. 嘧啶　　D. 吡喃

2. 可作乳化剂的是(　　)

A. 卵磷脂　　B. 三酯酰甘油　　C. 硬脂酸　　D. 胆固醇

3. 从二氯甲烷中萃取二乙胺应选择(　　)

A. 10% 稀盐酸　　B. 乙醇

C. 10% $NaHCO_3$ 水溶液　　D. 苯

4. 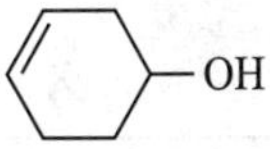 与 $KMnO_4$ 的酸性溶液共热,其产物是(　　)

A. $HOOCCH_2CH_2C(=O)CH_2COOH$　　B. $HOOCCH_2CH_2CH(OH)CH_2COOH$

C. $HC(=O)CH_2CH_2C(=O)CH_2CH(=O)$　　D. $HOOCCH_2CH_2C(=O)CH_3$

5. 具有甾核结构的化合物(　　)

A. 有顺反异构,但无对映异构　　B. 有对映异构,但无顺反异构

C. 既有顺反异构,又有对映异构　　D. 既无顺反异构,也无对映异构

6. 天然油脂无恒定的熔点是由于(　　)

A. 油脂是同种混甘油酯　　B. 油脂易酸败

C. 油脂是混甘油酯的混合物　　D. 油脂易分解

7. 蛋白质变性时一般不会改变的是(　　)

A. 二硫键　　B. 盐键　　C. 肽键　　D. 氢键

8. 某一开链烃,分子式为 C_6H_{12},其 ^1H-NMR 图谱在 $\delta=1.6$ 处有一个单峰,此烃的结构式是(　　)

A. $CH_3(CH_2)_3CH=CH_2$　　B. $CH_3CH=C(CH_3)CH_2CH_3$

C. $(CH_3)_2C=CHCH_2CH_3$　　D. $(H_3C)_2C=C(CH_3)_2$

9. 某化合物的 IR 在 1 715cm^{-1} 处有一个吸收峰,^1H-NMR 谱显示有 2 个信号,其中一个为三重峰,1 个为四重峰,此化合物是(　　)

A. 戊-2-醇　　B. 戊-3-酮　　C. 戊-2-酮　　D. 戊醛

10. *D*-(+)-葡萄糖和 *D*-(−)-果糖为何种异构体(　　)

A. 对映体　　B. 非对映体　　C. 差向异构体　　D. 构造异构体

四、推导结构(15分)

1. 某芳烃 A,分子式为 C_9H_{12},在光照下与不足量的 Br_2 作用,生成同分异构体 B 和 C($C_9H_{11}Br$),B 无旋光性,不能拆开。C 也无旋光性,但能拆开成一对对映体。B 和 C 都能够水解,水解产物经过量 $KMnO_4$ 氧化,均得到对苯二甲酸。试推测 A、B、C 的构造式,并用 Fischer 投影式表示 C 的一对对映体,分别用 *R*/*S* 标记其构型。

2. 用稀冷的 $KMnO_4$ 溶液与(*Z*)-丁-2-烯反应,得到熔点为 32℃的邻二醇,与(*E*)-丁-2-烯反应,得到熔点为 19℃的邻二醇,两个邻二醇均无旋光性,前者不能被拆分,而后者可被拆分为比旋

光度相等,旋光方向相反的一对对映体。试写出熔点为 19℃和 32℃的邻二醇的 Fischer 投影式。

3. 某无色液体有机化合物(b.p. 108~110℃)分子式为 $C_6H_{12}O_2$,可用于调配覆盆子、草莓、香蕉、菠萝蜜等食用香精。其 IR(液膜)图谱在 1 738cm^{-1} 以及 1 201cm^{-1} 处有较强的吸收(如下图所示)。另测得其 ^{1}H-NMR(CDCl$_3$,90MHz)谱图及数据如下:δ=5.00(多重峰,1H),2.28(四重峰,2H),1.23(二重峰,6H),1.12(三重峰,3H)。请确定该化合物的分子结构式,并对 IR 和 ^{1}H-NMR 谱图加以解析。

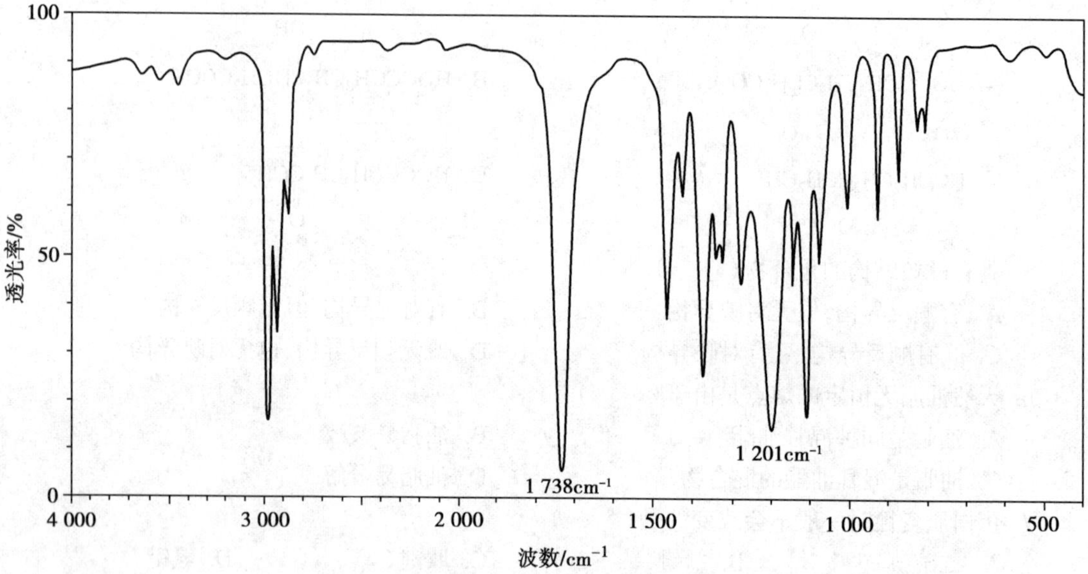
100
50
0
透光率/%
4 000
3 000
2 000
1 500
1 000
500
波数/cm-1
1 738cm-1
1 201cm-1

分子式为 $C_6H_{12}O_2$ 的化合物的 IR

五、问答题(15 分)

1. 用化学方法除去萘中少量的对甲苯酚。

2. 氯代烷与 NaOH 在酸和乙醇的混合液中进行反应,指出哪些属于 S_N1,哪些属于 S_N2。

(1)反应过程中生成碳正离子(　　);

(2)碱浓度增加,反应速度加快(　　);

(3)3° 卤代烷反应速度大于 2° 卤代烷(　　);

(4)旧键断裂和新键形成同时发生(　　)。

3. 下列化合物或者离子中具有芳香性的是(　　)

A. 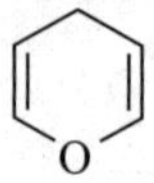
O
B. 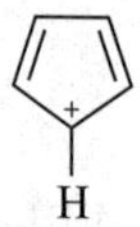
+
H
C. 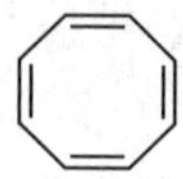
D. 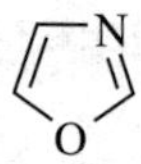
N
O

4. 将下列物质按指定性质排序

(1)按照酸性从大到小排序:

A. 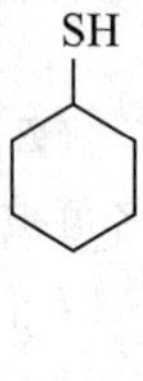
SH
B. 
SH
C. 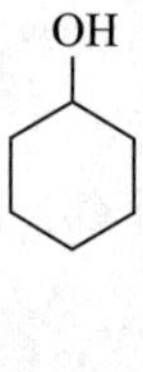
OH
D. 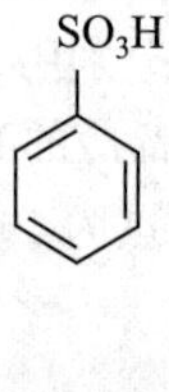
SO3H

(2) 按照碱性从大到小排序：

A. 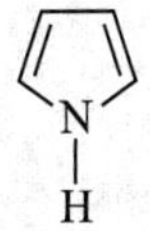　B. 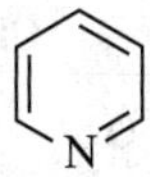　C. 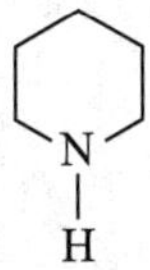

(3) 与亲核试剂进行加成反应活性从大到小排序：

A. 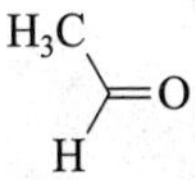　B. 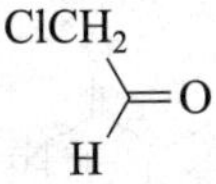　C. 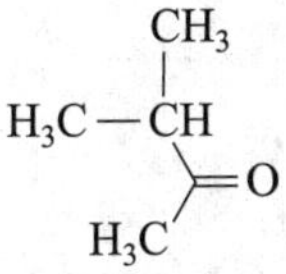　D. 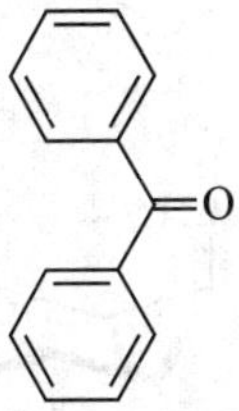

5. 用 *R*、*S* 标记下列手性碳的构型。

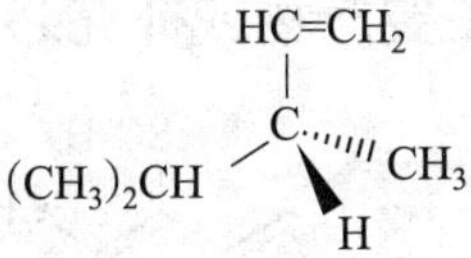

6. 写出甾族化合物的基本结构。

六、合成题(10 分)

1. 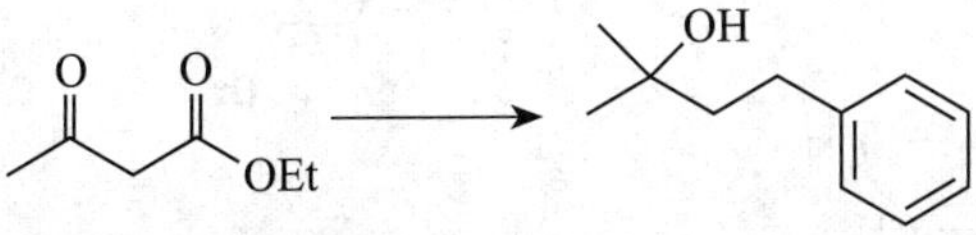

2. 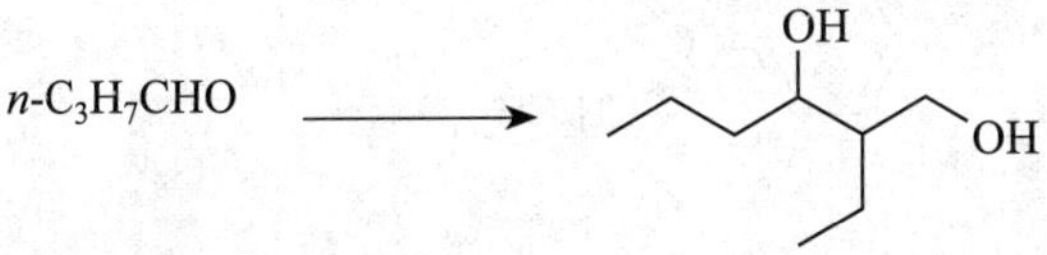 (一种驱虫剂)

3. 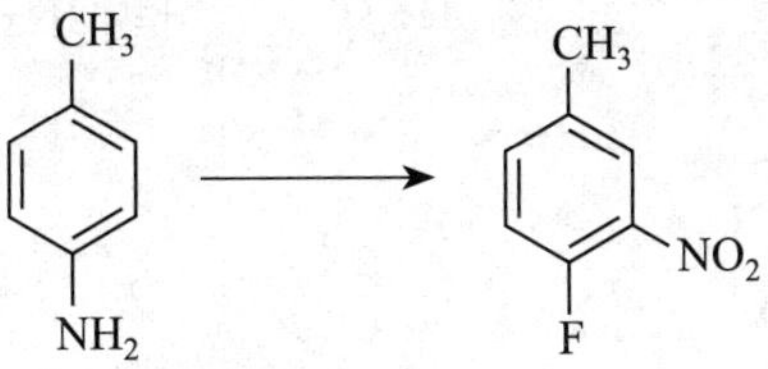

参考答案

一、根据结构式命名或按照名称写出相应结构式(10 分)

1. 3-环丙基戊烷　　2. 1-甲基环己-1,3-二烯

3. (*E*)-2-氯-3-甲基戊-2-烯

4. (2*S*,3*R*)-3-溴-2-氯戊烷

5. 4-甲基-8-硝基萘-2-酚

6. 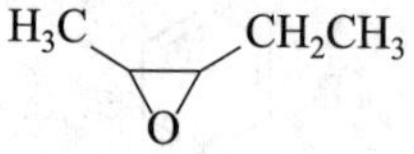

7. 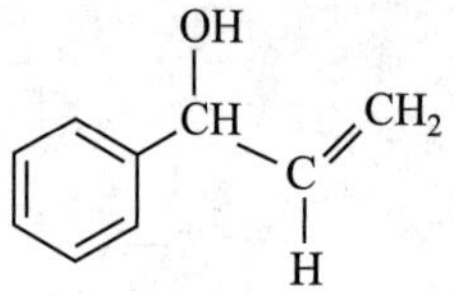

8. 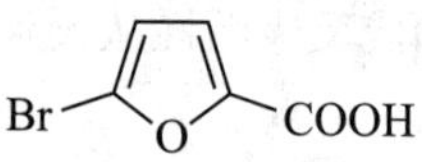

9. 

10. 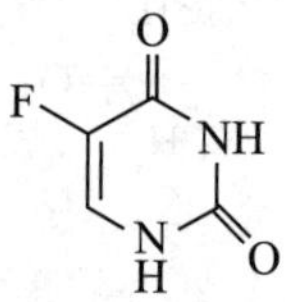

二、完成下列反应式,写出主要产物或补充必要的试剂和条件(40分)

1. 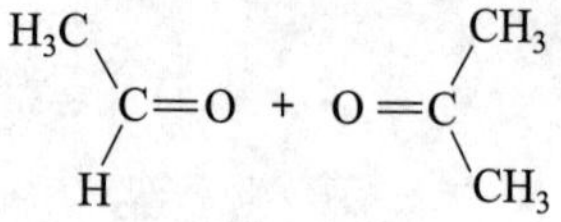

2. 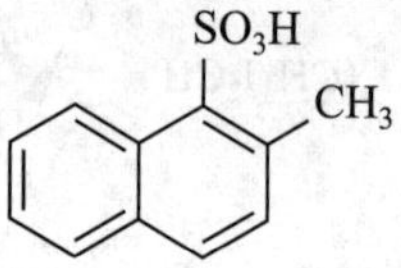

3. $CH_3CH_2\overset{\overset{O}{\|}}{C}CH_3$

4. 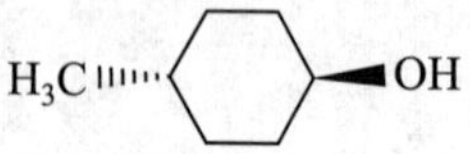

5. $(CH_3)_2CHOC_2H_5$

6. 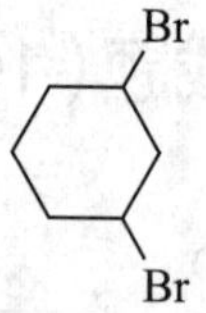

7. 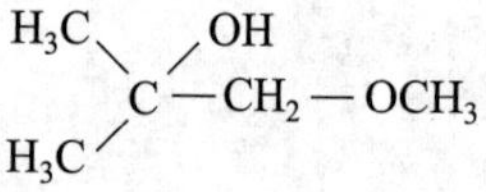

8. 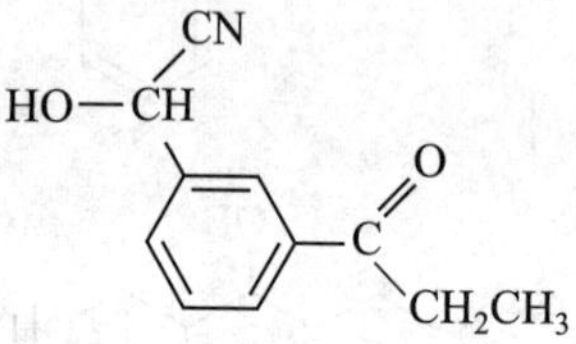

9. 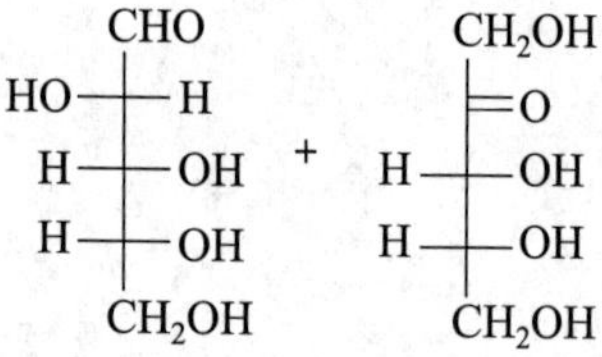

10. 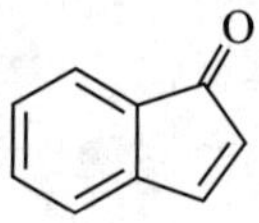

11. 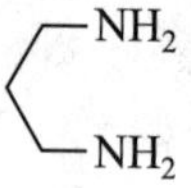 $+ CO_2 + H_2O$

12. 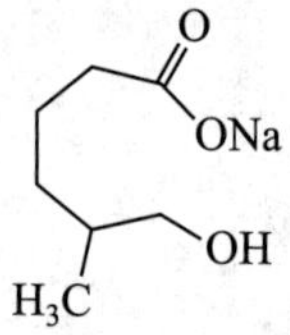

13. 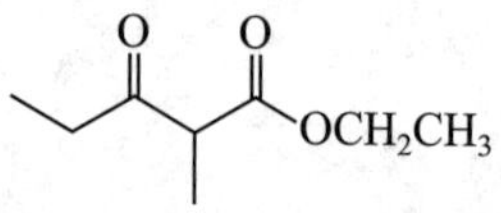

14. 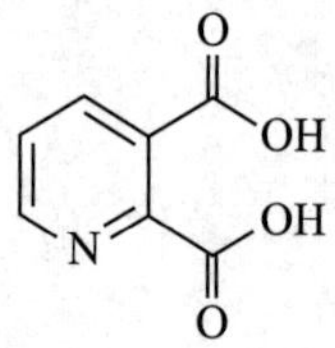

15. ①$Ag(NH_3)_2OH$ ②H^+

16. Zn(Hg)/HCl

17. 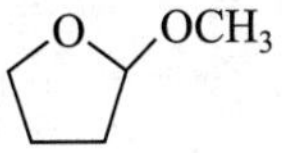
O
OCH3

18. CH_3OH/CH_3O^-

19. 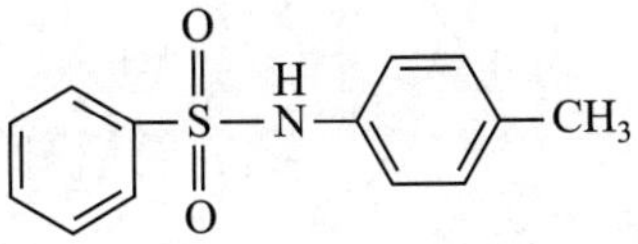
O
H
S
N
CH3
O

20. 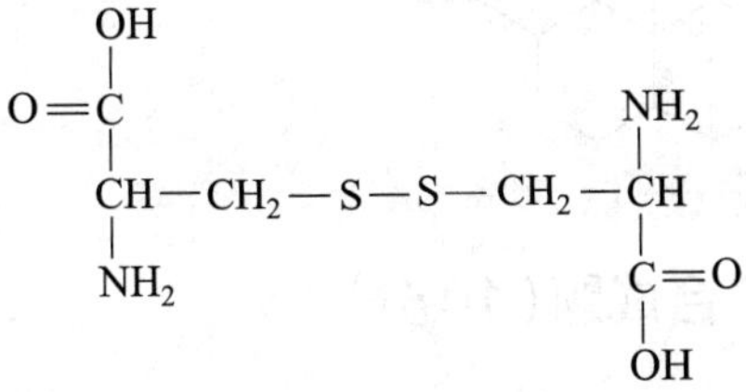
OH
O=C
CH—CH2—S—S—CH2—CH
NH2
NH2
C=O
OH

三、选择题（10 分）

1. C　2. A　3. A　4. D　5. C　6. C　7. C　8. D　9. B　10. D

四、推导结构（15 分）

1. A. 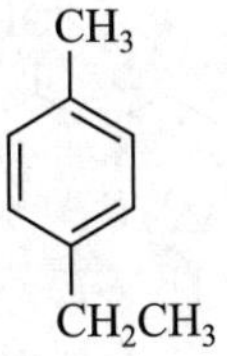
CH3
CH2CH3
B. 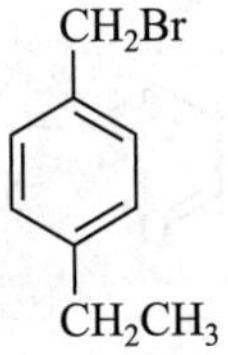
CH2Br
CH2CH3
C. 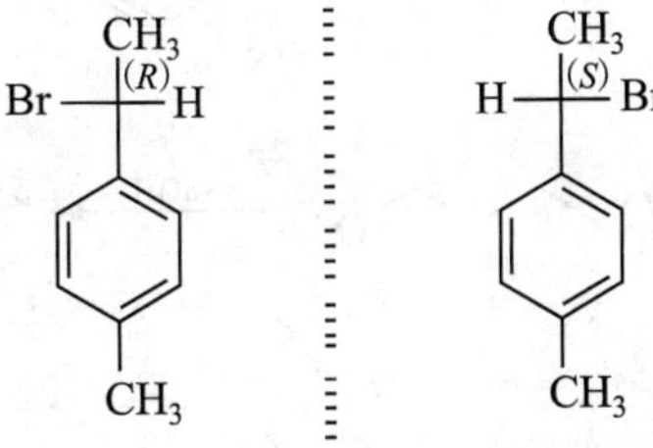
CH3
Br
(R)
H
CH3
CH3
H
(S)
Br
CH3

2. 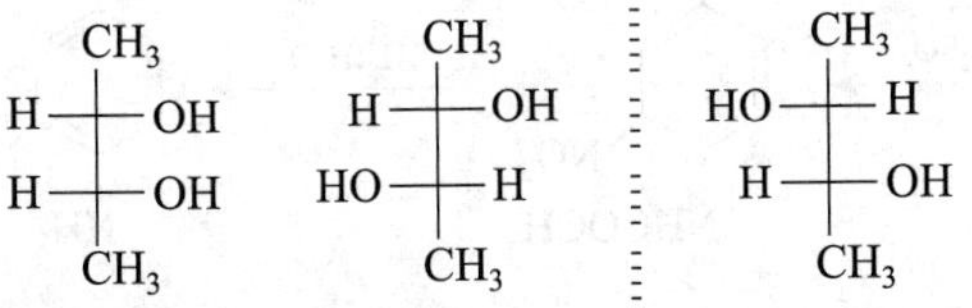
CH3
H
OH
H
OH
CH3
CH3
H
OH
HO
H
CH3
CH3
HO
H
H
OH
CH3

m.p.32℃　　m.p.19℃

3. 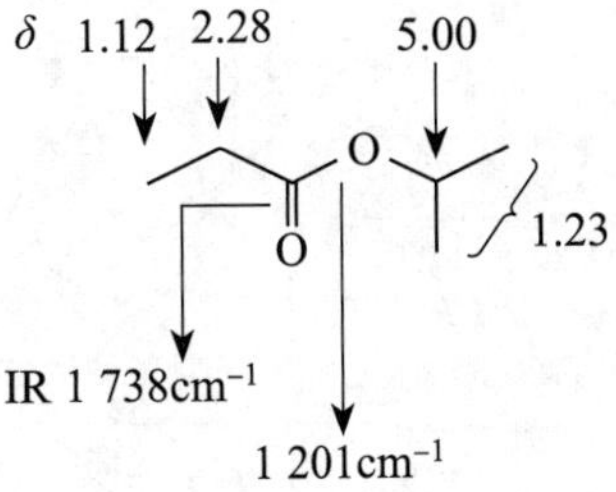
δ 1.12
2.28
5.00
O
O
1.23
IR 1 738cm⁻¹
1 201cm⁻¹

五、问答题（15 分）

1. 加入 NaOH 溶液，分离出水相即可除去对甲苯酚。
2. （1）S_N1；（2）S_N2；（3）S_N1；（4）S_N2
3. D
4. （1）D>B>A>C；（2）C>B>A；（3）B>A>C>D
5. *R*

6. 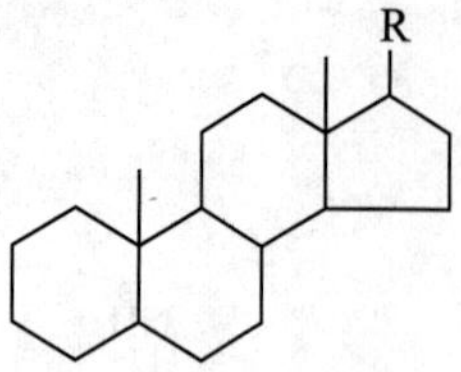

六、合成题(10分)

1. 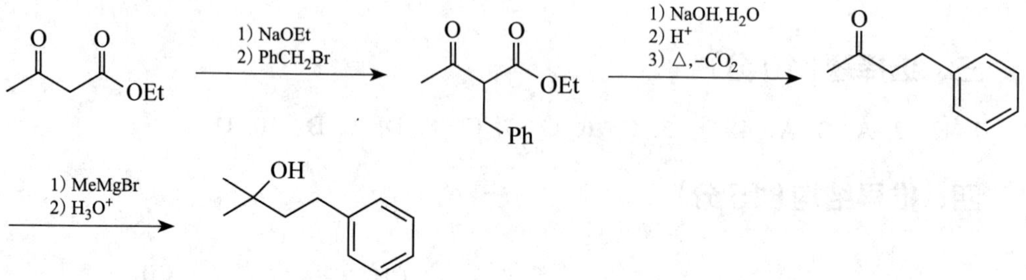

2. n-C_3H_7CHO (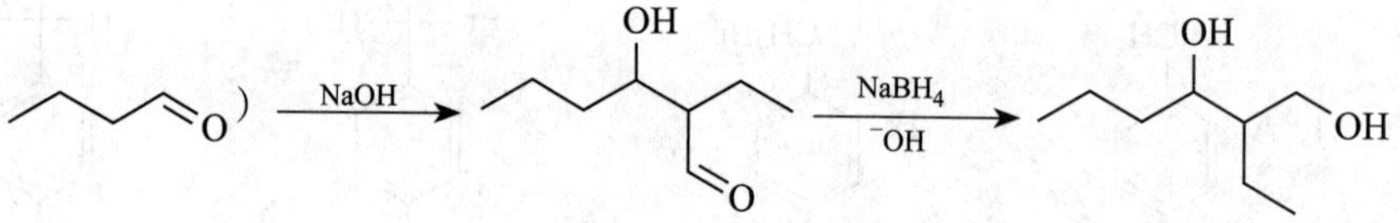

3. 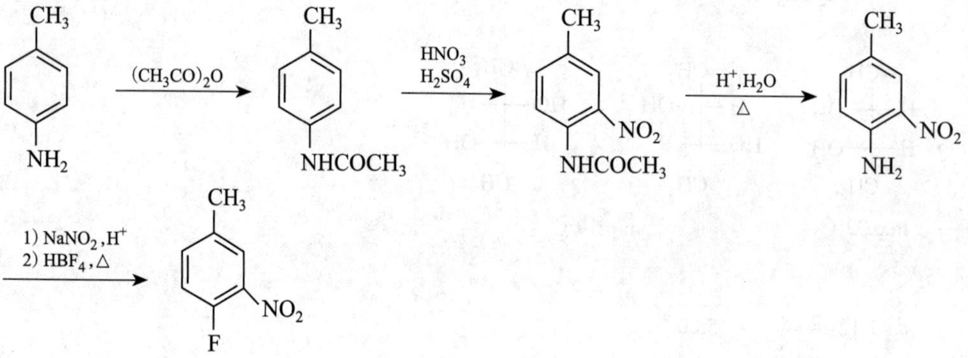

(汪　宁)